JIANMING ZHIWUXUE JIAOCHENG

简明植物学教程

主　审：宋丛文
主　编：周火明
副主编：王丽珍　蔡京勇　张华香　程　朕
　　　　戴　薛　尹晓蛟　李绪友　滕家喜
参　编：石章华　秦欣悦　徐振宇　刘　浩
　　　　张孝棕　余旭旭　周鸣玖　刘志勇
　　　　熊肖强　杨　阳　陈　飞　肖昊东
　　　　胡小龙　柯晓聪　何　灿　潘会君

華中師範大學出版社

内容提要

本书为针对湖北生态工程职业技术学院的林业生态学院、园林与建工学院等两个分院与植物相关专业的学生编写的教材，适用于林业技术、园艺技术、园林设计、城镇规划、园林施工、园林造价、花卉营销等专业。教材首先简明扼要地介绍了一般植物学的概念、术语、植物的营养器官和繁殖器官。为了方便学生学习，各论部分将校园植物分布分为8个区域，除此还选择了校外周边、大冶实训基地及湖北省内一些重要树种，按照乔木、灌木、草木、藤木四个部分逐一介绍，共计142科，636种。全书采用彩色印刷，图文并茂，简单明了，重点突出林业、园艺、园林等专业方面的植物介绍。本书除了供高职相关专业使用外，还可供中职相关专业使用，也可作为湖北林业系统相关培训的参考教材。

新出图证(鄂)字10号

图书在版编目(CIP)数据

简明植物学教程/周火明主编. —武汉：华中师范大学出版社，2015.9(2022.9重印)
ISBN 978-7-5622-7115-4

Ⅰ.①简… Ⅱ.①周… Ⅲ.①植物学—高等职业教育—教材 Ⅳ.①Q94

中国版本图书馆CIP数据核字(2015)第227647号

简明植物学教程

© 周火明 主编

编辑室：高等教育分社 **电话**：027-67867364
责任编辑：张晶晶 **责任校对**：刘 峥 **封面设计**：胡 灿
出版发行：华中师范大学出版社有限责任公司
社址：湖北省武汉市洪山区珞喻路152号 **邮编**：430079
销售电话：027-67861549(发行部) 027-67861321(邮购) 027-67863291(传真)
网址：http://press.ccnu.edu.cn **电子信箱**：press@mail.ccnu.edu.cn
印刷：湖北新华印务有限公司 **督印**：刘 敏
开本：787mm×1092mm 1/16 **印张**：24.5 **字数**：600千字
版次：2015年9月第1版 **印次**：2022年9月第4次印刷
定价：88.00元

欢迎上网查询、购书

前　言

2012 年 4 月，其时正值湖北生态工程职业技术学院迎接当年 10 月将举行的建校六十周年校庆活动之际，为了方便教学，给植物类相关专业教师和学生提供一个学习交流和识别校园植物的平台，在校领导组织安排下，我们成立了湖北生态工程职业技术学院简明植物学教程编写项目小组。在校庆活动之前，我们首先完成了对校园主干道和其他路边植物的挂牌或竖牌（草本植物）工作，然后历经 3 年多时间，对校内及周边居民区、纸坊街道、花山、青龙山、大冶实训基地等地的植物进行了全面调查，并编写了这本图册。我校植物丰富多彩，这次调查对象我们主要以高等植物中的维管植物为主，经过调查统计，共有 142 科共 636 种。为了便于学生学习，将校内外植物分为十大区，按乔木、灌木、草本、藤本等类进行排列。

本书编写工作量较大，凝聚了很多师生的心血。参加编写人员主要为湖北生态工程职业技术学院林业生态学院师生以及园林与建工学院教师：主审宋丛文为资深二级教授；主编周火明为林业生态学院副教授；副主编王丽珍为林业生态学院副教授，蔡京勇为园林与建工学院副教授，张华香为园林与建工学院讲师，程朕为基础课部讲师，戴薛为湖北省林业科学研究院工程师，尹晓蛟为林业生态学院讲师，李绪友为林业生态学院讲师，滕家喜为华中农业大学园艺林学学院在读硕士生。其余参编者全部是林业生态学院学生，从 2010 级到 2014 级，跨越 5 届共计 16 名学生参加了编写工作，他们分别是 2010 级林业技术专业刘志勇，2010 级林业信息管理专业周鸣玖，2011 级林业技术专业石章华、徐振宇，2011 级园艺技术专业秦欣悦、刘浩、张孝棕、余旭旭，2012 级林业技术专业杨阳、何灿，2012 级园艺技术专业熊肖强，2013 级林业技术专业陈飞、胡小龙、肖昊东、潘会君，2014 级园艺技术专业柯晓聪。

本书编写分工如下：植物基础知识由尹晓蛟负责编写，蕨类植物、裸子植物以及被子植物的木兰亚纲的木兰科、樟科、毛茛科等科的植物内容由周火明负责编写；石竹亚纲的商陆科、苋科、藜科、石竹科、仙人掌科等科的植物内容由王丽珍负责编写；石竹亚纲的落葵科、番杏科、紫茉莉科、马齿苋科、蓼科等科的植物内容由蔡京勇负责编写；五桠果亚纲的山茶科、猕猴桃科、杜英科、椴树科、锦葵科等科的植物内容由张华香负责编写；木兰亚纲的蜡梅科、胡椒科、金粟兰科、马兜铃科等科的植物内容由程朕负责编写；五桠果亚纲的大风子科、堇菜科、秋海棠科、葫芦科等科的植物内容由戴薛负责编写；五桠果亚纲的杨柳科、白花菜科、十字花科等科的植物内容由李绪友负责编写；五桠果亚纲的杜鹃花科、柿树科、安息香科、山矾科、紫金牛科、报春花科等科的植物内容由尹晓蛟负责编写；蔷薇亚纲的海桐花科、蔷薇科等科的植物内容由石章华负责编写；景天科、虎耳草科、石榴科等科的植物内容由何灿负责编写；豆科的植物内容由秦欣悦负责编写；睡莲科、小檗科、防己科、胡颓子科、珙桐科、金鱼藻科、罂粟科、紫堇科等科的植物内容由滕家喜负责编写；柳叶菜科、山茱萸科、野牡丹科、石榴科、菱科、瑞香科等科的植物内容由徐振宇负责编写；千屈菜科、卫矛科、冬青科、葡萄科等科的植物内容由刘浩负责编写；黄杨科、大戟科、省沽油科、苦木科等科的植物内容由张孝棕负责编写；楝科、鼠李科等科的植物内容由周鸣玖负责编写；凤仙花科、无患子科、桑寄生科、槭树科等科的植物内容由刘志勇负责编写；漆树科、芸香科、酢浆草科等科的植物内容由李绪友负责编写；牻牛儿苗科、凤仙花科、五加科、伞形科等科的植物内容由余旭旭负责编写；菊亚纲的胡麻科、马钱科、夹竹桃科等科的植物内容由熊肖强负责编写；萝藦科、茄科等科的植物内容由蔡京勇负责编写；旋花科、马鞭草科、唇形科、车前草科、醉鱼草科、菊科等科的植物内容由滕家喜负责编写；木犀科、玄参科、苦苣苔科、爵床科、紫葳科、茜草科、忍冬科等科的植物内容由杨阳负责编写；单子叶植物纲槟榔亚纲的棕榈科和天南星科等科的植物内容由周火明负责编写；鸭跖草亚纲的鸭跖草科、香蒲科、灯芯草科等科的植物内容由张华香负责编写；莎草科、禾本科等科的植物内容由陈飞负责编写；姜亚纲的凤梨科、芭蕉科、姜科等科的植物内容由柯晓聪负责编写；美人蕉科、竹芋科等科的植物内容由王丽珍负责编写；百合亚纲的百合科的植物内容由胡小龙负责编写；石蒜科、鸢尾科等科的植物内容由潘会君负责编写；薯蓣科、兰科等科的植物内容由肖昊东负责编写。需要说明的是，为了简单起见，本书植物的拉丁文名命名全部采用双名法，省略了命名人的缩写。限于篇幅，尚有部分校园草本植物未收录入本书。

全书由宋丛文教授主审，由周火明副教授负责统稿和初审，全书植物照片主要由程朕拍摄，大冶实训基地植物照片由本校实习老师余小虎提供，部分花房植物照片由胡雷老师提供，此外还借鉴了部分优秀的网络图片，周火明、滕家喜、杨阳、潘会君负责收集植物照片并整理排版；各区植物名录由周火明和柯晓聪收集整理并调查鉴定；本书在编写过程中还得到了华中师范大学出版社的大力支持和帮助，在此对他们一并致谢。

由于编者水平有限，错漏之处在所难免，敬请各位同行及读者批评指正！

编　者

2015 年 7 月 28 日

目　　录

第一部分　植物基础知识

第二部分　1 号区植物

（迎宾路两旁）

第三部分　2号区植物

（1号教学楼与8栋等学生公寓之间）

第四部分　3号区植物

(沿香樟路到2号教学楼和5栋、10栋学生公寓之间)

第五部分　4号区植物

(教工宿舍区)

第六部分　5号区植物

(1、2、11栋学生公寓以及足球运动场周边)

第七部分 6号区植物

（山北新花房）

第八部分　7号区植物

（学校山林西部）

第九部分　8号区植物

（学校山林东部）

第十部分 9号区植物

(校外)

第十一部分　大冶实训基地植物

第十二部分　湖北其他重要树种

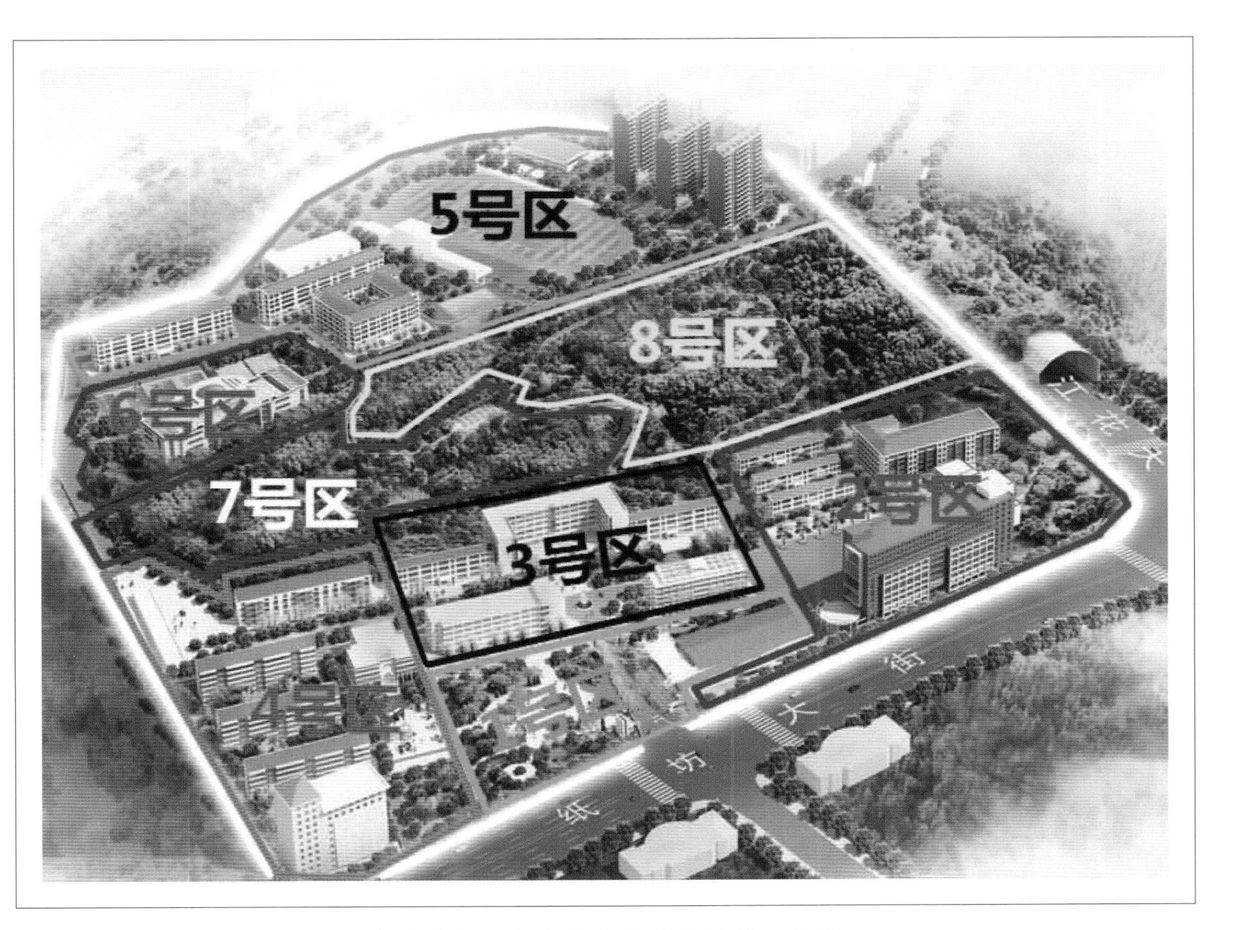

湖北生态工程职业技术学院植物分区图

第一部分　植物基础知识

一、植物基本概念

1. 植物分类单位

植物学家按照植物的自然进化过程和亲缘关系，按七级单位对其进行分类，即界(Kingdom)、门(Division)、纲(Class)、目(Order)、科(Family)、属(Genus)、种(Species),种是植物的基本分类单位。

2. 植物学名

国际上通用的植物学名是采用瑞典植物学家林奈的双命名法,即植物的拉丁文属名加上种名,用斜体表示,完整的植物学名在种名后面还要加上命名人的姓名缩写。例如:杏 *Prunus armeniaca* L.。

3. 低等植物

低等植物是指形态上没有明显的根、茎、叶的分化的植物,包括藻类植物、菌类植物、地衣类植物,如海带、灵芝、石耳等。

4. 高等植物

高等植物是指形态上具有明显的根、茎、叶的分化的植物,包括苔藓植物、蕨类植物、种子植物,如葫芦藓、狗脊蕨、银杏等。

5. 维管植物

维管植物是指体内具有维管束结构的一类高等植物,包括蕨类植物、种子植物,如海金沙、水杉等。

6. 种子植物

种子植物是指体内具有维管束结构,繁殖器官能产生种子并用种子繁殖的植物。种子植物是植物界发展最高级、最完善、最先进的植物类群,包括裸子植物和被子植物,如雪松、国槐等。

7. 裸子植物

裸子植物是指种子裸露着,其外层没有果皮包被的植物。裸子植物属于原始的种子植物,由于大多数裸子植物的叶形较小如针形,而且是木本植物,故常被人们称为针叶树,如马尾松、池杉、圆柏等。

8. 被子植物

被子植物是指种子的外层有果皮包被的植物。被子植物也叫显花植物、有花植物,它们拥有真正的花,这些美丽的花是它们繁殖后代的重要器官,也是它们区别于裸子植物及其他植物的显著特征。由于大多数被子植物的叶形较大,故常被人们称为阔叶植物,如荷花、广玉兰、乐昌含笑等。被子植物根据种子内子叶的数量不同,又分为单子叶植物和双子叶植物。

9. 双子叶植物

双子叶植物是指种子内具有两片子叶的被子植物,如蚕豆、板栗、向日葵等。

10. 单子叶植物

单子叶植物是指种子内只有一片子叶的被子植物,如玉米、百合、春兰等。

11. 生活型

生活型是指植物对综合环境条件长期适应而在形态外貌、结构和习性上反映出的类型。

12. 木本植物

习惯上把茎木质化的植物称为木本植物,如月季、樟树、水杉、紫薇等。

木本植物依植株高低和生长状态,可分为:①乔木,指木质部极发达,具单个主干,高度在5 m以上的木本植物,如泡桐、化香等;②灌木,指高度在5 m以下,主干不明显的木本植物,如蜡梅、牡丹、木芙蓉、栀子等。

还可依冬季或旱季落叶与否分类,冬季落叶者称为落叶乔木、落叶灌木,冬季不落叶者称为常绿乔木、常绿灌木。

13. 草本植物

通常把茎中木质部不甚发达而为草质者称为草本植物,如酢浆草、麦冬等。

草本植物依其生长期的长短,可分为:①一年生草本,当年萌发、当年开花结实后整个植株枯死,如万寿菊、鸡冠花等;②二年生草本,当年萌发、次年开花结实后整个植株枯死,如瓜叶菊、羽衣甘蓝等;③多年生草本,连续生存3年或更长时间,每年开花结实后地上部分枯死,地下部分继续生存,如韭菜、葱兰、吉祥草、马尼拉草、狗牙根、菊花、芍药、鸢尾、萱草等。

14. 藤本植物

藤本植物指植物体细长而不能直立、只能依附他物攀升的植物,如凌霄、葡萄、紫藤、葎草、爬山虎、牵牛花等。藤本植物依其质地可分为木质藤本、草质藤本。

二、植物营养器官

植物营养器官通常指植物的根、茎、叶等器官,其基本功能是维持植物生命,这些功用包括植物营养的吸收、合成、转化、运输和贮藏等。下面将分别对植物的营养器官——根、茎、叶的生理功能、形态与分类进行阐述。

(一) 根

1. 根的发生

植物种子萌发,胚发育成为新一代个体,新个体的根来自于胚根的发育和生长。胚根首先形成的是主根,主根直接与茎相连。主根上再产生的根为侧根。主根和侧根都是直接或间接由胚根生长出来的,具有一定的生长部位,又称定根。有些根不从主根产生,而是从茎、侧茎基部、叶产生，它们的产生没有固定位置，因此又称为不定根。一般单子叶植物的须根和扦插繁殖产生的根都是不定根。

2. 根的生理功能

根通常是植物体向下伸长的部分，用以固着和支持植物体，吸收土壤中的水分、二氧化碳和溶解于水中的无机盐。某些植物体的根还具有储藏合成作用，至少有十余种氨基酸以及植物碱在根内合成。此外，植物的根还具有广泛的食用、药用和工业价值。供食用的如萝卜、胡萝卜等肉质直根，甘薯的块根；药用植物如人参、牡丹、大黄、何首乌等的地下根；工业原料有甘薯和甜菜等。

3. 根与根系的类型

（1）根的类型（如图 1–1 所示）

①依根发生的情况，可分为以下几种。

A.主根：种子萌发出的最初的根，形成根系的主轴；

B.侧根：主根的分支；

C.须根：种子萌发不久，主根萎缩而发生的许多成簇的根。

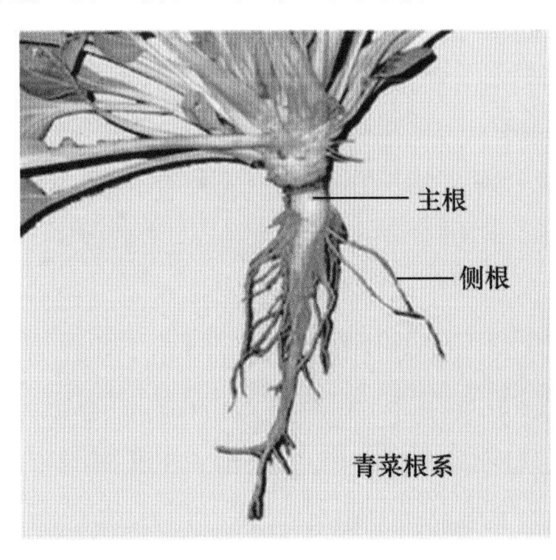

图 1–1　根的种类

②依根的生存时间，可分为以下几种。

A. 一年生根：在一年内，从植物种子萌发至开花结果后即枯死的根，如菜心、白菜的根；

B. 二年生根：从第一年植物种子萌发越冬至翌年开花结果后即枯死的根，如甜菜的根；

C. 多年生根：是生存三年以上的根。如常见的乔木和灌木的根。一些多年生草本，其地上部分冬季枯死，地下部分越冬，次年春再发芽生长。

③依根的生长场所，可分为以下几种。

A. 地生根：生于地下；

B. 水生根：生于水中，如睡莲、水车前等的根；

C. 气生根：生于地面以上，如附生植物石斛和大部分热带兰等的根；

D. 寄生根：伸入寄主植物组织中，如寄生植物桑寄生和菟丝子等的根。

（2）根系的类型（如图 1–2 所示）

根系是一株植物根的总称，包括：①直根系，具明显的主根和侧根之分的根系；②须根系，由须根组成，无明显主根，如玉米的根系。

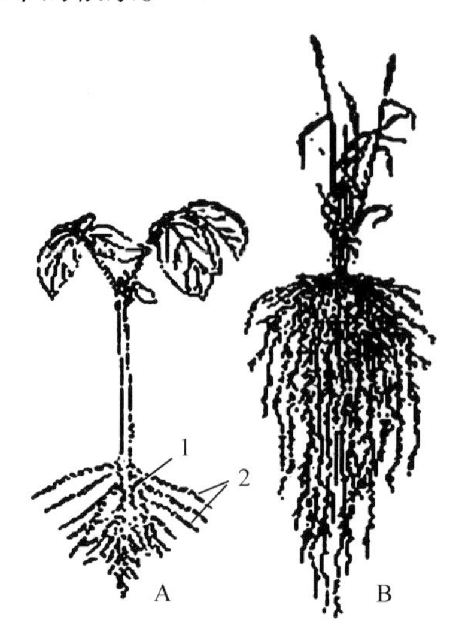

图 1-2 根系的类型

A.直根系（1.主根；2.侧根）；B.须根

4. 根的变态

有些植物的根在形态、结构和生理功能上都出现了很大的变化，这种变化称为变态。变态是植物长期适应环境的结果，这种特性形成后可以相继遗传。根的变态主要有以下几种类型。

(1)贮藏根

贮藏根因为贮藏了大量的营养物质而变得肥大。贮藏根依据来源不同又可分为肉质直根和块根两种类型(如图 1-3、1-4 所示)。①肉质直根：如萝卜、胡萝卜、甜菜的变态根，它们是由主根以及胚轴的上端等部分膨大形成。这部分也是可食的部分。②块根：由植物侧根或不定根膨大而成。这种变态根不像萝卜等每株只形成一个肉质根，而是一株可以形成许多膨大的块根。常见的如甘薯的块根、大丽花的块根。

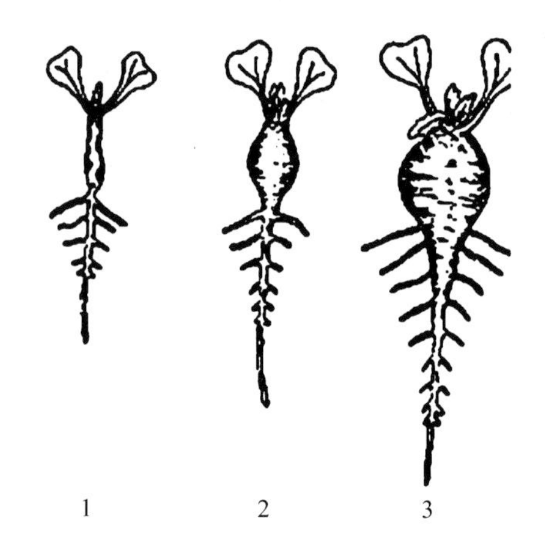

图 1-3 萝卜肉质直根的发育过程

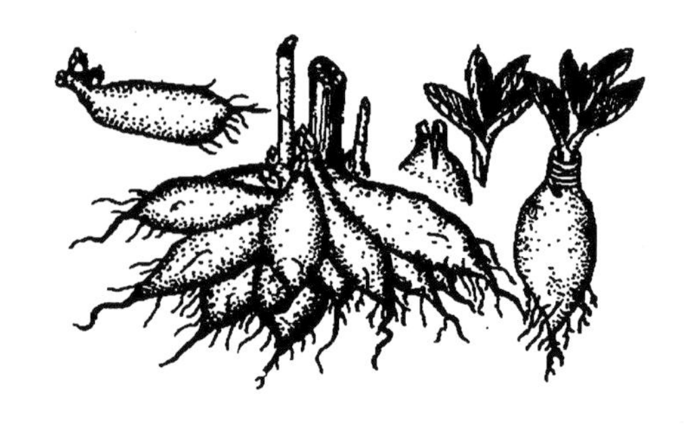

图 1-4 大丽花的块根

(2)气生根

凡露出地面,生长在空气中的根均称为气生根(如图 1-5 所示)。气生根依据其行使的生理功能不同,又可分为支持根、攀缘根及寄生根等。①支持根:某些植物从茎节上生出不定根伸入土中,并继续产生正常的侧根,显著增强了根系对植物体的支持作用,因此称为支持根,如榕树、玉米等的根;②攀缘根:一些藤本植物茎的一侧产生许多短的不定根,固着在其他植物的树干、山石或墙壁等的表面攀缘上升,这类气生根称为攀缘根,常见的具攀缘根植物有爬山虎、络石、常春藤等;③呼吸根:一些生长在沼泽或热带海滩地带的植物可产生一些垂直向上生长、伸出地面的呼吸根,可将空气输送到地下供地下根呼吸,如红树、水松等的根。

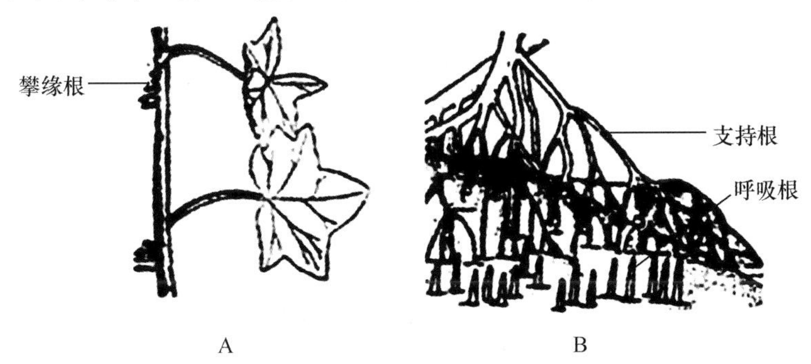

图 1-5　气生根

A.常春藤的攀缘根；B.红树的支持根和呼吸根

(3)寄生根

一些寄生植物利用不定根钻入寄主体内,吸收所需的水分和有机营养物质,这种根称为寄生根,如菟丝子、桑寄生等具有寄生根(如图 1-6 所示)。

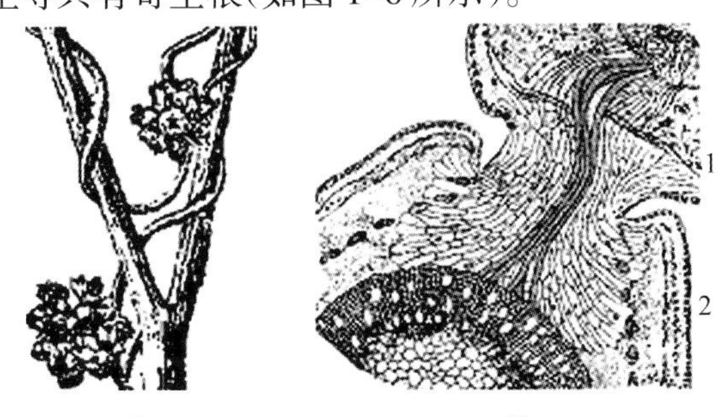

图 1-6　菟丝子寄生根

A.缠绕在寄主茎上的菟丝子；B.寄生根与寄主部分结构解剖

1.寄生根；2.寄生茎

(二) 茎

1. 茎的生理功能

茎是植物的叶、花等器官着生的轴,联系地下根系与地上器官。其主要功能是支持地上器官,输送水分和养料,有些植物的茎还贮藏大量的营养物质,另有不少植物的茎可以形成不定根和不定芽,以供繁殖。

2. 茎的形态特征

(1)茎的外形:多数呈圆柱形,可是有些植物的茎却呈方柱形,如蚕豆、金钱草等草本植物；少数植物的茎呈扁平状，如仙人掌、竹节蓼等；也有呈三棱柱形的，如莎草等。

（2）茎的表面：可能具棱或沟槽，也可能被覆各种类型的毛状结构或刺，各种形状的皮孔是木本植物茎表面常见的结构。

（3）茎通常在顶端或在叶腋处生有芽，由芽发生茎的分支即枝条，茎上着生叶的部位叫节，各节之间的距离叫节间。枝条上叶片脱落后留下的疤痕即为叶痕。枝条顶芽萌发后，芽鳞脱落，在枝条上留下的痕迹称芽鳞痕。有些树种具有两种不同形态的枝条，一种是节间特别短缩的短枝，一种是节间较长的长枝（如图 1–7 所示）。

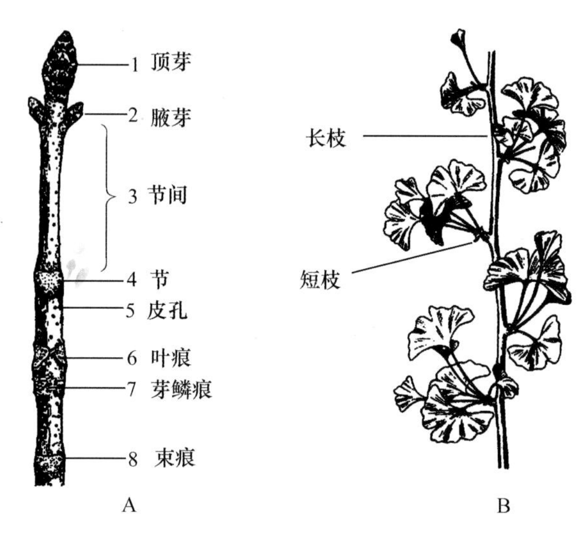

图 1–7　枝条形态

A.山毛榉；B.银杏

3. 芽的类型

芽依据位置划分为定芽和不定芽两类：①定芽，主要是顶芽和腋芽，由固定位置发生；②不定芽，由老根、老茎、叶上长出的芽，其发生位置不固定。

芽依据性质划分为枝芽、花芽和混合芽：①枝芽，将来发育为枝和叶的芽；②花芽，将来发育成花或花序的芽；③混合芽，可以同时发育成枝、叶和花或花序的芽。

芽依据芽鳞的有无划分为鳞芽和裸芽：①鳞芽，有些芽的外围有芽鳞片包被，保护芽体越冬，有芽鳞片包被的芽称为鳞芽；②裸芽，外面无芽鳞片的芽叫裸芽。

芽依据生理活动状态划分为活动芽和休眠芽：①活动芽，能在当年生长季节萌发生长的芽；②休眠芽，在生长季节仍处于休眠状态的芽。（如图 1–8 所示）

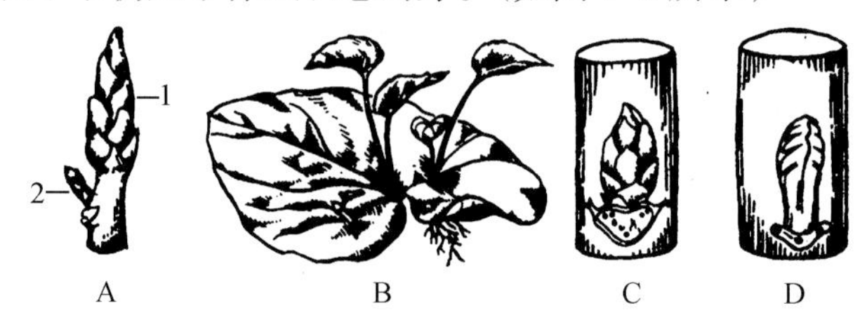

图 1–8　芽的类型

A.定芽（1.顶芽，2.腋芽）；B.不定芽；C.鳞芽；D.裸芽

4. 茎的生长习性和分枝

(1)茎的生长习性

根据生长习性,茎可分为 7 种:①直立茎,垂直于地面,为最常见者;②斜升茎,最初偏斜,而后变为直立;③斜倚茎,基部斜倚地上;④平卧茎,平卧地上,节上不生根;⑤匍匐茎,平卧地上,但节上生根;⑥攀缘茎,用卷须、吸盘等特有卷附器官攀登于他物上;⑦缠绕茎,螺旋状缠绕于他物上,有左旋及右旋者。(如图 1-9 所示)

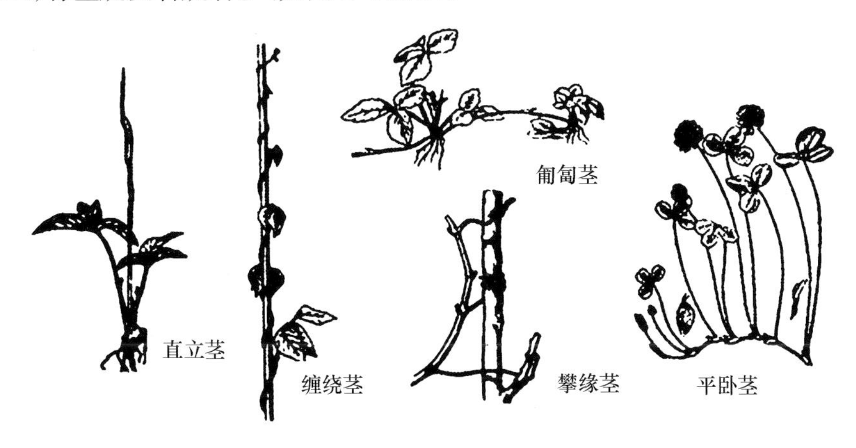

图 1-9　茎的生长习性

(2)茎的分枝

植物的顶芽和侧芽存在着一定的生长相关性:当顶芽活跃地生长,侧芽的生长则受到一定的抑制;如果顶芽因某些原因而停止生长时,侧芽就会迅速生长。由于上述原因及植物的遗传特性,不同植物有不同的分枝方式。茎的分枝方式可分为以下 4 种(如图 1-10 所示)。

①单轴分枝:指从幼苗开始,主茎的顶芽不断向上生长形成一个直立的主轴,而侧芽发育成侧枝,不发达。单轴分枝方式的植株呈塔形。如松、杉、银杏等。

②合轴分枝:指植株的顶芽生长一段时间后停止生长,而靠近顶芽的一个腋芽迅速发展为新枝,代替主茎生长一定时间后,其顶芽又同样被其下方的侧芽替代生长的分枝方式。合轴分枝的主轴除了很短的主茎外,其余均为各级侧枝分段连接而成,因此茎干弯曲,节间很短,而花芽较多。如苹果、桃、桑等。

③假二叉分枝:指某些具有对生叶序的植物,其顶芽形成一段枝条后停止发育,由顶芽下方对生的两个侧芽同时发育为新枝的分枝方式。如石竹、茉莉、丁香等。

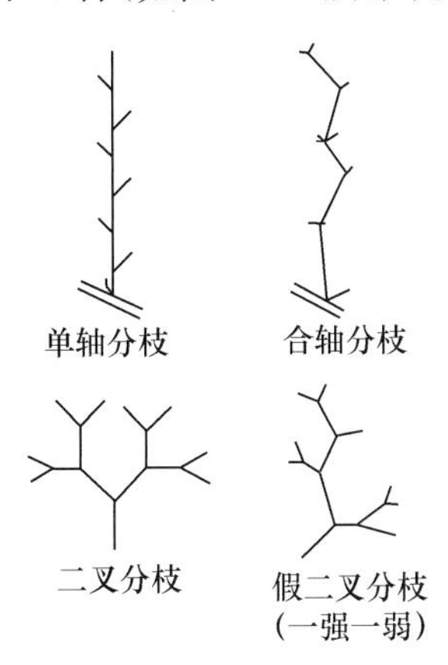

图 1-10　茎的分枝类型

④分蘖:常见于禾本科植物。禾本科植物的分枝主要集中于主茎的基部,其特点是主茎基部的节较密集,节上生出许多不定根,分枝的长短和粗细相近,呈丛生状态,这样的分枝方式称为分蘖。

5. 茎的变态

(1)地上茎变态(如图 1-11 所示)

图 1-11 地上茎变态类型

①肉质茎:为肥厚的地上茎,可储藏水分和养料,还可进行光合作用。如仙人掌、莴苣等的肉质茎。

②茎刺:为茎变态形成的具有保护功能的刺。如皂荚、山楂、柑橘等的茎刺。

③茎卷须:为细长的卷须状茎,以缠绕其他物体攀缘生长。常见于攀缘植物,如黄瓜、南瓜等的茎卷须。

④叶状茎:为扁平叶片状茎,绿色,有行使光合作用的功能。如蟹爪兰、假叶树、竹节蓼等的叶状茎。

(2)地下茎变态(如图 1-12、1-13 所示)

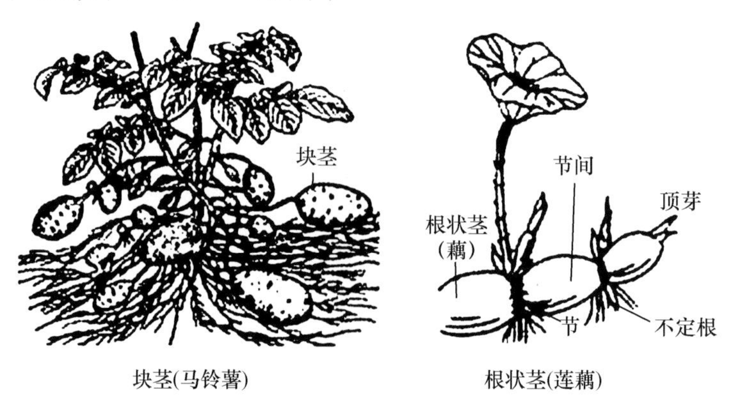

图 1-12 地下茎变态类型

①根状茎:为直立或匍匐的多年生地下茎,有时极细长,有节和节间。

②块茎:为短而肥厚的地下茎,有些植物的假鳞茎也应归于此类。

③球茎:为短而肥厚、肉质的地下茎,外有干膜质鳞片,芽藏于鳞片内。

④鳞茎:为球体或扁球体,有肥厚的鳞片(即鳞叶),基部的中央有一基盘,即退化的茎。

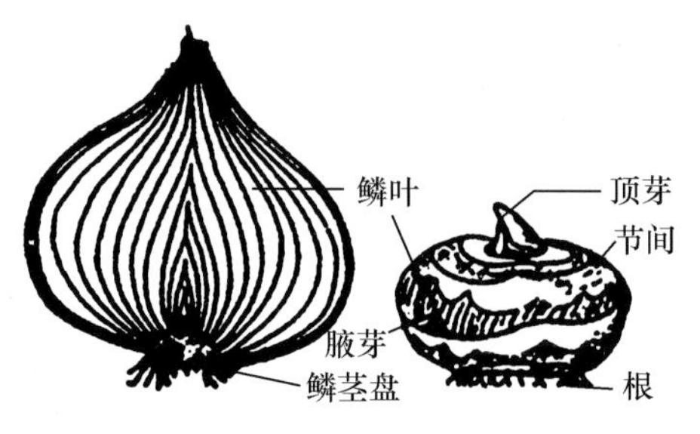

图 1-13 地下茎变态类型

（三）叶

1. 叶的生理功能

叶是植物体进行光合作用的主要场所，能合成植物体所需的有机物。叶片的另一重要生理功能是蒸腾作用，水分的蒸腾带动根系吸收土壤中的水分和矿物质。有少数植物的叶还具有繁殖能力，如落地生根的叶边缘生有许多不定芽或小植株，脱落后掉在土壤上，就可以长成新个体。

2. 叶的组成

一枚完全的叶由叶片、叶柄和托叶组成（如图 1–14 所示）。①叶片，是叶的主要部分，一般为绿色扁平体，也有少数为针状或管状；②叶柄，是叶片与茎的连接部分，是叶片与茎之间的物质运输通道，主要起输导与支持作用；③托叶，是叶柄基部两侧着生的小型叶状物，常起保护幼叶的作用。

具有叶片、叶柄和托叶三部分的叶称完全叶，仅有其中之一或其中两项的叶为不完全叶。不完全叶中缺托叶的情况最普遍，如茶、白菜等植物的叶；也有少数植物缺少叶柄，如荠菜、莴苣的叶；个别几种植物缺少叶片，由叶柄特化行使叶片的功能，如相思树、竹节蓼等的叶。有些单子叶植物的叶片基部扩大成叶鞘，并具有叶耳、叶舌等附属物，如禾本科植物的叶（如图 1–15 所示）。

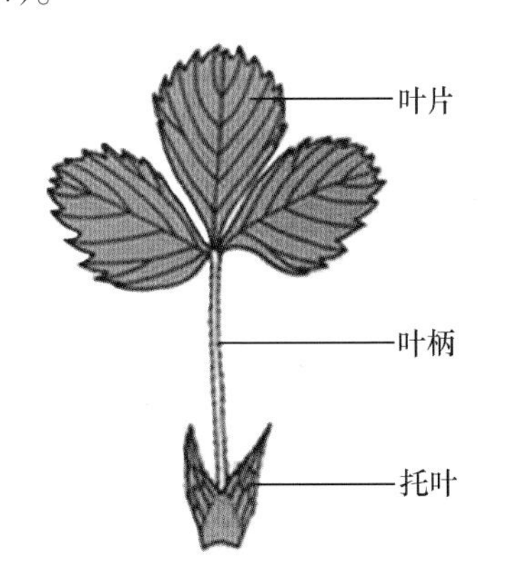

图 1–14　完全叶（示双子叶植物）

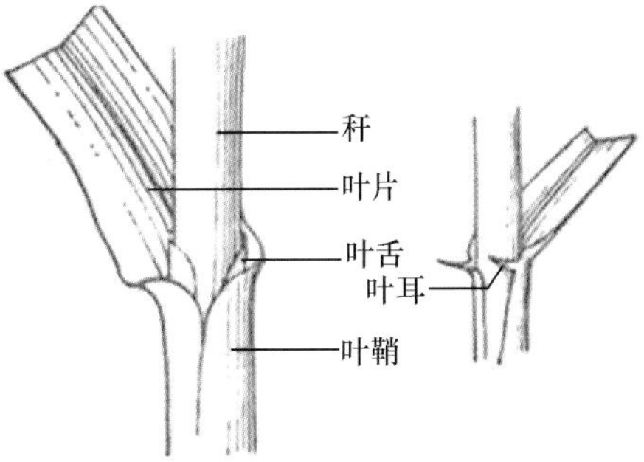

图 1–15　禾本科植物叶的结构

3. 叶的类型

根据叶柄上着生叶片的数目，叶可分为单叶和复叶两种类型：

(1)单叶，单个叶柄上只着生一个叶片，如桃、李、梅等的叶片；

(2)复叶，一个叶柄上生有两片或两片以上叶片，如月季、槐树、栾树等的叶片。

复叶的叶柄称为总叶柄或叶轴，总叶柄上着生的叶称为小叶，小叶的叶柄称为小叶柄。

小叶在总叶柄上的排列有一定的规律，根据其不同的排列方式，可将复叶分为羽状复叶、掌状复叶、三出复叶、单身复叶四种类型：①羽状复叶，小叶在叶轴的两侧排列成羽毛状。若有顶生小叶即是奇数羽状复叶，无顶生小叶则是偶数羽状复叶；在羽状复叶中，如果叶轴不分枝，称一回羽状复叶；叶轴分枝一次，称二回羽状复叶；叶轴分枝两次，称三回羽状复叶。②掌状复叶，叶轴缩短，在其顶端集生了3片以上小叶，呈掌状展开，小叶都生在叶轴顶端，排列如掌状，如大麻、七叶树、发财树的复叶。③三出复叶，仅有3片小叶着生在总叶柄的顶端，三出复叶又有羽状和掌状之分。若顶端的小叶柄较长，则为羽状三出复叶；若叶轴上3片小叶柄等长，则为掌状三出复叶。④单身复叶，形似单叶，但其叶柄与叶片之间有明显的关节，可能是由三出复叶中两个侧生小叶退化、仅留一顶生小叶所成，代表植物有橘、橙、柚。（如图1–16所示）

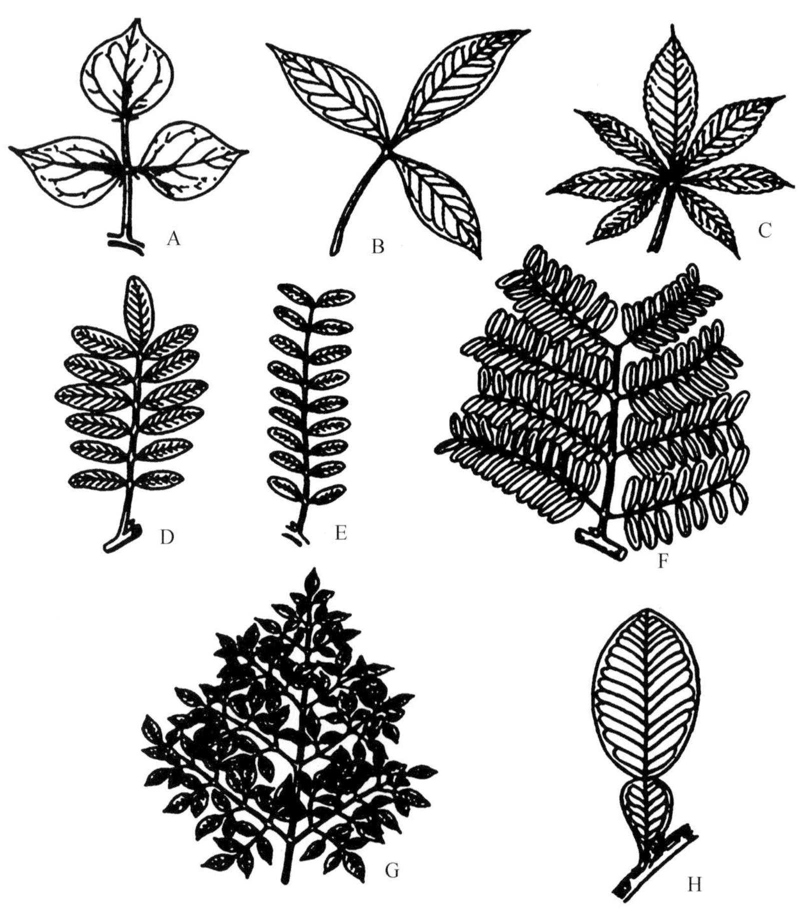

图1–16　被子植物常见复叶的类型

A.羽状三出复叶；B.掌状三出复叶；C.掌状复叶；D.单数羽状复叶；E.双数羽状复叶；F.二回羽状复叶；G.三回羽状复叶；H.单身复叶

4. 叶的形态

虽然叶的形态多种多样，但每一种植物的叶片的形态均比较稳定，因此叶的形态可以作为识别植物和分类的依据。叶的形态通常从叶形、叶尖、叶基、叶缘、叶裂和叶脉等方面描述。

（1）叶形，即叶片的轮廓（如图1–17所示）。下列术语用于描述叶形，也适用于萼片、花瓣等器官。

①针形：细长而顶尖，截面略为圆形、三角形或菱形。

②条形：长为宽的5倍以上，全长略等宽。

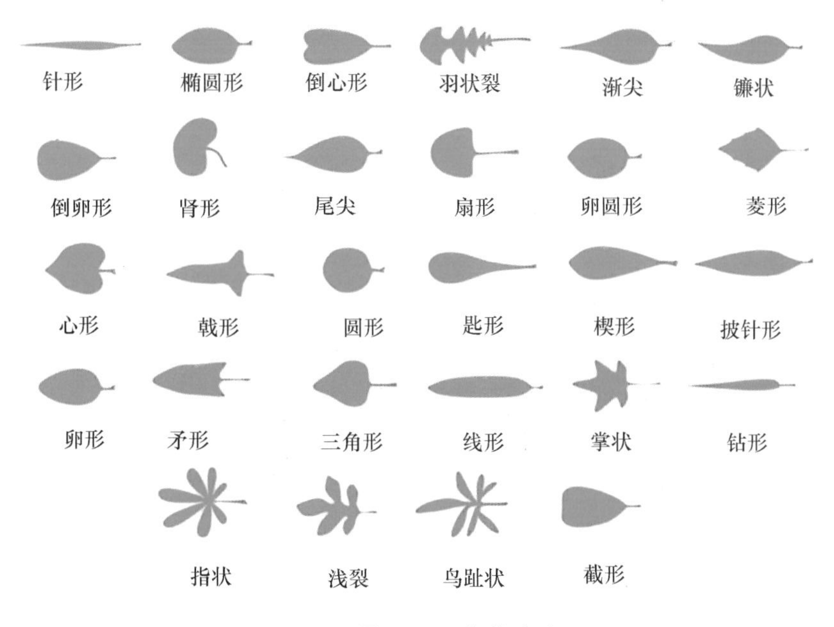

图 1–17 各种叶形

③披针形：长为宽的 3~5 倍，最宽处在中部以下，向上下两端渐狭；若最宽处在中部以上则称为倒披针形。

④椭圆形：长为宽的 1.5~3 倍，两侧边缘呈弧形；若两侧略平行则称为矩圆形。

⑤卵形：形如鸡卵，中部以下较宽；若较宽处在中部以上则称为倒卵形。

⑥心形：长宽比例如卵形，但基部宽圆而凹；若顶部宽圆而凹则为倒心形。

⑦三角形：基部宽且呈平截形，三边几相等。

⑧菱形：即等边的斜方形。

⑨圆形：形如圆盘。

（2）叶尖，即叶片的顶端（如图 1–18 所示），其形状一般有以下几种。

①渐尖：叶尖较长，或逐渐尖锐，如菩提树的叶；

②急尖：尖头较短，如荞麦的叶；

③钝形：钝而不尖，或近圆形，如厚朴的叶；

④截形：呈平切状，如鹅掌楸、蚕豆的叶；

⑤倒心形：有较深的凹缺，如酢浆草的叶；

⑥具骤尖：尖而硬，如虎杖、吴茱萸的叶；

⑦微缺：具浅凹缺，如苋、苜蓿的叶；

⑧具短尖：具有突然生出的小

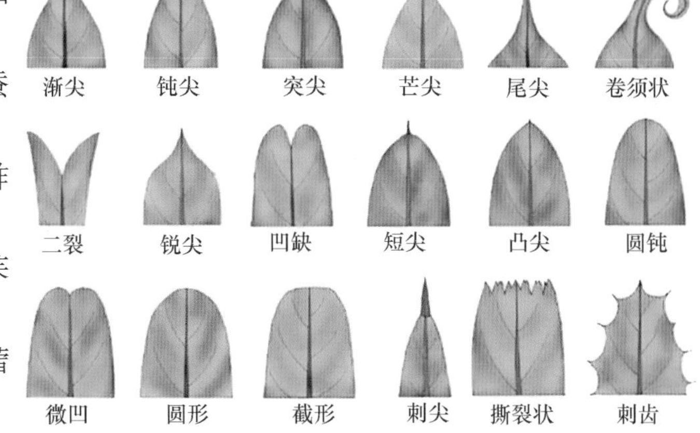

图 1–18 叶尖类型

尖，如树锦鸡儿、锥花小檗的叶。

(3)叶基，即叶片的基部(如图 1–19 所示)，其形状除可采用与上述类似的术语描述外，还有耳形、箭形、戟形等。

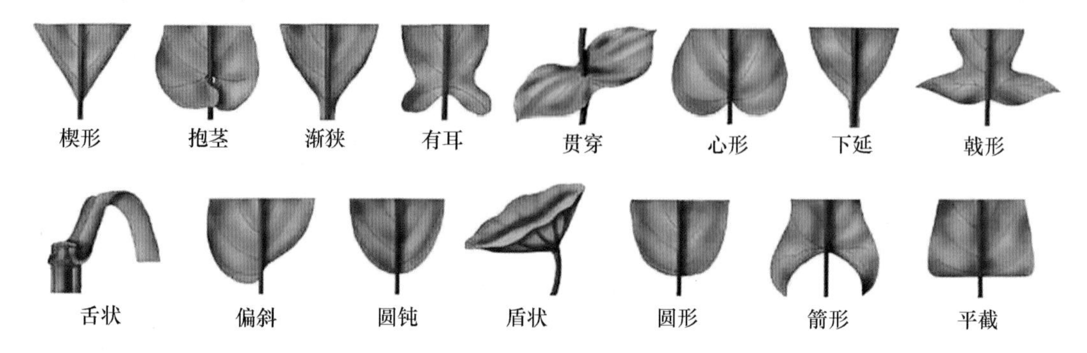

图 1–19 叶基类型

①楔形：基部两边的夹角为锐角，两边较平直，如枇杷的叶；

②渐狭：基部两边的夹角为锐角，两边弯曲，如樟树的叶；

③圆钝：基部两边的夹角为钝角，或下端略呈圆形，如蜡梅的叶；

④截形：基部近于平截，或略近于平角的叶基，如金线吊乌龟的叶；

⑤箭形：基部两边夹角明显大于平角，下端略呈箭形，如慈菇的叶；

⑥耳形：基部两边夹角明显大于平角，下端略呈耳形，如白英的叶；

⑦戟形：基部两边的夹角明显大于平角，下端略呈戟形，如打碗花的叶；

⑧心形：基部两边的夹角明显大于平角，下端略呈心形，如苘麻的叶。

(4)叶缘，即叶片的边缘(如图 1–20 所示)，其形态主要有以下几种。

图 1–20 叶缘类型

①全缘：平滑而不具任何齿或缺刻；

②波状：稍具凹凸或起伏而呈波纹状；

③齿状：凹凸较细且密，又有牙齿、锯齿、重锯齿等类型；

④缺刻状：凹凸较为宽大，缺刻深不及叶片 1/3 者称为浅裂，缺刻深为叶片 1/2 左右者称为深裂，缺刻深达叶片 2/3 以上则称为全裂。

(5)叶脉，叶片上可见的脉纹。叶脉的排列方式称为脉序，主要有三类(如图 1–21 所示)。

①网状脉序：具有明显的主脉，主脉、侧脉和细脉互相连接形成网状，是双子叶植物脉序的特点，按侧脉分出的方式不同，还可以分为羽状脉序和掌状脉序；

②平行脉序：多数主脉不显著，各叶脉从叶片基部大致平行延伸至叶尖，是单子叶植物叶

脉的特征;

③分叉脉序:各条叶脉均呈多级的二叉状分枝,分叉脉序普遍存在于蕨类植物中,裸子植物银杏也具有典型的分叉脉序。

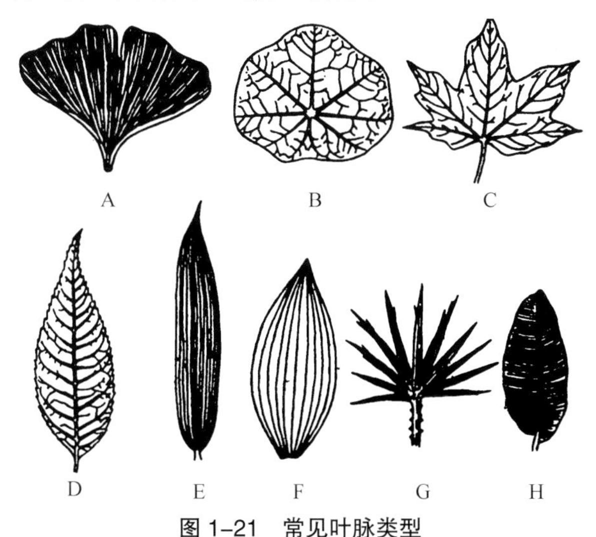

图 1-21 常见叶脉类型

A.分叉状脉;B、C.掌状网脉;D.羽状网脉;E.直出平行脉;F.弧行脉;G.射出平行脉;H.横出平行脉

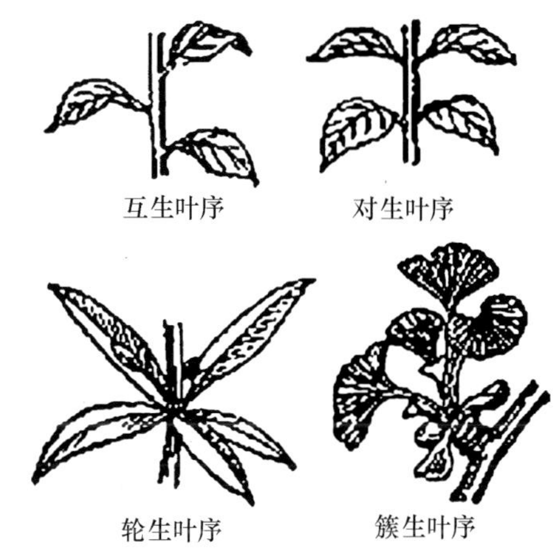

图 1-22 叶序类型

5. 叶序

叶序,即叶在茎上的排列方式,通常分为互生、对生、轮生、簇生四种类型(如图 1-22 所示)。

①互生:每一节仅着生一个叶;

②对生:每一节有两个叶相对着生;

③轮生:每一节有三个或更多的叶排为一轮;

④簇生:每一节有三个或更多的叶单生于一侧。

6. 叶的变态

(1)苞片和总苞:生在单朵花或花序下面的变态叶称为苞片。苞片一般较小,绿色,也有大型并呈现各种颜色的,如一品红、叶子花、珙桐的苞片。苞片数多而聚生在花序外围的称总苞。苞片和总苞有保护花和果实的作用。

(2)鳞叶:叶退化成鳞片状,称为鳞叶。按照着生部位不同,鳞叶又可以分为两种:一种生于木本植物鳞芽外围,呈褐色,具茸毛或黏液,起到保护鳞芽的作用,这种鳞叶称为芽鳞;另一种则是生于地下茎上的鳞叶,有肉质鳞和膜质鳞之分,肉质鳞叶肥厚多汁,储存丰富的养料,膜质鳞叶呈褐色干膜状。

(3)叶刺:叶或叶的一部分变态成为刺状,称为叶刺,如洋槐的托叶变态而成的叶刺、仙人掌科植物的叶刺。

(4)叶卷须:叶的一部分变态成为卷须状,有攀缘作用,如豌豆、菝葜的卷须叶。

(5)叶状柄:叶柄变为扁平的叶片状,并行使叶的功能,如台湾相思树以及金合欢属的某些植物后期长出的叶,小叶退化,仅存叶状柄。(如图 1-23 所示)

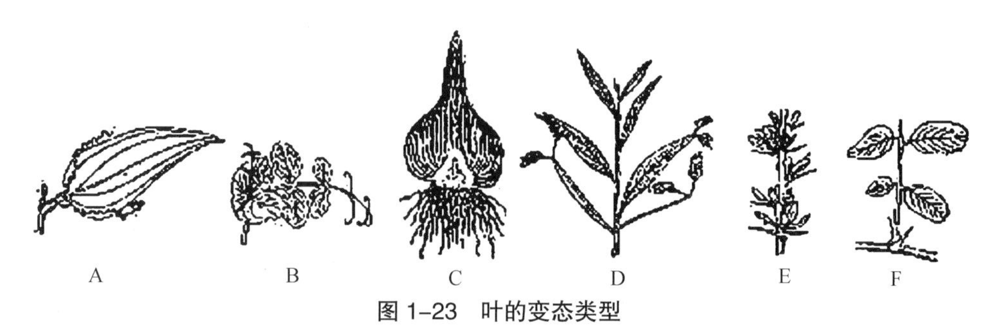

图 1-23 叶的变态类型

A、B.叶卷须(A.菝葜,B.豌豆);C.鳞叶(风信子);D.叶状柄(金合欢属);E、F.叶刺(E.小檗,F.刺槐)

三、植物繁殖器官

种子植物自萌发起,便进行根、茎、叶等营养器官的生长;到一定程度后,经过一段时间,在光、温等因素的作用下,开始形成花芽,此时进入生殖生长阶段;而后经过开花、传粉、受精作用,产生果实和种子。花、果实和种子是与植物的生殖相关的器官,称为繁殖器官。了解植物繁殖器官的形态、结构和类型,对植物的识别与分类、种植与栽培皆具有重要的借鉴意义。

(一) 花

1. 花的概念

第一个为花下定义的是德国博物学家和哲学家歌德,他提出植物地上部分的器官是统一的,是一种器官的多方面变态,而花这种器官则是变态的短缩的行使生殖功能的短枝。

2. 花的组成

花一般由花柄、花托、花被、雄蕊群、雌蕊群组成,具有以上五个部分的花称为完全花(如图 1-24 所示),缺少其中一至三部分即为不完全花。

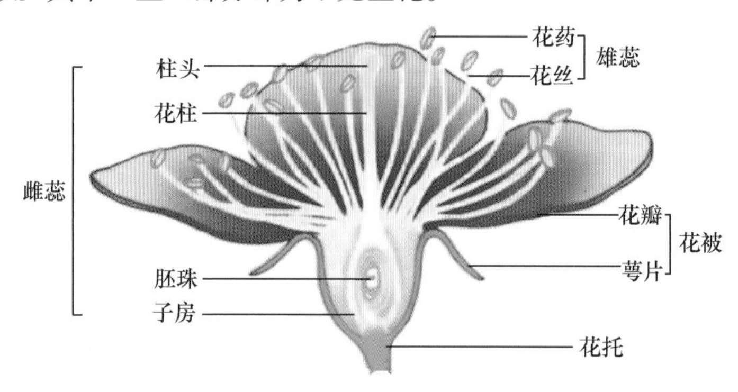

图 1-24 植物完全花剖面图

(1)花柄(花梗):单生花的柄或花序中每朵花着生的小枝。植物通过花柄向花运输营养物质。花柄的长短因植物种类而异,有的植物无花柄,如贴梗海棠。

(2)花托:指花柄的顶端略微膨大的部分。花的其他部分按照一定的方式着生于花托上。不同种类植物的花托形状各异。

(3)花被:是花萼和花冠的总称。一朵花如果同时具花萼和花冠,称为双被花;只有花萼没有花冠或者花萼、花冠分化不明显的花称为单被花;既无花萼也无花冠的花称为无被花。

(4)花萼:是一朵花中所有萼片的总称,位于花的最外层,一般是绿色,样子类似小叶,在花朵尚未开放时起着保护花蕾的作用。有部分植物的花萼大,颜色鲜艳,呈花瓣状,如乌头。而草莓、棉等的花除花萼外,外面还有一轮绿色的瓣片,称副萼,也称苞片。

依据不同的分类方式,花萼主要可以分为以下类型。

①依据萼片是否分离,分为:

A.离生萼,萼片在多数情况下各自分离,如毛茛、黄连的萼片;

B.合生萼,萼片全部或部分联合在一起,如黄芪、黄芩的萼片。联合的部分称为萼筒或萼管,上端分离的部分称为萼齿或萼裂片。

②依据萼片的大小,分为:

A.整齐萼,萼片大小相同;

B.不整齐萼,萼片大小不同。

③依据萼片是否脱落,分为:

A.早落萼,萼片比花冠先脱落,如罂粟;

B.落萼,萼片和花冠一起脱落,如油菜、桃;

C.宿萼,萼片常留花柄上同果实一起发育,如茄、番茄。

④其他类型:

A.距,即花萼一边引伸出短小的管状突起,如凤仙花、旱金莲等植物的花萼(如图 1–25 所示);

B.冠毛,在菊科植物中,萼片退化形成冠毛,帮助果实传播,如蒲公英的花萼(如图 1–26 所示)。

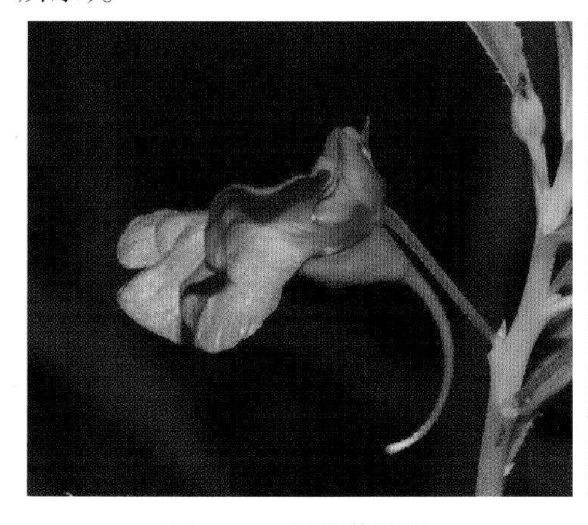

图 1–25　凤仙花的距

图 1–26　菊科植物冠毛

(5)花冠:是一朵花中所有花瓣的总称,位于花萼的上部或者内部,排列成一轮或多轮,多具有鲜亮的颜色。

①依据花瓣是否分离,可分为(如图 1–27 所示):

A.离瓣花,花瓣完全分离,如桃花、梨花等。每一片花瓣上部较宽大的部分叫瓣片,下部较狭长的部分称为瓣爪。

B.合瓣花,花瓣联合在一起,如牵牛、丁香的花等。合瓣花合生的部分叫冠筒,分离的部分叫花冠裂片。

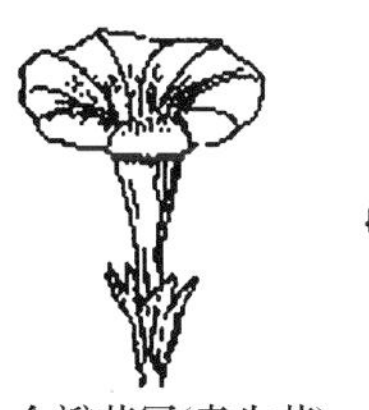

合瓣花冠(牵牛花)

离瓣花冠(白菜花)

图 1–27　合瓣花冠和离瓣花冠

②依据花瓣形态和排列的不同,可分为:

A.十字形花冠,有花瓣4枚,离生,排列成十字形。如油菜、白菜等的花冠。

B.蝶形花冠,有花瓣5枚,离生,外形似蝶,最上一片花瓣最大,称为旗瓣;侧面两片通常较旗瓣为小,且与旗瓣不同形,称为翼瓣;最下两片最小,状如龙骨,称龙骨瓣。蝶形花冠常见于豆科植物中,如大豆、豌豆等的花冠。

C.筒状花冠,花冠大部分合生成筒状,裂片向上伸展,如菊花、向日葵的盘花。

D.漏斗状花冠,花冠下部合生成筒状,向上渐渐扩大成漏斗状。常见于旋花科植物如牵牛、打碗花等。

E.高脚碟形花冠,花冠筒狭长,上部忽然水平扩展成碟状。常见于报春花科、木犀科植物如报春花、迎春花等。

F.钟状花冠,花冠筒短粗,上部扩展成钟状。常见于桔梗科植物如桔梗、沙参等。

G.轮状花冠,花冠下部合生形成一短筒,裂片由基部向四周扩展,状如车轮。常见于茄科植物如西红柿、马铃薯、辣椒等。

H.唇形花冠,有花瓣5枚,基部合生,上部裂为二唇状,上唇由两瓣片合生,下唇由三瓣片合生。常见于唇形科植物如薄荷、黄芩、丹参等。

I.舌状花冠,花冠基部合生形成一短筒,上部合生向一侧展开如扁平舌状。常见于菊科植物如蒲公英、苦荬菜的头状花序的全部小花。(如图1-28所示)

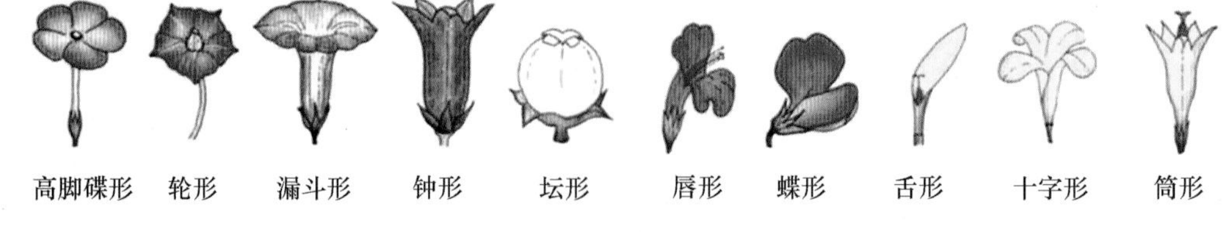

图1-28 花的形态

③依据花的对称性,可分为:

A.辐射对称花,即整齐花,通过花的中心可作出几个对称面,如梅花、茄的花。

B.两侧对称花,通过花的中心仅可作出一个对称面,如洋槐、金鱼草的花。

C.不对称花,花无对称面,如美人蕉的花。

(6)雄蕊群:是一朵花中雄蕊的总称。雄蕊群位于花冠内侧,着生在花托上。每一雄蕊由花丝和花药构成,花丝细长如丝,花丝顶部连接花药,花药膨大呈囊状。花药中含有大量的花粉粒,花粉成熟时,花药开裂,花粉释放而出,完成传粉。花药开裂的方式有纵裂、孔裂、瓣裂等。根据花丝或花药结合与否,常将雄蕊群分为以下几种类型(如图1-29所示)。

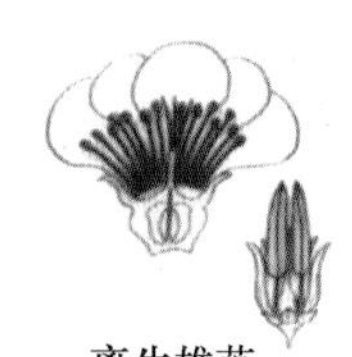
离生雄蕊

二强雄蕊

四强雄蕊

单体雄蕊

二体雄蕊

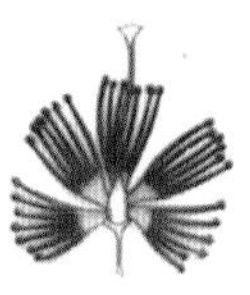
多体雄蕊

聚药雄蕊

图1-29 被子植物各种雄蕊形态结构

①离生雄蕊:花中雄蕊是彼此分离的,一朵花中组成雄蕊群的雄蕊数目因植物种类不同而异,花丝长短也随植物种类而异。一般同

一花中花丝是等长的,也有不等长的,如紫罗兰共 6 枚雄蕊,4 长 2 短,为典型的四强雄蕊;再如泡桐等植物的花中共 4 枚雄蕊,花丝 2 长 2 短,为典型的二强雄蕊。

②合生雄蕊:花中雄蕊部分或全部合生。根据合生程度不同,又分为如下 4 种。

A.单体雄蕊:一朵花中花丝全部结合在一起;

B.二体雄蕊:花丝结合而成二束;

C.多体雄蕊:花丝结合成多束;

D.聚药雄蕊:仅花药结合而花丝分离。

(7)雌蕊群:是一朵花中雌蕊的总称。每一雌蕊包括柱头、花柱、子房三个部分。柱头是雌蕊顶端接受花粉的部分,通常膨大成球状、圆盘状或分枝羽状;花柱是连接柱头和子房的细长管道,柱头接受的花粉将通过该管道进入子房;子房是雌蕊基部的膨大部分,外壁称子房壁,内腔称子房室,每室具一至多枚胚珠。受精后花柱和柱头多萎缩,子房发育成果实,胚珠发育成种子。每一个雌蕊实际又是具繁殖功能的变态叶——心皮卷合而成,边缘愈合线称为腹缝线,胚珠着生在腹缝线上。

①根据心皮组成方式可将雌蕊群分为三种类型(如图 1-30 所示)。

图 1-30　雌蕊群类型

A.单雌蕊:一朵花中的雌蕊仅为一心皮;

B.复雌蕊:一朵花中有 2 个或更多心皮,合生为一雌蕊;

C.离生心皮雌蕊:一朵花中有若干彼此分离的心皮,它们各自形成一个雌蕊。

②根据子房与花托的合生情况及与花其他部分的相对位置不同可将子房分为三种类型(如图 1-31 所示)。

A.上位子房:子房仅以底部着生于花托顶端,子房、花托不愈合;

B.中位子房:子房的下半部分陷于花托中,与花托愈合,也叫半下位子房;

C.下位子房:子房完全被花托包围,并与花托愈合。

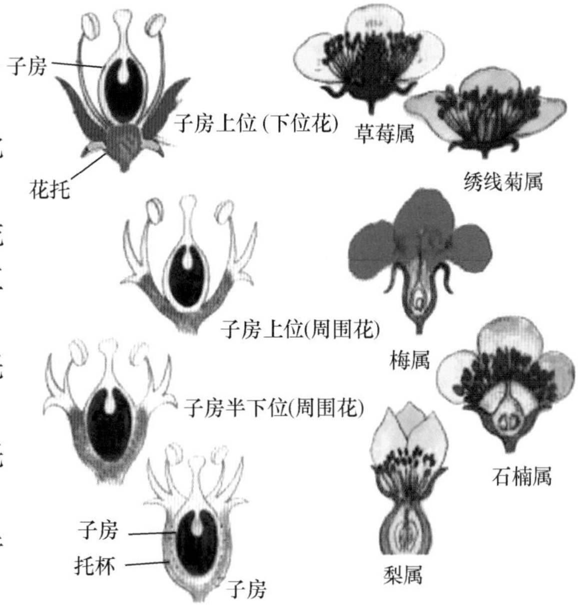

③子房中着生胚珠的位置称为胎座,常

子房
子房上位(下位花)
花托
草莓属
绣线菊属
子房上位(周围花)
梅属
子房半下位(周围花)
石楠属
子房
托杯
子房
梨属

图 1-31　子房类型

有以下类型(如图 1-32 所示)。

A.边缘胎座:单心皮形成子房,胚珠生于腹缝线上;

B.中轴胎座:心皮合生且各成一室,胚珠处于子房的中轴上;

C.侧膜胎座:心皮合生,子房一室,胚珠生于相邻心皮之间相结合的腹缝线上,成若干纵列;

D.特立中央胎座:心皮合生,子房一室,胚珠生于子房中央的中轴上;

E.基生胎座:单心皮或多心皮,子房一室,胚珠 1,生于子房基部;

F.悬垂胎座:单心皮或多心皮,子房一室,胚珠 1,生于子房顶部。

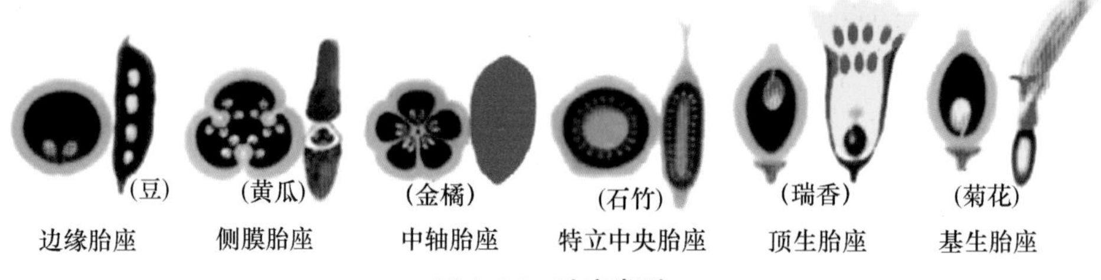

图 1-32 胎座类型

3. 花序

花序是指花在花枝上的排列情况。整个花枝的轴叫做总花轴或花序轴。按花的开放顺序的先后,花序可分为以下类型(如图 1-33 所示)。

(1)无限花序:花序轴下部或花序边缘的花先开放。无限花序按其结构形式,可分为:

①穗状花序,花多数,无梗,排列于一不分枝主轴上;

②葇荑花序,是由单性花组成的穗状花序,常因花序轴纤弱而下垂;

③肉穗花序,结构同穗状花序,但花序轴肉质肥厚,有时由佛焰苞所包围,可称为佛焰花序;

④总状花序,与穗状花序相似,但花有近等长的梗;

⑤圆锥花序,花序轴分枝复生总状或穗状花序,或泛指分枝疏松、形如塔状的花丛;

⑥头状花序,花无梗或近无梗,密集于一平坦或隆起的总花托上而成头状;

⑦隐头花序,花序轴特别肉质而凹陷,花隐没其内,仅留小孔与外方相通;

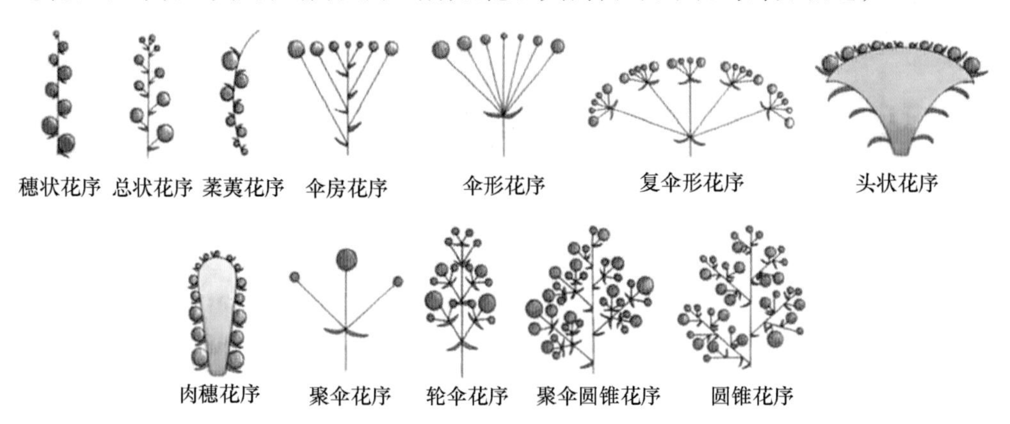

图 1-33 被子植物各种花序

⑧伞形花序，花梗近等长，从花序梗顶端一点发出，形似张开的伞，若每一伞梗复生一伞形花序即为复伞形花序；

⑨伞房花序，花梗排列于总轴上不同高度的各点，因最下的最长，渐上递短，使花序顶部呈一平头状。

(2)有限花序：花序轴上部或花序中央的花先开放，而后渐及两侧，依每级分歧数目的多少又分为：

①二歧聚伞花序，顶花下的主轴向二侧各分生一枝，分枝顶端生花，每枝再在二侧分枝，如此反复。

②单歧聚伞花序，顶花下的主轴下面一侧形成侧枝，分枝顶端生花，花下又生一侧枝，整个花序为合轴分枝。根据分枝方向的不同又可分为螺状聚伞花序和蝎尾状聚伞花序。

③多歧聚伞花序，顶花下的主轴产生三数以上分枝，每分枝又自成一小聚伞花序。

(二) 果实

1. 果实的结构

果实是受精后的子房发育形成的结构。一般果实包含了果皮和种子两个部分，果皮常分为外果皮、中果皮和内果皮三层，由子房壁发育而成；种子则由胚珠发育而成，其中珠被发育成种皮。

纯粹由子房发育成的果实为真果；有些植物的果实形成有子房以外的部分参与，则为假果，例如草莓肥厚多汁的部分是由花托膨大而成，无花果的肉质部分是由花轴发育而来。

2. 果实的类型

果实可分为三大类。

(1)单果：由一朵花中的一个子房或一个心皮形成的单个果实。依据果皮的质地，单果又可分为肉质果和干果两大类。

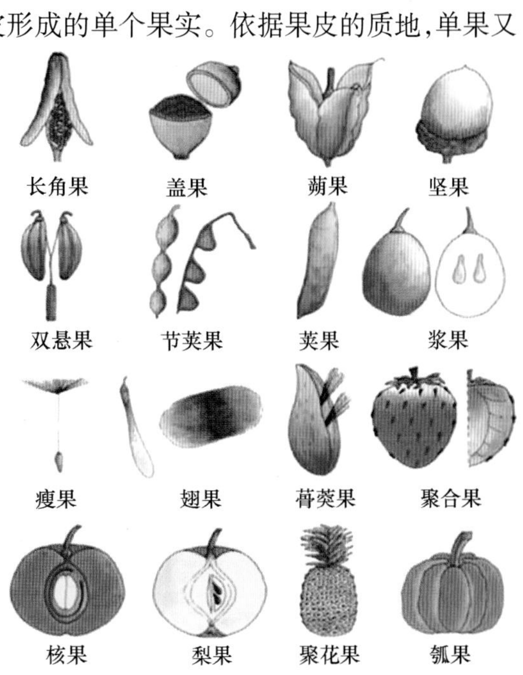

图 1–34　被子植物果实形态

①肉质果：果实成熟后肉质多汁。其种类主要包括如下五种类型。

A.核果：外果皮薄，中果皮肉质，内果皮坚硬；

B.浆果：外果皮薄，中果皮和内果皮肉质；

C.柑果：特指柑橘类果实，外果皮革质，中果皮纸质，内果皮膜质并向子房室内形成指状绒毛；

D.梨果：特指蔷薇科苹果亚科的果实，由下位子房形成，花托与子房壁愈合并肉质化，是一类假果；

E.瓠果：特指瓜类的果实，由下位子房形成并有花托参与，1 室，多种子，也是假果。

②干果：果实成熟后果皮干燥。根据果实

成熟后闭合或开裂与否，分为闭果和裂果两种类型。

A. 闭果：果实成熟后果皮不开裂。闭果包括瘦果、坚果、颖果、翅果、双悬果几种类型。

a. 坚果：果皮坚硬，1 室，1 种子；

b. 瘦果：似坚果，但稍瘦小，果皮常紧包种子，有时为下位子房形成并有萼筒参与；

c. 颖果：子房 1 室，1 种子，果皮与种皮愈合而不能分离；

d. 翅果：瘦果状，具翅；

e. 双悬果：由两心皮形成，成熟时分开，悬于心皮柄顶部。

B. 裂果：果实成熟后果皮开裂。裂果分为蓇葖果、荚果、蒴果、角果几种类型。

a. 蓇葖果：单心皮发育而成，沿腹缝或背缝开裂；

b. 荚果：单心皮发育而成，多由背、腹缝同时开裂，也有具此结构而并不开裂者；

c. 蒴果：由 2 个或更多心皮合生而成，子房以上或多室，开裂方式有纵裂（室间开裂和室背开裂）、孔裂和周裂；

d. 角果：两心皮合生，从心皮之间相连处裂开，细长形者称为长角果，长宽比几近相等者称为短角果。

（2）聚合果：一朵花中若干离生心皮各自形成一单果，聚集成一整体。

（3）聚花果：由一整个花序发育成的整体。

（三）种子

1. 种子的概念

种子是由胚珠受精后发育而成，是种子植物特有的器官，由种皮、胚、胚乳三部分组成。

2. 种皮

包闭种子的外部结构称为种皮。种皮通常有两层，外种皮由外珠被发育而成，一般较坚韧；内种皮由内珠被发育而来，一般较薄。种皮内的幼小植物体为胚。种子的形状、大小、色泽、表面纹理等随植物种类不同而异。

种皮表面构造包括以下几个部分。

（1）种脐：种子成熟后，从种柄或胎座上脱落后留下的疤痕，豆类种子特别明显。

（2）种孔（发芽孔或萌发孔）：是胚珠的珠孔存留在种皮上的遗迹，种子萌发多由于种孔吸收水分，胚根伸出，故又称萌发孔。

（3）种脊：由胚珠的珠脊发育而成，是种脐到合点间的隆起线，内含维管束。直生胚珠发育而成的种子，因种脐和合点位于同一位置，故不见种脊。

（4）合点：即胚珠的合点。

（5）种阜：有些植物种子的外种皮，在珠孔处由珠被扩展成海绵状突起物，将种孔掩盖，叫种阜。如蓖麻。

（6）假种皮：是由珠柄或胎座部位的组织发育而成，多为肉质，如龙眼、荔枝的可食部分。也有呈干膜质的。

（7）种子附属物：有些种子外面有附属物，如柳、棉种皮上的表皮毛、种缨、瘤刺等。

3. 胚

胚由卵细胞受精(也称合子)发育而成,是种子中尚未发育的幼小植物体,包藏在种皮和胚乳内,是种子的最重要部分。大多数植物的种子成熟时胚已分化成胚根、胚茎(轴)、胚芽和子叶四部分。

(1)胚根:为幼小未发育的根,种子萌发时,胚根最先生长,从种孔伸出,发育成植物的主根。

(2)胚茎(胚轴):为连接胚根、子叶、胚芽部分,向上生长成为根与茎相连接部分。

(3)胚芽:为胚顶端未发育的地上枝,以后发育成为植物的主茎。

(4)子叶:是胚吸收养料或贮藏营养物质的器官,占胚的大部分,单子叶植物常有 1 枚子叶,双子叶植物常有 2 枚子叶,裸子植物具有 2 枚到多枚子叶。种子植物中的被子植物根据胚所具子叶数目可将种子分为单子叶种子和双子叶种子。

4. 胚乳

胚乳是极核受精后发育而成的,通常位于胚的周围,呈白色。胚乳细胞中含有丰富的营养物质。有些种子在发育过程中,珠心未被完全吸收,形成营养组织,包围在胚乳和胚的外部,称外胚乳;有些植物的种子在胚形成发育时,胚乳被胚全部吸收,成为无胚乳种子。无胚乳种子常有发达的子叶,营养物质贮存于子叶中。

(1)无胚乳种子(如图 1-35 所示):某些植物种子在胚形成发育时,胚乳被胚全部吸收,将营养贮存在子叶里。例如花生、蚕豆、大豆、白菜、柑橘、茶、棉花、慈菇、泽泻等植物的种子。

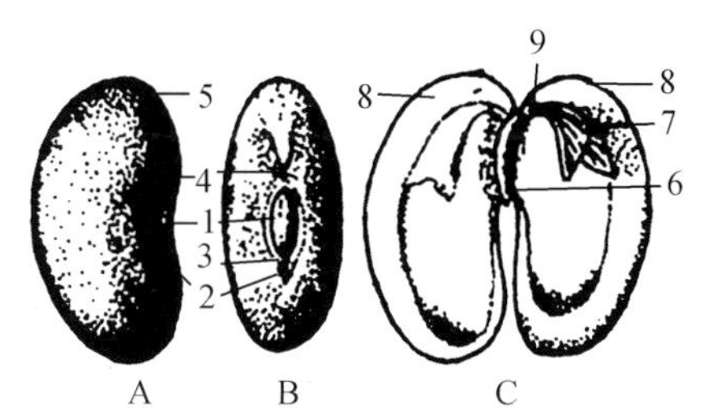

图 1-35　菜豆种子（无胚乳种子）

A.菜豆外形；B.菜豆外形，示种孔、种脊、种脐、合点；

C.菜豆的构造剖面（已除去种皮）

1.种脐；2.合点；3.种脊；4.种孔；5.种皮；

6.胚根；7.胚芽；8.子叶；9.胚茎

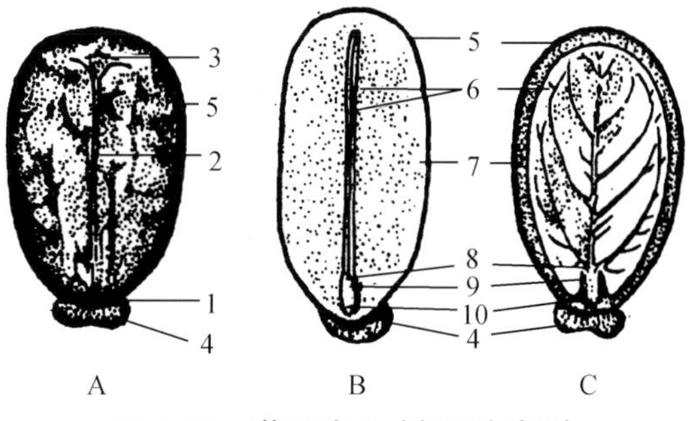

图 1-36　蓖麻种子（有胚乳种子）

A.外形；B.与子叶垂直面纵切；

C.与子叶平行面纵切

1.种脐；2.种脊；3.合点；4.种阜；5.种皮；

6.子叶；7.胚乳；8.胚芽；9.胚茎；10.胚根

(2)有胚乳种子(如图 1-36 所示):种子成熟时具有发达的胚乳。例如玉米、小麦、蓖麻、烟草、西红柿、柿等植物的种子。

有的植物的珠心未被完全吸收而形成营养组织包围在胚乳和胚的外部,称外胚乳。外胚乳具有胚乳的作用,但来源与胚乳不同。

第二部分　1 号区植物

1 号区植物主要分布于校大门内的迎宾路两旁。

一、乔木

1. 乐昌含笑 *Michelia chapensis*

别　　名：南方白兰花、广东含笑、景烈白兰、景烈含笑

科　　属：木兰科　含笑属

形态特征：常绿乔木，树皮灰色至深褐色；小枝无毛或嫩时节上被灰色微柔毛。叶薄革质，倒卵形、狭倒卵形或长圆状倒卵形，长 6.5~16 cm，宽 3.5~7 cm，先端短渐尖，尖头钝，基部楔

形或阔楔形，上面深绿色，有光泽，侧脉每边9~15条，网脉稀疏；叶柄长1.5~2.5 cm，无托叶痕。花梗被平伏灰色微柔毛，具2~5苞片脱落痕；花被片淡黄色，6片，芳香，2轮，外轮倒卵状椭圆形；内轮较狭；雄蕊长1.7~2 cm；雌蕊群狭圆柱形，长约1.5 cm；胚珠约6枚。聚合蓇葖果长约10 cm，长圆体形或卵圆形，果梗长约2 cm；种子红色，卵形或长圆状卵圆形。花期3—4月，果期8—9月。

生长习性：喜温暖湿润的气候，生长适宜温度为15~32℃，能抗41℃的高温，亦能耐寒。喜土壤深厚、疏松、肥沃、排水良好的酸性至微碱性土壤。

分　　布：原产我国江西、湖南、广东、广西、贵州等地。我校主干道迎宾路两旁的行道树就是乐昌含笑。

繁　　殖：以播种繁殖为主。

应　　用：树干挺拔，树荫浓郁，花香醉人，可孤植或丛植于园林中，亦可作行道树。

2. 湿地松 *Pinus elliottii*

别　　名：外国松、美国松、北美松、国外松

科　　属：松科　松属

形态特征：常绿乔木，树皮灰褐色，纵裂成鳞状大片剥落，枝条每年生长3~4轮，小枝粗壮。冬芽红褐色，粗壮，圆柱状，先端渐窄。针叶2针一束与3针一束并存，长18~30 cm，粗硬，深绿色，有光泽。球果常2~4个聚生，圆锥形，有梗，鳞盾肥厚，鳞脐瘤状，种子卵圆，略具3棱。花期3月中旬，果熟翌年9月。

生长习性：喜光树种，极不耐阴。适生于夏雨冬旱的亚热带气候地区，在中性以至强酸性红壤丘陵地和砂黏土地均生长良好，抗风力强。

分　　布：原产美国东南部。我国山东平邑以南广大地区多处试栽均表现良好。我校迎宾路旁的休闲广场和2号区篮球场旁边有栽培。

繁　　殖：播种繁殖。

应　　用：速生，适应性强，材质好，松脂产量高。长江以南的园林中可作庭园树或丛植、群植，宜植于河岸池边。

3. 棕榈 *Trachycarpus fortunei*

别　　名：中国扇棕、棕树、山棕

科　　属：棕榈科　棕榈属

形态特征：常绿乔木。常有老叶柄及叶鞘，叶集生于干顶，形如扇，掌状裂至中下部。雌雄

异株，圆锥状肉穗花序腋生，花小，黄色。核果肾状球形，蓝褐色，有白粉。花期4—5月，果期10—11月。

生长习性：喜温暖湿润气候，喜光。耐寒性极强。

分　　布：原产我国，现世界各地均有栽培。中国主要分布在秦岭、长江流域以南地区，以四川、云南、贵州、湖南、湖北、陕西最多。我校休闲广场和香樟路旁有栽培。

繁　　殖：播种繁殖。

应　　用：宜栽植于庭院、路边、花坛中。叶可制扇、帽。果实、叶柄、皮有收敛止血之功效。主治：吐血、衄血、便血、血淋、尿血、外伤出血、崩漏下血、鼻血。

4. 紫叶李 *Prunus ceraifera* cv. *Pissardii*

别　　名：红叶李

科　　属：蔷薇科　李属

形态特征：落叶小乔木，树皮紫灰色，小枝淡红褐色，树干光滑无毛。单叶互生，叶卵圆形或长圆状披针形，紫红色；核果扁球形，径1~3 cm，熟时黄、红或紫色，光亮或微被白粉；花叶同放。花期3—4月，果期5—8月，果常早落。

生长习性：喜光也稍耐阴，抗寒，适应性强，以温暖湿润的气候环境和排水良好的砂质壤土最为有利。怕盐碱和涝洼。

分　　布：原产中亚及中国新疆天山一带，现中国华北及其以南地区广为种植。我校休闲广场有栽培。

繁　　殖：播种繁殖。

应　　用：叶常年紫红色，为著名观叶树种，孤植、群植皆宜，能衬托背景。

5. 垂丝海棠 *Malus halliana*

别　　名：垂枝海棠

科　　属：蔷薇科　苹果属

形态特征：落叶小乔木，高可达5 m，树冠开展；叶片卵形或椭圆形至长椭卵形，伞房花序，具花4~6朵，花梗细弱下垂，梨果梨形或倒卵形，略带紫色，成熟很迟，萼片脱落。花期3—

4 月，果期 9—10 月。

生长习性：性喜阳光，不耐阴，也不甚耐寒，喜温暖湿润环境，适生于阳光充足、背风之处。对土壤要求不严，微酸或微碱性土壤均可成长。

分　　布：原产我国。我校 1 号区休闲广场和盆景园有栽培。

繁　　殖：播种繁殖。

应　　用：海棠种类繁多，树形多样，叶茂花繁，丰盈娇艳，可地栽装点园林，或在门庭两侧对植。其果酸甜可食，可制蜜饯。

6. 水杉 *Metasequoia glyptostroboides*

别　　名：梳子杉

科　　属：杉科　水杉属

形态特征：落叶乔木，高可达 40 m，胸径可达 2.4 m；幼树树冠尖塔形，老树则为广圆头形；树皮灰褐色或深灰色，裂成条片状脱落；大枝近轮生，小枝对生或近对生，下垂，一年生枝淡褐色，2~3 年生枝灰褐色，枝的表皮层常成片状剥落，侧生短枝长 4~10 cm，冬季与叶俱落；叶交互对生，在绿色脱落的侧生小枝上排成羽状二列，扁平条形，柔软，几乎无柄，通常长 1.3~2 cm，宽 1.5~2 mm，上面中脉凹下，下面沿中脉两侧有 4~8 条气孔线。雌雄同株，雄球花单生叶腋或苞腋，卵圆形；雌球花单生侧枝顶端。球果下垂，当年成熟，果蓝色，近球形或长圆状球形，微具四棱，长 1.8~2.5 cm；种鳞极薄，透明；苞鳞木质，盾形，背面横菱形，有一横槽，熟时深褐色；种子倒卵形，扁平，周围有窄翅，先端有凹缺。花期 2 月，果实 11 月成熟。

生长习性：喜光，喜湿润环境，生长快，稍耐贫瘠和干旱，适应温度为-8~38℃。

分　　布：原产四川石柱县、湖北利川市以及湖南龙山县、桑植县等地，现我国南北各地及国外 50 余个国家均有引种栽植。我校 1 号区休闲广场旁边栽植有水杉林。

繁　　殖：常用播种和扦插繁殖。

应　　用：水杉为我国一级重点保护植物，被称为生物活化石，是湖北省省树、武汉市市树。树冠塔形，树形优美，秋叶变黄或橙红，是良好的园林绿化树种及用材树种。

7. 广玉兰 *Magnolia grandiflora*

别　　名：荷花玉兰、洋玉兰

科　　属：木兰科　木兰属

形态特征：常绿大乔木，高可达 20~30 m。树皮淡褐色或灰色，呈薄鳞片状开裂。枝与芽有

铁锈色细毛。叶片椭圆形或倒卵状长圆形,单叶互生,革质,长 10~20 cm,宽 4~10 cm,先端钝或渐尖,基部楔形,上面深绿色,有光泽,下面淡绿色,有锈色细毛,侧脉 8~9 对。花芳香,白色,呈杯状,直径 15~20 cm,开时形如白莲花;花梗粗壮具茸毛;花被 9~12,倒卵形,厚肉质;雄蕊多数,长约 2 cm,花丝扁平,紫色,花药向内;雌蕊群椭圆形,密被长绒毛,花柱呈卷曲状。聚合蓇葖果圆柱状长圆形或卵形,密被褐色或灰黄色绒毛,果先端具长喙。种子椭圆形或卵形,侧扁。花期 5—6 月,果期 9—10 月。

生长习性:广玉兰生长喜光,幼时稍耐阴。喜温暖湿润气候,有一定的抗寒能力。适生于干燥、肥沃、湿润与排水良好的微酸性或中性土壤,在碱性土种植时易发生黄化,忌积水和排水不良。对烟尘及 SO_2 气体有较强的抗性,病虫害少。根系深广,抗风力强。

分　　布:原产北美洲东南部。我国长江流域以南各城市引种栽培。我校多处可见栽培。

繁　　殖:可用播种育苗和嫁接育苗。

应　　用:树姿优雅,四季常青,病虫害少,因而是优良的行道树种,不仅可以在夏日为行人提供必要的庇荫,还能很好地美化街景。广玉兰在庭院、公园、游乐园、墓地均可种植。大树可孤植草坪中,或列植于通道两旁;中小型者可群植于花台上。

8. 紫薇 *Lagerstroemia indica*

别　　名:痒痒树

科　　属:千屈菜科　紫薇属

形态特征:落叶灌木或小乔木。树皮平滑,灰色或灰褐色。枝干多扭曲,小枝纤细,具 4 棱,略成翅状。单叶互生或有时对生,纸质,椭圆形、阔矩圆形或倒卵形,顶端短尖或钝形,有时微凹,基部阔楔形或近圆形,无毛或下面沿中脉有微柔毛,侧脉 3~7 对,小脉不明显。花淡红色或紫色、白色。花瓣 6,皱缩,具长爪。蒴果椭圆状球形或阔椭圆形,幼时绿色至黄色,成熟时或干燥时呈紫黑色,室背开裂。种子有翅,长约 8 mm。花期 6—9 月,果期 9—12 月。

生长习性:性喜温暖、湿润,喜光而稍耐阴,有一定的抗寒力和耐旱力。

分　　布:中国大部分地区有分布。我校休闲广场、10 栋和 6 栋学生公寓旁边有栽培。

繁　　殖:常采用播种、扦插、压条、分株、嫁接等方法繁殖。

应　　用:紫薇作为优秀的观花乔木,在园林绿化中被广泛用于公园绿化、庭院绿化、道路绿化等。是夏天少见的观花植物之一。紫薇是我省襄阳市市花,保康县拥有较多的紫薇种质资源。紫薇花、根、皮都可药用,具有活血、止血、解毒、消肿的功效。

9. 木犀 *Osmanthus fragrans*

别　　名:桂花、岩桂、九里香、金粟

科　　属:木犀科　木犀属

形态特征:常绿灌木或小乔木,高可达 8 m。树冠大,树皮粗糙,灰褐色或灰白。单叶对生,革质光亮,椭圆形或长椭圆形,全缘或上半部疏生细锯齿。花 3~5 朵生于叶腋成聚伞状,花小,花瓣 4 片,多为黄白色,极芳香。核果歪斜,椭圆形,呈紫黑色,俗称桂子。花期 9—10 月,果期翌年 3 月。木犀常见的栽培变种有 4 种,最常见的是秋季开金黄色花、香味浓郁的金桂;还有生长势强、枝干粗壮、叶形较大、叶表粗糙、叶色墨绿、花色橙红的丹桂;有长势中等、叶表光滑、叶缘具锯齿、花呈乳白色的银桂;有生长势较强、叶表光滑、叶缘稀疏锯齿或全缘、花呈淡黄色、花朵稀疏而有淡香,每 2~3 月开一次花的四季桂。

生长习性:喜温暖环境,不耐干旱瘠薄,宜在土层深厚,排水良好,肥沃、富含腐殖质的偏酸性砂质土壤中生长。对有害气体 SO_2、HF 等有较强的抗性。

分　　布:原产我国喜马拉雅山东段,印度、尼泊尔、柬埔寨也有分布。现广泛栽种于淮河流域及以南地区。我校广泛栽植,其中 1 号、2 号、4 号区栽培较多。

繁　　殖:播种、压条、嫁接和扦插均可。

应　　用:桂花是我国十大传统名花之一,在园林中应用普遍,常作园景树,有孤植、对植,也有成丛成林栽种。庭园、住宅四旁或窗前、校园也大量种植桂花,也是工矿区绿化的好花木。其花朵含多种香料物质,可食用或用于提取香料。最有名的桂花食品有桂花汤圆和桂花蜂蜜。是我省咸宁市和广西桂林市市花。

10. 罗汉松 *Podocarpus macrophyllus*

别　　名:罗汉杉、长青罗汉杉、仙柏、罗汉柏、江南柏

科　　属:罗汉松科　罗汉松属

形态特征:常绿乔木,高可达 20 m,树冠广卵形;树皮灰色,浅裂,呈薄鳞片状脱落。枝较短而横斜密生。叶条状披针形,两面中脉显著而缺侧脉,叶表暗绿色,有光泽,叶背淡绿色或粉绿色,叶螺旋状互生。种托肉质,椭圆形,初时为深红色,后变紫色,略有甜味,可食,有柄。花期 4—5 月,种子 8—9 月成熟。

生长习性:半阳性树种,在半阴环境下生长良好。喜温暖湿润和肥沃砂质壤土,在沿海平原也能生长。不耐严寒,故在华北只能盆栽。寿命长。

分　　布:产于江苏、浙江、福建、安徽、江西、湖北、湖南、四川、云南、贵州、广西、广东等地,在长江以南各地均有栽培。日本亦有分布。我校 9 栋学生公寓前面毛竹林旁边和盆景园有栽培。

繁　　殖:播种或扦插繁殖。

应　　用:种子与种柄组合奇特,南方寺庙、宅院多有种植。可门前对植,中庭孤植,或于墙垣一隅与假山、湖石相配。罗汉松可作花台栽植,亦可布置花坛或盆栽陈于室内欣赏。

11. 毛竹 *Phyllostachys heterocycla*

别　　名:楠竹、茅竹、南竹、江南竹

科　　属:禾本科　刚竹属

形态特征:单轴散生型常绿乔木,竿大型,高可达 20 m 以上,粗可达 20 cm。幼竿密被细柔毛及厚白粉,箨环有毛,老竿无毛,并由深绿色渐变为绿黄色;基部节间甚短而向上则逐节较长,中部节间长达 40 cm 或更长,壁厚约 1 cm。箨鞘背面黄褐色或紫褐色,具黑褐色斑点及密生棕色刺毛;箨片较短,长三角形至披针形,有波状弯曲,绿色,初时直立,以后外翻。末级小枝具 2~4 叶;叶舌

隆起;叶片较小较薄,披针形,长4~11 cm,宽0.5~1.2 cm,下表面沿中脉基部具柔毛,次脉3~6对。花枝穗状,长5~7 cm,基部托以4~6片逐渐稍较大的微小鳞片状苞片,有时花枝下方尚有1~3片近于正常发达的叶,当此时则花枝呈顶生状;每片孕性佛焰苞内具1~3枚假小穗。小穗仅有1朵小花;小穗轴延伸于最上方小花的内稃之背部,呈针状,节间具短柔毛;颖1片,顶端常具锥状缩小叶有如佛焰苞,下部、上部以及边缘常生茸毛;内稃稍短于其外稃,中部以上生有茸毛。颖果长椭圆形,长4.5~6 mm,顶端有宿存的花柱。笋期4月,花期5—8月。毛竹在竹笋长出后,高、直径生长在5个月内就完成了,以后不会长高增粗。其寿命较短,一般为10年,终生只开一次花,结一次果,开花结果不久就死亡。

生长习性:要求温暖湿润的气候条件,年平均温度15~20℃,土壤深度在50 cm以上;宜肥沃、湿润、排水和透气性良好的酸性砂质土或砂质壤土。

分　　布:中国是毛竹的故乡,长江以南生长着世界上85%的毛竹。它广泛分布于海拔400~800 m的丘陵、低山山麓地带。我校9栋学生公寓与第一食堂之间有一片毛竹林。

繁　　殖:分株繁殖。

应　　用:竿高,叶翠,四季常青,秀丽挺拔,经霜不凋,雅俗共赏。也是竹类植物中用途最为广泛的竹种,与人们的日常生活息息相关,在人们衣、食、住、行、观、用、饰各个方面发挥着重要作用。它拥有材用、食用、药用、观赏、饲用、环保等众多功用,是无污染绿色宝库中的一颗璀璨明珠,是营建绿色银行的理想物种。

12. 雪松 *Cedrus deodara*

别　　名:香柏、宝塔松、番柏、喜马拉雅山雪松

科　　属:松科　雪松属

形态特征:常绿乔木,高可达50 m,胸径达30 cm;树皮深灰色,裂成不规则的鳞状块片;枝平展、微斜展或微下垂,基部宿存芽鳞向外反曲,小枝常下垂,一年生长枝淡灰黄色,密生短绒毛,微有白粉,二、三年生枝呈灰色、淡褐灰色或深灰色。叶在长枝上散生,在短枝上簇生,针形,坚硬,淡绿色或深绿色,先端锐尖,下部渐窄,常呈三棱形,叶之腹面两侧各有2~3条气孔线,背面4~6条,幼时气孔线有白粉。雄球花长卵圆形或椭圆状卵圆形;雌球花卵圆形。10—11月开花。球果椭圆状卵形,翌年成熟,成熟前淡绿色,微有白粉,熟时红褐色。

生长习性:喜暖温带至中亚热带气候,在中国长江中下游一带生长最好。抗寒性较强,大苗可耐-25℃的短期低温。较喜光,幼年稍耐庇荫。深厚、肥沃、疏松的土壤最适宜其生长,耐干旱,不耐水湿。浅根性,抗风力差。

分　　布:产于亚洲西部、喜马拉雅山西部和非洲及地中海沿岸。现长江流域各地多有栽培。我校1号和2号区都有种植,主要分布在2号教学楼和5栋学生公寓前面。

繁　　殖：一般用播种、扦插等方法繁殖。

应　　用：为世界著名的三大珍贵观赏树种之一，也是世界五大公园树种之一。树冠塔形，树姿端庄、雄伟壮丽，挺拔苍翠，可作成片或成行栽植，观赏效果均佳。亦可材用和药用。雪松对 SO_2 和 HF 这两种气体很敏感，当雪松针叶出现发黄、枯焦现象时，说明周围可能有 SO_2 或 HF 污染。

13. 全缘叶栾树 *Koelreuteria bipinnata* var. *integrifolia*

别　　名：黄山栾树

科　　属：无患子科　栾树属

形态特征：落叶乔木，小枝暗棕色，密生皮孔。叶为二回羽状复叶，长 30~40 cm；小叶 7~11 枚，薄革质，长椭圆形或长椭圆状卵形，长 6~10 cm，宽 3~4.5 cm，顶端渐尖，基部圆或宽楔形，小叶全缘，仅萌蘖枝上的叶有锯齿或缺裂，两面无毛或沿中脉有短柔毛。花黄色；萼片 5，边缘有小睫毛；花瓣 5，瓣柄有长柔毛；雄蕊 8，花丝有长柔毛。蒴果椭圆形，像灯笼，长 4~5 cm，顶端钝头而有短尖。花期 8—9 月，果期 10—11 月。

生长习性：喜光，喜温暖湿润气候，深根性，速生。

分　　布：主要分布于浙江、安徽、江西、湖南、广西、广东等省区。我校 1 号区休闲广场栽有两棵大树。

繁　　殖：以播种繁殖为主，分蘖或根插亦可。

应　　用：常用的观果树种，也是良好的行道树和工厂的绿化树。根、茎、花入药，茎供药用，能祛风通络，治风湿骨痛；根入药，有消肿、止痛、活血、驱蛔之功效，亦治风热咳嗽；花能清肝明目、清热止咳。

14. 梅 *Prunus mume*

别　　名：梅树、梅花

科　　属：蔷薇科　李属

形态特征：落叶小乔木，稀灌木，高 4~10 m；树皮浅灰色；一年生小枝呈绿色，光滑无毛。单叶互生，叶片卵形或椭圆状卵形，叶缘常具小锐锯齿；花单生或有时 2 朵同生于一芽内，香味浓，于早春先叶

开放；核果近球形，果肉与核粘贴；核椭圆形，花期冬春季，果期5—6月（在华北果期延至7—8月）。

生长习性：喜温暖稍带湿润的气候，喜阳略耐阴，不畏寒，土质以轻壤、砂壤而富含腐殖质最佳，在中黏壤土上生长易生刺。

分　　布：原产中国西南部，现我国大部分地区有栽培，长江流域栽培较广泛。我校1号区休闲广场北边和10栋学生公寓前面有栽培。

繁　　殖：播种、嫁接、压条繁殖。

应　　用：梅花既是中国国花，也是武汉和南京等市的市花，位于十大传统名花之首，具有较高的观赏价值，武汉、南京、无锡、苏州等地都建有以梅花为主题的公园。其果、根入药，具有敛肺止咳、涩肠止泻、除烦静心、生津止渴、杀虫安蛔、止痛止血的作用；花蕾能开胃散郁、生津化痰、活血解毒。果实可以食用，也可酿酒。

15. 构树 *Broussonetia papyrifera*

别　　名：构桃树、构乳树、楮树、楮实子、沙纸树

科　　属：桑科　构树属

形态特征：落叶乔木，高可达16 m；树冠开张，卵形至广卵形；树皮平滑，浅灰色或灰褐色，不易裂，全株含乳汁。单叶互生，有时近对生，叶卵圆至阔卵形，长8~20 cm，宽6~15 cm，顶端锐尖，基部圆形或近心形，边缘有粗齿，不裂或3~5深裂，两面有厚柔毛；叶柄长3~5 cm，密生绒毛；托叶卵状长圆形，早落。花雌雄异株；雄花序为柔荑花序，粗壮，花被4裂，雄蕊4；雌花序球形头状，苞片棍棒状，顶端被毛，花被管状。聚花果，成熟时橙红色，肉质；瘦果具等长的柄，表面有小瘤，龙骨双层，外果皮壳质。花期4—5月，果期7—9月。

生长习性：为强阳性树种，适应性特强，抗逆性强。根系浅，侧根分布很广，生长快，萌芽力和分蘖力强，耐修剪。抗污染能力强。

分　　布：分布于我国黄河、长江和珠江流域地区，也见于越南、日本。我校第一食堂旁边和山林中都有分布。

繁　　殖：播种繁殖或扦插繁殖。可利用雄株作接穗，培育嫁接苗种植。

应　　用：可作为荒滩、偏僻地带及污染严重的工厂的绿化树种。也可用作行道树，用于造纸。构树叶营养成分十分丰富，经科学加工后可用于生产全价畜禽饲料。果实酸甜，可食用。嫩叶及花可以煮食或烤食，是一种野外求生可利用植物。果实和叶入药，用于腰膝酸软、肾虚目昏、阳痿、水肿、鼻衄、肠炎、痢疾。外用治神经性皮炎及癣症，利水、消肿、解毒，治水肿癣疾；蛇、虫、蜂、蝎、狗咬。

16. 苏铁 *Cycas revoluta*

别　　名:铁树、凤尾铁、凤尾蕉、凤尾松

科　　属:苏铁科　苏铁属

形态特征:常绿小乔木,茎干圆柱状,不分枝。茎干基部有宿存的叶基和叶痕,呈鳞片状。叶从茎顶部长出,一回羽状全裂,长 0.5~2.0 m,厚革质而坚硬,羽片条形。小叶线形,初生时内卷,后向上斜展,微呈“V”字形,边缘向下反卷,先端锐尖,叶背密生锈色绒毛,基部小叶成刺状。雌雄异株,6—8 月开花,雄球花圆柱形,小孢子叶木质,密被黄褐色绒毛,背面着生多数药囊;雌球花扁球形,大孢子叶宽卵形,上部羽状分裂,其下方两侧着生有 2~4 个裸露的直生胚珠。种子 12 月成熟,种子大,卵形而稍扁,熟时红褐色或橘红色。

生长习性:喜光,稍耐半阴。喜温暖,不甚耐寒,喜肥沃湿润和微酸性的土壤,但也能耐干旱。生长缓慢,10 余年以上的植株可开花。

分　　布:产于福建、台湾、广东,各地常有栽培。我校休闲广场等多处有栽培。

繁　　殖:播种或分蘖繁殖。

应　　用:为常见的盆栽和花坛观赏植物,种子可食用和药用。为国家一级保护植物。

17. 意杨 *Populus euramevicana* cv.‘I-214’

别　　名:意大利杨、意大利 214 杨

科　　属:杨柳科　杨属

形态特征:落叶大乔木,树冠长卵形。树皮灰褐色,浅裂。叶片三角形,基部心形,有 2~4 腺点,叶长略大于宽,叶深绿色,质较厚。叶柄扁平。

生长习性:生长快速,树干挺直。阳性树种。喜温暖环境和湿润、肥沃、深厚的砂质土。

分　　布:原产意大利。现在我国除热带地区未栽培外,其他省区广泛栽培。我校第一食堂南边和足球运动场旁院墙边有种植。

繁　　殖:扦插繁殖。

应　　用:树干耸立,枝条开展,叶大荫浓,宜作防风林、绿荫树和行道树。也可在植物配植时与慢长树混栽,能很快地形成绿化景观,待慢长树长大后再逐步砍伐。适用于制作包装箱、复合地板、高密度板、农具和作为农村建筑用材,也是制作火柴盒、杆及造纸等的良好材料。

二、灌木

1. 黄杨 *Buxus microphylla* subsp. *sinica*

别　　名:瓜子黄杨、黄杨木、锦熟黄杨

科　　属:黄杨科　黄杨属

形态特征:常绿灌木或小乔木。小枝四棱形。叶革质,单叶对生,倒卵形或倒卵状长椭圆形,先端圆或钝,常有小凹口,不尖锐,基部圆或急尖或楔形,叶面光亮,中脉凸出。花簇生于叶腋或枝端,无瓣。萼片6,2轮。花柱3,柱头粗厚。花序腋生,头状,被毛,苞片阔卵形;雄花约10朵,无花梗,外萼片卵状椭圆形,内萼片近圆形,无毛。不育雌蕊有棒状柄,末端膨大。蒴果球形,熟时沿室背3瓣裂。花期3—5月,果期5—6月。

生长习性:耐阴,喜光,耐旱,耐热耐寒,对土壤要求不严,秋季光照充分并进入休眠状态后,叶片可转为红色。

分　　布:主要分布于安徽、广西、四川、江西、浙江、贵州、甘肃、江苏、广东等省区。我校1号区休闲广场花坛有栽培。

繁　　殖:主要用播种和扦插繁殖。

应　　用:园林中常作绿篱、大型花坛镶边,修剪成球形或其他整形栽培,点缀山石或制作盆景。木材坚硬细密,是雕刻工艺的上等材料。根、茎、叶入药,可祛风除湿、行气活血。

2. 雀舌黄杨 *Buxus bodinieri*

别　　名:匙叶黄杨

科　　属:黄杨科　黄杨属

形态特征:常绿灌木。树皮灰褐色,有深纵裂纹。分枝多而密集,成丛。单叶对生,叶形较长,叶薄革质,通常匙形,亦有狭卵形或倒披针形,大多数中部以上最宽,先端钝尖或微凹,基部窄楔形。叶柄疏被柔毛。花黄绿色,单性,呈密集短穗状花序,花密集成球状。果卵圆形。花期2—5月,果期5—10月。

生长习性:喜温暖湿润和阳光充足环境,耐干旱和半阴,要求疏松、肥沃和排水良好的砂壤土。弱阳性,耐修剪,较耐寒,抗污染。

分　　布:主要分布在中国云南、四川、贵州、广西、广东、江西、浙江、湖北、河南、甘肃、陕西。我校第一食堂毛竹林旁边有栽培。

繁　　殖:主要用压条和扦插繁殖。

应　　用:枝叶繁茂,叶形别致,四季常青,常用于绿篱、花坛和盆栽,修剪成各种形状,是点缀小庭院和入口处的好材料。根、茎、叶可入药。

3. 红花檵木 *Loropetalum chinense* var. *rubrum*

别　　名:红桎木、红檵花

科　　属:金缕梅科　檵木属

形态特征:常绿灌木或小乔木。嫩枝被暗红色星状毛。单叶互生,革质,卵形,全缘,嫩叶淡红色,越冬老叶暗红色。花4~8朵簇生于总状花梗上,呈顶生头状或短穗状花序,花瓣4枚,淡紫红色,带状线形。蒴果木质,倒卵圆形;种子长卵形,黑色,光亮。花期4—5月,果期9—10月。红花檵木可划分为3大类、15个型、41个品种。

生长习性:喜光,稍耐阴,但阴时叶色容易变绿。适应性强,耐旱。喜温暖,耐寒冷。萌芽力和发枝力强,耐修剪。耐瘠薄,但适宜在肥沃、湿润的微酸性土壤中生长。

分　　布:主要分布于长江中下游及以南地区。印度北部也有分布。我校1号区、3号区校园道路旁、校园山顶室内设计实训室等多处有栽培。

繁　　殖:用嫁接法繁殖,也可用组织培养

繁殖及扦插繁殖。

应　　用：红花檵木为檵木的变种，常年叶色鲜艳，枝盛叶茂，特别是开花时瑰丽奇美，极为夺目，是花、叶俱美的观赏树木。常用于色块布置或修剪成球形，也是制作盆景的好材料。花、根、叶可药用，药用功能同檵木。

4. 珊瑚树 *Viburnum odoratissimum* var. *awabuki*

别　　名：日本珊瑚树、法国冬青

科　　属：忍冬科　荚迷属

形态特征：常绿灌木或小乔木。树冠倒卵形，枝干挺直，树皮灰褐色，皮孔圆形。单叶对生，长椭圆形或倒披针形，边缘波状或具有粗钝齿，近基部全缘，表面暗绿色，背面淡绿色，终年苍翠欲滴。圆锥状伞房花序顶生，花白色，钟状，有香味。核果倒卵形，先红后黑，核有一深腹沟。花期5—6月，果期10月。

生长习性：喜温暖湿润气候。在潮湿肥沃的中性土壤中生长旺盛，酸性和微酸性土均能适应，喜光亦耐阴。根系发达，萌芽力强，特耐修剪，极易整形。

分　　布：原产浙江和台湾，长江以南广泛栽培。除了1号区毛竹林旁边的珊瑚树绿篱外，校园内其他地方均以绿篱形式栽培。另外我校第一超市旁边种植有珊瑚树乔木。

繁　　殖：以扦插繁殖为主，也可播种繁殖。

应　　用：可作绿篱及绿雕，各地庭园有栽培。可阻挡尘埃，吸收多种空气中有害气体，减少环境噪音。

5. 火棘 *Pyracantha fortuneana*

别　　名：火把果、救军粮、救荒粮、红子刺

科　　属：蔷薇科　火棘属

形态特征：常绿灌木，小枝暗褐色，具枝刺。单叶互生，叶倒卵形或倒卵状长圆形，有圆钝锯齿。复伞房花序；花白色，长1 cm。果近球形，直径约5 mm，红色。花期3—5月，果期8—11月。

生长习性：性喜温暖湿润而通风良好、阳光充足、日照时间长的环境，最适生长温度20~30℃。

分　　布:分布于中国黄河以南及广大西南地区。我校 1 号区休闲广场和 5 号区 11 栋学生公寓旁边有栽培。

繁　　殖:播种繁殖。

应　　用:树形优美,适合作中小盆景栽培,或在园林中丛植、孤植于草地边缘。在庭院中做绿篱以及园林造景材料,在路边可以用作绿篱,美化、绿化环境。果实含有丰富的有机酸、蛋白质、氨基酸、维生素和多种矿质元素,可鲜食,也可加工成各种饮料。果实打霜后变甜,甚受人们喜爱。

6. 金森女贞 *Ligustrum japonicum*

别　　名:哈娃蒂女贞

科　　属:木犀科　女贞属

形态特征:常绿灌木。单叶对生,叶片卵形,革质,厚实,有肉感;春季新叶鲜黄色,至冬季转为金黄色,部分新叶沿中脉两侧或一侧局部有云翳状浅绿色斑块;节间短,枝叶稠密。圆锥状花序,花白色。果椭圆形,成熟时呈黑紫色。花期 6—7 月,果实 10—11 月。

生长习性:喜光,耐热耐寒。

分　　布:分布于日本及我国的台湾。我校 1 号区休闲广场及行道树下有栽培。

繁　　殖:扦插繁殖。

应　　用:叶片色彩金黄,具有较高的观赏价值。叶片宽大,质感良好,株型紧凑,因此是非常好的自然式绿篱材料。

7. 海桐 *Pittosporum tobira*

别　　名:海桐花、山矾、七里香、宝珠香、山瑞香

科　　属:海桐花科　海桐花属

形态特征:常绿灌木或小乔木,高可达 3 m。嫩枝被褐色毛。单叶互生,多数聚生枝顶,狭倒卵形,花有香气,初开时白色,后变黄。蒴果,果瓣木质,有棱角,长达 1.5 cm,成熟时 3 瓣裂,露出鲜红色种子。花期 5 月,果熟期 10 月。

生长习性:对气候的适应性较强,能耐寒冷,亦颇耐暑热。在黄河流域以南,可在露地安全

越冬。

分　　布：主要分布于长江以南地区。我校1号区休闲广场有栽培。

繁　　殖：播种繁殖。

应　　用：通常可作绿篱栽植，也可孤植、丛植于草丛边缘、林缘或门旁，列植在路边。也是理想的花坛造景树，或造园绿化树种。多作房屋基础种植和绿篱。

8. 大叶黄杨 *Euonymus japonicus*

别　　名：冬青卫矛、正木

科　　属：卫矛科　卫矛属

形态特征：常绿灌木或小乔木。小枝四棱形，光滑、无毛。叶革质或薄革质，卵形、长椭圆状或倒卵形，先端渐尖，顶钝或锐，基部楔形或急尖，叶面光亮，中脉在两面均凸出，侧脉多条。聚伞花序腋生，有短柔毛或近无毛，花白绿色，花盘肥大；苞片阔卵形，先端急尖，背面基部被毛，边缘狭干膜质。雄花8~10朵，外萼片阔卵形，内萼片圆形，背面均无毛；雌花萼片卵状椭圆形，无毛。花期3—4月，果期6—7月。栽培变种有金边大叶黄杨、银边大叶黄杨、斑叶大叶黄杨、金心大叶黄杨。

生长习性：喜温暖湿润和阳光充足环境，耐寒性较强，耐阴，耐干旱瘠薄，宜在肥沃、疏松的砂壤土中生长。

分　　布：原产日本南部，我国中部及南部各省栽培甚普遍。我校1号区休闲广场和2号区3栋学生公寓旁边都有栽培。

繁　　殖：可采用扦插、嫁接、压条繁殖。

应　　用：叶色光亮，嫩叶鲜绿，极耐修剪，为庭院中常见绿篱树种。树皮入药，有活血调经、利尿、祛风湿之功效。

9. 凤尾竹 *Bambusa multiplex* cv. *Fernleaf*

别　　名：米竹、筋头竹、蓬莱竹、观音竹

科　　属：禾本科　凤尾竹属

形态特征：多年生常绿灌木型丛生竹。竿密丛生，矮细但空心，高1~3 m，径0.5~1.0 cm；具叶小枝下垂，每小枝有叶9~13枚，叶片小型，线状披针形至披针形，长3.3~6.5 cm，宽0.4~0.7 cm。是孝顺竹的变种。

生长习性:喜温暖湿润和半阴环境,耐寒性稍差,不耐强光曝晒,怕渍水,宜肥沃、疏松和排水良好的壤土,冬季温度不低于0℃。

分　　布:分布于我国广东、广西、四川、福建等地,江浙一带也有栽培,地栽、盆栽均可。我校1号区9栋学生公寓旁毛竹林边有栽培。

繁　　殖:分株和扦插繁殖。

应　　用:枝叶纤细,茎略弯曲下垂,状似凤尾,体态潇洒,观赏价值较高,宜作庭院丛栽,也可作盆景植物。

10. 含笑 *Michelia figo*

别　　名:香蕉花、含笑花、含笑梅、笑梅

科　　属:木兰科　含笑属

形态特征:常绿灌木或小乔木。分枝多而紧密,组成圆形树冠,树皮和叶上均密被褐色绒毛。单叶互生,叶椭圆形,绿色,光亮,厚革质,全缘。花单生于叶腋,花形小,呈圆形,花瓣6枚,肉质淡黄色,边缘常带紫晕,花香袭人,沁人心脾,有香蕉的气味,这种花不常开全,有如含笑之美人,花期3—4月。果卵圆形,9月果熟。

生长习性:性喜暖热湿润,不耐寒,适半阴,宜酸性及排水良好的土质中生长。

分　　布:原产华南山坡杂木树林中。现在从华南至长江流域各地均有栽培。我校1号区休闲广场花坛有栽培。

繁　　殖:以扦插为主,也可嫁接、播种和压条。

应　　用:名贵的香花植物。适于在小游园、花园、公园或街道上成丛种植,可配植于草坪边缘或稀疏林丛之下,使游人在休息之中常得芳香气味的享受。花入药,有行气通窍、芳香化湿功效;主治气滞腹痛、鼻塞。花蕾可用于治疗女性月经不调、痛经等症。含笑花混合别的花草可以做成有保健功效的花草茶系列。

11. 龟甲冬青 *Ilex crenata* cv. *Convexa*

别　　名:豆瓣冬青、龟背冬青

科　　属:冬青科　冬青属

形态特征:常绿小灌木。为钝齿冬青栽培变种,分枝较多,小枝有灰色细毛,单叶互生,叶小而密,叶面凸起,厚革质,椭圆形至长倒卵形,先端圆形,钝或近急尖,基部钝或楔形,边缘具圆齿状锯齿。雄花1~7朵排

成聚伞花序，单生于当年生枝下部的叶腋内，或假簇生于二年生枝的叶腋内。雌花单花，2 或 3 花组成聚伞花序生于当年生枝的叶腋内。花绿白色，花瓣 4，阔椭圆形，花 4 基数，花萼 4 裂，裂片圆形。果球形，熟时黑色。花期 5—6 月，果期 8—10 月。

生长习性：喜温暖气候，适应性强，阳地、阴处均能生长。

分　　布：主要分布于长江下游至华南、华东、华北部分地区。我校 1 号区休闲广场有栽培。

繁　　殖：主要是扦插繁殖。

应　　用：因其有极强的生长能力和耐修剪的能力，庭植常作地被和绿篱使用，也可作盆栽。

12. 栀子花 *Gardenia jasminoides*

别　　名：黄栀子、鲜支、栀子、越桃、支子花、玉荷花、白蟾花、碗栀

科　　属：茜草科　栀子属

形态特征：常绿灌木，高可达 3 m；嫩枝常被短毛，枝圆柱形，灰色。单叶对生，革质，稀为纸质，少为 3 枚轮生，叶为长圆状披针形或椭圆形，两面常无毛，上面亮绿，下面色较暗；托叶膜质。花芳香，通常单朵生于枝顶，萼管倒圆锥形或卵形，有纵棱，萼檐管形，膨大，顶部 5~8 裂，通常 6 裂，裂片披针形或线状披针形，结果时增长，宿存；花冠白色或乳黄色，高脚碟状，裂片广展，倒卵形或倒卵状长圆形。果卵形、椭圆形或长圆形，黄色或橙红色，有翅状纵棱 5~9 条，种子多数，扁，近圆形而稍有棱角。花期 5—8 月，果熟期 10 月。

生长习性：喜温暖、湿润、光照充足且通风良好的环境，但忌强光曝晒，适宜在稍庇荫处生长，耐半阴，怕积水，较耐寒，在东北、华北、西北只能作温室盆栽花卉。宜用疏松肥沃、排水良好的轻黏性酸性土壤种植，是典型的酸性花卉。

分　　布：我国广泛种植，我校 1 号区休闲广场和教工宿舍区有种植。

繁　　殖：可用扦插、压条、分株或播种繁殖。

应　　用：常见的观花观叶树种。根、叶、果实均可入药，有泻火除烦、消炎祛热、清热利尿、凉血解毒之功效。另外，对 SO_2 有抗性，可吸硫并净化空气。

13. 山茶 *Camellia japonica*

别　　名：花牡丹、洒金宝珠、大朱砂、绿珠球、鸳鸯凤冠、十样锦、赛洛阳、花芙蓉

科　　属：山茶科　山茶属

形态特征：常绿灌木或小乔木，树皮灰褐。单叶互生，倒卵形或椭圆形，长 5~10 cm，宽 2~6 cm，短钝渐尖，基部楔形，有细锯齿，叶干后带黄色；叶柄长 8~15 mm。花两性，单生于叶腋或枝顶，近无柄，单瓣或重瓣。花瓣 5~6 个，栽培品种花色有红、粉红、深红、玫瑰红、紫、淡紫、白、

黄、斑纹等，气味微香，且多重瓣，顶端有凹缺。蒴果近球形。花期 9 月至次年 4 月。

生长习性：喜温暖气候，生长适温在 20~25℃，在淮河以南地区一般可自然越冬。喜透气性良好的偏酸性土壤。

分　　布：原产我国长江、珠江流域和云南，朝鲜、日本、印度也有分布。我校花圃和休闲广场有栽培。

繁　　殖：常用扦插、嫁接、压条、播种和组织培养等方法繁殖。通常以扦插为主。

应　　用：中国十大传统名花之一，也是世界名花之一。是重庆市和昆明市市花。江南地区可丛植或散植于庭园、花径、假山旁，草坪及树丛边缘，也可片植为山茶专类园。北方宜盆栽，用来布置厅堂、会场效果甚佳。根、花可入药。

14. 孝顺竹 *Bambusa multiplex*

别　　名：凤凰竹、慈孝竹

科　　属：禾本科　刺竹属

形态特征：多年生常绿灌木。竿高 4~7 m，直径 1.5~2.5 cm，尾梢近直或略弯，下部挺直，绿色；节间长 30~50 cm，幼时薄被白蜡粉，并于上半部被棕色至暗棕色小刺毛，老时则光滑无毛，竿壁稍薄；节处稍隆起，无毛；分枝自竿基部第二或第三节即开始，数枝乃至多枝簇生，主枝稍较粗长。末级小枝具 5~12 叶；叶鞘无毛，纵肋稍隆起，背部具脊；叶耳肾形，边缘具波曲状细长缘毛；叶舌圆拱形，高 0.5 mm，边缘微齿裂；叶片线形，长 5~16 cm，宽 7~16 mm，上表面无毛，下表面粉绿而密被短柔毛，先端渐尖具粗糙细尖头，基部近圆形或宽楔形。

生长习性：喜光，稍耐阴。喜温暖、湿润环境，不甚耐寒。喜深厚肥沃、排水良好的土壤。

分　　布：主产于广东、广西、福建、西南等省区。多生在山谷间、小河旁。长江流域及以南栽培能正常生长。我校 1 号区休闲广场有栽植。

繁　　殖：分根或压条繁殖。

应　　用：可栽在道路两旁或围墙边缘作绿篱或丛植于庭园观赏。竹竿丛生，四季青翠，姿态秀美，宜于宅院、草坪角隅、建筑物前或河岸种植。若配置于假山旁侧，则竹石相映，更富情趣。

15. 月季 *Rosa chinensis*

别　　名:月月红、月月花、长春花、四季花、胜春

科　　属:蔷薇科　蔷薇属

形态特征:常绿或半常绿灌木,高 1~2 m。茎直立;小枝铺散,绿色,无毛,具弯刺或无刺。奇数羽状复叶,具小叶 3~5 片,小叶片宽卵形至卵状椭圆形,先端急尖或渐尖,基部圆形或宽楔形,边缘具尖锐细锯齿,表面鲜绿色,两面均无毛。蔷薇果球形,黄红色,直径 1.5~2 cm。花期 3—11 月,果期 6—11 月。

生长习性:适应性强,不耐严寒和高温,对土壤要求不严格,但以富含有机质、排水良好的微酸性砂壤土最好。

分　　布:原产我国,各地广泛栽培。我校 9 栋和 4 栋学生公寓旁边有栽培。

繁　　殖:播种繁殖。

应　　用:花有微香,品种过万,鲜花市场上常见的玫瑰为现代月季,而非真玫瑰。是世界四大切花之一,也是中国的十大传统名花之一,同时也是北京、天津、荆州等城市的市花。可用于园林布置花坛、花境、庭院花材,可制作盆景。花可提取香料。根、叶、花均可入药,具有活血消肿之功效。

16. 石榴 *Punica granatum*

别　　名:安石榴、若榴

科　　属:石榴科　石榴属

形态特征:落叶灌木或乔木。枝顶常成尖锐长刺,幼枝具棱角,无毛,老枝近圆柱形。叶通常对生,纸质,矩圆状披针形,顶端短尖、钝尖或微凹,基部短尖至稍钝形。花大,1~5 朵生枝顶。萼筒长 2~3 cm,通常红色或淡黄色,裂片略外展,卵状三角形,长 8~13 mm。花瓣通常大红色、黄色或白色,长 1.5~3 cm,宽 1~2 cm,顶端圆形。花丝无毛,长达 13 mm。花柱长超过雄蕊。浆果近球形,直径 5~12 cm,通常为淡黄褐色或淡黄绿色,有时白色,稀暗紫色。种子多数,钝角形,红色至乳白色,肉质的外种皮供食用。花期 5—6月,果期 9—10 月。石榴分花石榴和果石榴,花石榴品种的雌蕊退化不结果。

生长习性:喜温暖向阳的环境,耐旱、耐寒,也耐瘠薄,不耐涝和荫蔽。对土壤要求不严,但以排水良好的夹砂土栽培为宜。

分　　布:原产伊朗、阿富汗等国家,现在中国南北各地除极寒地区外均有栽培。我校 9

栋学生公寓旁边有栽培，校外西边的世纪广场有大量的果石榴栽培。

繁　　殖：常用扦插、分株、压条等方法进行繁殖。

应　　用：重瓣的多难结实，以观花为主。单瓣的易结实，以观果为主。花可以治吐血、鼻血，果实有生津止渴、解酒、祛毒之功效。果皮药用可治疗牙疼、痢疾、月经不调。

17. 紫荆 *Cercis chinensis*

别　　名：裸枝树、紫珠

科　　属：豆科　紫荆属

形态特征：落叶乔木或灌木，小枝无毛。叶片全缘，叶脉掌状，单叶互生，叶近圆形，基部心脏形。花于老干上簇生或成总状花序，先于叶或和叶同时开放，花瓣紫红色，花两侧对称，花冠假蝶形，上面 3 片花瓣较小。花萼阔钟状。荚果扁平，狭长椭圆形，沿腹缝线处有狭翅。种子扁，数颗。花期 4—5 月，果期 5—10 月。

生长习性：喜光照，有一定的耐寒性。喜肥沃、排水良好的土壤，不耐淹。

分　　布：原产我国，在湖北西部、辽宁南部、河北、陕西、河南、甘肃、广东、云南、四川等地都有分布。我校 1 号区休闲广场有栽培。

繁　　殖：播种、压条和扦插繁殖。

应　　用：在园林中广为种植，具有点缀风景之作用。花、树皮和果实均可入药，具有清热凉血、祛风解毒、活血通经、消肿止痛等功效。

三、草本

1. 阿拉伯婆婆纳 *Veronica persica*

别　　名：波斯婆婆纳、肾子草

科　　属：玄参科　婆婆纳属

形态特征：一年或二年生草本，茎密生 2 列多细胞柔毛。叶 2~4 对，具短柄，卵形或圆形，基部浅心形，平截或浑圆，边缘具钝齿，两面疏生柔毛。总状花序很长；苞片互生，与叶同形且几乎等大；花梗比苞片长，有的超过 1 倍；花萼花期长仅 3~5 mm，果期增大达 8 mm；花冠蓝色、紫色或蓝紫色，有放射状深蓝色条纹；雄蕊短于花冠。蒴果肾形，被腺毛，成熟后几乎无毛。花期 3—5 月，果期 4—5 月。

生长习性：喜生于冲积土壤上，生于田间、路

旁,是长江中下游地区早春常见杂草。

分　　布:分布于华东、华中及贵州、云南、西藏东部及新疆。我校1号区迎宾路旁边灌木丛和草地有野生。其他区路边也可见其分布。

繁　　殖:播种或分株繁殖。

应　　用:可作观赏植物,全草可供药用,可治疗风湿痹痛、肾虚腰痛等症。

2. 繁缕 *Stellaria media*

别　　名:繁蒌、鹅肠菜、鹅馄饨、圆酸菜、和尚菜、乌云草

科　　属:石竹科　繁缕属

形态特征:一年或二年生草本,高10~30 cm。匍匐茎纤细平卧,节上生出多数直立枝,枝圆柱形,肉质多汁而脆,折断中空。单叶对生;上部叶无柄,下部叶有柄;叶片卵圆形或卵形,长1.5~2.5 cm,宽1~1.5 cm,先端急尖或短尖,基部近截形或浅心形,全缘或呈波状,两面均光滑无毛。花两性;花单生枝腋或成顶生的聚伞花序,花梗细长,一侧有毛;萼片5,披针形,外面有白色短腺毛,边缘干膜质;花瓣5,白色,短于萼,2深裂直达基部;雄蕊10,花药紫红色后变为蓝色。蒴果卵形;先端6裂。种子多数,黑褐色。南方花期2—5月,果期5—6月;北方花期7—8月,果期8—9月。

生长习性:喜温和湿润的环境,生于路旁、田间、溪边,为常见的田间杂草之一。

分　　布:广布全国各省区。我校1号区草地和灌木丛中有野生。

繁　　殖:播种繁殖。

应　　用:是一种颇受消费者欢迎的无污染、高品质的野生蔬菜。茎、叶及种子入药,有抗菌、消炎、解热、利尿、催乳、活血等作用。

3. 酢浆草 *Oxalis corniculata*

别　　名:酸酸草

科　　属:酢浆草科　酢浆草属

形态特征:多年生宿根草本。全株被柔毛,全草有酸味。根茎稍肥厚。茎细弱,多分枝,直立或匍匐,匍匐茎节上生根。叶基生或茎上互生;托叶小,长圆形或卵形;总叶柄长1~13 cm,基部具关节;三出复叶,小叶无柄,倒心形,先端凹入,基部宽楔形,两面被柔毛或表面无毛,沿脉被毛较密,边缘具贴伏缘毛。花单生或数朵集为伞形花序状,腋生,总花梗淡红色;小苞片2,披针形,长膜质;萼片5,披针形,宿存;花瓣5,黄色,长圆状倒卵形;雄蕊10,花丝白色半透明,柱头头状。蒴果长圆柱形,5棱。花果期2—9月。

生长习性:生于山坡草地、河谷沿岸、路边、田边、荒地或林下阴湿处等。

分　　布:我国各地皆有分布。我校1号区广场草坪、灌木丛以及山坡等处可见野生。

繁　　殖:以球茎繁殖和分株繁殖为主要繁殖方式,也可以播种繁殖。

应　　用:全草入药,能解热利尿、消肿散淤;茎叶含草酸,可用以磨镜或擦铜器,使其具光泽。牛羊食其过多可中毒致死。

4. 红花酢浆草 *Oxalis corymbosa*

别　　名:铜锤草、南天七

科　　属:酢浆草科　酢浆草属

形态特征:多年生宿根草本。无地上茎,地下部根端具鳞状的根茎。全株具白色细纤毛,茎基部具匍匐性。叶有细长柄,长15~25 cm,直伸,小叶3枚,组成掌状复叶,呈宽倒心脏形,全缘。花冠淡紫红色,5~10朵,组成伞形花序。花萼5枚,呈覆瓦回旋状排列。雄蕊10枚,5长5短,花丝下部合生为筒,雌蕊花柱5裂。蒴果短条形,角果状。花果期3—12月。

生长习性:喜向阳、温暖、湿润的环境,夏季炎热地区宜遮半阴,抗旱能力较强,不耐寒。

分　　布:原产美洲热带地区,我国各地多有栽培。我校1号区迎宾路旁有栽培。

繁　　殖:球茎繁殖和分株繁殖是主要繁殖方式,也可播种繁殖。

应　　用:园林中广泛种植,既可以布置于花坛、花境,又适于大片栽植作为地被植物,还是盆栽的良好材料。全草入药,有清热消肿、散瘀血、利筋骨的功能。

5. 紫叶酢浆草 *Oxalis triangularis*

别　　名:三角叶酢浆草、紫蝴蝶

科　　属:酢浆草科　酢浆草属

形态特征:多年生宿根草本。无地上茎,地下块状根茎粗大呈纺锤形。叶丛生,具长柄,掌状复叶,小叶3枚,无柄,广倒三角形,上端中央微凹,叶大,紫红色,被少量白毛。花葶高出叶面约5~10 cm,伞形花序,有花5~9朵,花瓣5枚,花冠白色至粉红色,果实为蒴果。花果期4—11月。

生长习性:喜湿润、半阴且通风良好的环境,也耐干旱。

分　　布:原产美洲热带地区,我国广泛栽培。我校1号区迎宾路旁有栽培。

繁　　殖:以分株为主,也可播种繁殖。

应　　用:是一种珍稀的优良彩叶地被植物,小巧玲珑,可为庭院、阳台、居家增添几分妩媚、清逸、乖巧的鲜活气息。还可在花坛、花境、花带中作地被植物。

6. 车前草 *Plantago asiatica*

别　　名：车茶草

科　　属：车前科　车前属

形态特征：多年生草本，连花茎高可达 50 cm，具须根。叶基生，具长柄，几乎与叶片等长或长于叶片，基部扩大；叶片卵形或椭圆形，长 4~12 cm，宽 2~7 cm，先端尖或钝，基部狭窄成长柄，全缘或呈不规则波状浅齿，通常有 5~7 条弧形脉。花茎数个，高 12~50 cm，具棱角，有疏毛；花冠小，胶质，花冠管卵形，先端 4 裂，裂片三角形，向外反卷；雄蕊 4，着生在花冠筒近基部处，与花冠裂片互生；雌蕊 1，子房上位，卵圆形。蒴果卵状圆锥形。花期 6—9 月，果期 7—10 月。

生长习性：喜温暖、阳光充足、湿润的环境，怕涝、怕旱，适宜于肥沃的砂质壤土种植。

分　　布：东北、华北、西北、河南、湖北、西藏等省区有分布。我校 1 号区休闲广场有野生。

繁　　殖：播种繁殖。

应　　用：全草药用，主治小便不利、淋浊带下、水肿胀满、暑湿泻痢、目赤障翳、痰热咳喘等症。

7. 猪殃殃 *Galium aparine* var. *tenerum*

别　　名：拉拉藤、爬拉殃、八仙草

科　　属：茜草科　拉拉藤属

形态特征：蔓生或攀缘状草本，植株矮小，茎有 4 棱角，棱上、叶缘、叶脉上均有倒生的小刺毛。叶细齿裂，常成针状，4~8 枚轮生。花小，簇生，绿色、黄色或白色。果坚硬，圆形，2 个联生在一起。花期 3—7 月，果期 4—9 月。

生长习性：生于山坡、旷野、沟边、河滩、田中、林缘、草地。

分　　布：我国除海南及南海诸岛外，全国均有分布。我校 1 号区路边灌丛常见野生。

繁　　殖：播种繁殖。

应　　用：幼嫩地上部分干后可用于制香料、香囊及饮料调味品，亦可药用。

8. 白车轴草 *Trifolium repens*

别　　名:白花车轴草、白花三叶草、三叶草

科　　属:豆科　三叶草属

形态特征:多年生草本。茎匍匐,无毛,茎节处着地生根。掌状三出复叶,稀4叶,小叶倒卵形至近倒心形,先端圆或凹,基部楔形,边缘有细锯齿,中部有倒"V"形淡色斑,3枚小叶的倒"V"形淡色斑连接,几乎形成一个等边三角形。头状花序,有长总梗,蝶形花冠白色或淡红色。荚果倒卵状椭圆形,包于膜质膨大的萼内。花期6月,果期7月。

生长习性:喜温暖湿润气候,除盐碱土外,排水良好的各种土壤均可生长。

分　　布:原产欧洲,我国各地均有引种。我校1号区路边和11栋学生公寓旁边有栽培。

繁　　殖:播种繁殖。

应　　用:是优良的地被绿化观赏植物,园林上用途极广。

9. 黄鹌菜 *Youngia japonica*

别　　名:黄花枝香草、野青菜、还阳草

科　　属:菊科　黄鹌菜属

形态特征:一年生草本,高10~100 cm。根垂直直伸,生多数须根。茎直立,单生或少数茎成簇生,粗壮或细,顶端伞房花序状分枝或下部有长分枝, 下部被稀疏的皱波状长或短毛。基生叶倒披针形、椭圆形或宽线形,长2.5~13 cm,宽1~4.5 cm,大头羽状深裂或全裂,极少有不裂的,叶柄长1~7 cm,有狭或宽翼或无翼,顶裂片卵形、倒卵形或卵状披针形,顶端圆形或急尖,边缘有锯齿或几全缘,侧裂片3~7对,椭圆形,向下渐小;无茎叶或极少有1~2枚茎生叶,且与基生叶同形并等样分裂;全部叶及叶柄被皱波状长或短柔毛。舌状小花黄色,花冠管外面有短柔毛。瘦果纺锤形,褐色或红褐色。花果期4—10月。

生长习性:生于山坡、山谷及山沟林缘、林下、林间草地及潮湿地、河边沼泽地、田间与荒地上。

分　　布:分布于北京、陕西、江西、福建、湖北、湖南、广东等地。我校山林和1号区广场偶见野生。

繁　　殖：播种繁殖。

应　　用：含有较高的膳食纤维，具有很高的食用价值。全草药用，主治疮疖、乳腺炎、扁桃体炎、尿路感染、白带、结膜炎、风湿性关节炎。

10. 马尼拉草 *Zoysia matrella*

别　　名：沟叶结缕草、半细叶结缕草

科　　属：禾本科　结缕草属

形态特征：多年生草本，具横走根茎和匍匐茎，秆细弱，高12~20 cm。叶片在结缕草属中属半细叶类型，叶的宽度介于结缕草与细叶结缕草之间，叶质硬，扁平或内卷，上面具纵沟，长3~4 cm，宽1.5~2.5 mm。总状花序，短小。颖果卵形。花期7月，果期7—10月。

生长习性：喜温暖、湿润环境。生长势与扩展性强，草层茂密，分蘖力强，覆盖度大。较细叶结缕草略耐寒，病虫害少，略耐践踏。抗干旱、耐瘠薄。

分　　布：主要分布于中国台湾、广东、海南等地，多生于海岸沙地上。我校1号区草坪和2号教学楼前草坪有种植。

繁　　殖：扦插、分株繁殖。

应　　用：可广泛用于铺建庭院绿地、公共绿地及固土护坡场合，具有较高的观赏价值，是中国长江流域常用暖季型草坪物种。

11. 蒲公英 *Taraxacum mongolicum*

别　　名：华花郎、蒲公草、尿床草

科　　属：菊科　蒲公英属

形态特征：多年生草本植物，高10~25 cm，含白色乳汁。叶基生，排成莲座状，狭倒披针形，大头羽裂，裂片三角形，花茎上部密被白色蛛丝状毛。头状花序单一，顶生，长约3.5 cm；瘦果倒披针形，土黄色或黄棕色，有纵棱及横瘤，顶生白色冠毛。花期早春及晚秋。

生长习性：适应性广，抗逆性强，抗寒又耐热。广泛生于中、低海拔地区的山坡、草地、路边、田野、河滩。

分　　布：我国大部分地区有分布。我校1号区广场和5栋学生公寓前面偶见野生。

繁　　殖：播种繁殖。

应　　用：全草入药，可清热解毒，利尿散结。主治急性乳腺炎、淋巴腺炎、瘰疬、疔毒疮肿、急性结膜炎、感冒发热、急性扁桃体炎、急性支气管炎、胃炎、肝炎、胆囊炎、尿路感染等症。幼苗可当蔬菜食用。

12. 芭蕉 *Musa basjoo*

别　　名:芭苴、板蕉、大芭蕉头、大头芭蕉

科　　属:芭蕉科　芭蕉属

形态特征:多年生巨型草本。株高 2.5~4 m。叶片长椭圆形,长 2~3 m,宽 25~30 cm,先端钝,基部圆形或不对称,叶面鲜绿色,有光泽;叶柄粗壮,长达 30 cm。花序顶生,下垂;苞片红褐色或紫色;雄花生于花序上部,雌花生于花序下部;雌花在每苞片内,约 10~16 朵,排成 2 列。浆果三棱状,长圆形,长 5~7 cm,具 3~5 棱,近无柄,肉质,内具多数种子。种子黑色,具疣突及不规则棱角。夏秋季开花结果。

生长习性:喜温暖,耐寒力弱,茎分生能力强,耐半阴,适应性较强,生长较快。

分　　布:多产于亚热带地区,南方大部以及陕西、甘肃、河南部分地区都有栽培。我校 1 号区休闲广场旁边和山林中有栽培。

繁　　殖:分株繁殖。

应　　用:具有独特的观赏价值。根、花、茎、叶均可入药,具有清热、利尿、解毒之功效。果实可食用。

13. 葱兰 *Zephyranthes candida*

别　　名:葱莲

科　　属:石蒜科　葱莲属

形态特征:多年生常绿草本。鳞茎卵形,外有皮膜,直径较小,有明显的长颈。叶基生,肉质线形,暗绿色。花葶较短,中空。花单生,花被片 6,白色,长椭圆形至披针形。花期秋季。

生长习性:喜阳光充足,耐半阴和低湿,宜肥沃、带有黏性而排水好的土壤。较耐寒,在长江流域可保持常绿,0℃以下亦可存活较长时间。

分　　布:原产美洲,我国江南地区均有栽培。我校 9 栋和 8 栋学生公寓旁边有栽培。

繁　　殖:以分株和播种繁殖为主。

应　　用:叶翠绿而花洁白,可用于花坛镶边、疏林地被、花径装点等。盆栽装点几案亦很雅致。全草入药,主治小儿惊风、羊癫疯。

14. 爵床 *Rostellularia procumbens*

别　　名:爵床、爵卿、香苏、赤眼老母草、赤眼、小青草

科　　属:爵床科　爵床属

形态特征:单叶对生,叶片卵形、长椭圆形或广披针形，全缘，先端尖，上面暗绿色,下面淡绿色,两面均有短柔毛；叶柄长5~10 mm。穗状花序顶生或腋生，长约2.5 cm;花小,萼片5,线状披针形或线形，边缘呈白色薄膜状,外围有苞片2枚,形状与萼同;花冠淡红色或带紫红色,较萼略长,上部唇形,上唇先端2浅裂,下唇先端3裂较深;雄蕊2枚着生于花筒部,花丝基部及着生处四周有细绒毛;雌蕊1,花柱丝状,柱头头状。蒴果线形。花期8—11月,果期9—11月。

生长习性:喜温暖湿润气候,不耐严寒,忌盐碱地,宜选肥沃、疏松的砂壤土种植。

分　　布:产于秦岭以南,东至江苏、台湾,南至广东,西南至云南、西藏。我校1号区休闲广场围墙旁边偶见分布。

繁　　殖:一般采用扦插、播种方法繁殖。

应　　用:可用于外感发热、咳嗽、咽痛,小儿肾炎水肿。对于疔疮痈肿或扭伤肿痛等症,既可煎汤内服,又可捣烂外敷。

15. 鸢尾 *Iris tectorum*

别　　名:蓝蝴蝶、紫蝴蝶、扁竹花

科　　属:鸢尾科　鸢尾属

形态特征:多年生宿根草本,高约30~50 cm。根状茎匍匐多节,粗壮,节间短,浅黄色。叶剑形,顶端渐尖,宽2~4 cm,长30~45 cm,质薄,淡绿色,呈二纵列交互排列,基部相互包叠。总状花序1~2枝,每枝有花2~3朵;花蝶形,花冠蓝紫色或紫白色,径约10 cm,外3枚较大,圆形下垂;外列花被有深紫斑点,中央面有1行鸡冠状白色带紫纹凸起;雄蕊3枚,与外轮花被对生;花柱3歧,扁平如花瓣状,覆盖着雄蕊。蒴果长椭圆形,有6棱。花期4—6月,果期6—8月。

生长习性:喜阳光充足、凉爽气候,耐寒力强,亦耐半阴环境。

分　　布:原产我国中部及日本,主要分布在中原、西南和华东一带。我校1号区休闲广场的全缘叶栾树下有栽培。

繁　　殖:多采用分株和播种法。

应　　用:叶片碧绿青翠,花形大而奇特,宛若翩翩彩蝶,是庭园中的重要花卉之一,也是优美的盆花、切花和花坛用花,还可用作地被植物。根状茎药用,用于跌打损伤、风湿疼痛、咽喉肿痛、食积腹胀、疟疾,外用治痈疖肿毒、外伤出血。

四、藤本

1. 白英 *Solanum lyratum*

别　　名:山甜菜、白草、白幕、排风、排风草、天灯笼、和尚头草

科　　属:茄科　茄属

形态特征:多年生草质藤本,长达 4 m。根条状,横走多分枝。茎蔓生,基部木质化,密被长柔毛。叶互生,卵形至卵状长圆形,长 3~6 cm,宽 3~4 cm,先端渐尖,基部浅心形,全缘或基部有 3~5 深裂,两面密生白色长柔毛;叶柄长 1~3 cm。聚伞花序顶生或与叶对生,花疏生;花萼杯状,5 浅裂,齿状;花冠蓝紫色或白色,5 深裂,裂片披针形,向外反折;雄蕊 5 枚,花药顶端孔裂;子房上位,花柱细长,柱头头状。浆果球形,成熟时黑红色。

生长习性:喜生于山谷草地或路旁、田边。

分　　布:产于甘肃、陕西、山西、河南、山东、江苏、浙江、安徽、江西、福建、台湾、广东、广西、湖南、湖北、四川、云南诸省区。我校 1 号区休闲广场院墙边和山林中有野生分布。

繁　　殖:以播种繁殖为主,亦可扦插和分株繁殖。

应　　用:药用具有清热解毒、祛风湿之功效。

2. 凌霄 *Campsis grandiflora*

别　　名:紫葳、五爪龙、红花倒水莲、倒挂金钟、上树龙、堕胎花、藤萝花

科　　属:紫葳科　凌霄属

形态特征:落叶木质藤本,有攀缘气根。叶对生,单数羽状复叶,小叶 7~9 片,叶柄腹面有沟槽;小叶卵形至卵状披针形,长 2~7 cm,宽 1.5~3 cm,先端渐尖,基部不对称,边缘有锯齿,两面无毛。花大型,三出的聚伞花序集成稀疏顶生的圆锥花序,花梗成十字对生,花下垂;花萼 5 裂至中部,裂片披针形,锐

尖头，背面有棱脊；花冠漏斗状钟形，直径 6~7 cm，鲜橙红色，内面有红色的脉纹，基部与花丝合生处深红色，花冠中部扩大，有开展的 5 裂，边缘歪斜裂片先端圆。蒴果长形，革质，先端钝。花期 6—8 月，果期 11 月。

生长习性：喜阳、略耐阴，喜温暖湿润气候，不耐寒。要求排水良好、肥沃湿润的土壤。萌芽力、萌蘖力均强。

分　　布：产于长江流域各地，以及河北、山东、河南、福建、广东、广西、陕西，在台湾有栽培。我校 1 号区休闲广场围墙和廊架旁边有种植。

繁　　殖：扦插、压条、分根繁殖。

应　　用：是良好的藤本园林观赏植物，药用有活血祛瘀、通经去风功效。

3. 忍冬 *Lonicera japonica*

别　　名：金银花、银藤、二色花藤、二宝藤、右转藤、子风藤、鸳鸯藤

科　　属：忍冬科　忍冬属

形态特征：常绿或半常绿藤本，一年生小枝、叶柄、叶下面、花序均具黄灰色短毡毛。叶纸质，卵形至矩圆状卵形，有时卵状披针形，稀圆卵形或倒卵形，顶端尖或渐尖，基部圆或近心形，有糙缘毛，上面深绿色，下面淡绿色。总花梗通常单生于小枝上部叶腋，花冠白色，有时基部向阳面呈微红，后变黄色，唇形，筒稍长于唇瓣。浆果近球形，熟时蓝黑色。花期 4—9 月，果熟期 10—11 月。

生长习性：喜阳、耐阴，耐寒性强，也耐干旱和水湿，对土壤要求不严，但以湿润、肥沃的深厚砂质壤上生长最佳，每年春夏两次发梢。根系繁密发达，萌蘖性强，茎蔓着地即能生根。

分　　布：原产我国，广布各省区。我校休闲广场靠近老花房院墙边和教工宿舍区有种植。

繁　　殖：播种或扦插繁殖。

应　　用：为较好的观赏藤本材料，药用可清热解毒、消炎，如制品金银花露。

4. 何首乌 *Fallopia multiflora*

别　　名：多花蓼、紫乌藤、夜交藤

科　　属：蓼科　何首乌属

形态特征：多年生草质藤本。块根肥厚，长椭圆形，黑褐色。茎缠绕，长 2~4 m，多分枝，具纵棱，无毛，微粗糙，下部木质化。叶卵形或长卵形，长 3~7 cm，宽 2~5 cm，顶端渐尖，基部心形或近心形，两面粗糙，边缘全缘；托叶鞘膜质。花序圆锥状，顶生或腋生；苞片三角状卵形，具小突起，顶端尖，每苞内具 2~4 花；花被 5 深裂，白色或淡绿色，花被

片椭圆形。花期 8—9 月,果期 9—10 月。

生长习性:喜温暖潮湿气候。忌干燥和积水,以选土层深厚、疏松肥沃、排水良好、腐殖质丰富的砂质壤土栽培为宜。黏土不宜种植。

分　　布:全国大部分省市都有分布,主要分布于黄河以南地区。我校 9 栋学生公寓前毛竹林边和 2 号教学楼周边多见野生。

繁　　殖:播种繁殖。

应　　用:块根入药,性和质涩,可升可降;具有补肝肾、益精血、润肠通便、祛风解毒、截疟的功效,为常见贵重中药材。

5. 葎草 *Humulus scandens*

别　　名:拉拉秧、拉拉藤、五爪龙

科　　属:桑科(或大麻科)　大麻属

形态特征:多年生或一年生之蔓性草本,茎粗糙,具倒钩刺毛。单叶对生,叶片呈掌状,3~7 裂片,粗锯齿缘。单性花,雌雄异株;雄花成圆锥状的总状花序,花被 5 裂,雄蕊 5 枚,直立;雌花少数,常 2 朵聚生,由大型宿存的苞片被覆;子房 1 室,花柱 2 枚。聚花果绿色,单个果为扁球状的瘦果。花果期 5—10 月。

生长习性:耐寒、抗旱、喜肥、喜光,生命力顽强,适应范围广。

分　　布:我国除新疆、青海外,南北各省区均有分布。我校 1 号区围墙旁边和山林中有分布。

繁　　殖:主要靠播种繁殖,繁殖能力强。

应　　用:幼嫩时可作蔬菜和饲草,成株因有倒刺多数牲畜不喜食用。性强健,抗逆性强,可用作水土保持植物。其药用价值有清热解毒、利尿消肿。用于肺结核潮热、肠胃炎、痢疾、脚气、感冒发热、小便不利、肾盂肾炎、急性肾炎、膀胱炎、泌尿系结石;外用治痈疖肿毒、湿疹、毒蛇咬伤。

第三部分　2 号区植物

2 号区植物主要分布于 1 号教学楼与 8 栋等学生公寓之间。

一、乔木

1. 白玉兰 *Magnolia denudata*

别　　名：望春花、玉兰花、玉兰

科　　属：木兰科　木兰属

形态特征：落叶乔木，其树形魁伟，高者可超过 10 m，树冠卵形。冬芽密被淡灰绿色长毛，嫩枝及芽外被短绒毛，具大型鳞片。单叶互生，大型叶为倒卵形，先端短而突尖，基部楔形，表面有光泽，嫩枝及芽外被短绒毛。花先叶开放，顶生，花朵大，直径 12~15 cm，直立，花被 9 片，钟状，芳香，白色，有时基部带红晕，花白如玉，花香似兰。果穗圆筒形，褐色，聚合蓇葖果，成熟后开裂，种子红色。3 月开花，6—7 月果熟。

生长习性：喜温暖、向阳、湿润而排水良好的地方，要求土壤肥沃、不积水。有较强的耐寒能力，在-20℃的条件下可安全越冬。

分　　布：原产长江流域，现在庐山、黄山、峨眉山、巨石山等处尚有野生，巨石山是全国最大的野生白玉兰基地。我校多见栽培，特别是 6 栋学生公寓前有成排的白玉兰大树，春天开花时节繁花似锦，蔚为壮观。

繁　　殖：可用播种、扦插、压条、嫁接等法繁殖。

应　　用：中国著名的花木，早春重要的观花树木，是上海、东莞、潮州和潍坊等市的市花。花繁而大，美观典雅，清香远溢。有 2 500 年左右的栽培历史，为庭园中名贵的观赏树。古时多在亭、台、楼、阁前栽植。现多见于园林、厂矿中孤植、散植，或于道路两侧作行道树，植于小区、园林、工厂及山坡、庭院、路边、建筑物前。盛开时，花瓣展向四方，青白片片，具有很高的观赏价值；再加上清香阵阵，沁人心脾。也是一味传统良药，花蕾入药叫辛夷，是治疗鼻炎、鼻咽癌的良药。花还可食用。

2. 广玉兰 *Magnolia grandiflora*（略：在1号区已经介绍）

3. 紫玉兰 *Magnolia liliiflora*

别　　名：木兰花、木兰、辛夷、木笔、望春

科　　属：木兰科　木兰属

形态特征：落叶小乔木，常丛生，树皮灰褐色，小枝绿紫色或淡褐紫色。叶椭圆状倒卵形或倒卵形，长8~18 cm，宽3~10 cm，先端急尖或渐尖，基部渐狭，沿叶柄下延至托叶痕，上面深绿色，幼嫩时疏生短柔毛，下面灰绿色，沿脉有短柔毛；侧脉每边8~10条，叶柄长8~20 mm，托叶痕约为叶柄长之半。花蕾卵圆形，被淡黄色绢毛；先花后叶或边开花边展叶，花瓶形，直立于粗壮、被毛的花梗上，稍有香气；花被片9~12，外轮3片萼片状，紫绿色，披针形，长2~3.5 cm，常早落，内2轮肉质，花瓣状，外面紫色或紫红色，内面带白色，椭圆状倒卵形，长8~10 cm，宽3~4.5 cm；雄蕊紫红色，长8~10 mm，花药长约7 mm，侧向开裂，药隔伸出成短尖头；雌蕊群长约1.5 cm，淡紫色，无毛。聚合果深紫褐色，变褐色，圆柱形，长7~10 cm；成熟蓇葖果近圆球形，顶端具短喙。花期3—4月，果期8—9月。

生长习性：喜温暖湿润和阳光充足环境，较耐寒，但不耐旱和盐碱，怕水淹，要求肥沃、排水好的砂壤土。

分　　布：产于湖北、四川、云南等省，久经栽培，供观赏，栽培历史已有2 500多年。我校1号教学楼南侧和足球场西边有栽培。

繁　　殖：播种、嫁接、扦插繁殖，亦可压条繁殖。

应　　用：传说是古代女将军花木兰死后的化身。花可以提炼天然香精，用于化妆品制作。树皮、叶、花蕾均可入药，花蕾称辛夷，主治鼻炎、头痛，作镇痛消炎剂。可作玉兰、白兰等木兰科植物的嫁接砧木。是著名的早春观赏花木，早春开花时，满树紫红色花朵，幽姿淑态，别具风情，适用于园林中厅前院后配植，也可孤植或散植于小庭院内。

4. 紫薇 *Lagerstroemia indica*（略：在1号区已经介绍）

5. 白花泡桐 *Paulownia fortunei*

别　　名：白花桐、泡桐、大果泡桐、华桐、火筒木

科　　属：玄参科　泡桐属

形态特征:落叶乔木,高可达 15 m。树皮灰褐色,平滑。叶心状卵圆形至心状长卵形,长 10~15 cm,先端尖或渐尖,基部心形,全缘,上面初被短星状毛,后变光滑,下面密被灰黄色星状绒毛。花序圆锥状;花大,长达 10 cm;花萼倒卵状钟形,密被星状绒毛,5 深裂;花冠白色,内有紫色斑点,筒长约 7 cm,向上逐渐扩大,上唇 2 裂,反卷,下唇 3 裂,开展;雄蕊 4,2 强,花柱细长,内弯。蒴果椭圆形,长 7~9 cm,外果皮硬壳质。花期 3—4 月,果期 7—8 月。

生长习性:喜光,较耐阴。喜温暖气候,耐寒性不强,对黏重瘠薄土壤有较强适应性。幼年生长极快,是速生树种。

分　　布:分布于安徽、浙江、福建、台湾、江西、湖北、湖南、四川、云南、贵州、广东、广西,野生或栽培。我校 6 栋、1 栋学生公寓旁边和教工宿舍区均有分布。

繁　　殖:播种、扦插、分根繁殖。

应　　用:可作胶合板等用材,亦可观赏和药用。

6. 二球悬铃木 *Platanus × acerifolia*

别　　名:英国梧桐

科　　属:悬铃木科　悬铃木属

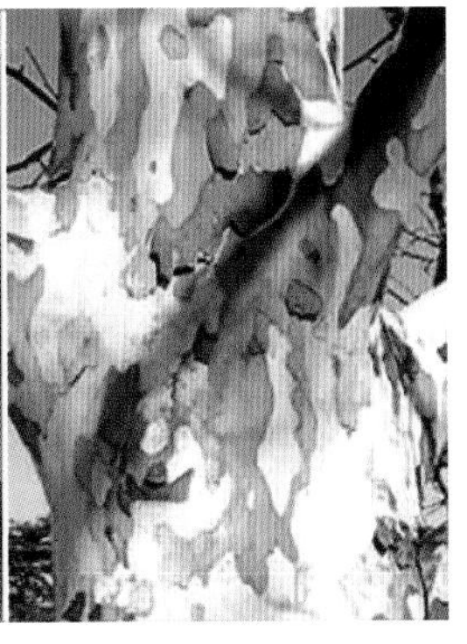

形态特征:落叶大乔木,高可达 30 m,树皮光滑,大片块状脱落;嫩枝密生灰黄色绒毛;老枝秃净,红褐色。叶阔卵形,宽 12~25 cm,长 10~24 cm,上下两面嫩时有灰黄色毛被,下面的毛被更厚而密,以后变秃净,仅在背脉腋内有毛;基部截形或微心形,上部掌状 5 裂,有时 7 裂或 3 裂;中央裂片阔三角形,宽度与长度约相等;裂片全缘或有 1~2 个粗大锯齿;掌状脉 3 条,稀为 5 条;叶柄长 3~10 cm,密生黄褐色毛被;托叶中等大,长约 1~1.5 cm,基部鞘状,上部开裂。花通常 4 基数。雄花的萼片卵形,被毛;花瓣矩圆形,长为萼片的 2 倍;雄蕊比花瓣长,盾形药隔有毛。果枝有头状果序 2 个,稀为 1 个或 3 个,常下垂;果序直径约 2.5 cm,小坚果之间无突出的绒毛,或有极短的毛。新芽隐藏在叶柄下面,也叫柄下芽。花期 4—5 月,果熟 9—10 月。

生长习性:喜光,好温暖湿润气候,有一定的抗寒能力,在-15℃低温可安全越冬。对土壤适应力强,根系发达。

分　　布:本种为美国梧桐 *P. occidentalis* 和法国梧桐 *P. orientalis* 的杂交种,1640 年在英国伦敦育成,后由伦敦引种到世界各大城市。广泛种植于世界各地。我国引入栽培百余年。

北自大连、北京、河北，西至陕西、甘肃，西南至四川、云南，南至两广及东部沿海各省都有栽培。我校7栋和1栋学生公寓旁边有栽培。

繁 殖：播种和扦插繁殖。以嫩枝条扦插为主，也可用硬枝扦插。

应 用：木材结构细致，硬度中等，宜作家具及细木工艺制品等。抗空气污染能力较强，具有较强的空气净化能力。多用作行道树和庭院绿化树，是世界五大行道树之一，具有“世界行道树之王”的美称，是我国长江流域城市广泛栽种的主要行道树之一。根据统计，武汉市90%以上的悬铃木是英国梧桐。

7. 枫香 *Liquidambar formosana*

别 名：枫香树、枫子树、香枫、白胶香

科 属：金缕梅科 枫香属

形态特征：落叶乔木，高可达40 m，小枝有柔毛。单叶互生，叶片宽卵形，掌状3裂，边缘有锯齿，掌状脉3~5条，托叶红色条形，早落。花单性同株，雄花排成葇荑花序，无花瓣，雄蕊多数，顶生，雌花圆头状，悬于细长花梗上，生于雄花下叶腋处；子房半下位2室，头状果序圆球形，木质，直径3~4 cm；蒴果下半部藏于花序轴内，有宿存花柱及针刺状萼齿。种子多数，褐色，多角形或有窄翅。果序较大，径3~4 cm。子房半下位，2室；孔隙在果面上散放小形种子。花期3—4月，果10月成熟。

生长习性：性喜阳光，多生于平地及低山的次生林。在海南岛常组成次生林的优势种，性耐火烧，萌生力极强。

分 布：分布于我国秦岭及淮河以南各省，北起河南、山东，东至台湾，西至四川、云南及西藏，南至广东。我校8栋学生公寓旁边有一片枫香林，1号教学楼旁边也有种植。

繁 殖：播种繁殖。

应 用：枫香树在我国南方低山、丘陵地区营造风景林很合适，在湿润肥沃土壤中，大树参天十分壮丽。亦可在园林中栽作庭荫树，秋季日夜温差变大后叶变红、紫、橙红等，增添园中秋色。可于草地孤植、丛植，或于山坡、池畔与其他树木混植。倘与常绿树丛配合种植，秋季红绿相衬，会显得格外美丽。陆游即有“数树丹枫映苍桧”的诗句。又因枫香具有较强的耐火性和对有毒气体的抗性，可用于厂矿区绿化。园林中为良好庇荫树种，尤其南方的秋景主要观枫香树的红叶。树脂供药用，能解毒止痛、止血生肌，枫香根有解毒消肿、祛风止痛的功效。临床可用于治疗风湿性关节炎、牙痛等。果实落地后常收集为中药，名“路路通”，能祛风活络、利水通乳；现代研究证明其叶有抗菌作用。

8. 木犀 *Osmanthus fragrans*（略：在1号区已经介绍）

9. 女贞 *Ligustrum lucidum*

别 名：白蜡树、冬青、蜡树、万年青

科 属：木犀科 女贞属

形态特征:常绿灌木或乔木,高6~10 m。枝条开展,无毛,有皮孔。单叶对生,卵形、宽卵形、椭圆形或卵状披针形,长6~12 cm,宽4~6 cm,先端渐尖,基部阔楔形,全缘,无毛;叶柄长1~2 cm。圆锥花序顶生,长12~20 cm,无毛;花冠白色,钟状,4裂,花冠筒与花萼近等长;子房上位,柱头2浅裂。浆果状核果,长圆形或长椭圆形,蓝紫色。花期6—7月,果期10—12月。

生长习性:耐寒性好,耐水湿,喜温暖湿润气候,喜光耐阴。为深根性树种,须根发达,生长快,萌芽力强,耐修剪,但不耐瘠薄。对大气污染的抗性较强,对SO_2、F_2、HF及铅蒸气均有较强抗性,也能忍受较高浓度的粉尘、烟尘污染。

分　　布:产于长江以南至华南、西南各省区,向西北分布至陕西、甘肃。我校7栋和5栋学生公寓旁边有栽培。

繁　　殖:播种、扦插和压条繁殖均可。

应　　用:常用于庭院绿化,或丛植修剪成绿篱。其果女贞子药用,是治疗妇科疾病和补肾的良药。

10. 对节白蜡 *Fraxinus hupehensis*

别　　名:湖北梣、湖北白蜡

科　　属:木犀科　梣属

形态特征:落叶乔木,高可达19 m,胸径可达1.5 m,树皮深灰色,老时纵裂,枝近无毛,侧生小枝常呈棘刺状。奇数羽状复叶对生,长7~15 cm,小叶7~9枚,小叶柄很短,被毛,叶轴与叶柄交叉处有短柔毛,叶片披针形至卵状披针形,长1.7~5 cm,宽0.6~1.8 cm,先端渐尖,缘具细锐锯齿,齿端微内曲,叶表无毛,侧脉4~6对,背面稍显。花杂性,密集簇生于老枝上,呈甚短的聚伞圆锥花序;两性花花萼钟状,花丝较长,柱头2裂。翅果匙形,中上部最宽,先端急尖。花期2—3月,果期9月。

生长习性:喜光,也稍耐阴,喜温和湿润的气候和土层。

分　　布:产于湖北京山县和钟祥市。我校2号教学楼前、校内盆景园、11栋和3栋学生公寓旁边都有栽培。

繁　　殖:播种、扦插和嫁接繁殖。

应　　用:寿命长,可达2 000年左右。树形优美,盘根错节,苍老挺秀,观赏价值极高,是制作盆景和根雕的极佳材料。

11. 杨梅 *Myrica rubra*

别　　名：龙睛、朱红、树梅、山杨梅

科　　属：杨梅科　杨梅属

形态特征：常绿乔木，高可达12 m，树冠球形。单叶互生；长椭圆或倒披针形，革质，长8~13 cm，上部狭窄，先端稍钝，基部狭楔形，全缘，或先端有少数钝锯齿，上面深绿色，有光泽，下面色稍淡，平滑无毛，有金黄色腺体。花雌雄异株；雄花序常数条丛生于叶腋，圆柱形，长约3 cm，黄红色；雄花具1苞，卵形，先端尖锐，小苞2~4片，卵形，雄蕊5~6枚；雌花序为卵状长椭圆形，长约1.5 cm，常单生于叶腋；雌花基部有苞及小苞，子房卵形，花柱极短。核果球形，径约1.8 cm，外果皮暗红色，由多数囊状体密生而成，内果皮坚硬，径约9 mm，内含无胚乳的种子1枚。花期4月，果期5—6月。

生长习性：喜温暖湿润、多云雾气候。不耐强光，不耐寒。以山地北向或东向，土层深厚、疏松肥沃、排水良好的酸性黄壤栽种为宜。

分　　布：原产我国温带、亚热带湿润气候的山区，主要分布在长江流域以南、海南岛以北，即北纬20°~31°，与柑橘、枇杷、茶树、毛竹等分布相仿，但其抗寒能力比柑橘、枇杷强。目前分布的省区有云南、贵州、浙江、江苏、福建、广东、湖北、湖南、广西、江西、四川、安徽、台湾等。我校枫香路下面与8栋学生公寓之间种植有2棵。我校西边世纪广场和谭鑫培公园有大量栽培。

繁　　殖：播种、分株、嫁接繁殖。

应　　用：园林用途：果实成熟时丹实点点，烂漫可爱，是优良的观果树种。适宜丛植或列植于路边、草坪或作分隔空间、隐蔽遮挡使用，也是厂矿绿化以及城市隔音的优良树种。经济用途：果实除鲜食外，还可加工成糖水杨梅罐头、果酱、蜜饯、果汁、果干、果酒等食品，其产品附加值成倍提高。近十年来，杨梅鲜果或产品还空运到香港、新加坡、法国、俄罗斯等境外市场。以浙江的栽培面积最大，品种质量最优，产量也最高。其次是江苏、湖南、福建与广东。杨梅是我国南方的特色水果。浙江仙居是中国杨梅之乡，来凤县是湖北省杨梅之乡。医药用途：根、树皮入药，可散瘀止血、止痛，用于跌打损伤、骨折、痢疾、胃和十二指肠溃疡、牙痛，外用治创伤出血、烧烫伤；果入药，可生津止渴，用于口干、食欲不振。

12. 刺槐 *Robinia pseudoacacia*

别　　名：洋槐

科　　属：豆科　刺槐属

形态特征：落叶乔木。树皮灰黑褐色，纵裂。枝具托叶刺，小枝灰褐色，无毛或幼时具微柔毛。奇数羽状复叶互生，叶轴上面具沟槽；小叶2~12对，常对生，椭圆形、长椭圆形或卵形，两

面光滑无毛。蝶形花,总状花序,花冠白色。荚果扁平,种子扁肾形,黑色或褐色,常带较淡色的斑纹。花期4—6月,果期8—9月。

生长习性:喜光,不耐蔽荫。喜温暖湿润气候,不耐寒冷。

分　　布:原产北美,在我国栽培已遍及华中、华北、西北、东北南部的广大地区。我校8栋和5栋学生公寓之间有栽培,另外我校足球场南边有一棵刺槐的栽培变种,即全身无刺的无刺刺槐 *Robinia pseudoacacia* cv. *inermi*。

繁　　殖:播种、压条和扦插繁殖。

应　　用:可作为行道树、庭荫树,为工矿区绿化及荒山荒地绿化的先锋树种。其茎皮、根、叶可入药,花还可以当蔬菜食用。

13. 枇杷 *Eriobotrya japonica*

别　　名:芦橘、金丸、芦枝

科　　属:蔷薇科　枇杷属

形态特征:常绿小乔木,高可达10 m;小枝密生锈色或灰棕色绒毛。叶片革质,披针形、长倒卵形或长椭圆形,圆锥花序顶生,花多而紧密;花白色,芳香,梨果近球形或长圆形,黄色或橘黄色,外有锈色柔毛,后脱落,果实大小、形状因品种不同而异。花期10—12月,果期翌年4—6月。

生长习性:喜光,稍耐阴,喜温暖气候和肥水湿润、排水良好的土壤,稍耐寒,但不耐严寒,生长缓慢。

分　　布:属亚热带树种,原产中国福建、四川、陕西、湖南、湖北、浙江等省,现分布于秦岭以南各省市。我校3栋学生公寓、7号区山林西部和4栋教工宿舍旁有栽培。

繁　　殖:播种繁殖。

应　　用:适应性强,除植于公园外,也常植于庭园,作为园艺观赏植物。成熟的枇杷果实味道甜美,营养颇丰。以大块枇杷叶晒干入药,有清肺胃热、降气化痰的功用。

14. 红叶石楠 *Photinia × fraseri*

别　　名:酸叶石楠、红罗槟、红唇

科　　属:蔷薇科　石楠属

形态特征:石楠属杂交种的统称,因其鲜红色的新梢和嫩叶而得名,其栽培变种很多。常

绿灌木或小乔木，高 4~6 m，小枝褐灰色，无毛。叶革质，互生，长椭圆形、长倒卵形或倒卵状椭圆形，梨果球形，直径 5~6 mm，红色或褐紫色。花期 4—5 月，果期 10 月。

生长习性：喜温暖、潮湿、阳光充足的环境。耐寒性强，能耐最低温度-18℃。喜强光照，也有很强的耐阴能力。适宜各类中肥土质，耐土壤瘠薄，有一定的耐盐碱性和耐干旱能力。

分　　布：主要分布于亚洲东南部、东部和北美洲的亚热带及温带地区。我校 6 栋学生公寓前和 8 栋学生公寓旁边的枫香林下有种植。

繁　　殖：播种繁殖。

应　　用：园林绿化色块植物，形状可千姿百态，景观效果美丽。

15. 桃 *Amygdalus persica*

别　　名：桃树

科　　属：蔷薇科　桃属

形态特征：落叶乔木，高 4~8 m；树冠宽广而平展；树皮暗红褐色，老时粗糙呈鳞片状；小枝细长，无毛，有光泽，绿色，向阳处转变成红色，叶片长圆披针形、椭圆披针形或倒卵状披针形；花单生，先于叶开放；核果，果实形状和大小均有变异，卵形、宽椭圆形或扁圆形。花期 3—4 月，果实成熟期因品种而异，通常为 5—9 月。

生长习性：喜光，喜温暖，耐寒，喜肥沃、排水良好的土壤，碱性土、黏重土均不适宜。不耐水湿，忌洼地积水处栽培。

分　　布：原产中国，各省区广泛栽培，我校 3 栋学生公寓和 2 栋教工宿舍前有栽培。

繁　　殖：播种繁殖。

应　　用：品种除了采果品种外，亦有观花品种，早春红花盛开，娇艳动人，是优美的观赏树。

16. 桑 *Morus alba*

别　　名：桑葚、大肚子树

科　　属：桑科　桑属

形态特征：落叶乔木，树皮灰白色，全株含乳汁。树冠倒卵圆形。单叶互生，叶卵形或宽卵形，先端尖或渐短尖，基部圆或心形，锯齿粗钝，幼树之叶常有浅裂、深裂，有时不规则分裂，有光泽，上面无毛，下面沿叶脉疏生毛，脉腋簇生毛。花单性，雌雄异株，穗状花序腋生；雄蕊 4；雌蕊无花柱或花柱极短，柱头 2 裂，宿存聚花果紫黑、淡红或白色，多汁味甜。花期 4 月，果熟 5—7 月。

生长习性：喜光，对气候、土壤适应性都很强。耐寒，可耐-40℃低温，耐旱，耐水湿。也可在温暖湿润的环境生长。喜深厚、疏松、肥沃的土壤，能耐轻度盐碱。抗风，耐烟尘，抗有毒气体。根系发达，生长快，萌芽力强，耐修剪，寿命长，一般可达数百年。

分　　布：原产我国中部，有约 4 000 年的栽培史，栽培范围广泛，由东北至西南各省区，西北直至新疆均有，以长江中下游各地栽培最多。我校 3 栋学生公寓后面和教工宿舍区有栽培。

繁　　殖：播种、扦插、分根、嫁接繁殖皆可。

应　　用：树冠丰满，枝叶茂密，秋叶金黄，适生性强，管理容易，为城市绿化的先锋树种。宜孤植作庭荫树，也可与喜阴花灌木配置树坛、树丛或与其他树种混植风景林，果能吸引鸟类，宜构成鸟语花香的自然景观。枝叶和桑皮都是极好的天然植物染料。叶可以用来饲蚕、食用，果实可以食用和酿酒，木材、枝条等可以用来编筐、造纸和制作各种器具，同时其叶、根、皮、嫩枝、果穗、木材、寄生物等还是防治疾病的良药。

17. 湿地松 *Pinus elliottii*（略：在 1 号区已经介绍）

18. 苏铁 *Cycas revoluta*（略：在 1 号区已经介绍）

19. 雪松 *Cedrus deodara*（略：在 1 号区已经介绍）

20. 圆柏 *Sabina chinensis*

别　　名：刺柏、柏树、桧、桧柏

科　　属：柏科　圆柏属

形态特征：常绿乔木，高可达 20 m，胸径可达 3~5 m。树冠尖塔形，老时树冠呈广卵形。树皮灰褐色，裂成长条片。幼树枝条斜上展，老树枝条扭曲状，大枝近平展；小枝圆柱形或微呈四棱；冬芽不显著。叶两型，鳞形叶钝尖，背面近中部有椭圆形微凹的腺体；刺形叶披针形，3 叶轮生，上面微凹，有 2 条白色气孔带，长 0.6~1.2 cm，叶上面微凹。雌雄异株，少同株。球果近圆球形，2 年成熟，暗褐色，外有白粉，有 1~4 种子。种子卵形，扁。花期 4 月下旬，球果次年 10—11 月成熟。

生长习性：喜光树种，较耐阴。喜凉爽温暖气候，忌积水，耐修剪，易整形。耐寒、耐热，对土壤要求不严，能生于酸性、中性及石灰质土壤上，对土壤的干旱及潮湿均有一定的抗性。但以在中性、深厚而排水良好处生长最佳。深根性，侧根也很发达。

分　　布:产于中国东北南部及华北等地,北自内蒙古及沈阳以南,南至两广北部,东自滨海省份,西至四川、云南均有分布。朝鲜、日本也产。我校6栋学生公寓旁和教工宿舍区有栽培。

繁　　殖:播种繁殖。

应　　用:树形优美,大树干枝扭曲,姿态奇古,可以独树成景,是中国传统的园林树种;同时可做用材树种。枝、叶及树皮可入药。

21. 枣 *Ziziphus jujuba*

别　　名:枣子、大枣、红枣树、刺枣、枣子树、贯枣、老鼠屎

科　　属:鼠李科　枣属

形态特征:落叶乔木。树皮灰褐色,条裂。枝有长枝、短枝与脱落性小枝之分。长枝红褐色,呈"之"字形弯曲,光滑,有托叶刺或托叶刺不明显;短枝在2年生以上的长枝上互生;脱落性小枝较纤细,无芽,簇生于短枝上,秋后与叶俱落。单叶互生,叶卵形至卵状披针形,先端钝尖,边缘有细锯齿,基生3出脉,叶面有光泽,两面无毛。5—6月开花,聚伞花序腋生,花小,淡黄绿色;萼5裂;花瓣5;雄蕊5;子房陷入花盘内。核果卵形至长圆形,8—9月果熟,熟时暗红色。果核坚硬,两端尖。

生长习性:喜光,适应性强,喜干冷气候,也耐湿热,对土壤要求不严,耐干旱瘠薄,也耐低湿。

分　　布:原产我国,南北各地都有分布。亚洲、欧洲和美洲均有栽培。我校3栋学生公寓北边和教工宿舍区有栽培。

繁　　殖:繁殖以分株和嫁接为主,有些品种也可播种。

应　　用:果实可食用,常可制成蜜枣、酒枣等蜜饯和果脯;亦可供药用,有养胃、健脾、益血、滋补、强身之效。枣树宜在庭园、路旁散植或成片栽植。

22. 柞木 *Xylosma racemosum*

别　　名:刺冬青、柞树、凿子树、蒙子树、葫芦刺、红心刺、蒙古栎

科　　属:大风子科　柞木属

形态特征:常绿大灌木或小乔木,树皮棕灰色,不规则地从下面向上反卷呈小片,裂片向上反卷;枝干常疏生长刺,以小枝为多;质感十分粗壮,枝条近无毛。叶薄革质,雌雄株稍有区别,通常雌株的叶有变化,菱状椭圆形至卵状椭圆形,长4~8 cm,宽2.5~3.5 cm,先端渐尖,基部楔形或圆形,边缘有锯齿,两面无毛或在近基部中脉有长毛;叶柄短,有短毛。花小,总状花序腋生,长1~2 cm,花梗极短,花萼卵形,外面有短毛;花瓣缺;雄花有多数雄蕊,

花丝细长，长约4.5 mm，花药椭圆形，底着药；花盘由多数腺体组成，包围着雄蕊；子房椭圆形，无毛，长约4.5 mm，1室，花柱短，花盘圆形，边缘稍波状。浆果黑色球形，种子卵形，花期春季，果期冬季。

生长习性：喜光，喜温，耐干旱，不耐寒冷。宜在湿润气候和土质肥的地方生长。

分　　布：产于秦岭以南各省区。生于海拔800 m以下的林边、丘陵和平原或村边附近灌丛中。我校3栋学生公寓旁边、校盆景园和4栋学生公寓东面的酒店旁边都有栽培。

繁　　殖：播种繁殖。

应　　用：是优良的庭园树和行道树，适宜制作大型盆景和桩景，对植、独植都可造景。枝叶入药，主要用作清热解毒药和开窍药。

23. 樟 *Cinnamomum camphora*

别　　名：木樟、乌樟、芳樟树、香樟、香蕊、樟木子

科　　属：樟科　樟属

形态特征：常绿乔木。高可达50 m，树龄可达上千年。树皮幼时绿色，平滑；老时渐变为黄褐色或灰褐色纵裂。冬芽卵圆形。叶薄革质，卵形或椭圆状卵形，长5~10 cm，宽3.5~5.5 cm，顶端短尖或近尾尖，基部圆形，离基3出脉，近叶基的第一对或第二对侧脉长而显著，背面微被白粉，脉腋有腺点。花黄绿色，圆锥花序腋出，又小又多。球形的小果实成熟后为黑紫色，直径约0.5 cm。花期4—5月，果期8—11月。

生长习性：喜光，稍耐阴；喜温暖湿润气候，耐寒性不强，对土壤要求不严，较耐水湿，但当移植时要注意保持土壤湿度，水涝容易导致烂根缺氧而死，不耐干旱、瘠薄和盐碱土。

分　　布：原产我国南部各省，越南、日本等地亦有分布。我校2号教学楼前主干道香樟路将其作为行道树，8栋学生公寓旁也有栽培，另外校内山林中有大量樟树分布。

繁　　殖：用种子繁殖，应随采随播。

应　　用：樟树是杭州、宁波、金华、无锡、苏州、南昌、上饶、景德镇、樟树、马鞍山、安庆、长沙、衡阳、鄂州、绵阳、自贡、贵阳等市的市树，也是浙江和湖南的省树。樟树为我国重要经济树种，是制家具、雕刻良材。除了用来提炼樟脑，或栽培为行道树及园景树之外，科学研究证

明，樟树所散发出的化学物质，有抗癌功效，有净化有毒空气的能力，可过滤出清新干净的空气，沁人心脾。樟的成熟果实药用，主治脘腹冷痛、寒湿吐泻、气滞腹胀、脚气；樟的叶片鲜用或晒干，可祛风、除湿、止痛、杀虫，治风湿骨痛、跌打损伤、疥癣；樟的树皮全年可采，鲜用或晒干，可行气、止痛、祛风湿，治吐泻、胃痛、风湿痹痛、脚气、疥癣、跌打损伤。

24. 棕榈 *Trachycarpus fortunei*（略：在 1 号区已经介绍）

25. 石栎 *Lithocarpus glaber*

别　　名：槠子、珠子栎

科　　属：壳斗科　石栎属

形态特征：常绿乔木，高可达 17 m。树皮灰褐色、平滑。1 年生枝有灰黄色绒毛。单叶互生，叶片倒卵状长椭圆形或椭圆形，长 6~14 cm，全缘或顶端有 2~4 个小齿。花单性，常雌雄同序，葇荑花序，直立，壳斗碟形或碗形，外壁小苞片呈鳞片状。坚果长椭圆形，直径约 1 cm，被白粉，果脐凹下，翌年 9—10 月果熟。

生长习性：喜温暖湿润气候，具有一定的抗寒性，喜光，但幼龄阶段比较耐阴，能生于林冠下层。喜生于土层深厚、湿润土壤，也能生于干燥瘠薄山地。

分　　布：在我国主要分布于秦岭及大别山以南各地，越往南种类越多。我校 6 栋学生公寓旁和 7 号区新花房南面山林内有分布。

繁　　殖：播种繁殖。

应　　用：园林用途：枝叶繁茂、经冬不落，宜作庭荫树于草坪中孤植、丛植，或在山坡上成片种植，也可作为其他花灌木的背景树。工业用途：木材的商品名称分为椆木、白椆和红椆。木质坚硬，耐磨损，供作农业机械、动力机械的基础垫木，建筑工程承重构件，造船、桥梁、车厢、地板等用材，椆木材亦可作木梭、体育器械、高级家具用材。树皮含单宁，可提制栲胶。种仁富含淀粉，可作饲料或酿酒。

26. 柑橘 *Citrus reticulata*

别　　名：橘、黄橘

科　　属：芸香科　柑橘属

形态特征：常绿小乔木或灌木。小枝较细弱，无毛，通常有刺。叶长卵状披针形，长 4~8 cm，单身复叶，叶柄翅不明显。花黄白色，单生或簇生叶腋；萼片 5；花瓣 5；雄蕊 18~24。柑果扁球形，直径 5~7 cm，橙黄色或橙红色，果皮疏松，较薄易剥离。春季开花，花期 4—5 月，10—12 月果熟。

生长习性：性喜温暖湿润，耐阴性较强，不耐寒。

分　　布:原产我国,产于秦岭南坡以南地区,广布于长江以南各省。我校3栋学生公寓旁边和7号区山林南边山林中有栽培。

繁　　殖:播种和嫁接繁殖。

应　　用:树形美观,四季常绿,果实橘黄,色泽艳丽,非常适合城市绿化、美化。果实营养丰富,色香味兼优,既可鲜食,又可加工成以果汁为主的各种加工制品。柑橘皮入药叫陈皮,是重要的中药材。

27. 香椿 *Toona sinensis*

别　　名:香桩头、大红椿树

科　　属:楝科　香椿属

形态特征:落叶乔木。叶互生,为偶数羽状复叶，小叶10~22,叶痕大,小叶长椭圆形,叶端锐尖,幼叶紫红色,成年叶绿色,叶背红棕色,轻被蜡质,略有涩味,叶柄红色。圆锥花序顶生,下垂,两性花,白色,有香味,萼片5;花瓣5;雄蕊10,5枚退化,每室有胚珠3枚,花柱比子房短,蒴果,狭椭圆形或近卵形,成熟后呈红褐色,果皮革质,开裂成钟形。种子椭圆形,上有木质长翅,种粒小。花期6月,果期10—11月。

生长习性:喜光，较耐湿，适宜生长于河边、宅院周围肥沃湿润的土壤中，一般以砂壤土为好。

分　　布:原产我国中部,现辽宁南部、华北至东南和西南各地均有栽培。我校3栋学生公寓北面菜地旁边和教工宿舍区有栽培。

繁　　殖:主要用播种法,分蘖、扦插或埋根亦可。

应　　用:常用作庭荫树、行道树及四旁绿化树种,宜配置于疏林。椿芽营养丰富,是著名的木本蔬菜,并具有食疗作用。果和皮可入药,有补虚壮阳固精、补肾养发生发、消炎止血止痛、行气理血健胃等作用。

28. 苦楝 *Melia azedarach*

别　　名:苦苓、金铃子、栴檀、森树

科　　属:楝科　楝属

形态特征:落叶乔木。树皮灰褐色,纵裂。分枝广展,小枝有叶痕。叶为2~3回奇数羽状复叶;小叶对生,卵形、椭圆形至披针形,顶生一片通常略大,先端短渐尖,基部楔形或宽楔形,边缘有钝锯齿,幼时被星状毛,后两面均无毛,侧脉每边12~16条。圆锥花序约与叶等长,无毛或幼时被鳞片状短柔毛;花芳香;花萼5深裂,裂片卵形或长圆状卵形,先端急尖,外面被微柔

毛；花瓣淡紫色，5 瓣，倒卵状匙形；雄蕊管紫色，无毛或近无毛，有纵细脉，管口有钻形、2~3 齿裂的狭裂片 10 枚，花药 10 枚；子房近球形，5~6 室，每室有胚珠 2 颗，花柱细长，柱头头状，顶端具 5 齿，不伸出雄蕊管。核果球形至椭圆形，内果皮木质，4~5 室，每室有种子 1 颗；种子椭圆形。花期 4—5 月，果期 10—12 月。

生长习性：喜温暖湿润气候，耐寒、耐碱、耐瘠薄。

分　　布：产于我国黄河以南各省区，较常见。广布于亚洲热带和亚热带地区，温带地区也有栽培。我校 7 栋学生公寓西边有种植。

繁　　殖：播种和分蘖繁殖。

应　　用：树形优美，叶形秀丽，春夏之交开淡紫色花朵，颇美丽，且有淡香，宜作庭荫树及行道树；加之耐烟尘、抗 SO_2，是良好的城市及工矿区绿化树种，宜在草坪孤植、丛植，或配植于池边、路旁、坡地。其花、叶、果实、根皮均可入药，具有疗癣、杀虫止痒、行气止痛之功效。用鲜叶可灭钉螺和作农药，果核仁油可供制油漆、润滑油和肥皂。

29. 南酸枣 *Choerospondias axillaris*

别　　名：五眼果

科　　属：漆树科　南酸枣属

形态特征：落叶乔木。树皮灰褐色，纵裂呈片状剥落。单数羽状复叶，互生，小叶对生，全缘，基部歪斜，纸质，长圆形至长圆状椭圆形，顶端长渐尖，基部不等而偏斜。杂性花，雌雄异株，雄花和假两性花淡紫红色，排成聚伞状圆锥花序；花萼杯状，5 裂，裂片钝；花瓣 5，常略反折或伸展；在雄花中伸出，假两性中短于花瓣。核果椭圆形，两端圆形，成熟时黄色；果核坚硬，骨质，近顶端有 5 孔，孔上覆有薄膜。花期 4—5 月，果期 9—11 月。

生长习性：喜光，要求湿润的环境。对热量的要求范围较广，从热带至中亚热带均能生长，能耐轻霜。

分　　布：分布于长江流域以南。我校 8 栋学生公寓与 2 号教学楼之间的枫香林旁边以及 7 号区中与新花房接壤的山林中有分布。

繁　　殖：播种繁殖。

应　　用：树干端直，冠大荫浓，是良好的庭荫树及行道树。果成熟时金黄色，可鲜食，其滋味酸中沁甜，具有极高的营养价值。干燥成熟果实入药，具有行气活血、养心、安神消食、解毒、醒酒、杀虫、抗心肌缺血、保护心功能等作用。

30. 板栗 *Castanea mollissima*

别　　名：栗子、中国板栗

科　　属：壳斗科　栗属

形态特征：落叶乔木，单叶互生，椭圆或长椭圆状，长 10~30 cm，宽 4~10 cm，叶边缘有刺毛状锯齿。雌雄同株，雄花为直立葇荑花序，雌花单独或数朵生于总苞内。坚果包藏在密生尖刺的总苞内，总苞直径为 5~11 cm，一个总苞内有 1~3 个坚果。花期 5—6 月，果熟期 9—10 月。

生长习性：喜光，光照不足会引起枝条枯死或不结果。对土壤要求不严，喜肥沃温润、排水良好的砂质壤土，对有害气体抗性强。忌积水，忌土壤黏重。深根性，根系发达，萌芽力强，耐修剪，虫害较多。

分　　布：分布于北半球的亚洲、欧洲、美洲和非洲。其中主要栽培种是中国迁西板栗，还有欧洲栗和日本栗。我校 8 栋学生公寓北边的林业生态学院栽培试验地有种植。

繁　　殖：播种或嫁接繁殖。

应　　用：食用价值：板栗全身是宝，可以加工制作栗干、栗粉、栗酱、栗浆、糕点、罐头等食品，栗子羹老幼皆宜、营养丰富。花是很好的蜜源。湖北罗田、河北遵化、河北迁西、河北宽城、北京怀柔都是中国的板栗之乡。药用价值：各部分均可入药，能健脾益气、消除湿热；果壳治反胃，作收敛剂；树皮煎汤可洗丹毒；根可治偏肾气等症。经济价值：栗木非常坚固耐久，不容易被腐蚀，颜色发黑，有美丽的花纹，是非常好的装饰和家具用材。但由于生长缓慢，大尺寸的栗木非常昂贵。栗树皮可以提炼单宁酸和栲胶，是皮革工业的重要原料。树叶可用于饲养柞蚕。

31. 油桐 *Vernicia fordii*

别　　名：油桐树、桐油树、桐子树、光桐

科　　属：大戟科　油桐属

形态特征：落叶乔木。单叶互生，叶卵形，或宽卵形，先端尖或渐尖，叶基心形，全缘或 3 浅裂。圆锥状聚伞花序顶生，花单性同株。花先叶开放，花瓣白，有淡红色条纹，花瓣 5 枚。核果球形，先

端短尖,表面光滑。种子具厚壳状种皮。4—5月开花,果期7—10月。

生长习性:喜光,喜温暖,忌严寒。

分　　布:我国大部分地区均有栽培。我校8栋学生公寓后的林业生态学院试验地和山林中有栽培。

繁　　殖:主要用播种和嫁接繁殖。

应　　用:桐油是重要工业用油,制造油漆和涂料,经济价值特高。油桐是我国特有经济林木,与油茶、核桃、乌桕并称我国四大木本油料植物。

32. 柿树 *Diospyros kaki*

别　　名:朱果、猴枣

科　　属:柿树科　柿属

形态特征:落叶乔木,树皮鳞片状开裂,通常高可达10~15 m;枝开展,嫩枝初时有棱。冬芽小,卵形,先端钝。叶纸质,卵状椭圆形至倒卵形或近圆形,通常较大,长5~18 cm,宽2.8~9 cm,先端渐尖或钝,基部楔形、圆形或近截形,极少数为心形。花单性异株或杂性同株,雄花通常有花3朵成聚伞花序,雌花单生叶腋。花萼钟状,两面有毛,深4裂,裂片卵形,长约3 mm,有睫毛;花冠钟状,黄白色。浆果较大,有球形、扁球形等,直径3.5~8.5 cm不等,基部通常有棱,嫩时绿色,后变黄色、橙黄色,果肉较脆硬,老熟时果肉变成柔软多汁,呈橙红色或大红色等,有种子数颗;种子褐色,椭圆状,侧扁;宿存萼在花后增大增厚,4裂,方形或近圆形,厚革质或干时近木质,裂片革质,两面无毛,有光泽;果柄粗壮,长6~12 mm。花期5—6月,果期9—10月。

生长习性:强阳性树种,耐寒。喜湿润,也耐干旱,能在空气干燥而土壤较为潮湿的环境下生长。忌积水。深根性,根系强大,吸水、吸肥力强,也耐瘠薄,适应性强,不喜砂质土。潜伏芽寿命长,更新和成枝能力很强,而且更新枝结果快、坐果牢、寿命长。抗污染性强。

分　　布:原产于我国长江及黄河流域,现在广东北部至东北南部均有栽培。我校8栋学生公寓后的林业生态学院试验地旁边和教工宿舍区有栽培。

繁　　殖:常用播种或嫁接繁殖。

应　　用:果实是人们比较喜欢食用的果品,营养价值很高,所含维生素和糖分比一般水果高1~2倍。柿树也是优质的庭院树和行道树,其木材是上好的木料,质地坚硬,常用来做高尔夫球杆坚硬的杆头。果实能清热解毒,是降压止血的良药,对治疗高血压、痔疮出血、便秘有良好的疗效,另外,柿蒂、柿叶都是很有价值的药材。

二、灌木

1. 广寄生 *Taxillus chinensis*

别　　名:苦楝寄生、桃树寄生、松寄生、桑寄生、寄生茶

科　　属:桑寄生科　钝果寄生属

形态特征:常绿寄生灌木,高 0.5~1 m;嫩枝、叶密被褐色或红褐色星状毛，有时具散生叠生星状毛,小枝黑色,无毛,具散生皮孔。叶近对生或互生,革质,卵形、长卵形或椭圆形,长 5~8 cm,宽 3~4.5 cm,顶端圆钝,基部近圆形,上面无毛,下面被绒毛;侧脉 4~5 对,在叶上面明显;叶柄长 6~12 mm,无毛。总状花序,1~3个生于小枝已落叶腋部或叶腋,具花 2~5 朵,密集呈伞形,花序和花均密被褐色星状毛,总花梗和花序轴共长 1~3 mm;花红色,花托椭圆状;副萼环状,具 4 齿;花冠花蕾时管状,稍弯,下半部膨胀,顶部椭圆状,裂片 4 枚,披针形,反折;花柱线状,柱头圆锥状。果椭圆状,长 6~7 mm,直径 3~4 mm,两端均圆钝,黄绿色,果皮具颗粒状体,被疏毛。花期 6—8 月,果期 9月至翌年 1 月。

生长习性:生于平原或低山阔叶林中,广泛寄生于桑树、桃树、李树、龙眼、荔枝、杨桃、油茶、油桐、橡胶树、榕树、木棉、悬铃木、白玉兰等多种植物上。

分　　布:产于云南、四川、甘肃、陕西、山西、河南、贵州、湖北、湖南、广西、广东、江西、浙江、福建、台湾等省区。我校 6 栋和 7 栋学生公寓旁边的英国梧桐和白玉兰树上有广寄生分布。

繁　　殖:通过鸟类携带种子到另外的树上发芽寄生,在遗落种子的树枝上长出新的寄生植物。

应　　用:枝叶入药,有祛风湿、益肝肾、强筋骨、通经络、益血、安胎的功效,主治腰膝酸痛、筋骨痿弱、偏枯、脚气、风寒湿痹、胎漏血崩、产后乳汁不下、久咳、舌纵眩晕等症。

2. 凤尾竹 *Bambusa multiplex*(略:在 1 号区已经介绍)

3. 枸杞 *Lycium chinense*

别　　名:苟起子、枸杞红实、甜菜子、西枸杞

科　　属:茄科　枸杞属

形态特征:落叶灌木,枝条细弱,具棘刺。单叶互生,叶卵形、椭圆形或卵状披针形,全缘。花单生或簇生于叶腋;花冠漏斗状,淡紫色,5 深裂;雄蕊 5,花丝基部密生毛丛。浆果卵形,红色。

生长习性:喜冷凉气候,耐寒力很强。当气温稳定通过 7℃左右时种子即可萌发,幼苗可抵抗-3℃低温。

分　　布：全国均有分布，常生于山坡、荒地、丘陵地、盐碱地、路旁及村边宅旁。在我国除普遍野生外，各地也有作药用、蔬菜或绿化栽培。我校3栋和4栋学生公寓旁边有野生分布。

繁　　殖：播种繁殖。

应　　用：果实药用，具有补肾补气的作用；根皮（地骨皮）有解热止咳之效用。

4. 红花檵木 *Loropetalum chinense* var. *rubrum*（略：在1号区已经介绍）

5. 檵木 *Loropetalum chinensis*

别　　名：白花檵木

科　　属：金缕梅科　檵木属

形态特征：常绿灌木，稀为小乔木，高可达12 m，胸径可达30 cm；小枝有锈色星状毛。叶革质，卵形，长1.5~6 cm，宽1.5~2.5 cm，顶端锐尖，基部偏斜而圆，全缘，下面密生星状柔毛；叶柄长2~5 mm。苞片线形，萼筒有星状毛，萼齿卵形；花瓣白色，线形，4片，长1~2 cm，组成头状花序；雄蕊4，花丝极短，鳞片状。蒴果褐色，近卵形，长约1 cm，有星状毛，2瓣裂，每瓣2浅裂。花期5月，果期8月。

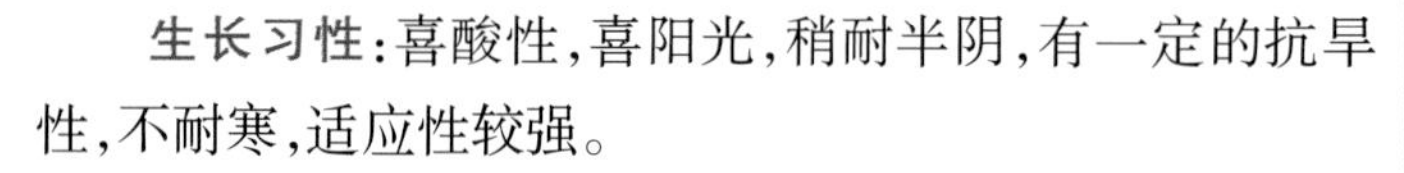

生长习性：喜酸性，喜阳光，稍耐半阴，有一定的抗旱性，不耐寒，适应性较强。

分　　布：产于长江中下游及其南、北回归线以北地区。印度北部也有分布。多生于山野及丘陵灌丛中。我校3栋学生公寓旁边和山林中有分布。

繁　　殖：播种或扦插繁殖。

应　　用：根、叶、花、果均能入药，能解热止血、通经活络、收敛、解毒、止泻。可供草地丛植、乔木树丛边缘或园路转弯处栽植，其变种红花檵木观赏价值尤高，用以制作盆景也是好材料。木材坚实耐用；枝和叶含鞣质，可提栲胶。

6. 花椒 *Zanthoxylum bungeanum*

别　　名：大椒、山椒

科　　属：芸香科　花椒属

形态特征：落叶灌木或小乔木。茎干通常有增大皮刺；枝灰色或褐灰色，有细小的皮孔及略斜向上生的皮刺；当年生小枝被短柔毛。奇数羽状复叶，互生，叶轴边缘有狭翅；小叶5~11

个,纸质,卵形或卵状长圆形,无柄或近无柄,长 1.5~7 cm,宽 1~3 cm,先端尖或微凹,基部近圆形,边缘有细锯齿,表面中脉基部两侧常被一簇褐色长柔毛,无针刺。聚伞圆锥花序顶生,花色大多为白色或者淡黄色,花单性,花被片 4~8 个;雄花雄蕊 5~7 个,雌花心皮 3~4 个,稀 6~7 个,子房无柄。果球形,通常 2~3 个,果球颜色大多为青色、红色、紫红色或者紫黑色,密生疣状凸起的油点。花期 3—5 月,果期 6—10 月。

生长习性:喜光,适宜温暖湿润及土层深厚肥沃壤土、砂壤土,萌蘖性强,耐寒,耐旱,抗病能力强,隐芽寿命长,故耐强修剪。不耐涝,短期积水可致死亡。

分　　布:我国华北、西北、华中、华南均有分布,尤以黄河中下游为主要产区。我校 3 栋学生公寓旁边有栽培。

繁　　殖:扦插、嫁接、播种和分株繁殖均可。

应　　用:可用于四旁绿化或庭院栽植,也可作防护刺篱。果实可作为调味品,并可提取芳香油,又可入药;种子可食用,又可加工制作肥皂。

7. 竹叶花椒 *Zanthoxylum armatum*

别　　名:万花针、白总管

科　　属:芸香科　花椒属

形态特征:落叶小乔木或灌木。茎枝多锐刺,刺基部宽而扁,红褐色,小枝上的刺劲直,水平抽出,小叶背面中脉上常有小刺,部分叶上中脉有长刺,仅叶背基部中脉两侧有丛状柔毛,或嫩枝梢及花序轴均被褐锈色短柔毛。奇数羽状复叶,小叶 3~9,稀 11 片,翼叶明显,稀仅有痕迹;小叶对生,常披针形,叶柄和叶轴有宽翅和刺,两端尖,有时基部宽楔形;或为椭圆形,顶端中央一片最大,基部一对最小;有时为卵形,叶缘有甚小且疏离的裂齿,或近全缘,仅在齿缝处或沿小叶边缘有油点;小叶柄甚短或无柄。聚伞状圆锥花序腋生或同时生于侧枝之顶,有花约 30 朵以内;花被片 6~8 片,形状与大小几相同;雄花的雄蕊 5~6 枚;不育雌蕊垫状凸起,顶端 2~3 浅裂;雌花有心皮 3~2 个,花柱斜向背弯,不育雄蕊短线状。蓇葖果球形,熟时暗红色,有微凸起少数油点。花期 4—5 月,果期 8—10 月。

生长习性:不耐干旱和水湿,适应性强,喜碱性土壤,在中性和酸性土壤中均能生长。多生于山坡、沟谷、疏林、林缘、灌丛。

分　　布:主要分布于西南、华东、华中及华北地区,山地有少量栽培,或作花椒砧木。我校3栋和4栋学生公寓旁边有野生分布。

繁　　殖:播种繁殖。

应　　用:与花椒相同,但果皮麻味较浓而香味稍差。果用作食物的调味料及防腐剂,江苏、江西、湖南、广西等有收购作花椒代用品。根、茎、叶、果及种子均可用作草药,可祛风散寒、行气止痛,主治脘腹冷痛、呕吐泄泻、虫积腹痛、蛔虫病、湿疹瘙痒、风湿性关节炎、牙痛、跌打肿痛等症。

8. 金橘 *Fortunella margarita*

别　　名:金枣、金柑

科　　属:芸香科　金柑属

形态特征:常绿灌木或小乔木。通常无刺,分枝多。叶片披针形至矩圆形,全缘或具不明显的细锯齿,表面深绿色,光亮。背面绿色,有散生腺点;叶柄有狭翅,与叶片相接处有关节。单花或2~3花集生于叶腋,具短柄;花两性,整齐,白色,芳香;萼片5;花瓣5,雄蕊20~25,不同程度地合生成若干束;雌蕊生于略升起的花盘上。果矩圆形或卵形,金黄色。果皮肉质而厚,平滑,有许多腺点,有香味。花期3—5月,果期10—12月。

生长习性:喜阳光和温暖、湿润的环境,不耐寒,稍耐阴,耐旱,要求排水良好、肥沃、疏松的微酸性砂质壤土。

分　　布:广布秦岭、长江以南,主产于华南,现各地有盆栽。我校3栋学生公寓旁边和教工宿舍区有盆栽。

繁　　殖:播种繁殖。

应　　用:盆栽金橘四季常青,枝叶繁茂,树形优美。金橘不仅美观,其果实含有丰富的维生素C、金橘甙等成分,对维护心血管功能,防治血管硬化、高血压等疾病有一定的疗效。常食金橘还可增强机体的抗寒能力,防治感冒。

9. 金森女贞 *Ligustrum japonicum*(略:在1号区已经介绍)

10. 小叶女贞 *Ligustrum quihoui*

别　　名:小叶冬青、小白蜡、楝青、小叶水蜡树

科　　属:木犀科　女贞属

形态特征:落叶或半常绿灌木,高1~3 m。小枝淡棕色,圆柱形,密被微柔毛,后脱落。叶片薄革质,形状和大小变异较大,披针形、长圆状椭圆形、椭圆形、倒卵状长圆形至倒披针形或倒卵形,先端锐尖、钝或微凹,基部狭楔形至楔形,叶缘反卷,上面深绿色,下面淡绿色,常具腺

点，叶柄长 0~5 mm，无毛或被微柔毛。圆锥花序顶生，近圆柱形，分枝处常有1对叶状苞片；小苞片卵形；花白色，芳香，无梗，花冠裂片与花冠筒等长。果倒卵形、宽椭圆形或近球形，长 5~9 mm，径 4~7 mm，呈紫黑色。花期5—7月，果期8—11月。

生长习性：阳生，对土壤要求不严，以砂质壤土或黏质壤土栽培为宜，在红、黄壤土中也能生长。

分　　布：产于陕西南部、山东、江苏、安徽、浙江、江西、河南、湖北、四川、贵州西北部、云南、西藏察隅。我校4栋学生公寓和2号教学楼旁边有绿篱种植。

繁　　殖：播种、扦插、分株繁殖均可。

应　　用：可供观赏和药用。种子医药用途同女贞。

11. 木荷 *Schima superba*

别　　名：荷木、木艾树、何树、柯树、木和、回树、木荷柴、横柴

科　　属：山茶科　木荷属

形态特征：常绿乔木，高可达 30 m，胸径可达 1 m，树皮灰褐色，块状纵裂。叶革质，卵状椭圆形或矩圆形，先端渐尖或短尖，基部楔形，无毛；初发新叶和入秋老叶均呈红色，艳丽可爱。花白色或淡红色，芳香，腋生于枝的上端。蒴果近球形，中轴常宿存。种子扁平，肾形，边缘具翅。花期5—7月，果期9—10月。

生长习性：喜温暖湿润气候，性喜光但幼树能耐阴；对土壤的适应性强，能耐干旱瘠薄土地，但在深厚、肥沃的酸性砂质土壤上生长最快。

分　　布：为亚热带树种，产于福建、江苏、浙江、安徽、江西、湖南、四川、贵州、云南、广东等省。我校8栋学生公寓旁边以及山林中路边有木荷绿篱栽培。

繁　　殖：播种和扦插繁殖。

应　　用：可作行道树、庭荫树及风景林，在庭院中孤植、丛植，也可作绿篱。是森林防火的优良树种，与松科植物混交防火效果好；根皮可药用。

12. 山茶 *Camellia japonica*（略：在1号区已经介绍）

13. 南天竹 *Nandina domestica*

别　　名：红杷子、天烛子、红枸子、钻石黄、天竹、兰竹

科　　属：小檗科　南天竹属

形态特征：常绿灌木，株高可达 2 m。茎直立，少分枝；老茎浅褐色，幼枝红色。2~3回奇数

羽状复叶，小叶 3~5 片，椭圆披针形，长 3~10 cm。圆锥花序顶生；花小，白色；浆果球形，鲜红色，偶有黄色，直径 0.6~0.7 cm，宿存至翌年 2 月，含种子 2 粒，种子扁圆形。花期 5—6 月，果熟期 10 月到翌年 1 月。进入秋、冬后，大多数品种的叶片有相当部分会变红，经冬到春而不落叶。

生长习性：多生于湿润的沟谷旁、疏林下或灌丛中，为钙质土壤指示植物。喜温暖多湿及通风良好的半阴环境，较耐寒，能耐微碱性土壤，强光下叶色变红。适宜在湿润肥沃、排水良好的砂壤土中生长。对水分要求不甚严格，既能耐湿也能耐旱。

分　　布：产于中国长江流域及陕西、河南、河北、山东、湖北、江苏、浙江、安徽、江西、广东、广西、云南、四川等地。日本、印度也有种植。我校 3 栋、4 栋、11 栋学生公寓旁边和盆景园内等多处可见栽植。

繁　　殖：以播种、分株繁殖为主，也可扦插。可于果实成熟时随采随播，也可春播。分株宜在春季萌芽前或秋季进行。扦插宜新芽萌动前或夏季新梢停止生长时进行。

应　　用：株型优美、果实鲜艳，对环境的适应性强，常应用于园林中。主要用作园林内的植物配置，作为花灌木，可以观其鲜艳的花果。也可作室内盆栽，或者观果切花。其根药用，用于感冒发热、眼结膜炎、肺热咳嗽、湿热黄疸、急性胃肠炎、尿路感染、跌打损伤；果可以止咳，用于咳嗽、哮喘、百日咳。

14. 无刺枸骨 *Ilex cornuta* var. *fortunei*

别　　名：圆叶枸骨

科　　属：冬青科　冬青属

形态特征：常绿灌木或小乔木。单叶互生，叶片厚革质，二型，四角状长圆形或卵形，与枸骨不同的是，叶全缘，边缘无刺齿。叶面深绿色，具光泽，背淡绿色，无光泽，两面无毛，主脉在上面凹下，背面隆起，侧脉 5 或 6 对，于叶缘附近网结，在叶面不明显，在背面凸起，网状脉两面不明显。花序簇生于二年生枝的叶腋内，基部宿存鳞片近圆形；苞片卵形，先端钝或具短尖头，被短柔毛和缘毛；花淡黄色，花冠辐状，花萼盘状，花瓣长圆状卵形；花萼与花瓣像雄花。果球形，成熟时鲜红色。花期 4—5 月，果期 10—12 月。

生长习性：喜光，喜温暖湿润、排水良好的酸性和微碱性土壤，有较强抗性，耐修剪。适应性强，最适宜于长江流域生长。

分　　布：产于江苏、上海、安徽、浙江、江西、湖北、湖南等地。我校3栋和11栋学生公寓旁边花坛有栽培。

繁　　殖：可用播种和扦插等法繁殖。

应　　用：四季常绿，叶片光亮，园林绿化可修剪成球形灌木或小乔木。

15. 洒金桃叶珊瑚 *Aucuba japonica*

别　　名：洒金东瀛珊瑚、花叶青木

科　　属：山茱萸科　桃叶珊瑚属

形态特征：常绿灌木，小枝粗圆。叶对生，革质，暗绿色，有光泽；椭圆形至长椭圆形，先端急尖或渐尖，基部广楔形；叶缘疏生锯齿，叶面散生大小不等的黄色或淡黄色斑点。雌雄异株，3—4月开花，花紫色，圆锥花序顶生。浆果状核果短椭圆形，11月成熟，成熟时鲜红色。

生长习性：极耐阴，夏日阳光曝晒会引起灼伤而焦叶。喜湿润、排水良好的肥沃土壤，不甚耐寒。对烟尘和大气污染的抗性强。

分　　布：原产朝鲜半岛和日本。我国广泛栽培，我校3栋及1栋学生公寓旁边及环山路有栽培。

繁　　殖：扦插繁殖。

应　　用：是十分优良的耐阴树种，特别是其叶片黄绿相映，十分美丽，宜栽植于园林的庇荫处或树林下。在华北多见盆栽供室内布置厅堂、会场用。

16. 珊瑚树 *Viburnum odoratissimum*（略：在1号区已经介绍）

17. 凤尾兰 *Yucca gloriosa*

别　　名：凤尾丝兰、菠萝花

科　　属：龙舌兰科　丝兰属

形态特征：常绿灌木。茎通常不分枝或少分枝。叶密集，螺旋排列于茎基部，质坚硬，有白粉，剑形，顶端尖硬，边缘光滑，老叶有时具疏丝。圆锥花序，花朵杯状，花大而下垂，花瓣6，乳白色，常带红晕。蒴果干质，下垂，椭圆状卵形，长5~6 cm，不开裂。花期6—10月。

生长习性：喜温暖湿润和阳光充足环境，耐寒，耐阴，耐旱，较耐湿，对土壤要求不严。

分　　布：原产北美东部及东南部，是塞舌尔的国花。现我国长江流域各地普遍栽植。我校 3 栋、4 栋学生公寓旁边有栽培。

繁　　殖:扦插或分株繁殖。

应　　用:是优良的观赏植物,也是良好的鲜切花材料,常植于花坛中央、建筑前、草坪中、池畔、路旁或作绿篱栽植。叶纤维洁白、强韧、耐水湿,称“白麻棕”,可做缆绳。对有害气体如 SO_2、HCl、HF 等都有很强的抗性和吸收能力。

18. 栀子花 *Gardenia jasminoides*(略:在 1 号区已经介绍)

19. 八仙花 *Hydrangea macrophylla*

别　　名:粉团花、绣球、紫绣球、草绣球、紫阳花、绣球花、八仙绣球花

科　　属:虎耳草科　绣球属

形态特征:落叶灌木,小枝粗壮,皮孔明显。茎常于基部发出多数放射枝而形成一圆形灌丛;枝圆柱形,粗壮,无毛,具少数长形皮孔。单叶对生,叶纸质或近革质,大而稍厚,对生,阔椭圆形至宽卵形,边缘有粗锯齿,叶面鲜绿色,叶背黄绿色,叶柄粗壮。花大型,由许多不孕花组成顶生伞房花序。花色多变,初时白色,渐转蓝色或粉红色;孕性花极少数,具 2~4 mm 长的花梗;萼筒倒圆锥状,长 1.5~2 mm,与花梗疏被卷曲短柔毛,萼齿卵状三角形,长约 1 mm;花瓣长圆形,长 3~3.5 mm;雄蕊 10 枚,近等长,不突出或稍突出,花药长圆形,长约 1 mm;子房多半下位,花柱 3;蒴果长陀螺状,结果时长约 1.5 mm。花期 6—8 月。

生长习性:喜温暖、湿润和半阴环境。

分　　布:原产日本及我国四川一带,我国普遍栽培;欧洲广泛引种栽培。我校 4 栋学生公寓前面花坛和花房有栽培。

繁　　殖:播种繁殖。

应　　用:花大色美,是长江流域著名观赏植物。根、叶、花入药,主治疟疾、心热惊悸、烦躁。

20. 月季 *Rosa chinensis*(略:在 1 号区已经介绍)

21. 牡丹 *Paeonia suffruticosa*

别　　名:鼠姑、鹿韭、白茸、木芍药、百雨金、洛阳花

科　　属:毛茛科　芍药属

形态特征:多年生落叶小灌木,生长缓慢,株型小,株高多在 0.5~2 m;根肉质,粗而长,中心木质化,长度一般在 0.5~0.8 m,叶互生,叶片通常为二回三出复叶,枝上部常为单叶,小叶片有披针、卵圆、椭圆等形状,顶生小叶常为 2~3 裂;花大型,单生枝顶,直径 10~17 cm;花梗长 4~6 cm;苞片 5,长椭圆形,大小不等;萼片 5,绿色,宽卵形,大小不等;花瓣 5 个一轮,花瓣

3 轮以上的为重瓣，玫瑰色、红紫色、粉红色至白色等，通常变异很大，倒卵形，长 5~8 cm，宽 4.2~6 cm，顶端呈不规则的波状；雄蕊长 1~1.7 cm，花丝紫红色、粉红色，上部白色；花盘革质，杯状，紫红色，顶端有数个锐齿或裂片，完全包住心皮，在心皮成熟时开裂；心皮 5，稀更多，密生柔毛。蓇葖果长圆形，密生黄褐色硬毛。花期 5 月，果期 6 月，花色有白、黄、粉、红、紫红、紫、墨紫（黑）、雪青（粉蓝）、绿、复色十大色；种子近圆形，成熟时为棕黄色，老时变成黑褐色，成熟种子直径 0.6~0.9 cm。

生长习性：喜凉恶热，宜燥惧湿，可耐-30℃的低温，在年平均相对湿度 45%左右的地区可正常生长。喜阴，亦稍不耐阳。要求疏松、肥沃、排水良好的中性土壤或砂壤土，忌黏重土壤或低温处栽植。

分　　布：原产中国西部秦岭和大巴山一带山区，汉中是中国最早人工栽培牡丹的地方。我校 8 栋学生公寓后面、学校花房、教工宿舍楼旁边都有栽植。

繁　　殖：常用分株和嫁接法繁殖，也可播种和扦插。移植适期为 9 月下旬至 10 月上旬，不可过早或过迟。喜肥，每年至少应施肥 3 次，即花肥、芽肥和冬肥。栽培 2~3 年后应进行整枝。对生长势旺盛、发枝能力强的品种，只需剪去细弱枝，保留全部强壮枝条，对基部的萌蘖应及时除去，以保持美观的株型。

应　　用：为我国特有的木本名贵花卉，是中国传统十大名花之一，长期以来被人们当成富贵吉祥、繁荣兴旺的象征。牡丹和梅花是我国国花，牡丹也是洛阳和菏泽市花。牡丹花可供食用，花瓣还可蒸酒，制成的牡丹露酒口味香醇。牡丹花和根含黄芪苷，可入药，用于调经活血。种子榨油是价值极高、千金难得的保健养生食用油。

22. 柘木 *Cudrania tricuspidata*

别　　名：柘桑、文章树、黄金木

科　　属：桑科　柘属

形态特征：落叶灌木或小乔木，高可达 8 m 以上。小枝黑绿褐色，光滑无毛，具坚硬棘刺，刺长 5~35 mm。单叶互生，近革质，卵圆形或倒卵形，长 5~13 cm，基部楔形或圆形，先端钝或渐尖，全缘或 3 裂，上面暗绿色，下面绿色。花单性，雌雄异株；皆成头状花序，具短梗，单一或成对腋生；雄花被 4 裂，苞片 2 或 4，雄蕊 4，花丝直立；雌花被 4 裂，花柱 1。聚花果近球形，径约 2.5 cm，红色，有肉质宿存花被及苞片包裹瘦果。花期 6 月，果期 9—10 月。

生长习性：喜生在阳光充足的荒山、坡地、丘陵及溪旁。

分　　布：分布于河北、山东、河南、陕西、甘肃、江苏、浙江、安徽、江西、福建、湖北、湖南、四川、云南、贵州、广东、广西等省区。我校 8 栋学生公寓后面有野生，校外花山顶上有柘木小乔木分布。

繁　　殖：播种繁殖。

应　　用：木材优良，价格昂贵。叶可以养蚕，果营养丰富，可以食用。木材和树皮具药用价值，有化瘀止血、清肝明目、截疟及治崩漏、飞丝入目之功效。

23. 茶梅 *Camellia sasanqua*

别　　名：茶梅花

科　　属：山茶科　山茶属

形态特征：常绿灌木或小乔木，高可达 12 m，树冠球形或扁圆形。树皮灰白色，嫩枝有毛。叶革质，椭圆形，长 3~5 cm，宽 2~3 cm，先端短尖，基部楔形，有时略圆，上面干后深绿色，发亮，下面褐绿色，无毛，侧脉 5~6 对，在上面不明显，在下面能见，网脉不显著；边缘有细锯齿，叶柄长 4~6 mm，稍被残毛。花大小不一，直径 4~7 cm；苞及萼片 6~7，被柔毛；花瓣 6~7 片，阔倒卵形，近离生，红色；雄蕊离生，长 1.5~2 cm，子房被茸毛，花柱长 1~1.3 cm，三深裂几及基部。蒴果球形，种子褐色，无毛。花期 10 月下旬至翌年 4 月。山茶（*C. japonica*）与茶梅（*C. sasanqua*）同属山茶科山茶属，二者的形状、颜色十分相似，花期均在春节前后，常常被人们混淆。两者在外观上的区别为：山茶全株无毛，花茎和叶片比茶梅大，叶椭圆形、卵形或卵状椭圆形，表面有光泽，网脉不显著，叶的颜色较淡，子房表面光滑。而茶梅嫩枝有毛，芽鳞表面有倒生柔毛，叶椭圆形至长椭圆状卵形，呈深绿色，子房密被白色毛。另外，山茶的花期主要在 1—3 月，而茶梅的花期主要在 10 月下旬至翌年 4 月。

生长习性：性喜阴湿，以半阴半阳最为适宜。喜温暖湿润气候，适生于肥沃疏松、排水良好的酸性砂质土壤中。

分　　布：主产于我国江苏、浙江、福建、广东等沿江及南方各省，为亚热带适生树种。我校 1 号教学楼西边和花房有栽培。

繁　　殖：可用扦插、嫁接、压条和播种等方法繁殖。

应　　用：体态玲珑，叶形雅致，花色艳丽，花期长，是赏花、观叶俱佳的著名花卉。适合配置于湖滨、溪流、道路两侧和公园、庭院等较大空间内观赏。也可盆栽，摆放于书房、会场、厅堂、门边、窗台等处，倍添雅趣和异彩。

24. 刺天茄 *Solanum indicum*

别　　名：哈麻香、麻五答盖

科　　属：茄科　茄属

形态特征：多枝灌木，通常高 0.5~1.5 m，小枝、叶下面、叶柄、花序均密被 8~11 分枝、长短不相等的具柄的星状绒毛。小枝褐色，密被尘土色渐老逐渐脱落的星状绒毛及基部宽扁的淡黄色钩刺，钩刺长 4~7 mm，基部宽 1.5~7 mm，基部被星状绒毛，先端弯曲，褐色。叶卵形，先端钝，基部心形，截形或不相等，边缘 5~7 深裂或成波状浅圆裂，裂片边缘有时又作波状浅裂，上面绿色，下面灰绿，密被星状长绒毛；中脉及侧脉常在两面具有长 2~6 mm 的钻形皮刺，总花梗长 2~8 cm，花梗长 1.5 cm 或稍长，密被星状绒毛及钻形细直刺；花蓝紫色，或少为白色，直径约 2 cm；萼杯状，裂片卵形，端尖，外面密被星状绒毛及细直刺，内面仅先端被星状毛；花冠辐状，外面密被分枝多具柄或无柄的星状绒毛，内面上部及中脉疏被分枝少无柄的星状绒毛，很少有与外面相同的星状毛。果序长 4~7 cm，果柄长 1~1.2 cm，被星状毛及直刺。浆果球形，光亮，成熟时橙红色，直径约 1 cm，宿存萼反卷。种子淡黄色，近盘状。全年都可以开花结果。

生长习性：多分布在林下、路边、荒地，在干燥灌丛中有时成片生长。

分　　布：主产于四川、贵州、云南、广西、广东、福建、台湾。我校 3 栋学生公寓旁边有分布。

繁　　殖：播种繁殖。

应　　用：药用，果能治咳嗽及伤风，内服可用于难产及牙痛，亦用于治发烧、寄生虫及疝痛，外擦可治皮肤病，叶汁和新鲜姜汁可以止吐，叶及果和籽磨碎可治癣疥。果皮中含龙葵碱。

三、草本

1. 白茅 *Imperata cylindrica*

别　　名：茅、茅针、茅根

科　　属：禾本科　白茅属

形态特征：多年生草本，高 25~80 cm，宽 2~7 mm。圆锥花序圆柱状，长 9~12 cm，分枝缩短而密集；小穗披针形或矩圆形，孪生，1 具长柄，1 具短柄，长 4~4.5 mm，含 2 小花，仅第二小花结实，基部具长柔毛，长为小穗的 3~4 倍；颖被丝状长柔毛；第一外稃卵形，长 1.5~2 mm，具丝状纤毛，内稃缺；第二外稃长 1.2~1.5 mm，

内稃与外稃等长。花果期7—9月。

生长习性:适应性强,耐阴、耐瘠薄和干旱,喜湿润、疏松土壤,在适宜的条件下,根状茎可长达2~3 m以上,能穿透树根,断节再生能力强。

分　　布:我国大部分省区都有分布。我校4栋学生公寓旁边有野生。

繁　　殖:播种繁殖。

应　　用:其根和幼嫩花絮可食用。根入药,治吐血、尿血、小便不利。但是对于农作物而言,白茅是一种害草,危害茶园、桑园、果园、橡胶园和其他苗圃。

2. 狗尾草 *Setaira viridis*

别　　名:阿罗汉草、稗子草

科　　属:禾本科　狗尾草属

形态特征:一年生草本。叶片扁平,长三角状狭披针形或线状披针形,先端长渐尖,基部钝圆形,几成截状或渐窄,长4~30 cm,宽2~18 mm,通常无毛或疏具疣毛,边缘粗糙。圆锥花序紧密,呈圆柱状或基部稍疏离,主轴被较长柔毛,粗糙,直或稍扭曲,通常绿色或褐黄到紫红或紫色;小穗2~5个簇生于主轴上或更多的小穗着生在短小枝上,椭圆形,先端钝,长2~2.5 mm,铅绿色;第一颖卵形,长约为小穗的1/3,具3脉,第二颖几与小穗等长,椭圆形,具5~7脉;第一外稃与小穗等长,具5~7脉,先端钝,其内稃短小狭窄,第二外稃椭圆形,具细点状皱纹,边缘内卷,狭窄;鳞被楔形,先端微凹;花柱基分离。颖果灰白色。花果期5—10月。

生长习性:适生性强,耐旱,耐贫瘠,酸性或碱性土壤均可生长。

分　　布:原产欧亚大陆的温带和暖温带地区,现广布于全世界的温带和亚热带地区,包括中国各地。我校3栋和4栋学生公寓旁边有野生。

繁　　殖:播种繁殖。

应　　用:入药可清热利湿、祛风明目、解毒、杀虫。可作牲畜饲料。

3. 狼尾草 *Pennisetum alopecuroides*

别　　名:大狗尾草、芮草、老鼠狼、狗仔尾、狼尾巴搭

科　　属:禾本科　狼尾草属

形态特征:多年生草本,秆直立,丛生,高30~120 cm,在花序下密生柔毛。叶鞘光滑,两侧压扁,主脉呈脊状,在基部者跨生状,秆上部者长于节间;叶舌具长约2.5 mm纤毛;叶片线形,长10~80 cm,宽3~8 mm,先端长渐尖,基部生疣毛。圆锥花序直立,长5~25 cm,宽1.5~3.5 cm;主轴密生柔毛;总梗长2~3 mm;刚毛粗糙,淡绿色或紫

色，长 1.5~3 cm；小穗通常单生，偶有双生，线状披针形，长 5~8 mm；第一颖微小或缺，长 1~3 mm，膜质，先端钝，脉不明显或具 1 脉；第二颖卵状披针形，先端短尖，具 3~5 脉，长约为小穗的 1/3~2/3；第一小花中性，第一外稃与小穗等长，具 7~11 脉；第二外稃与小穗等长，披针形，具 5~7 脉，边缘包着同质的内稃；鳞被 2，楔形；雄蕊 3，花药顶端无毫毛；花柱基部联合。颖果长圆形，长约 3.5 mm。花果期夏秋季。

生长习性：喜寒冷湿气候。耐旱，耐贫瘠砂质土壤。

分　　布：我国自东北、华北经华东、中南及西南各省区均有分布。我校 7 栋学生公寓旁边花坛有栽培。

繁　　殖：播种繁殖。宜选择肥沃、稍湿润的砂地栽培。

应　　用：可作饲料，也是编织或造纸的原料，也常作为土法打油的油粑子，还可作固堤防沙植物。入药主治肺热咳嗽、目赤肿痛。

4. 井栏边草 *Pteris multifida*

别　　名：凤尾草、井口边草、山鸡尾、井茜

科　　属：凤尾蕨科　凤尾蕨属

形态特征：多年生草本，高 30~70 cm。根状茎粗壮，直立，密被钻形黑褐色鳞片。叶二型，丛生，无毛；不育叶柄禾秆色，叶片卵状长圆形，一回羽状，羽片通常 3 对，对生，斜向上，无柄，线状披针形，先端渐尖，叶缘有不整齐的尖锯齿并有软骨质的边，下部 1~2 对通常分叉，有时近羽状，顶生三叉羽片及上部羽片的基部显著下延，在叶轴两侧形成宽 3~5 mm 的狭翅；能育叶有较长的柄，羽片 4~6 对，狭线形，仅不育部分具锯齿，其余均全缘，主脉两面均隆起，禾秆色，侧脉明显，稀疏。

生长习性：喜温暖湿润和半阴环境，为钙质土指示植物。常生于阴湿墙脚、井边和石灰岩石上，在有蔽荫、无日光直晒和土壤湿润、肥沃、排水良好的处所生长最盛。

分　　布：分布于河北、河南、山东、安徽、江苏、浙江、湖南、湖北、江西、福建、台湾、广东、广西、贵州和四川等省区。我校 3 栋、4 栋学生公寓和 2 号教学楼旁边有野生分布。

繁　　殖：孢子繁殖或分株繁殖。

应　　用：可露地栽种于阴湿的林缘岩下、石缝或墙根、屋角等处，野趣横生。全草入药，味淡，性凉，能清热利湿、解毒、凉血、收敛、止血、止痢。

5. 佛甲草 *Sedum lineare*

别　　名：万年草、佛指甲、半支连、火烧草、火焰草

科　　属：景天科　景天属

形态特征：多年生草本，无毛。3 叶轮生，少有对生或 4 叶轮生，叶线形，花序聚伞状，顶生；萼片 5，线状披针形，先端钝；花瓣 5，黄色，披针形，长 4~6 mm，先端急尖，基部稍狭；雄蕊

10，较花瓣短；鳞片5，宽楔形至近四方形，顶生，种子小。花期4—5月，果期6—7月。

生长习性：适应性极强，不择土壤，耐寒力极强。

分　　布：由江苏南部至广东，西到四川、云南，西北到甘肃东南部都有分布。我校3栋学生公寓旁边和花房有栽培。

繁　　殖：播种繁殖。

应　　用：是优良的地被植物，作为屋顶绿化植物也具有理想的效果。全草入药，主治咽喉肿痛、痈肿、疔疮、丹毒、烫伤、蛇咬伤、黄疸、痢疾。

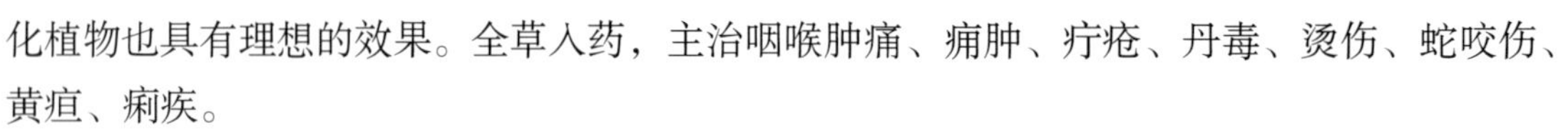

6. 多头苦荬菜 *Ixeris polycephala*

别　　名：蔓生苦荬菜

科　　属：菊科　苦荬菜属

形态特征：一年或二年生草本，高15~30 cm。茎直立，常基部分枝。基生叶具短柄；叶片线状披针形，长6~14 cm，宽0.3~0.7 cm，先端渐尖，基部楔形下延，全缘，叶脉羽状；头状花序密集成伞房状或近伞形；总花序梗纤细，内层总苞片8，卵状披针形或披针形，长0.6~0.8 cm，边缘膜质；舌状花黄色，舌片长约0.5 cm；果实纺锤形。花期3—5月，果熟期4—6月。

生长习性：生于田间、路旁及山坡草地。

分　　布：分布于华东、华中、华南及西南地区，朝鲜、日本及印度也有分布。河南黄河以南地区有生长。我校4栋学生公寓旁边有野生。

繁　　殖：播种繁殖。

应　　用：全草入药，具有清热解毒、止血之效，主治肺痈、乳痈、痢疾、子宫出血、疔疮、疖肿、无名肿毒、阴道滴虫、毒蛇咬伤等症。

7. 马兰 *Kalimeris indica*

别　　名：路边菊、田边菊、泥鳅菜、泥鳅串

科　　属：菊科　马兰属

形态特征：多年生草本，地下有细长根状茎，匍匐平卧，白色有节。初春仅有基生叶，茎不明

显，初夏地上茎增高，基部绿带紫红色，光滑无毛。单叶互生近无柄，叶片倒卵形、椭圆形至披针形。秋末开花，头状花序。瘦果扁平倒卵状，冠毛较少，弱而易脱落。茎直立，高 30~80 cm。茎生叶披针形，倒卵状长圆形，长 3~7 cm，宽 1~2.5 cm，边缘中部以上具 2~4 对浅齿，上部叶小，全缘。头状花序呈疏伞房状，总苞半球形，直径 6~9 mm，总苞片 2~4 层。边花舌状，紫色；内花管状，黄色。

生长习性：性喜肥沃土壤，耐旱亦耐涝，生于菜园、农田、路旁，为田间常见杂草。

分　　布：广泛分布于我国大部分地区。我校 3 栋和 10 栋学生公寓旁边有野生。

繁　　殖：播种繁殖和分株繁殖。

应　　用：全草入药，具有败毒抗癌、凉血散淤、清热利湿、消肿止痛等功效。其嫩芽可当蔬菜食用。

8. 一年蓬 *Erigeron annuus*

别　　名：千层塔、治疟草、野蒿

科　　属：菊科　飞蓬属

形态特征：一年或二年生草本，高 30~100 cm。茎直立，上部分枝，有向上弯曲的短毛。幼苗基生叶椭圆形，边缘有粗锯齿。茎生叶互生，长圆状披针形或披针形，长 2~9 cm，宽 5~20 mm，先端急尖或钝，基部楔形，无柄。头状花序；瘦果披针形，压扁，有毛。花期 7—8 月，果期 9—10 月。

生长习性：喜生于肥沃向阳的土地，在干燥贫瘠的土壤亦能生长。

分　　布：原产北美洲，除新疆、内蒙古、宁

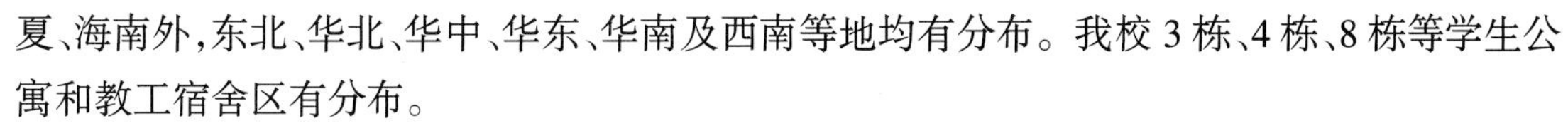

夏、海南外，东北、华北、华中、华东、华南及西南等地均有分布。我校 3 栋、4 栋、8 栋等学生公寓和教工宿舍区有分布。

繁　　殖：播种繁殖。

应　　用：全草入药，可清热解毒、抗疟疾，用于齿龈炎、急性胃肠炎、传染性肝炎等。

9. 小飞蓬 *Conyza canadensis*

别　　名：小蓬草、加拿大蓬、小白酒草、小白酒菊

科　　属：菊科　白酒草属

形态特征：一年或二年生草本，高 30~150 cm。叶互生，基部叶近匙形，长 7~10 cm，宽 1~

1.5 cm,边缘齿裂或全缘有缘毛,上部叶条形或条状披针形。头状花序,密集成圆锥状或伞房状。花梗较短,边缘为白色的舌状花,中部为黄色的筒状花。瘦果扁平,矩圆形,具斜生毛,冠毛1层,白色刚毛状,易飞散。花果期6—9月。

生长习性:喜生于肥沃向阳的土地,在干燥贫瘠的土壤亦能生长。

分　　布:原产北美洲,除新疆、内蒙古、宁夏、海南外,东北、华北、华中、华东、华南及西南等地均有分布。我校3栋、4栋、8栋等学生公寓后面有野生。

繁　　殖:播种繁殖。

应　　用:入药主治肠炎、痢疾、传染性肝炎、胆囊炎,外用治牛皮癣、跌打损伤、疮疖肿毒、风湿骨痛、外伤出血,鲜叶捣汁治中耳炎、眼结膜炎。

10. 泥胡菜 *Hemistepta lyrata*

别　　名:猪兜菜、剪刀草、石灰菜、绒球

科　　属:菊科　泥胡菜属

形态特征:二年生草本。基生叶长椭圆形或倒披针形,花期通常枯萎;中下部茎叶与基生叶同形,长4~15 cm或更长,宽1.5~5 cm或更宽,全部叶大头羽状深裂或几全裂, 侧裂片2~6对,通常4~6对,极少为1对,倒卵形、长椭圆形、匙形、倒披针形或披针形,向基部的侧裂片渐小,顶裂片大,长菱形、三角形或卵形,全部裂片边缘三角形锯齿或重锯齿,侧裂片边缘通常稀锯齿,最下部侧裂片通常无锯齿;有时全部茎叶不裂或下部茎叶不裂,边缘有锯齿或无锯齿。头状花序多数,总苞球形,总苞片5~8层,背面顶端下有紫红色鸡冠状附片,花紫红色,全部为管状花。瘦果圆柱形。花果期3—8月。

生长习性:为中生植物,抗逆性较强,生于路旁、村边荒地和轻盐碱荒地,可形成以其为优势种的杂草群落。在落叶阔叶林区,它又是林下草地的主要伴生植物。此外,在比较湿润的丘陵、山谷、溪边和荒山草坡,以及微碱性耕地上均有生长。

分　　布:分布几遍及全国各地。我校8栋学生公寓后面林业生态学院试验地有野生分布。

繁　　殖:播种繁殖。

应　　用:入药能清热解毒、散结消肿,主治痔漏、痈肿疔疮、乳痈、淋巴结炎、风疹。可食用,亦可当饲料。

11. 鼠麴草 *Gnaphalium affine*

别　　名:佛耳草、软雀草、蒿菜

科　　属:菊科　鼠麴草属

形态特征:二年生草本,全株密被白绵毛。叶互生,下部和中部叶匙形或倒披针形,两面都有白色绵毛。头状花序多数,排成伞房状;总苞球状钟形,花黄色,边缘雌花花冠丝状,中央两性花管状。瘦果长椭圆形,具乳头状突起,冠毛黄白色。花期4—7月,果期8—9月。

生长习性:生于低海拔干地或湿润草地上,尤以稻田最常见。

分　　布:分布于华中、华东、中南、西南及河北、陕西、台湾等地。我校4栋学生公寓后面有野生。

繁　　殖:播种繁殖。

应　　用:全株入药,有化痰、止咳、祛风寒的功效,主治咳嗽痰多、气喘、感冒风寒、蚕豆病、筋骨疼痛、白带、溃疡等症。其幼苗可以当蔬菜食用。

12. 波斯菊 *Cosmos bipinnata*

别　　名:秋樱、秋英、格桑花、八瓣梅、扫帚梅

科　　属:菊科　秋英属

形态特征:一年生草本,植株高30~120 cm,单叶对生,长约10 cm,二回羽状全裂,裂片狭线形,全缘无齿。头状花序着生在细长的花梗上,舌状花轮,花瓣尖端呈齿状,花瓣8枚,有白、粉、深红色。筒状花占据花盘中央部分均为黄色。瘦果有喙,花期夏秋季。

生长习性:喜温暖,不耐寒,也忌酷热。喜光,耐干旱瘠薄,宜排水良好的砂质土壤。忌大风,宜种背风处。

分　　布:原产墨西哥,现全国各地均有种植,我校8栋学生公寓旁边杨梅树下和足球场南边有栽植。

繁　　殖:播种或扦插繁殖。

应　　用:适于布置花境和花坛。

13. 万寿菊 *Zinnia elegans*

别　　名:臭芙蓉、万寿灯、蜂窝菊、臭菊花、蝎子菊

科　　属:菊科　万寿菊属

形态特征:株高 60~100 cm,全株具异味。单叶羽状全裂对生,裂片披针形,裂片边缘有油腺,锯齿有芒,头状花序着生枝顶,径可达 10 cm,黄或橙色,总花梗肿大,花期 8—9 月。瘦果黑色,冠毛淡黄色。下位子房上位花。舌状花瓣整齐,色纯,无杂色。

生长习性:喜温暖湿润和阳光充足环境,喜湿,耐干旱。生长适温 15~25℃。对土壤要求不严,以肥沃、排水良好的砂质壤土为好。

分　　布:我国各地均有栽培,在广东和云南南部、东南部已归化。我校 6 栋学生公寓前盆栽红叶石楠下花坛和花房有栽植。

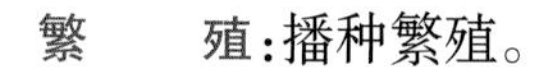

繁　　殖:播种繁殖。

应　　用:可上盆摆放,也可移栽于花坛,拼组图形、色块等。

14. 孔雀草 *Tagetes patula*

别　　名:小万寿菊、红黄草、西番菊、臭菊花

科　　属:菊科　万寿菊属

形态特征:花形与万寿菊相似,但较小朵而繁多,叶缘锯齿也不整齐。叶对生,羽状分裂,裂片披针形,叶缘有明显的油腺点。头状花序顶生,花外轮为暗红色,内部为黄色,故又名红黄草。因为种间反复杂交,除红黄色外,还培育出纯黄色、橙色等品种,还有单瓣、复瓣等品种。花期从“五一”一直开到“十一”。

生长习性:喜温暖、阳光充足的环境,生长温度 10~38℃,最适温度 15~30℃。对土壤要求不严,但忌 pH<6 的酸性土。

分　　布:原产墨西哥,是一种适应性十分强的花卉,我国广泛栽培。我校 6 栋学生公寓前盆栽红叶石楠下花坛和花房有栽植。

繁　　殖:播种或扦插繁殖。

应　　用:广泛应用于花坛庭院绿化观赏。花、叶可入药,具有清热解毒、止咳等功效。

15. 大花金鸡菊 *Coreopsis grandiflora*

别　　名：剑叶波斯菊、狭叶金鸡菊、剑叶金鸡菊、大花波斯菊

科　　属：菊科　金鸡菊属

形态特征：多年生草本，高 20~100 cm。茎直立，下部常有稀疏的糙毛，上部有分枝。叶对生；基部叶有长柄、披针形或匙形；下部叶羽状全裂，裂片长圆形；中部及上部叶 3~5 深裂，裂片线形或披针形，中裂片较大，两面及边缘有细毛。头状花序单生于枝端，径 4~5 cm，具长花序梗。总苞片外层较短，披针形，长 6~8 mm，顶端尖，有缘毛，内层卵形或卵状披针形，长 10~13 mm；托片线状钻形。舌状花 6~10 个，舌片宽大，黄色，长 1.5~2.5 cm；管状花长 5 mm，两性。瘦果广椭圆形或近圆形。

生长习性：对土壤要求不严，喜肥沃、湿润、排水良好的砂质壤土，耐旱，耐寒，也耐热。

分　　布：为原产美洲的观赏植物，在中国各地常栽培。我校 8 栋学生公寓旁边有栽培。

繁　　殖：播种繁殖。

应　　用：常用于花境、坡地、庭院、街心花园的美化设计中，也可用作切花或地被，还可用于高速公路绿化，有固土护坡作用。

16. 野菊 *Chrysanthemum indicum*

科　　属：菊科　菊属

生态特征：多年生草本，茎基部常匍匐，上部多分枝。叶互生，卵状三角形或卵状椭圆形，长 3~9 cm，羽状分裂，裂片边缘有锯齿，两面有毛，下面较密；叶柄下有明显的假托叶。头状花序直径 2~2.5 cm，排成聚伞状；总苞半球形，花小，黄色，边缘舌状，先端 3 浅裂，雌性；中央为管状花，先端 5 裂，两性。花期 9—11 月，果期 10—11 月。

生长习性：喜凉爽湿润气候，耐寒。多生于山坡草地、灌丛、河边水湿地、海滨盐渍地及田边、路旁。

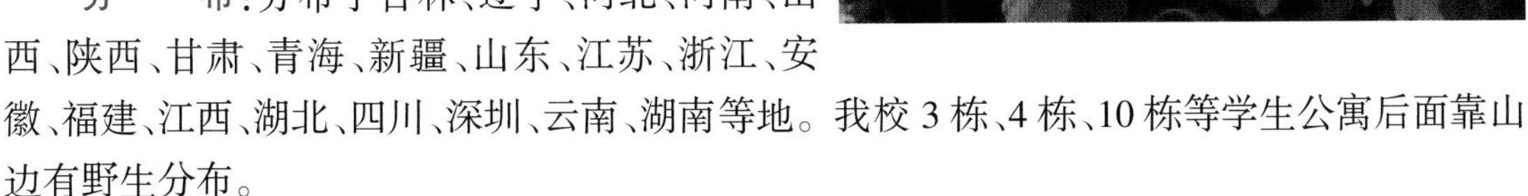

分　　布：分布于吉林、辽宁、河北、河南、山西、陕西、甘肃、青海、新疆、山东、江苏、浙江、安徽、福建、江西、湖北、四川、深圳、云南、湖南等地。我校 3 栋、4 栋、10 栋等学生公寓后面靠山边有野生分布。

繁　　殖：可播种繁殖，也可分枝插条或分根。目前生产上多用分根法。

应　　用：花药用，有清热解毒、清肝明目、疏风平肝之功效。

17. 向日葵 *Helianthus annuus*

别　　名：朝阳花、转日莲、向阳花、望日莲、太阳花

科　　属：菊科　向日葵属

形态特征：一年生草本，茎直立，粗壮，圆形多棱角，被白色粗硬毛。叶通常互生，心状卵形或卵圆形，先端锐突或渐尖，有基出3脉，边缘具粗锯齿，两面粗糙，被毛，有长柄。头状花序，极大，直径10~30 cm，单生于茎顶或枝端，常下倾。花序中部为两性的管状花，棕色或紫色，结实。瘦果，倒卵形或卵状长圆形，稍扁压，果皮木质化，灰色或黑色，俗称葵花籽。

生长习性：喜阳，对土壤的要求不高。

分　　布：产于北美洲，世界各地均有栽培。我校8栋学生公寓旁边和花房有栽培。

繁　　殖：播种繁殖。

应　　用：具药用、食用及观赏用途。

18. 苍耳 *Xanthium sibiricum*

别　　名：苓耳、胡菜、地葵、枲耳、爵耳

科　　属：菊科　苍耳属

形态特征：一年生草本，单叶互生，有长柄，叶卵状三角形，长6~10 cm，宽5~10 cm，顶端尖，基部浅心形至阔楔形，边缘有不规则的锯齿或常成不明显的3浅裂，两面有贴生糙伏毛；叶柄长3.5~10 cm，密被细毛。头状花序近于无柄，聚生，单性同株；雄花序球形，总苞片小，1列；花托圆柱形，有鳞片；小花管状，顶端5齿裂，雄蕊5枚，花药近于分离，有内折的附片；雌花序卵形，总苞片2~3列，外列苞片小，内列苞片大，结成一个卵形、2室的硬体，外面有倒刺毛，顶有2圆锥状的尖端，小花2朵，无花冠，子房在总苞内，每室有1个，花柱线形，突出在总苞外。瘦果倒卵形，包藏在有刺的总苞内，无冠毛。花期5—6月，果期6—8月。

生长习性：喜温暖稍湿润气候，耐干旱瘠薄。

分　　布：原产美洲和东亚，我国各地有广布。我校4栋学生公寓后面有野生。

繁　　殖：播种繁殖。

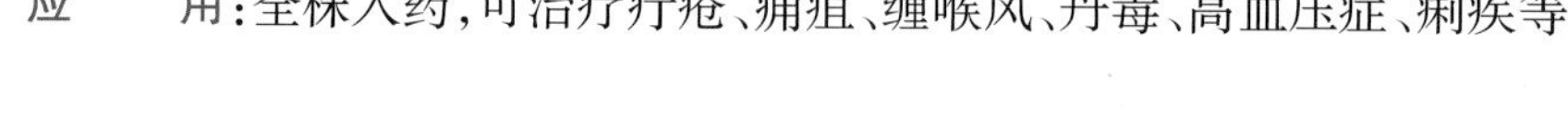

应　　用：全株入药，可治疗疔疮、痈疽、缠喉风、丹毒、高血压症、痢疾等疾病。

19. 醴肠 *Eclipta prostrata*

别　　名：旱莲草、墨草

科　　属：菊科　醴肠属

形态特征：一年生草本，高 15~60 cm，全株有白色粗糙毛。单叶对生，椭圆状披针形或条形，先端尖或渐尖，基部渐狭，全缘或有疏锯齿，两面均被白色硬毛。花序头状，腋生或顶生；总苞片2轮，5~6枚，有毛，宿存；托叶披针形或刚毛状；边花白色，舌状，全缘或2裂；心花淡黄色，筒状，4裂。舌状花的瘦果四棱形，筒状花的瘦果三棱形，表面都有瘤状突起，无冠毛。花期7—9月，果期9—10。

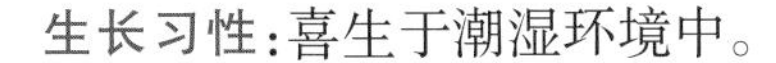

生长习性：喜生于潮湿环境中。

分　　布：生于田间、河岸及水边湿地。广泛分布于世界热带及亚热带地区。我校3栋和4栋学生公寓旁边有野生。

繁　　殖：播种繁殖。

应　　用：全草入药，性味甘、酸、凉，有凉血、止血、滋补肝肾、清热解毒之效。

20. 空心莲子草 *Alternanthera philoxeroides*

别　　名：革命草、水花生、喜旱莲子草

科　　属：苋科　莲子草属

形态特征：多年生宿根挺水草本。茎基部匍匐、上部伸展，中空，有疏生分枝，节腋处有细绒毛。叶对生，倒卵状披针形，有芒尖，基部渐狭，表面有贴生毛，边缘有睫毛。头状花序单生叶腋，5片花被，白色。胞果扁平。花期6—9月，果期8—10月。

生长习性：喜湿，生在池塘、沟渠、河滩湿地或浅水中，蔓延很快，属于生物入侵种。危害人畜健康，危及生物多样性和破坏生态环境。被列为中国首批外来入侵物种。

分　　布：原产巴西，我国引进，全国大部分省市都有分布。我校3栋、4栋、6栋等学生公寓旁边都有分布。

繁　　殖：利用茎和地下根进行无性繁殖。

应　　用：全草入药，有清热利尿、凉血解毒之功效；对乙脑、流感及初期肺结核咯血疗效很好。

21. 藜 *Chenopodium album*

别　　名：灰条菜、灰灰菜、灰绿藜

科　　属：苋科　藜属

形态特征：一年生草本，高 60~120 cm。茎直立粗壮，有棱和绿色或紫红色的条纹，多分枝；枝上升或开展。单叶互生，有长叶柄；叶片菱状卵形或披针形，长 3~6 cm，宽 2.5~5 cm，先端急尖或微钝，基部宽楔形，边缘常有不整齐的锯齿，叶下面灰绿色，被粉粒。秋季开黄绿色小花，花两性，数个集成团伞花簇，多数花簇排成腋生或顶生的圆锥花序；花被5片，卵状椭圆形，边缘膜质；雄蕊5个；柱头2裂。胞果完全包于花被内或顶端稍露，果皮薄，和种子紧贴。种子横生，双凸镜状，黑色，有光泽，表面有浅沟纹。花期 8—9 月，果期 9—10 月。

生长习性：喜温暖环境，喜光，不耐寒，耐干旱瘠薄。对土壤要求不严。

分　　布：我国各地均有分布。我校3栋和4栋学生公寓旁边偶见分布。

繁　　殖：播种繁殖。

应　　用：药用有清热、利湿、杀虫之功效，主治痢疾、腹泻、湿疮痒疹、毒虫咬伤。可食用，春天采摘嫩芽，洗净用开水烫后，凉拌或青炒均可，味美爽口，是一种深受欢迎的野菜。

22. 土荆芥 *Chenopodium ambrosioides*

别　　名：臭草、杀虫芥、鸭脚草

科　　属：藜科　藜属

形态特征：一年生或多年生草本，高 50~80 cm，茎直立，多分枝，具条纹，近无毛。叶互生，披针形或狭披针形，下部叶较大，长达 15 cm，宽达 5 cm，顶端渐尖，基部渐狭成短柄，边缘有不整齐的钝齿，上部叶渐小而近全缘，上面光滑无毛，下面有黄色腺点，沿脉稍被柔毛。花两性或部分雌性，胞果扁球形，完全包藏于花被内；种子肾形，直径约 0.7 mm，黑色或暗红色，光亮。全草有强烈异臭气。

生长习性：喜温暖干燥气候，在高温高湿地方药材质量较差，挥发油含量较低。适生于肥沃、疏松、排水良好的砂质壤土。宜选向阳干燥地区栽培。

分　　布：分布于中国长江以南各省区，北部各省常有栽培。原产热带美洲，现广布于各热带地区和温带地区。我校4栋学生公寓后面偶见分布。

繁　　殖：播种繁殖。

应　　用：该物种为中国植物图谱数据库收录的有毒植物，其毒性为挥发油有毒。挥发油含量以果实最多，故毒性较强，叶次之，茎最弱，常服量 10~30 g。药用可祛风除湿、杀虫、止痒，用于蛔虫病、钩虫病、蛲虫病，外用治皮肤湿疹、瘙痒，并杀蛆虫。常用量 3~6 g，研末或制丸入药。外用适量，煎水洗患处。以茎嫩、带果穗、色黄绿者入药为佳。

23. 土牛膝 *Achyranthes aspera*

别　　名：倒钩草、倒梗草

科　　属:苋科　牛膝属

形态特征:高1~1.6 m,茎直立,四方形,节膨大；单叶对生，叶片披针形或狭披针形,长4.5~15 cm,宽0.5~3.6 cm,先端及基部均渐尖,全缘,上面绿色,下面常呈紫红色。穗状花序腋生或顶生;花多数;苞片1，先端有齿；小苞片2,刺状,紫红色，基部两侧各有1卵圆形小裂片，长约0.6 mm;花被5,绿色,线形,具3脉;雄蕊5,花丝下部合生,退化雄蕊方形,先端具不明显的齿;花柱长约2 mm。胞果长卵形。花期7—10月,果期8—11月。

生长习性:喜温暖湿润气候,喜排水良好的砂质土壤。

分　　布:产于陕西、甘肃、安徽、湖北、江西、福建、浙江、江苏、四川、贵州等地。我校3栋、4栋学生公寓和教工宿舍区4栋旁边有分布。

繁　　殖:播种繁殖。

应　　用:根入药,可活血散瘀、祛湿利尿、清热解毒,主治淋病、尿血、妇女经闭、症瘕、风湿关节痛、脚气、水肿、痢疾、疟疾、白喉、痈肿、跌打损伤等症。

24. 蕺菜 *Houttuynia cordata*

别　　名:鱼腥草、岑草、紫蕺、折耳根、截儿根、猪鼻拱、狗贴耳、狗蝇草、臭菜

科　　属:三白草科　蕺菜属

形态特征：多年生草本,高30~50 cm,全株有鱼腥味;茎上部直立,常呈紫红色,下部匍匐,节上轮生小根。单叶互生，薄纸质,有腺点,背面尤甚,卵形或阔卵形，长4~10 cm,宽2.5~6 cm。穗状花序在枝顶端与叶互生,花小,两性,无花被,总苞片4片,白色,花丝下部与子房合生,子房上位。蒴果近球形,直径2~3 mm,顶端开裂,具宿存花柱。种子多数,卵形。花期4—7月,果期10—11月。

生长习性:野生于阴湿或水边低地,喜温暖潮湿环境,忌干旱。耐寒,怕强光,在-15℃可越冬。土壤以肥沃的砂质壤土及腐殖质壤土生长最好,不宜于黏土和碱性土壤栽培。

分　　布:产于我国长江流域以南各省。我校3栋学生公寓后面菜园和教工宿舍楼区有栽培。

繁　　殖:以根茎扦插和分株繁殖为主,也可播种繁殖,但种子繁殖时发芽率不高。

应　　用:幼枝叶用沸水烫过后可以做凉拌菜,草根可以做泡菜,在鄂西和四川特别受欢迎。全草入药,有清热解毒、利尿消肿之功效,主治尿疮、痔疮脱肛、疟疾、蛇虫咬伤等症。

25. 莱菔子 *Raphanus sativus*

别　　名：萝卜、萝白子、菜头子

科　　属：十字花科　萝卜属

形态特征：一年或二年生草本。根肉质，长圆形、球形或圆锥形，根皮红色、绿色、白色、粉红色或紫色。茎直立，粗壮，圆柱形，中空，自基部分枝。基生叶及茎下部叶有长柄，通常大头羽状分裂，被粗毛，侧裂片1~3对，边缘有锯齿或缺刻；茎中、上部叶长圆形至披针形，向上渐变小，不裂或稍分裂，不抱茎。总状花序，顶生及腋生；花淡粉红色或白色。长角果，不开裂，近圆锥形，直或稍弯，种子间缢缩成串珠状，先端具长喙，喙长2.5~5 cm，果壁海绵质。种子1~6粒，红褐色，圆形，有细网纹。

生长习性：适生于土层深厚、富含有机质、保水和排水良好、疏松肥沃的砂壤土。

分　　布：原产我国，各地均有栽培，品种极多，常见有红萝卜、青萝卜、白萝卜、水萝卜和心里美等。我校4栋和8栋学生公寓后面有栽培。

繁　　殖：播种繁殖。

应　　用：根供食用，为我国主要蔬菜之一。种子含油42%，可用于制肥皂或作润滑油。萝卜的营养价值自古以来就被广泛肯定，所含的多种营养成分能增强人体的免疫力，含有能诱导人体自身产生干扰素的多种微量元素，对防癌、抗癌有重要意义，常吃还可降低血脂。除了炒食、炖汤、生食外，萝卜还可加工成泡菜、腌菜、干菜。种子、鲜根、叶均可入药，有清热生津、凉血止血、化痰止咳、利小便、解毒、益脾和胃、消食下气之功效。

26. 荠菜 *Capsella bursapastoris*

别　　名：地米菜、地菜

科　　属：十字花科　荠属

形态特征：一年或二年生草本，高20~50 cm。茎直立，有分枝，稍有分枝毛或单毛。基生叶丛生，呈莲座状，具长叶柄，达5~40 cm；叶片大头羽状分裂，长可达12 cm，宽可达2.5 cm；顶生裂片较大，卵形至长卵形，长5~30 mm，侧生者宽2~20 mm，裂片3~8对，较小，狭长，开展，卵形，基部平截，具白色边缘；茎生叶，狭披针形，长 1~2 cm，宽 2~15 mm，基部箭形抱茎，边缘有缺刻或锯齿，两面有细毛或无毛。总状花序顶生或腋生，萼片长圆形，十字花冠，花瓣白色，先端渐尖，浅裂或具有不规则粗锯齿，匙形或卵形，长 2~3 mm，有短爪，四强雄蕊。短角果扁平，倒卵状三角形或倒心状三角形，长 5~8 mm，宽 4~7 mm，扁平，无毛，先端稍凹，裂瓣具网脉，花柱长约 0.5 mm。种子 2 行，呈椭圆形，浅褐色。花果期 4—6 月。

生长习性：属耐寒性植物，要求冷凉和晴朗的气候，性喜温和，只要有足够的阳光、土壤不太干燥均可生长，遍布全世界温带地区。生命力顽强，常野生于田野，也可人工栽培。

分　　布：起源于欧洲，世界各地广泛分布。我校 3 栋、4 栋学生公寓和教工宿舍旁有分布。

繁　　殖：主要依靠播种繁殖。

应　　用：是一种美味野菜，含丰富的维生素 C 和胡萝卜素，有助于增强机体免疫功能。嫩时食用，同猪肉或鸡蛋一起包饺子，味道鲜美；也可用猪油清炒，或是开水烫过凉拌，尤宜下火锅烫食，软糯，汤味清香，开胃提神。全草入药，有利尿、解热、降低血压、健胃消食、止血作用，能治疗多种疾病。民间流传农历三月三，用开花的荠菜全株煮鸡蛋可以治疗头晕等症。

27. 臭荠 *Coronopus didymus*

别　　名：臭滨芥、肾果荠

科　　属：十字花科　臭荠属

形态特征：一年或二年生匍匐草本，高 5~30 cm，全株有臭味；主茎短且不显明，基部多分枝，无毛或有长单毛。叶为一回或二回羽状全裂，裂片 3~5 对，线形或窄长圆形，长 4~8 mm，宽 0.5~1 mm，顶端急尖，基部楔形，全缘，两面无毛；叶柄长 5~8 mm。花极小，直径约 1 mm，萼片具白色膜质边缘；花瓣白色，长圆形，比萼片稍长，或无花瓣；雄蕊通常 2。短角果肾形，长约 1.5 mm，宽 2~2.5 mm，2 裂，果瓣半球形，表面有粗糙皱纹，成熟时分离成 2 瓣。种子肾形，红棕色。

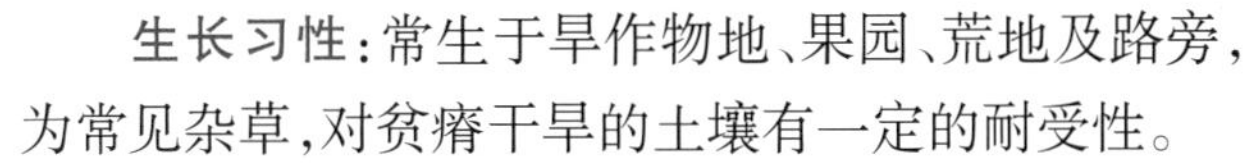

生长习性：常生于旱作物地、果园、荒地及路旁，为常见杂草，对贫瘠干旱的土壤有一定的耐受性。

分　　布：原产地为南美，现已广泛分布于欧洲、北美、亚洲。在我国主要分布于山东、安徽、江苏、浙江、福建、台湾、湖北、江西、广东、香港、四川、云南等省区。我校 3 栋学生公寓旁有野生分布，在我校大冶苗木基地为田间杂草。

繁　　殖：播种繁殖。

应　　用：本种为常见杂草，生于路边荒地，没有什么药用价值和绿化价值。但对农作物有不良影响。

28. 薤白 *Allium macrostemon*

别　　名：小根蒜、野蒜、山蒜、小根菜、大脑瓜儿、野蒜、野葱、野藠

科　　属：百合科　葱属

形态特征：多年生草本，高 30~60 cm。鳞茎近球形，直径 0.7~1.5 cm，旁侧常有 1~3 个小鳞茎附着，外有白色膜质鳞被，后变黑色。叶互生，苍绿色，半圆柱状狭线形，中空，长 20~40 cm，宽 2~4 mm，先端渐尖，基部鞘状抱茎。花茎单一，直立，高 30~70 cm，伞形花序顶生，球状，下有膜质苞片，卵形，先端长尖；花梗长 1~2 cm，有的花序只有很少的小花，而间以许多的肉质小珠芽；花被片 6，粉红色或玫瑰色；雄蕊 6，花丝细长，下部略扩大；子房上位，球形。蒴果倒卵形，先端凹入。花期 5—6 月，果期 8—9 月。

生长习性：多生于海拔 1 500 m 以下的山坡荒地、草丛、山谷、丘陵中，极少数地区（云南和西藏）在海拔 3 000 m 的山坡上也有。

分　　布：除新疆、青海以外的全国各地均有分布，朝鲜和日本等也有分布。我校 8 栋学生公寓后面试验地有野生。

繁　　殖：播种繁殖。

应　　用：可以食用，全草入药，主治胸痹心痛、胸脘痞闷、咳喘痰多、脘腹疼痛、泻痢后重、白带、疮疖痈肿等症。

29. 麦冬 *Ophiopogon japonicus*

别　　名：沿阶草、书带草、麦门冬、寸冬

科　　属：百合科　沿阶草属

形态特征：多年生常绿草本。根状茎短粗，具细长匍匐茎，有膜质鳞片。须根端或中部膨大成纺锤形肉质块根。叶基生成密丛，线形，略坚挺外弯，长 10~50 cm，宽 2~4 mm，边缘粗糙有细齿，主脉不隆起。花被 6 片，基部短，披针形，浅紫或青蓝色，形小。花柄极短，花期 7—8 月。浆果球形，碧蓝色，直径 4~6 mm，果熟期 11 月。

生长习性：喜温暖湿润气候，宜土质疏松、肥沃、排水良好的壤土和砂质壤土。

分　　布：分布于江西、安徽、浙江、福建、四川、贵州、云南、广西等地，主产于四川、浙江。我校 6 栋学生公寓和教工宿舍区的花坛内有栽培。

繁　　殖：分株繁殖。

应　　用：具有广泛的适应性、较高的观赏价值、显著的生态和经济效益，是优良的园林绿化植物。块根药用，主治肺燥干咳、阴虚痨嗽、喉痹咽痛、津伤口渴、内热消渴、心烦失眠、肠燥便秘等症。

30. 马蹄金 *Dichondra repens*

别　　名：小金钱草、荷苞草、肉馄饨草、金锁匙、铜钱草

科　　属：旋花科　马蹄金属

形态特征：多年生草本，茎多数，细长，匍匐地面，被灰色短柔毛，节上生根。单叶互生，圆形或肾形，长 5~10 mm，宽 8~15 mm，先端钝圆或微凹，基部心形，形似马蹄，全缘；叶柄长 2~10 cm。花单生于叶腋，黄色，形小，花梗短于叶柄；萼片 5，倒卵形，基部联合，外被短柔软毛；花冠钟状，5 深裂，裂片长圆状披针形；雄蕊 5 枚，着生于花冠 2 裂片间凹缺处，花丝短；子房 2 室；花柱 2，柱头头状。蒴果近球形，膜质，短于宿存萼。种 1~2 粒，外被茸毛。花期 4—5 月，果期 5—6 月。

生长习性：生长于半阴湿、土质肥沃的田间或山地。耐阴、耐湿，稍耐旱，只耐轻微的践踏。温度降至-6 到-7℃时会遭冻伤。一旦建植成功便能够旺盛生长，并且自己结实。适应性强。

分　　布：广布于两半球热带亚热带地区。中国长江以南各省及台湾省均有分布，我校 3栋和 5 栋学生公寓前面的花坛有栽培。

繁　　殖：播种或分株繁殖。

应　　用：全草入药，可用于黄疸肝炎、尿路结石、血虚、四肢无力、肾炎水肿等症，有消炎解毒之效。

31. 石竹 *Dianthus chinensis*

别　　名：洛阳花、中国石竹、常夏、瞿麦草

科　　属：石竹科　石竹属

形态特征：多年生草本。茎丛生，高 30~50 cm，直立或基部匍匐，节膨大。叶线状披针形，长 3~5 cm，宽 3~5 mm，先端渐尖，基部狭窄。花单生枝端或数花集成聚伞花序；小苞片 4~6，广卵形，先端尾状渐尖，长约为萼筒的 1/2；萼圆筒形，先端 5 裂；花瓣鲜红色、白色、粉红色，边缘有不整齐的浅锯齿，喉部有斑纹或疏生须毛。蒴果包于宿萼内。种子扁卵形，灰黑色，边缘有狭翅。花期 5—9 月，果期 8—10 月。

生长习性：喜空气流通、干燥和阳光充足的环境。不耐阴，耐寒性强；喜肥沃、排水良好、腐殖质丰富的土壤；忌湿涝和连作。

分　　布：原产中国东北、华北、长江流域及东南亚地区，分布很广。除华南较热地区外，几乎中国各地均有分布，主产于河北、四川、湖北、湖南、浙江、江苏。我校 6 栋学生公寓前面盆

栽红叶石楠花坛中和花房有栽培。

繁　　殖：常用播种、扦插和分株繁殖，也可以组培繁殖。

应　　用：花朵繁密，花色丰富，花期长；花茎挺拔，水养持久，也是优良的切花。园林中可用于布置花坛、花境、花台或盆栽，也可用于岩石园和草坪边缘点缀。全草入药，有清热、利尿、破血通经功效。也可作农药，能杀虫。

32. 匍茎通泉草 *Mazus miquelii*

别　　名：通泉草

科　　属：玄参科　通泉草属

形态特征：一年生草本，高 3~30 cm，无毛或疏生短柔毛。在体态上变化幅度很大，茎 1~5 枝或有时更多，直立，上升或倾卧状上升，着地部分节上常能长出不定根，分枝多而披散，少不分枝。基生叶少到多数，有时成莲座状或早落，倒卵状匙形至卵状倒披针形，膜质至薄纸质，顶端全缘或有不明显的疏齿，基部楔形，下延成带翅的叶柄，边缘具不规则的粗齿或基部有 1~2 片浅羽裂；茎生叶对生或互生，少数，与基生叶相似或几乎等大。总状花序顶生，花稀疏，花萼钟状漏斗形。花冠紫色或白色而有紫斑，上有棕色斑纹，并被短白毛，花冠易脱落。蒴果卵形至倒卵形或球形微扁，种子细小而多数。花果期 2—10 月。

生长习性：多生于湿润的草坡、沟边、路旁及林缘。

分　　布：遍布全国，仅内蒙古、宁夏、青海及新疆未见标本。越南、朝鲜、日本、菲律宾及原苏联地区也有。我校 3 栋和 4 栋学生公寓旁边有野生分布。

繁　　殖：匍茎分株或播种繁殖。

应　　用：可药用，用于偏头痛、消化不良，外用治疔疮、脓疱疮、烫伤。

33. 附地菜 *Trigonotis peduncularis*

别　　名：鸡肠、鸡肠草、地胡椒、雀扑拉

科　　属：紫草科　附地菜属

形态特征：一年或二年生草本。茎通常多条丛生，稀单一，密集，铺散，高 5~30 cm，基部多分枝，被短糙伏毛。基生叶呈莲座状，有叶柄，叶片匙形，长 2~5 cm，先端圆钝，基部楔形或渐狭,两面被糙伏毛,茎上部叶长圆形或椭圆形,无叶柄或具短柄。花序生茎顶,幼时卷曲,后渐次伸长,长 5~20 cm,只在基部具 2~3 个叶状苞片,其余部分无苞片;花梗短,花后伸长,长 3~5 mm,顶端与花萼连接部分变粗呈棒状;花萼裂片卵形,先端急尖;花冠淡蓝色或粉色,裂片平展,倒卵形,先端圆钝,喉部附属物 5,白色或带黄色;花药卵形,先端具短尖。小坚果 4,具 3 锐棱,向一侧弯曲。早春开花,花期甚长。

生长习性:生于田野、路旁、荒草地或丘陵林缘、灌木林间。

分　　布:全国几乎都有分布。我校 3 栋、4 栋学生公寓旁边偶见分布。

繁　　殖:播种繁殖。

应　　用:入药可温中健胃、消肿止痛、止血,用于胃痛、吐酸、吐血,外用治跌打损伤、骨折。

34. 蛇莓 *Duchesnea indica*

别　　名:蛇泡草、龙吐珠、三爪风、鼻血果果、珠爪、蛇果

科　　属:蔷薇科　蛇莓属

形态特征:多年生草本,全株有白色柔毛。茎细长,匍匐状,节节生根。三出复叶互生,小叶菱状卵形,边缘具钝齿,两面均被疏长毛,具托叶。花黄色,单生于叶腋,花有萼片和副萼片各 5,萼裂片比副萼片小;聚合果球形,成熟时花托膨大,海绵质,红色。花期 4—5 月,果期 5—11 月。

生长习性:性耐寒,喜生于阴湿环境,常生于沟边潮湿草地。对土壤要求不严,但以肥沃、疏松、湿润的砂质壤土为好。

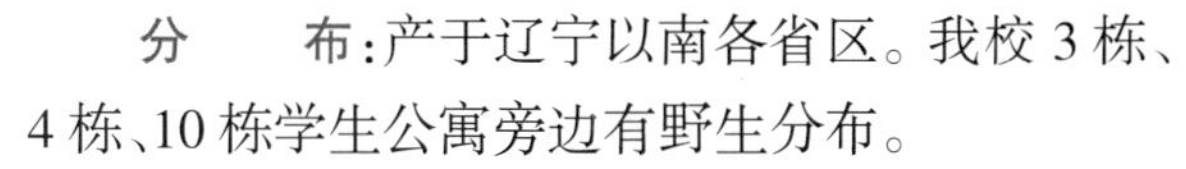

分　　布:产于辽宁以南各省区。我校 3 栋、4 栋、10 栋学生公寓旁边有野生分布。

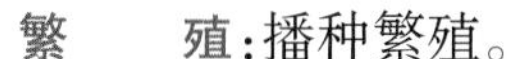

繁　　殖:播种繁殖。

应　　用:作为多年生草本,园林绿化中一次建坪多年受益。全草入药,主治热病、惊痫、咳嗽、吐血、咽喉肿痛。果实可以食用。

35. 蜀葵 *Althaea rosea*

别　　名:一丈红、熟季花、端午锦、戎葵

科　　属:锦葵科　蜀葵属

形态特征:多年生宿根大草本,高可达 2~3 m,茎直立挺拔,丛生,不分枝,全体被星状毛和刚毛。单叶互生,叶片粗糙而皱,3~7 浅裂,边缘有不整齐的钝齿,叶片近圆心形或长圆形。基生叶片较大,具长柄,托叶 2~3 枚,离生。花单生或近簇生于叶腋,有时成总状花序排列,花色艳丽,有粉红、红、紫、墨紫、白、黄、水红、乳黄、复色等,单瓣或重瓣。雄蕊多数,花药联合成筒状并包围花柱,花柱线形,突出于雄蕊之上。小苞片 6~9 枚,阔披针形,基部联合,附着于萼筒外。萼片 5,卵状披针形。果实为蒴果,扁圆形,种子肾形。花期 5—9 月。

生长习性:喜阳光充足,耐半阴,但忌涝。耐盐碱能力强,在含盐 0.6%的土壤中仍能生

长。耐寒冷，在华北地区可以安全露地越冬。在疏松、肥沃、排水良好、富含有机质的砂质土中生长良好。

分　　布：原产中国四川，现在中国分布很广，华东、华中、华北均有。我校 8 栋学生公寓旁边和教工宿舍区都有栽培。

繁　　殖：通常采用播种繁殖，也可进行分株和扦插繁殖。

应　　用：可组成绿篱、花墙，美化园林环境。花可提取色素，是食品的着色剂。茎秆可做编织纤维材料。全株均可入药，根用于肠炎、痢疾、尿道感染、小便赤痛、子宫颈炎、白带，种子用于尿路结石、小便不利、水肿，花用于大小便不利、解食用河豚中毒，花、叶外用治痈肿疮疡、烧烫伤。

36. 酸模 *Rumex acetosa*

别　　名：遏蓝菜、酸溜溜

科　　属：蓼科　酸模属

形态特征：多年生草本，高可达 1 m。根肥厚，黄色。茎直立，通常不分枝，无毛或稍有毛，单叶互生；叶片卵状长圆形，长 5~15 cm，宽 2~5 cm，先端钝或尖，基部箭形或近戟形，全缘，有时略呈波状；花单性，雌雄异株；花序顶生，狭圆锥状，分枝稀，花数朵簇生；雄花 6，椭圆形。瘦果椭圆形，具 3 锐棱，两端尖。

生长习性：喜光，喜温暖湿润气候。

分　　布：我国大部分地区有分布。朝鲜、日本、高加索、哈萨克斯坦、俄罗斯、欧洲及美洲也有。我校 3 栋、4 栋、8 栋等学生公寓旁边有分布。

繁　　殖：播种繁殖。

应　　用：全草供药用，有凉血、解毒之效；嫩茎、叶可作蔬菜及饲料。

37. 天葵 *Semiaguilegia adoxoides*

别　　名：紫背天葵、雷丸草、夏无踪、小乌头

科　　属：毛茛科　天葵属

形态特征：多年生草本。块根外皮棕黑色。茎细弱，高 10~30 cm，疏生短柔毛，有分枝。基生叶为三出复叶；小叶片扇状菱形或倒卵状菱形，长 0.5~3 cm，宽 1~3 cm，常深三裂或近全裂，裂片顶端有缺刻状齿；小叶柄长不到 1 cm，小叶背面多呈淡紫色。花小，直径约 5 mm；萼片白色，带淡紫色，狭椭圆形，长 4~6 mm；花瓣淡黄色，比萼片短，下部管状，基部有距。雄蕊通

常 10,其中有 2 枚不完全发育者;雌蕊 3~4,子房狭长,花柱短,向外反卷。蓇葖果 3~4 枚,长 5~7 mm,荚果状,熟时开裂。种子细小,倒卵形。花期 3—4 月,果熟期 5—6 月。

生长习性:生于林下、石隙、草丛等阴湿处。

分　　布:分布于我国西南、华东、华中、东北等地。我校 3 栋、4 栋学生公寓旁边和 8 号区山林中有分布。

繁　　殖:以播种繁殖为主。

应　　用:块根入药,名天葵子。移栽后的第三年 5 月植株未完全枯萎前采挖,较小的块根留做种,较大的去尽残叶,晒干,加以揉搓,去掉须根,抖净泥土,即得。具有清热解毒、消肿散结、利水通淋之功效,还具有抗癌功效。

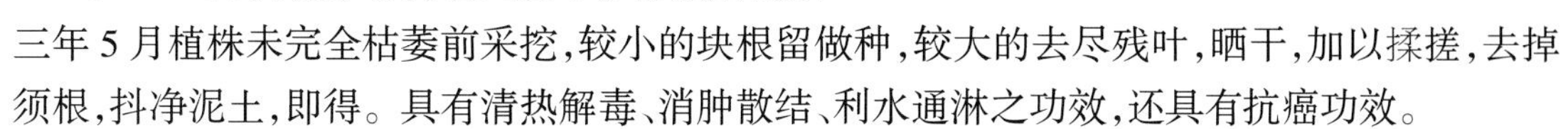

38. 窃衣 *Torilis scabra*

别　　名:华南鹤虱、破子草、水防风

科　　属:伞形科　窃衣属

形态特征:一年生或多年生草本,高 10~70 cm。全株有贴生短硬毛。茎单生,有分枝,有细直纹和刺毛。叶卵形,一至二回羽状分裂,小叶片披针状卵形,羽状深裂,末回裂片披针形至长圆形,长 2~10 mm,宽 2~5 mm,边缘有条裂状粗齿至缺刻或分裂。复伞形花序顶生和腋生,花序梗长 2~8 cm;总苞片通常无,很少 1,钻形或线形;伞辐 2~4,长 1~5 cm,粗壮,有纵棱及向上紧贴的硬毛;小总苞片 5~8,钻形或线形;小伞形花序有花 4~12;萼齿细小,三角状披针形,花瓣白色至淡紫色,倒圆卵形,先端内折;花柱基圆锥状,花柱向外反曲。双悬果矩圆形,有倒钩刺,粗糙,每棱槽下方有油管 1。花果期 4—10 月。

生长习性:生于山坡、林下、河边、路旁、荒地及草丛中。

分　　布:分布于陕西、甘肃、江苏、安徽、浙江、江西、福建、台湾、湖北、湖南、广东、广西、四川、贵州等地。我校 4 栋学生公寓旁边有分布。

繁　　殖:播种繁殖。

应　　用:以果实或全草入药,具有活血消肿、收湿止痒、杀虫止泻等功效。

39. 假酸浆 *Nicandra physaloides*

别　　名:蓝花天仙子、大千生、水晶凉粉

科　　属:茄科　假酸浆属

形态特征:一年生草本,高 50~80 cm。主根长锥形, 有纤细的须根。茎棱状圆柱形,有 4~5 条纵沟,绿色,有时带紫色,上部三叉状分枝。单叶互生,草质,连叶柄长 4~15 cm,宽 1.5~

7.5 cm，先端渐尖，基部阔楔形下延，边缘有不规则的锯齿且成皱波状，侧脉4~5对，上面凹陷，下面凸起。花单生于叶腋，淡紫色；花萼5深裂，裂片基部心形；花冠漏斗状，径约3 cm，花筒内面基部有5个紫斑。蒴果球形，径约2 cm，外包5个宿存萼片。种子小，淡褐色。花期夏季。

生长习性：生于田边、荒地、屋园周围、篱笆边或住宅区。

分　　布：原产秘鲁，我国南方逸为野生。我校3栋、4栋、8栋学生公寓后面有分布。

繁　　殖：播种繁殖。

应　　用：适合庭园美化或大型盆栽。灯笼状的宿存萼，干燥后如同天然干燥花，久藏不凋，为插花高级花材。全草入药，主治发烧、风湿性关节炎、疮痈肿痛、狂犬病、精神病、癫痫、风湿痛、疮疖、感冒等症。果实可食用，也是制作凉粉(又称冰粉)的原料。

40. 苦蘵 *Physalis angulata*

别　　名：鬼灯笼、苦灯笼、小苦耽、天泡草、爆竹草

科　　属：茄科　散血丹属

形态特征：一年生草本，高10~50 cm。茎多分枝，具棱角，分枝纤细，被短柔毛或后来近无毛。叶卵形至卵状椭圆形，长3~6 cm，宽2~4 cm，顶端渐尖或急尖，基部阔楔形或楔形，稍偏斜，全缘至有不规则的牙齿或粗齿，近无毛或有疏柔毛；叶柄长1~5 cm。花单生，花梗长0.5~1.2 cm，纤细，被柔毛。花萼被柔毛而以脉上较密，5中裂，裂片长三角形或披针形，边缘密生睫毛；花冠淡黄色，阔钟状，不明显5浅裂或者仅有5棱角，边缘具睫毛，喉部有紫色斑纹或无斑纹。花药长淡黄色或带紫色。果萼卵球状或近球状，直径1.5~2.5 cm，有明显网脉和10条纵肋，薄纸质，被疏柔毛，淡黄色；浆果球状，直径约1 cm。种子扁平，圆盘形，直径约2 mm。花果期5-12月。

生长习性：常生于山坡林下、林缘和灌丛中以及路边、田埂边的草丛。

分　　布：全国大部分地区均有分布。我校3栋、4栋、8栋学生公寓旁有野生。

繁　　殖：播种繁殖。

应　　用：全草入药，主治感冒、肺热咳嗽、咽喉肿痛、龈肿、湿热黄疸、痢疾、水肿、热淋、天疱疥、疔疮等症。

41. 矮牵牛 *Petunia hybrida*

别　　名:碧冬茄、杂种撞羽朝颜、灵芝牡丹、毽子花、矮喇叭、番薯花、撞羽朝颜

科　　属:茄科　碧冬茄属(或矮牵牛属)

形态特征:多年生草本,常作一或二年生栽培。茎直立或匍匐;叶卵形,全缘,互生或对生;花单生,漏斗状,花瓣边缘变化大,有平瓣、波状、锯齿状瓣,花色有白、粉、红、紫、蓝、黄等,另外有双色、星状和脉纹等;种子极小,千粒重约0.1 g。

生长习性:喜温暖和阳光充足的环境。不耐霜冻,怕雨涝。

分　　布:原产南美阿根廷,现世界各地广泛栽培。我校6栋学生公寓前花坛和花房有栽植。

繁　　殖:主要用播种、扦插和组培繁殖。

应　　用:常作盆栽、吊盆,用于花台及花坛美化,是世界花坛植物之王,大面积栽培具有地被效果,景观瑰丽悦目。

42. 龙葵 *Solanum nigrum*

别　　名:小苦菜、野辣虎、地泡子

科　　属:茄科　茄属

形态特征:一年生草本,高30~60 cm。茎直立,上部多分枝,稀被白色柔毛。叶互生,卵形全缘或具波状齿,先端尖锐,基部楔形或渐狭至柄,叶柄长达2 cm。花序短蝎尾状或近伞状,侧生或腋外生,有花4~10朵,花细小,柄长约1 cm,下垂;花萼杯状,绿色,5浅裂;花冠白色,辐射状,5裂,裂片卵状三角形,约3 cm;雄蕊5,花药顶端孔裂;子房上位,卵形,花柱中部以下有白色绒毛。浆果球形,直径约8 mm,熟时黑色。种子多数,近卵形,压扁状。

生长习性:生于田边、路旁或荒地。

分　　布:我国几乎全国均有分布。喜生于田边、荒地及村庄附近。广泛分布于欧、亚、美洲的温带及热带地区。我校3栋、4栋、8栋学生公寓旁边有野生分布。

繁　　殖:播种繁殖。9—10月,采摘成熟果实,堆放在阴湿处,让果皮自然沤烂;至第二年春季取出,搓去果皮,洗净备用;4月播种。

应　　用:性寒,味苦,微甘,具有小毒,有清热解毒、活血散瘀、利水消肿、止咳祛痰的功效。

43. 美女樱 *Verbena hybrida*

别　　名:草五色梅、铺地马鞭草、铺地锦、四季绣球、美人樱

科　　属:马鞭草科　马鞭草属

形态特征:多年生草本,全株有细绒毛,植株丛生而铺覆地面,株高 10~50 cm,茎 4 棱;叶对生,深绿色;穗状花序顶生,密集呈伞房状,花小而密集,有白色、粉色、红色、复色等,具芳香。

生长习性:喜温暖湿润气候,喜阳,不耐干旱,对土壤要求不严,但以在疏松、肥沃、较湿润的中性土壤中能节节生根,生长健壮,开花繁茂。

分　　布:原产巴西、秘鲁、乌拉圭等地,现世界各地广泛栽培,中国各地均有引种栽培。我校 6 栋学生公寓前面花坛和花房有栽植。

繁　　殖:播种或扦插繁殖。

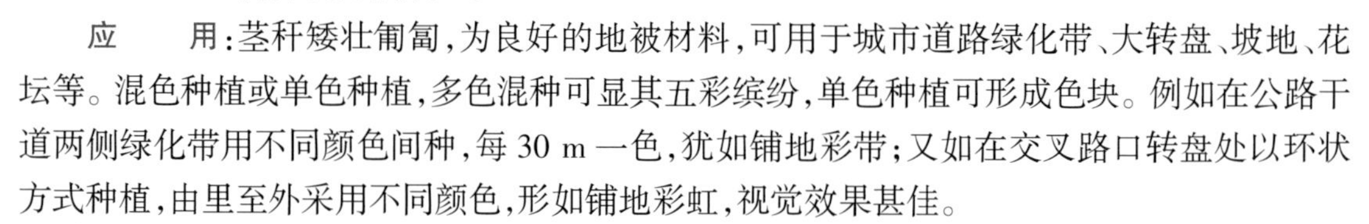

应　　用:茎秆矮壮匍匐,为良好的地被材料,可用于城市道路绿化带、大转盘、坡地、花坛等。混色种植或单色种植,多色混种可显其五彩缤纷,单色种植可形成色块。例如在公路干道两侧绿化带用不同颜色间种,每 30 m 一色,犹如铺地彩带;又如在交叉路口转盘处以环状方式种植,由里至外采用不同颜色,形如铺地彩虹,视觉效果甚佳。

44. 茜草 *Rubia cordifolia*

别　　名:血茜草、血见愁、蒨草、地苏木、活血丹、土丹参、红内消

科　　属:茜草科　茜草属

形态特征:草质攀缘藤木。根状茎和其节上的须根均红色;茎数至多条,从根状茎的节上发出,细长,方柱形,有 4 棱,棱上倒生皮刺,中部以上多分枝。叶通常 4 片轮生,纸质,披针形或长圆状披针形,顶端渐尖,有时钝尖,基部心形,边缘有齿状皮刺,两面粗糙,脉上有微小皮刺;基出脉 3 条,极少外侧有 1 对很小的基出脉。叶柄通常长 1~2.5 cm,有倒生皮刺。聚伞花序腋生和顶生,多回分枝,有花 10 余朵至数十朵,花序和分枝均细瘦,有微小皮刺;花冠淡黄色,干时淡褐色。果球形,成熟时橘黄色。花期 8—9 月,果期 10—11 月。

生长习性:喜凉爽而湿润的环境。耐寒,怕积水。宜疏松、肥沃、富含有机质的砂质壤土栽培。常生于灌丛中。

分　　布:产于东北、华北、西北和四川等地。我校 3 栋学生公寓后面有分布。

繁　　殖:播种、扦插、分株繁殖均可。

应　　用:可药用,有凉血、活血、祛瘀、通经的功效。

45. 野老鹳草 *Geranium carolinianum*

别　　名：老鹳嘴、老鸦嘴、贯筋、老贯筋、老牛筋

科　　属：牻牛儿苗科　老鹳草属

形态特征：一年生草本，高 20~50 cm。根细，长可达 7 cm。茎直立或斜升，有倒向下的密柔毛，分枝。叶圆肾形，宽 4~7 cm，长 2~3 cm，下部的互生，上部的对生，5~7 深裂，每裂又 3~5 裂；小裂片条形，锐尖头，两面有柔毛；下部茎叶有长柄，达 10 cm，上部的柄短，等于或短于叶片。花成对集生于茎端或叶腋，花序柄短或几无柄；花柄长 1~1.5 cm，有腺毛（腺体早落）；萼片宽卵形，有长白毛，在果期增大，长 5~7 mm；花瓣淡红色，与萼片等长或略长。蒴果长约 2 cm，顶端有长喙，成熟时裂开，5 果瓣向上卷曲。花期 6—8 月，果期 8—9 月。

生长习性：常见于荒地、田园、路边和沟边。喜温暖湿润气候，耐寒、耐湿。喜阳光充足。以疏松、肥沃、湿润的壤土栽种为宜。

分　　布：原产美洲，在东半球广泛归化。我国从黄河流域到长江流域广泛分布。我校 3 栋、4 栋学生公寓旁边以及教工宿舍区有野生分布。

繁　　殖：分根繁殖。冬季倒苗后至早春萌芽前挖掘老根，分切数块，每块应具芽。

应　　用：全草入药，有祛风、活血、清热解毒之功效，主治风湿疼痛、拘挛麻木、痈疽、跌打损伤、肠炎、风火虫牙、痢疾等症。

46. 大吴风草 *Farfugium japonicum*

别　　名：八角乌、活血莲、独角莲、一叶莲、大马蹄香、荷叶三七、橐吾

科　　属：菊科　大吴风草属

形态特征：常绿多年生葶状草本，根茎粗壮，茎高 30~70 cm。叶多为基生，亮绿色，革质，肾形，先端圆，全缘或有小齿或掌状浅裂，基部弯缺宽，两面幼时被灰白色柔毛，后无毛，径 15~20 cm，边缘波角状；叶柄长 15~25 cm，幼时密被淡黄色柔毛，后多脱落，基部短鞘，抱茎，鞘内被密毛，舌片长圆形或匙状长圆形。头状花序组成松散复伞状，花瓣黄色，舌状花 10~12 枚，花葶高达 70 cm，幼时密被淡黄色柔毛，后多少脱毛，基部被极密的柔毛。瘦果圆柱形，长达 7 mm，有纵肋，被成行短毛。花果期 8 月至翌年 3 月。

生长习性：生于低海拔地区的林下、山谷及草丛。喜半阴和湿润环境，耐寒，在江南地区能露地越冬，害怕阳光直射，对土壤适应度较好，以肥沃、疏松、排水好的黑土为宜。

分　　布：产于湖北、湖南、广西、广东、福建、台湾。我校 4 栋学生公寓门口有栽培。

繁　　殖：分株繁殖。

应　　用：针对其自然特性，多将其种植于路边林下，与麦冬、兰花、三七等共同营造林下景观。全草药用，主治咳嗽、咯血、便血、月经不调、跌打损伤、乳腺炎。叶含约1%挥发油，主要成分为乙烯醛，可用于杀虫。

47. 野胡萝卜 *Daucus carota*

别　　名：安妮女王的蕾丝

科　　属：伞形科　胡萝卜属

形态特征：二年生草本，高 20~120 cm，茎直立，全体有白色粗硬毛。根生叶有长柄，基部鞘状；基生叶矩圆形，叶片 2~3 回羽状分裂，最终裂片线形或披针形；茎生叶的叶柄较短。复伞形花序顶生或侧生，有粗硬毛，伞梗 15~30 枚或更多；总苞片 5~8，叶状，羽状分裂，裂片线形，边缘膜质，有细柔毛；小总苞片数枚，不裂或羽状分裂；小伞形花序有花 15~25 朵，花小，白色、黄色或淡红色，每一总伞花序中心的花通常有一朵为深紫红色；花萼 5，窄三角形；花瓣 5，大小不等，先端凹陷，成一狭窄内折的小舌片；子房下位，密生细柔毛，结果时花序外缘的伞辐向内弯折。双悬果矩圆形，分果的主棱不显著，次棱 4 条，发展成窄翅，翅上密生钩刺。花期 5—7 月，果期 7—8 月。

生长习性：多生长于野荒地、山坡、路旁。

分　　布：我国各省区均有分布。我校 3 栋、4 栋学生公寓旁有分布。

繁　　殖：播种繁殖。

应　　用：块根富含胡萝卜素和维生素，可食用。根、叶、种子可入药。

48. 毛车前 *Plantago virginica*

别　　名：北美车前

科　　属：车前科　车前属

形态特征：二年生草本。须根系，根状茎粗短，全株被白色长柔毛。叶基生，叶片狭倒卵形或倒披针形，基部楔形下延成翅柄，边缘浅波状齿，叶脉弧状；花茎自基部抽出，高 20~40 cm。每穗状花序上花密生；蒴果宽卵形，种子长卵状舟形，黄色至褐黄色，每株多者可产近千枚种子。花期 5—6 月，果期 7—8 月。

生长习性:生于低海拔草地、路边、湖畔。

分　　布:原产北美,现我国广泛分布。我校 3 栋、4 栋、5 栋学生公寓前面花坛以及教工宿舍区有分布。

繁　　殖:播种繁殖。

应　　用:全草药用,能清热利尿、祛痰、凉血、解毒。为果园、旱田及草坪杂草。

49. 蛇床子 *Cnidium monnieri*

别　　名:野茴香、蛇床实、蛇床仁、蛇珠、野萝卜碗子、秃子花、蛇米

科　　属:伞形科　蛇床属

形态特征:一年生草本,高 30~80 cm,茎直立,通常单一,上部分枝,具纵棱,被微短硬毛,下部有时带暗紫色。基生叶花期早枯萎,茎生叶通常无柄,具白色膜质边缘的长叶鞘;叶片三角形或三角状卵形,二至三回三出式羽状分裂;一回羽片三角状卵形,有柄,远离;二回羽片具短柄或近无柄;最终裂片条形或条状披针形,长 2~10 mm,宽 1~2 mm,先端锐尖,两面沿脉及边缘被微短硬毛。复伞形花序顶生和腋生,直径 3~5 cm;伞辐 10~30,不等长,长 10~15 mm,总苞片 9~12,狭条形,长 4~8 mm;小伞形花序直径 5~10 mm,具 10~20 朵花,花梗长 1~2.5 cm;小总苞片 10~14,条状锥形,长于花梗;无萼齿;花瓣白色。双悬果宽椭圆形,背部略扁平,长约 2 mm,宽约 1.8 mm,5 条果棱均呈翅状,木栓化。花期 6—7 月,果期 7—8 月。

生长习性:生于原野、低山坡、田间、路旁、溪沟边等潮湿处。

分　　布:主产于河北、浙江、江苏、四川、湖北等省。我校 4 栋学生公寓旁边有野生分布。

繁　　殖:播种繁殖。

应　　用:其果入药,主治牙痛,痔疮,脱肛,小儿癣疮,男子阳痿及阴囊湿痒,女子宫寒不孕、寒湿带下、阴痒肿痛,风湿痹痛,湿疮疥癣等症。

50. 香附子 *Cyperus rotundus*

别　　名:莎草、雷公头

科　　属:莎草科　莎草属

形态特征:多年生草本,高 20~50 cm。根状茎末端有椭圆形块茎。茎三棱形。叶片宽 3~6 mm;叶鞘常紫红色。穗状花序排成伞形或复伞形,有叶状苞片 3~6 片;小穗条形,有 6~25;鳞片卵形;花药条形;柱头 3。小坚果有 3 棱,暗褐色。

生长习性:多生于山坡草地或水边湿地上。

分　　布:我国大部分地区都有分布。我校 4 栋学生公寓旁边有野生分布。

繁　　殖:播种繁殖。

应　　用:块茎入药,名香附子,有理气、止痛、调经、解郁之功效。

51. 异型莎草 *Cyperus difformis*

别　　名:球穗碱草

科　　属:莎草科　莎草属

形态特征:一年生草本。秆丛生,扁三棱状;叶条形,短于秆;叶状苞片 2 或 3,长于花序;花序聚伞状;小穗多数,条形或披针形,密集成直径约 5~15 mm 的头状花序;雄蕊 2 或 1。小坚果有 3 棱,淡黄色。花果期 7—10 月。

生长习性:生于田中或水边。

分　　布:广布于热带至温带地区。我校 4 栋学生公寓旁边有野生。

繁　　殖:播种繁殖。

应　　用:可作为家畜的饲料。

52. 蝴蝶花 *Iris japonica*

别　　名:兰花草、扁担叶

科　　属:鸢尾科　鸢尾属

形态特征:多年生草本。根茎较细,匍匐状,有长分枝。叶多自根生,2 列,剑形,扁平,先端渐尖,下部折合,上面深绿色,背面淡绿色,全缘,叶脉平行,中脉不显著,无叶柄。春季叶腋抽花茎;花多数,淡蓝紫色,排列成稀疏的总状花序;小花基部有苞片,剑形,绿色;花被 6 枚,外轮倒卵形,先端微凹,边缘有细齿裂,近中央处隆起呈鸡冠状;内轮稍小,狭倒卵形,先端 2 裂,边缘有齿裂,斜上开放。花期 3—4 月,果期 5—6 月。蒴果长椭圆形,有 6 纵棱;种子多数,圆形,黑色。花远看像蝴蝶,所以称为蝴蝶花,有剧毒,不能轻易采、食。

生长习性:耐阴,耐寒,多散生于林下、溪旁阴湿处。

分　　布:分布于我国长江以南广大地区,日本也有。我校 3 栋学生公寓旁边有栽培。

繁　　殖:分株或播种繁殖。

应　　用:园林中常栽在花坛或林中作地被植物。

53. 马唐 *Digitaria sanguinalis*

别　　名:羊麻、羊粟、马饭、抓根草、鸡爪草、指草、抓地龙、蔓子草

科　　属:禾本科　马唐属

形态特征:一年生草本。秆基部常倾斜,着土后易生根,高 40~100 cm,径 2~3 mm。叶鞘常疏生有疣基的软毛,稀无毛;叶舌长 1~3 mm;叶片线状披针形,长 8~17 cm,宽 5~15 mm,两面疏被软毛或无毛,边缘变厚而粗糙。总状花序细弱,3~10 枚,长 5~15 cm,通常成指状排列于秆顶,穗轴宽约 1 mm,中肋白色,约占宽度的 1/3;小穗长 3~3.5 mm,披针形,双生穗轴各节,一有长柄,一有极短的柄或几无柄;第一颖钝三角形,无脉,第二颖长为小穗的 1/2~3/4,狭窄,有很不明显的 3 脉,脉间及边缘大多具短纤毛;第一外稃与小穗等长,有 5~7 脉,中央 3 脉明显,脉间距离较宽而无毛,侧膜甚接近,有时不明显,无毛或于脉间贴生柔毛,第二外稃近革质,灰绿色。花果期 6—9 月。

生长习性:喜湿喜光,于潮湿多肥的地块生长茂盛。4 月下旬至 6 月下旬发生量大,8—10月结籽,种子边成熟边脱落,生活力强。成熟种子有休眠习性。

分　　布:广布于两半球的温带和亚热带山地。我校 3 栋、4 栋学生公寓旁边有分布。

繁　　殖:播种繁殖。

应　　用:全草入药,治目暗不明、肺热咳嗽。还可作牛羊的饲料。

54. 狗牙根 *Cynodon dactylon*

别　　名:百慕大草、绊根草、爬根草、感沙草、铁线草

科　　属:禾本科　狗牙根属

形态特征:具发达的根状茎和细长的匍匐茎,匍匐茎扩展能力极强,长可达 1~2 m,每茎节着地生根,可繁殖成新株;叶披针形或线形,长 2~10 cm,宽 1~7 mm,主脉两侧有 2 条暗线,叶舌短;穗状花序,长 2~5 cm,3~6 枚指状排列于茎顶,小穗排列于穗轴一侧,长 2~2.5 mm,含 1 小花;颖果椭圆形,长约 1 mm。花果期 5—10 月。

生长习性:喜温暖湿润气候,耐阴性和耐寒性较差,最适生长温度为 20~32℃,在 6~9℃时几乎停止生长,喜排水良好的肥沃土壤。

分　　布:广泛分布于温带地区,我国的华北、西北、西南及长江中下游等地应用广泛。我

国黄河流域以南各地均有野生种。我校3栋、4栋学生公寓旁边有分布。

繁　　殖:常采用播种或分根茎法繁殖。

应　　用:入药可解热利尿、舒筋活血、止血生肌。也是良好的草坪用草。

55. 芒 *Miscanthus sinensis*

别　　名:莽草、白微、龙胆白薇

科　　属:禾本科　芒属

形态特征:多年生苇状草本。秆高1~2 m,无毛或在花序以下疏生柔毛。叶鞘无毛,长于其节间;叶舌膜质,长1~3 mm,顶端及其后面具纤毛;叶片线形,长20~50 cm,宽6~10 mm,下面疏生柔毛及被白粉,边缘粗糙。圆锥花序直立,长15~40 cm,主轴无毛,延伸至花序的中部以下,节与分枝腋间具柔毛;分枝较粗硬,直立,不再分枝或基部分枝具第二次分枝,长10~30 cm;小枝节间三棱形,边缘微粗糙,短柄长2 mm,长柄长4~6 mm;小穗披针形,长4.5~5 mm,黄色有光泽,基盘具等长于小穗的白色或淡黄色丝状毛。颖果长圆形,暗紫色。花果期7—12月。

生长习性:生于热带及南亚热带地区的林缘或路旁等荒地上。

分　　布:在我国主要分布于长江以南地区。我校4栋学生公寓后面有分布。

繁　　殖:播种繁殖,也可用根株或茎秆的分株和分蘖进行繁殖。

应　　用:可用做中药材、能源物质、植物染料等。

56. 荻 *Triarrhena sacchariflora*

别　　名:荻草、荻子、霸土剑

科　　属:禾本科　荻属

形态特征:多年生草本。具发达被鳞片的长匍匐根状茎,节处生有粗根与幼芽。秆直立,高1~1.5 m,直径约5 mm,具10多节,节生柔毛,叶舌短,长0.5~1 mm,具纤毛;叶片扁平,宽线形,长20~50 cm,宽5~18 cm,除上面基部密生柔毛外两面无毛;边缘锯齿状粗糙,基部常收缩成柄,顶端长渐尖,中脉白色,粗壮。圆锥花序疏展成伞房状,长10~20 cm,宽10 cm,主轴无毛,具10~20枚较细弱的分枝,腋间生柔毛,直立而后展开;总状花序轴节间长4~8 mm,或具短柔毛;小穗线状披针形,长5~5.5 mm,成熟后带褐色。颖果长圆形,长1.5 mm。花期7—8月,果期8—9月。

生长习性:水陆两生,喜湿,繁殖力强,耐瘠薄土壤。

分　　布:分布于我国长江中下游以南各省,多生于江洲、湖滩。我校 3 栋学生公寓后有野生。

繁　　殖:播种繁殖,也可用根株或茎秆的分株和分蘖进行繁殖。

应　　用:可用于环境保护、景观营造、生物质能源、制浆造纸、代替木材和塑料制品、纺织、制药等行业。

57. 黄背草 *Themeda japonica*

别　　名:黄背茅、菅草

科　　属:禾本科　菅属

形态特征:多年生簇生草本。压扁或具棱,下部直径可达 5 mm,光滑无毛,具光泽,黄白色或褐色,实心,髓白色,有时节处被白粉。叶鞘紧裹秆,背部具脊,通常被疣基硬毛;叶舌坚纸质,长 1~2 mm,顶端钝圆,有睫毛;叶片线形,长 10~50 cm,宽 4~8 mm,基部通常近圆形,顶部渐尖,中脉显著,两面无毛或疏被柔毛,背面常粉白色,边缘略卷曲,粗糙。大型伪圆锥花序多回复出,由具佛焰苞总状花序组成,长为全株的 1/3~1/2;佛焰苞长 2~3 cm;总状花序长 15~17 mm,具长 2~5 mm 的花序梗,由 7 小穗组成。花果期 6—12 月。

生长习性:多生于干旱的山地阳坡,在北方其生长环境多为火成岩如花岗岩初风化的土壤,能成为群落的优势种。在南方多生于干旱贫瘠的红黄壤的山坡上。

分　　布:分布于东北、华北、华东、华南、西南各省区。我校 4 栋学生公寓后面和花山有野生分布。

繁　　殖:播种繁殖。

应　　用:秆、叶可供造纸或盖屋,全草可入药,亦可作为饲料。

58. 牛筋草 *Eleusine indica*

别　　名:蟋蟀草、千人踏、粟仔越、野鸡爪、粟牛茄草

科　　属:禾本科　穇属

形态特征:一年生草本。根系极发达。秆丛生,基部倾斜,高 10~90 cm。叶鞘两侧压扁而具脊,松弛,无毛或疏生疣毛;叶舌长约 1 mm;叶片平展,线形,长 10~15 cm,宽 3~5 mm,无毛或上面被疣基柔毛。穗状花序 2~7 个指状着生于秆顶,很少单生,长 3~10 cm,宽 3~5 mm;小穗长 4~7 mm,宽 2~3 mm,含 3~6 小花;颖披针形,具脊,脊粗糙;第一颖长 1.5~2 mm;第二颖长 2~3 mm;第一外稃长 3~

4 mm,卵形,膜质,具脊,脊上有狭翼,内稃短于外稃,具2脊,脊上具狭翼。囊果卵形,长约1.5 mm,基部下凹,具明显的波状皱纹。鳞被2,折叠,具5脉。花果期6—10月。

生长习性:喜较强光、干旱、肥沃土壤环境,多生于村边、旷野、田边、路边。

分　　布:产于中国南北各省区,多生于荒芜之地及道路旁。我校4栋学生公寓旁边有分布。

繁　　殖:播种繁殖。

应　　用:在农田中为杂草。入药亦可治流行性乙型脑炎。

59. 稗 *Echinochloa crusgali*

别　　名:稗子、稗草、扁扁草

科　　属:禾本科　稗属

形态特征:株高50~130 cm。茎丛生,光滑无毛,基部倾斜或膝曲。叶片扁平,线形,长10~40 cm,宽5~20 mm,无毛,边缘粗糙。叶片主脉明显,叶鞘光滑柔软,无叶舌及叶耳,是与水稻的主要区别。圆锥花序近尖塔形,长6~20 cm;主轴具棱,粗糙或具疣基长刺毛;小穗密集于穗轴一侧;颖果椭圆形、骨质、有光泽。花果期夏秋季。

生长习性:喜温暖湿润环境,既能生长在浅水中而又较耐旱,并耐酸碱。繁殖力强。

分　　布:分布几遍全国,以及全世界温暖地区。我校3栋学生公寓旁边和大冶实训基地有野生。

繁　　殖:播种繁殖。

应　　用:为各地水稻田最大恶性杂草,但可作为良好的鱼类饲料。

60. 看麦娘 *Alopecurus aequalis*

别　　名:山高粱

科　　属:禾本科　看麦娘属

形态特征:一年生草本。秆少数丛生,细瘦,光滑,节处常膝曲,高15~40 cm。叶鞘光滑,短于节间;叶舌膜质,长2~5 mm;叶片扁平,长3~10 cm,宽2~6 mm。圆锥花序圆柱状,灰绿色,长2~7 cm,宽3~6 mm;小穗椭圆形或卵状长圆形,长2~3 mm;颖膜质,基部互相联合,具3脉,脊上有细纤毛,侧脉下部有短毛;外稃膜质,先端钝,等大或稍长于颖,下部边缘互相联合,芒长1.5~3.5 mm,约于稃体下部1/4处伸出,隐藏或稍外露;花药橙黄色,长0.5~0.8 mm。颖果长约1 mm。花果期 4—8 月。

生长习性:喜寒冷、湿润气候,不耐干旱和炎热。喜湿润而有机质含量多的黏壤土、黏土。

分　　布:分布于陕西、湖北、江苏、浙江、广东,多生于麦田或湿草地。我校 4 栋学生公寓旁边有野生。

繁　　殖:播种繁殖。

应　　用:入药可利湿消肿、解毒,用于水肿、水痘,外用治小儿腹泻、消化不良。也可作为牲畜饲料。

61. 细叶结缕草 *Zoysia tenuifolia*

别　　名:天鹅绒草、台湾草

科　　属:禾本科　结缕草属

形态特征:多年生草本。具细而密的根状茎和节间极短的匍匐枝。秆纤细,高 5~10 cm。叶片丝状内卷,长 2~6 cm,宽 0.5~1 mm。叶鞘无毛,紧密裹茎;叶舌膜质,长约 0.3 mm,顶端碎裂为纤毛状,鞘口具丝状长毛。总状花序,长 1~2 cm;小穗穗状排列,狭窄披针形,每小穗含 1 朵小花颖。花果期 8—12 月。

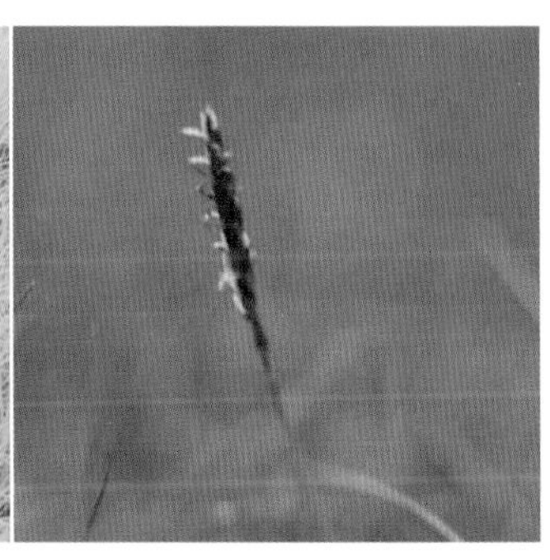

生长习性:喜温暖气候和湿润的土壤环境,也具有较强的抗旱性,但耐寒性和耐阴性较差。对土壤要求不高,以肥沃、pH 6~7.8 的土壤最为适宜。

分　　布:原产日本和朝鲜南部地区,现分布于亚热带及中国大陆南部地区。我校 3 栋学生公寓旁边有栽培。

繁　　殖:播种或根茎繁殖。

应　　用:常栽种于花坛内作封闭式花坛草坪或作草坪造型供人观赏。因其耐践踏性强,故也可用作运动场、飞机场及各种娱乐场所的美化植物。

62. 野燕麦 *Avena fatua*

别　　名:乌麦、铃铛麦

科　　属:禾本科　燕麦属

形态特征:一年生草本。须根较坚韧。秆直立,光滑,高 60~120 cm,具 2~4 节。叶鞘松弛;叶舌透明膜质,长 1~5 mm;叶片扁平,宽 4~12 mm。圆锥花序开展,金字塔状,分枝具角棱,粗糙。小穗长 18~25 mm,含 2~3 个小花,其柄

弯曲下垂，顶端膨胀；小穗轴节间密生淡棕色或白色硬毛；颖卵状或长圆状披针形，草质，常具9脉，边缘白色膜质，先端长渐尖；外稃质地坚硬，具5脉，内稃与外稃近等长；芒从稃体中部稍下处伸出，长2~4 cm，膝曲并扭转。颖果被淡棕色柔毛，腹面具纵沟，不易与稃片分离，长6~8 mm。花果期4—9月。

生长习性：多生长于荒芜田野或为田间杂草。

分　　布：广布于中国南北各省。我校3栋、4栋学生公寓旁边有野生。

繁　　殖：播种繁殖。

应　　用：可药用，或作为饲料。

63. 全叶马兰 *Kalimeris integrifolia*

别　　名：全缘叶马兰

科　　属：菊科　马兰属

形态特征：多年生草本。高50~80 cm，茎直立，帚状分枝，有纵条棱。叶互生，条状披针形或倒披针形，长2~4 cm，宽3~7 cm，先端钝或尖，基部宽楔形，全缘，无叶柄，两面均密被粉状短毛。头状花序单生于枝顶而排成疏伞房状，直径1~2.5 cm；总苞片3层，有短粗毛及腺点；边花舌状，1层，舌片长1~1.5 cm，淡紫色；盘花筒状，长约3 mm，黄色。瘦果倒卵形，长约2 mm，浅褐色，扁平；冠毛糙毛状，褐色，不等长，易脱落。花期7月上旬到9月中旬。

生长习性：在房屋附近、路旁、耕地以及撂荒地上多有分布，为一种习见的杂草，并混生在次生阔叶林和灌丛的草本层中。

分　　布：我国大部分地区都有分布。我校4栋学生公寓旁边有野生。

繁　　殖：播种繁殖。

应　　用：整个植株几乎都可供家畜饲用，品质良好。且花期过后，植株也并不明显硬化，可较长期间保持质地柔软。幼嫩的芽尖可以食用。

64. 芋 *Colocasia esculenta*

别　　名：芋艿、芋头

科　　属：天南星科　芋属

形态特征：多年生块茎植物，常作一年生作物栽培。叶片盾形，叶柄长而肥大，绿色或紫红色；基部形成短缩茎，逐渐累积养分肥大成肉质球茎，球形、卵形、椭圆形或块状等。花序柄常单生，短于叶柄。佛焰苞长短不一，檐部披针形或椭圆形，展开成舟状，边缘内卷，淡黄色至绿白色。肉穗花序短于佛焰苞:雌花序长圆锥状;雄花序圆柱形,顶端骤狭;附属器钻形。花期2—4月(云南)至8—9月(秦岭)。

生长习性:性喜高温湿润,不耐旱,较耐阴,并具有水生植物的特性,水田或旱地均可栽培。根系吸收力弱,整个生长期要求水分充足;以肥沃深厚、保水力强的黏质土为宜;种芋在13~15℃开始发芽,生长适温20℃以上,球茎在短日照条件下形成,发育最适温27~30℃。如果遇低温干旱则生长不良,严重影响产量。

分　　布:原产中国和印度、马来半岛等地热带地方。中国南北长期以来进行栽培。埃及、菲律宾、印度尼西亚爪哇等热带地区也盛行栽种。我校3栋学生公寓后面有栽培。

繁　　殖:块茎繁殖。

应　　用:块茎可食,可做羹菜,也可代粮或制淀粉,亦可入药。

四、藤本

1. 甘薯 *Ipomoea batatas*

别　　名:甜薯、地瓜、番薯、白薯、红薯

科　　属:薯蓣科　薯蓣属

形态特征:多年生草质藤本,光滑或稍被毛,有乳汁,块根白色、红色或黄色。茎粗壮。叶互生,全缘或分裂,顶端渐尖;花红紫色或白色,成腋生聚伞花序,有时单生,总花梗长;花萼5深裂;花冠钟状漏斗形,长3~5 cm,顶端具不开展的5裂片;蒴果;种子4,卵圆形,无毛。

生长习性:喜光喜温,不耐阴。对土壤适应性强,耐酸碱性好。

分　　布:在中国分布很广,以淮海平原、长江流域和东南沿海各省最多。我校3栋和8栋学生公寓后面有栽培。

繁　　殖:块茎繁殖或枝条扦插繁殖。

应　　用:块根入药食用,可补脾益胃、生津止渴、通利大便、益气生津、润肺滑肠。茎叶入药食用,可润肺、和胃、利小便、排肠脓去腐。

2. 蕹菜 *Ipomoea aquatica*

别　　名:空心菜、通菜蓊、竹叶菜、蓊菜、藤藤菜、通菜

科　　属:旋花科　番薯属

形态特征:蔓生植物,根系分布浅,为须根系,再生能力强。茎圆形而中空,柔软,绿色或淡紫色,粗1~2 cm;茎有节,每节除腋芽外,还可长出不定根,节间长3.5~5 cm,最长的可达7 cm。子叶对生,马蹄形;真叶互生,叶面光滑,全缘,极尖;叶脉网状,中脉明显凸起;叶为披针

形,长卵圆形或心脏形;叶宽 8~10 cm,最宽可达 14 cm,叶长 13~17 cm,最长可达 22 cm;叶柄较长,约为 12~15 cm,最长可达 17 cm。

生长习性:喜高温多湿环境,适宜湿润的土壤,喜充足光照。对土壤条件要求不严格,喜肥喜水。

分　　布:分布于我国各地,长江流域各省广泛栽培。我校周边居民区有栽种。

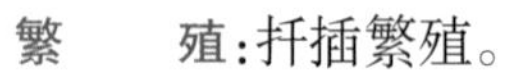

繁　　殖:扦插繁殖。

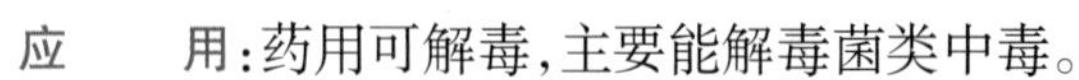

应　　用:药用可解毒,主要能解毒菌类中毒。

3. 茅莓 *Rubus parvifolius*

科　　属:蔷薇科　悬钩子属

形态特征:落叶小灌木,被短毛和倒生皮刺。三出复叶互生,顶端小叶较大,阔倒卵形或近圆形,边缘有不规则锯齿,上面疏生长毛,下面密生白色绒毛;聚合果球形,熟时红色,可食。花期 5—6 月,果期 7—8 月。

生长习性:喜温暖气候,耐热,耐寒。对土壤要求不严,一般土壤均可种植。多生于山坡、路旁、荒地灌丛和草丛中。

分　　布:分布于华东、中南地区及四川、河北、山西、陕西等省。我校 3 栋学生公寓后面有野生。

繁　　殖:播种繁殖。

应　　用:果实酸甜多汁,可供食用、酿酒及制醋等。全株入药,有止痛、活血、祛风湿及解毒之功效。

4. 救荒野豌豆 *Vicia sativa*

别　　名:大巢菜

科　　属:豆科　野豌豆属

形态特征:一年或二年生攀缘草本。偶数羽状复叶,顶端小叶常变成卷须,顶端卷须有 2~3 分支,具小叶 2~10 对,长椭圆形或近心形,先端圆或平截有凹,具短尖头,基部楔形,托叶呈戟形。花 1~2 朵,腋生,紫红色。荚果线形，具种子数粒。种子圆球形，成熟时黑褐色。花期4—7月，果期7—9月。

生长习性：生于海拔50~3 000 m荒山、田边草丛及林中。

分　　布：全国各地均产。我校4栋学生公寓旁边有分布。

繁　　殖：播种繁殖。

应　　用：是优良的饲料和牧草。嫩茎叶可作蔬菜食用。全草药用，有活血平胃、利五脏、明耳目之功效。

5. 葎草 *Humulus scandens*(略：在1号区已经介绍)

6. 千金藤 *Stephania japonica*

别　　名：金线吊乌龟、公老鼠藤、金丝荷叶

科　　属：防已科　千金藤属

形态特征：多年生落叶缠绕木质藤本，长可达5 m。全株无毛。根圆柱状，外皮暗褐色，内面黄白色。老茎木质化，小枝纤细，有直条纹。叶互生；叶柄长5~10 cm，盾状着生；叶片阔卵形或卵圆形，长4~8 cm，宽3~7 cm，先端钝或微缺，基部近圆形或近平截，全缘，上面绿色，有光泽，下面粉白色，两面无毛，掌状脉7~9条。花小，单性，雌雄异株；雄株为复伞形聚伞花序，总花序梗通常短于叶柄，小聚伞花序近无梗，团集于假伞梗的末端，假伞梗挺直。雄花：萼片6，排成2轮，卵形或倒卵形；花瓣3；雄蕊6，花丝合生成柱状。雌花也为复伞形聚伞花序，总花序梗通常短于叶柄，小聚伞花序和花均近无梗，紧密团集于假伞梗的末端。雌花：萼片3；花瓣3；子房卵形，花柱3~6深裂，外弯。核果近球形，红色，直径约6 mm，内果皮背部有2行高耸的小横肋状雕纹。花期6—7月，果期8—9月。

生长习性：喜光不耐阴，多生长于路旁、沟边及山坡灌木林中阳光充足的地方。

分　　布：分布于江苏、安徽、浙江、江西、福建、台湾、河南、湖北、湖南、四川等地。我校3栋、4栋学生公寓旁边可见分布。

繁　　殖：播种或分株繁殖。

应　　用：根含淀粉。根和茎叶药用可清热解毒、利尿消肿、祛风止痛，用于咽喉肿痛、牙痛、胃痛、水肿、脚气、尿急尿痛、小便不利、外阴湿疹、风湿关节痛等症，外用治跌打损伤、毒蛇咬伤、痈肿疮疖。

7. 小果蔷薇 *Rosa cymosa*

科　　属：蔷薇科　蔷薇属

形态特征：常绿攀缘灌木，高2~5 m；小枝圆柱形，无毛或稍有柔毛，有钩状皮刺。奇数羽

状复叶，小叶 3~5，小叶片卵状披针形或椭圆形，稀长圆披针形；花朵成复伞房花序，花瓣白色，倒卵形。果球形，直径 4~7 mm，红色至黑褐色，萼片脱落。花期 5—6 月，果期 7—11 月。

生长习性：喜光，耐寒，耐干旱，略耐阴。以湿润、温暖条件生长发育好。多生于向阳山坡、路旁、溪边或丘陵地。适应的土壤为黄棕壤至红壤。

分　　布：产自我国江西、江苏、浙江、安徽、湖南、四川、云南、贵州、福建、广东、广西、台湾等省区。我校 3 栋、8 栋学生公寓后有野生。

繁　　殖：播种繁殖。

应　　用：根、果实可入药，具有消肿止痛、祛风除湿、止血解毒、补脾固涩之功效。

8. 云南黄馨 *Jasminum mesnyi*

别　　名：野迎春、梅氏茉莉、云南迎春、金腰带、南迎春

科　　属：木犀科　素馨属

形态特征：常绿半蔓性灌木，枝条下垂。嫩枝具四棱具沟，光滑无毛。叶对生，三出复叶或小枝基部具单叶，小叶椭圆状披针形。花金黄色，腋生，花冠裂片 6~9，单瓣或复瓣。花期 11 月至翌年 8 月，果期 3—5 月。

生长习性：喜光，稍耐阴，喜温暖湿润气候。

分　　布：原产我国云南，长江流域以南各地普遍栽培。我校 7 栋学生公寓旁有栽植。

繁　　殖：8—9 月以扦插法繁殖，以砂质壤土最佳，性喜多湿。亦可分株、压条繁殖。

应　　用：常用做绿篱，或用于垂直绿化。

9. 落葵 *Basella alba*

别　　名：胭脂菜、木耳菜、藤菜

科　　属：落葵科　落葵属

形态特征：一年生缠绕草本。全株肉质，光滑无毛。茎长可达 3~4 m，分枝明显，绿色或淡紫色。单叶互生；叶柄长 1~3 cm；叶片宽卵形、心形至长椭圆形，长 2~19 cm，宽 2~16 cm，先端急尖，基部心形或圆形，穗状花序腋生或顶生，长 2~23 cm，单一或有分枝；萼片 2，长圆形，长约 5 mm，宿存；花无梗，花瓣 5，淡紫色或淡红色，下部白色，联合成管；果实球形，直径 5~6 mm，红色至深红色或黑色，多汁液，外包宿存小苞片及花被。花期 5—9 月，果期

7—10月。

生长习性:喜温暖湿润和半阴环境,不耐寒,怕霜冻,耐高温多湿,宜在肥沃、疏松和排水良好的砂壤土中生长。

分　　布:我国长江流域以南各地均有栽培,北方少见。我校3栋学生公寓旁有栽培。

繁　　殖:播种或扦插繁殖。

应　　用:叶碧绿、梗红、花红、果紫,加上攀缘生长,可作篱笆式栽培,有立体绿化的效果,适用于庭院、窗台及阳台、小型篱栅装饰美化。幼苗或肥大的叶片和嫩梢可作蔬菜食用。全株可入药。

第四部分　3 号区植物

3 号区植物主要分布于沿香樟路到 2 号教学楼和 5 栋、10 栋学生公寓之间。

一、乔木

1. 棕榈 *Trachycarpus fortunei*(略:在 1 号区已经介绍)

2. 日本晚樱 *Cerasus serrulata* var. *lannesiana*

科　　属:蔷薇科　樱属

形态特征:落叶乔木,高 3~10 m。树皮灰褐色或灰黑色,有唇形皮孔;小枝灰白色或淡褐色,无毛;叶片卵状椭圆形或倒卵状椭圆形,花较大,多重瓣,花瓣粉红色至白色,倒卵形;核果球形或卵球形,紫黑色,直径 8~10 mm。花期 4—5 月,果期 6—7 月。

生长习性:喜阳光,适合深厚、肥沃而排水良好的土壤,有一定的耐寒能力。

分　　布:在我国主要分布于华北至长江流域。我校5栋学生公寓前有栽培。

繁　　殖:播种繁殖。

应　　用:花大而芳香,适宜植于庭园建筑物旁或于草坪上孤植。

3. 池杉 *Taxodium ascendens*

别　　名:池柏

科　　属:杉科　落羽杉属

形态特征:落叶乔木,高可达25 m。常有屈膝状呼吸根,在低湿地生长者"膝根"尤为显著。树皮褐色,纵裂,成长条片脱落;枝向上展,树冠常较窄,呈尖塔形;当年生小枝绿色,细长,常略向下弯垂。叶多钻形,略内曲,常在枝上螺旋状伸展,下部多贴近小枝,基部下延。花期3月,雌雄同株,雄球花多数,聚成圆锥花序,集生于下垂的枝梢上,雌球花单生枝顶。球果圆形或长圆状球形,有短梗,种子不规则三角形,略扁,红褐色,边缘有锐脊,11月成熟,熟时黄褐色。

生长习性:为强阳性树种,不耐阴。喜温暖、湿润环境,稍耐寒,能耐短暂-17℃低温。适生于深厚、疏松的酸性或微酸性土壤,苗期在碱性土种植时黄化严重,生长不良,长大后抗碱能力增加。耐涝,也耐旱;生长迅速,抗风力强;萌芽力强。

分　　布:原产美国东南部,常于沿海平原地沼泽及低湿地海拔30 m以下处见到。现在我国已于许多城市尤其是长江南北水网地区作为重要造林树种和园林树种。我校教工宿舍区和5栋学生公寓旁有栽培。

繁　　殖:播种或扦插繁殖。

应　　用:树形婆娑,枝叶秀丽,观赏价值高,又适生于水滨湿地条件,可在河边和低洼水网地区种植,或在园林中作孤植、丛植、片植配置,亦可列植作道路的行道树;同时也是良好的用材树种。

4. 珊瑚树 *Viburnum odoratissimum*(略:在1号区已经介绍)

5. 黑松 *Pinus thunbergii*

别　　名:白芽松

科　　属:松科　松属

形态特征:常绿乔木,高可达30 m,树皮带灰黑色。2针一束,刚强而粗,新芽白色,冬芽各针叶长约6~15 cm,断面半圆形,叶肉中有3个树脂管,树脂道中生。叶鞘由20多个鳞片形成,长约1.2 cm。4月开花,花单性同株,雌花生于新芽的顶端,呈紫色,多数种鳞相重而排成球形。每个种基部裸生2个胚球。雄花生于新芽的基部,呈黄色,成熟时多数花粉随风飘出。球

果至翌年秋天成熟，鳞片裂开而散出种子，种子有薄翅。果鳞的鳞脐具短刺。

生长习性：喜光，耐寒冷，不耐水涝，耐干旱、瘠薄及盐碱土。适生于温暖湿润的海洋性气候区域，喜土层深厚、土质疏松且含有腐殖质的微酸性砂质壤土。因其耐海雾，抗海风，也可在海滩盐土地方生长。抗病虫能力强，生长慢，寿命长。

分　　布：原产日本及朝鲜。中国山东沿海、辽东半岛、江苏、浙江、安徽等地有栽植。我校2号教学楼前有栽培。

繁　　殖：以播种繁殖为主，也可用扦插繁殖。

应　　用：既是良好的园林观赏树种，又可用以采脂，树皮、针叶、树根等可综合利用，制成多种化工产品，种子可榨油。还可从中采收和提取药用的松花粉、松节、松针及松节油。

6. 枫杨 *Pterocarya stenoptera*

别　　名：麻柳、水麻柳

科　　属：胡桃科　枫杨属

形态特征：落叶大乔木，高可达30 m。干皮灰褐色，幼时光滑，老时纵裂；具柄裸芽密被锈毛；小枝灰色，有明显的皮孔且髓心片隔状；奇数羽状复叶，但顶叶常缺而呈偶数状，叶轴具翅和柔毛，小叶5~8对，无柄，长8~12 cm，宽2~3 cm，缘具细齿，叶背沿脉及脉腋有毛；雌雄同株异花，雄花葇荑花序状，雌花穗状；小坚果两端具翅。花期4—5月，果熟期8—9月。

生长习性：喜光，不耐庇荫，但耐水湿、耐寒、耐旱。深根性，主、侧根均发达，以深厚、肥沃的河床两岸生长良好。速生性，萌蘖能力强，对SO_2、Cl_2等抗性强，叶片有毒，鱼池附近不宜栽植。

分　　布：广泛分布于华北、华中、华南及西南各地，在长江流域和淮河流域最为常见；朝鲜半岛亦有分布。我校2号教学楼前和校院墙东边有栽培。

繁　　殖：以播种繁殖为主，当年秋播出芽率较高。

应　　用：医药用途：树皮入药，主治风湿麻木、寒湿骨痛、齿痛、头颅伤痛、痔疮、疥癣、烫伤、溃疡日久不敛。工业用途:树皮和枝皮含鞣质,可提取栲胶,亦可作纤维原料;果实可作饲料和酿酒,种子还可榨油。加工容易,不耐腐,易翘曲,胶接、着色、油漆均好。木材色白质软,可做家具及火柴杆等。还可做核桃砧木。园林用途:树冠广展,枝叶茂密,生长快速,根系发达,为河床两岸低洼湿地的良好绿化树种,既可以作为行道树,也可成片种植或孤植于草坪及坡地,均可形成一定景观。

7. 梅 *Prunus mume*(略:在 1 号区已经介绍)

8. 樟 *Cinnamomum camphora*(略:在 2 号区已经介绍)

9. 荷花玉兰 *Magnolia grandiflora*(略:在 1 号区已经介绍)

10. 银杏 *Ginkgo biloba*

别　　名:白果树、公孙树

科　　属:银杏科　银杏属

形态特征:落叶乔木,高可达 40 m,胸径可达 4 m。幼树树皮近平滑,浅灰色,大树树皮灰褐色,不规则纵裂,有长枝与生长缓慢的距状短枝。叶互生,在长枝上辐射状散生,在短枝上 3~5 枚成簇生状,有细长的叶柄,扇形,两面淡绿色。雌雄异株,稀同株,球花单生于短枝的叶腋;雄球花成葇荑花序状;雌球花有长梗,梗端常分 2 叉(稀 3~5 叉)。一般 4月开花,9—10 月种子成熟。

生长习性:为喜光树种,适宜土壤为黄壤或黄棕壤,pH 5~6。初期生长较慢,萌蘖性强;不耐积水之地,较能耐旱。耐寒性颇强。

分　　布:为我国特有树种,被称为生物活化石。主要分布在山东、浙江、安徽、福建、江西、河北、河南、湖北、江苏、湖南、四川、贵州、广西、广东、云南等省的 60 多个县市,另外台湾也有少量分布。国外有许多国家引种栽培。我校 10 栋学生公寓前有栽培。

繁　　殖:可用播种、扦插、嫁接等法繁殖。

应　　用:是世界五大行道树之一,我国一级重点保护植物,在我国有国树之称。我国以银杏古群落为主题的公园有湖北安陆市的银杏森林公园和随州市的银杏谷。可作庭荫树、行道树或独赏树。种子可供食用和药用,木材质优。不易生病虫害,寿命长,可达 3 000 年以上。夏天降温效果是柳树的 3 倍。

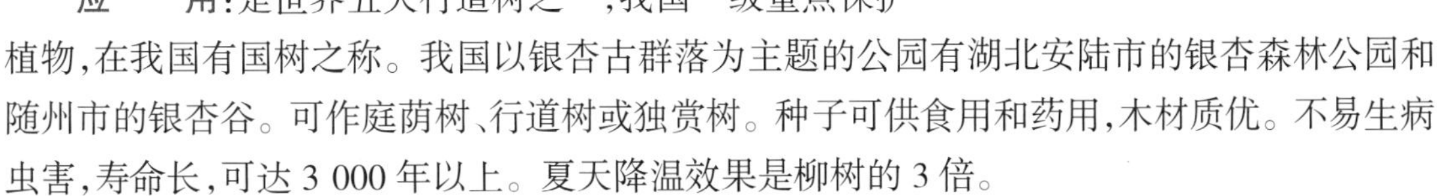

11. 紫叶李 *Prunus cerasifera*(略:在 1 号区已经介绍)

12. 木犀 *Osmanthus fragrans*(略:在 1 号区已经介绍)

13. 雪松 *Cedrus deodara*(略:在 1 号区已经介绍)

14. 龙柏 *Sabina chinensis* cv. *Kaizuca*

别　　名:珍珠柏、龙爪柏、爬地龙柏、匍地龙柏

科　　属:柏科　圆柏属

形态特征:常绿小乔木,高可达 12 m。树皮呈深灰色,树干表面有纵裂纹。树形呈圆柱状,小枝略扭曲上伸,小枝密,在枝端成几个等长的密簇状,多为鳞形叶,密生,有时基部有刺叶,幼叶淡黄绿色,后呈黄绿色。花(孢子叶球)单性,雌雄异株,花细小,淡黄绿色,并不显著,顶生于枝条末端。球果浆质,表面被有一层碧蓝色的蜡粉,内藏 2 颗种子。

生长习性:喜阳,耐旱能力强,喜深厚、肥沃的土壤,要求排水良好,忌潮湿积水,否则将引起黄叶,生长不良。幼时生长较慢,3~4 年后生长加快,树干高达 3 m 后,长势又逐渐减弱。

分　　布:我国黄河流域和长江流域大部分城市都有栽培。我校香樟路和 5 栋学生公寓旁有栽培。

繁　　殖:虽然能结籽,但不易萌芽,大都以扦插或嫁接繁殖为主。

应　　用:可应用于公园、庭园、绿墙和高速公路中央隔离带绿化。在造景艺术方面,可以修剪成塔形、龙形和高杆。

二、灌木

1. 红叶石楠 *Photinia × fraseri*(略:在 2 号区已经介绍)

2. 黄杨 *Buxus microphylla*(略:在 1 号区已经介绍)

3. 南天竹 *Nandina domestica*(略:在 2 号区已经介绍)

4. 箬竹 *Indocalamus tessellatus*

别　　名:米箬竹、箬叶、粽巴叶、若竹

科　　属:禾本科　箬竹属

形态特征:常绿小灌木。圆筒形,在分枝一侧的基部微扁,一般为绿色,竿壁厚 2.5~4 mm;节较平坦;竿环较箨环略隆起,节下方有红棕色贴竿的毛环。箨鞘长于节间,上部宽松抱竿,无毛,下部紧密抱竿,密被紫褐色伏贴疣基刺毛,具纵肋;箨耳无;箨舌厚膜质,截形,高 1~2 mm,背部有棕色伏贴微毛;箨片大小多变化,窄披针形,竿下部者较窄,竿上部者稍宽,易落。小枝具 2~4 叶;叶鞘紧密抱竿,有纵肋,背面无毛或

被微毛;无叶耳;叶舌高 1~4 mm,截形;叶片在成长植株上稍下弯,宽披针形或长圆状披针形,先端长尖,基部楔形,下表面灰绿色,密被贴伏的短柔毛或无毛,中脉两侧或仅一侧生有 1 条毡毛,次脉 8~16 对,小横脉明显,形成方格状,叶缘生有细锯齿。笋期 4—5 月,花期 6—7 月。

生长习性:属阳性竹类,喜温暖湿润的气候,宜生长于疏松、排水良好的酸性土壤,耐寒性一般。

分　　布:分布于浙江、安徽、福建、江西、湖南。我校 2 号教学楼前有栽培。

繁　　殖:用母株分植繁殖。

应　　用:其竿可用于做竹筷、毛笔杆、扫帚柄等,其叶可用于做食品(如粽子)包装物、茶叶、斗笠、船篷衬垫等。植株可用于园林绿化。叶、笋及产品药用价值高,对癌症特有的恶液质具有防治功效。

5. 红花檵木 *Loropetalum chinense* var. *rubrum*(略:在 1 号区已经介绍)

6. 孝顺竹 *Bambusa multiplex*(略:在 1 号区已经介绍)

7. 锦绣杜鹃 *Rhododendron pulchrum*

别　　名:鲜艳杜鹃

科　　属:杜鹃花科　杜鹃属

形态特征:常绿灌木,高可达 2 m,分枝稀疏,幼枝密生淡棕色扁平伏毛。叶纸质,二型,椭圆形至椭圆状披针形或矩圆状倒披针形,长 2.5~5.6 cm,宽 8~18 mm,顶端急尖,有凸尖头,基部楔形,初有散生黄色疏伏毛,以后上面近无毛;叶柄长 4~6 mm,有和枝上同样的毛。花 1~3 朵顶生枝端;花梗长 6~12 mm,密生稍展开的红棕色扁平毛,花萼大,5 深裂,裂片长约 8 mm,边缘有细锯齿和长睫毛,外面密生同样的毛;花冠宽漏斗状,口径约 6 cm,裂片 5,宽卵形,蔷薇紫色,有深紫色点。花期 4—5 月,果期 9—10 月。

生长习性:喜疏阴,忌曝晒,要求凉爽湿润气候和通风良好的环境。土壤以疏松、排水良好、pH 4.5~6.0 为佳,较耐瘠薄干燥,萌芽能力不强,根纤细,有菌根。

分　　布:产于江苏、浙江、江西、福建、湖北、湖南、广东和广西。栽培变种和品种繁多。我校 10 栋学生公寓前有栽培,校院墙西北边也有。

繁　　殖:可用播种、扦插、嫁接及压条等方法繁殖。

应　　用:常用于庭院观赏,或作林下、地被植物绿化用。

8. 小叶女贞 *Ligustrum quihoui*(略:在 2 号区已经介绍)

9. 海桐 *Pittosporum tobira*(略:在 1 号区已经介绍)

10. 蜡梅 *Chimonanthus praecox*

别　　名:腊梅、黄梅、香梅、黄腊花

科　　属:蜡梅科　蜡梅属

形态特征:落叶灌木,高可达 4~5 m,常丛生。叶对生,纸质,椭圆状卵形至卵状披针形,先端渐尖,全缘,芽具多数覆瓦状鳞片。冬末先叶开花,花单生于一年生枝条叶腋,有短柄及杯状花托,花被多片呈螺旋状排列,黄色,带蜡质,花瓣似古代蜡烛的蜡黄色。花期 12 月至翌年 1 月,有浓芳香。瘦果多数,6—7 月成熟。

生长习性:性喜阳光,耐阴、耐寒、耐旱,忌渍水。

分　　布:分布于朝鲜、美洲、日本、欧洲以及中国大陆的湖南、福建、山东、江苏、安徽、云南、河南、湖北、浙江、四川、贵州、陕西、江西等地区。湖北保康县有野生蜡梅群落分布。我校 10 栋学生公寓前和花房有栽培。

繁　　殖:常用嫁接、扦插、压条或分株法繁殖。

应　　用:花开于腊月早春,花黄如蜡,清香四溢,为冬季观赏佳品,是我国特有的珍贵观赏花木。为河南鄢陵、江苏镇江、安徽淮北、湖北鄂州等市的市花。并有较好的药用价值。

11. 金森女贞 *Ligustrum japonicum*(略:在 1 号区已经介绍)

12. 黄金间碧玉竹 *Phyllostachys viridis*

别　　名:黄金间碧竹、黄皮刚竹、黄皮绿筋竹、金竹、青丝金竹

科　　属:禾本科　刚竹属

形态特征:常绿乔木状。竿高 6~15 m,径 4~6 cm。竿直立,鲜黄色,间以绿色纵条纹,节间圆柱形,节凸起。箨鞘背部密被暗棕色短硬毛,易脱落。箨耳发达,大小约略相等,暗棕色,边缘具缘毛。箨舌先端细齿裂。箨叶直立,卵状三角形,腹面具暗棕色短硬毛。笋期 6—9 月。

生长习性:阳性,喜肥沃、排水良好的壤土或砂壤土。

分　　布:分布于长江以南地区。我校 2 号教学楼前有栽培。

繁　　殖:主要用分株繁殖。

应　　用:竿形高大,竿与主枝呈金黄色,为著名的观赏植物。在园林中可成片种植,也是四旁绿化常用树种。

三、草本

1. 全叶马兰 *Kalimeris integrifolia*(略:在2号区已经介绍)

2. 马尼拉草 *Zoysia matrella*(略:在1号区已经介绍)

3. 繁缕 *Stellaria media*(略:在1号区已经介绍)

4. 沿阶草 *Ophiopogon bodinieri*

别　　名:绣墩草

科　　属:百合科　沿阶草属

形态特征:多年生常绿草本。根纤细,近末端处有时具膨大成纺锤形的小块根;茎很短。叶基生成丛,禾叶状,先端渐尖,边缘具细锯齿,长20~40 cm,宽2~4 mm。花为总状花序,长1~7 cm,具几朵至十几朵花;花常单生或2朵簇生于苞片腋内;苞片条形或披针形,稍带黄色,半透明,花梗长5~8 mm,关节位于中部;花被片卵状披针形、披针形或近矩圆形,白色或稍带紫色;花丝很短,花药狭披针形,常呈绿黄色;花柱细。种子近球形或椭圆形。花期6—8月,果期8—10月。

生长习性:既能在强阳光照射下生长,又能忍受荫蔽环境,属耐阴植物。生于山坡、山谷潮湿处、沟边、灌木丛下或林下。

分　　布:分布于华东地区。我校5栋学生公寓旁有栽培。

繁　　殖:播种或分株繁殖。

应　　用:长势强健,耐阴性强,植株低矮,根系发达,覆盖效果较快,是一种良好的地被植物,可成片栽于风景区的阴湿空地和水边湖畔。叶色终年常绿,花葶直挺,花色淡雅,也能作为盆栽观叶植物。在医学上也有广泛应用。

5. 地锦草 *Euphorbia humifusa*

别　　名:地锦、铺地锦、血见愁、红丝草、奶浆草

科　　属:大戟科　大戟属

形态特征:一年生匍匐草本。茎纤细,近基部分枝,带紫红色,无毛。单叶对生;托叶线形,通常3裂;叶片长圆形,先端钝圆,基部偏狭,边缘有细齿,两面无毛或疏生柔毛,绿色或淡红色。杯状花序单生于叶腋;总苞倒圆锥形,浅红色,顶端4裂,裂片长三角形;腺体4,长圆形,有白色花瓣状附属物。蒴果三棱状球形,光滑无毛;种子卵形,黑褐色,外被白色蜡粉。花期6—10月,果期7—10月。

生长习性：喜温暖湿润气候，稍耐荫蔽，较耐湿。以疏松、肥沃、排水良好的砂质壤土栽培为宜。

分　　布：除广东、广西外，分布几遍全国各地。我校 2 号教学楼前有分布。

繁　　殖：主要是播种繁殖。

应　　用：全草入药，在夏、秋二季采收，除去杂质，晒干，贮藏备用，有清热解毒、利湿退黄、活血止血功效。

6. 吉祥草 *Reineckea carnea*

别　　名：紫衣草、小叶万年青

科　　属：百合科　吉祥草属

形态特征：多年生常绿草本。叶带状披针形，先端渐尖；地下根茎匍匐，节处生根；花茎自叶束中抽出，短于叶丛，顶生疏散的穗状花序；瓣被 6裂，花紫红色，芳香。浆果红紫色。花期 10 月。

生长习性：喜温暖、湿润、半阴环境，对土壤要求不严，以排水良好的肥沃壤土为宜。

繁　　殖：分株繁殖。

分　　布：原产中国长江流域以南各省及西南地区。我校 3 号教学楼旁超市北边有栽培。

应　　用：株型典雅，绿色明目，是优良的观叶植物，可作为地被成片栽植，或盆栽置于厅堂、书斋、会议室的几案等。全草入药，可润肺止咳、补肾接骨、除湿。

7. 蒲公英 *Taraxacum mongolicum*（略：在 1 号区已经介绍）

四、藤本

1. 何首乌 *Fallopia multiflora*（略：在 1 号区已经介绍）

2. 络石 *Trachelospermum jasminoides*

别　　名：石龙藤、万字花、风车花、万字茉莉

科　　属：夹竹桃科　络石属

形态特征：常绿木质藤本。枝蔓长 2~10 m，长有气生根，常攀缘在树木、岩石墙垣上生长。单叶对生，椭圆形至阔披针形，长 2.5~6 cm，先端尖，革质，叶面光滑，叶背有毛，叶柄很短。二歧聚伞花序腋生或顶生，花多朵组成圆锥状，与叶等长或较长；初夏 5 月开白色花，花冠高脚碟状，5 裂，裂片偏斜呈螺旋形排列，略似“卐”字，或成风车状，芳香。蓇葖果双生，叉开，无毛，

线状披针形,向先端渐尖,长 10~20 cm;种子多颗,褐色,线形,长 1.5~2 cm,直径约 2 mm,顶端具白色绢质种毛。花期 3—7 月,果期 7—12 月。

生长习性:性喜温暖、湿润、疏阴环境,怕北方狂风烈日。具有一定的耐寒力,在华北南部可露地越冬。对土壤要求不严,但以疏松、肥沃、湿润的壤土栽培生长较好。

分　　布:原产我国山东、山西、河南、江苏等地。我校 10 栋学生公寓后面、教工宿舍区以及山林中都有分布。

繁　　殖:首选压条繁殖,特别是在梅雨季节其嫩茎极易长气根,利用这一特性,将其嫩茎采用连续压条法,秋季从中间剪断,即可获得大量幼苗。也可用播种繁殖。

应　　用:是一种常用中药,有祛风通络、凉血消肿的功能,可用于治疗风湿热痹、筋脉拘挛、腰膝酸痛、喉痹、痈肿、跌打损伤等症。在园林中多作地被或垂直绿化,或盆栽观赏,为芳香花卉。

第五部分　4号区植物

4号区植物主要分布于我校教工宿舍区。

一、乔木

1. 白花泡桐 *Paulownia fortunei*（略：在2号区已经介绍）

2. 池杉 *Taxodium ascendens*（略：在3号区已经介绍）

3. 棕榈 *Trachycarpus fortunei*（略：在1号区已经介绍）

4. 女贞 *Ligustrum lucidum*（略：在2号区已经介绍）

5. 香椿 *Toona sinensis*（略：在2号区已经介绍）

6. 桃 *Amygdalus persica*（略：在2号区已经介绍）

7. 桑 *Morus alba*（略：在2号区已经介绍）

8. 枣 *Ziziphus jujuba*（略：在2号区已经介绍）

9. 枇杷 *Eriobotrya japonica*（略：在2号区已经介绍）

10. 侧柏 *Platycladus orientalis*

别　　名：黄柏、香柏、扁柏、扁桧、香树、香柯树

科　　属：柏科　侧柏属

形态特征：常绿乔木，高可达20 m，胸径可达1 m。树皮薄，浅灰褐色，纵裂成条片；枝条向上伸展或斜展，幼树树冠卵状尖塔形，老树树冠则为广圆形；生鳞叶的小枝细，向上直展或斜

展，扁平，排成一平面。叶鳞形，长1~3 mm，先端微钝，小枝中央的叶的露出部分呈倒卵状菱形或斜方形，背面中间有条状腺槽，两侧的叶船形，先端微内曲，背部有钝脊，尖头的下方有腺点。雄球花黄色，卵圆形，长约2 mm；雌球花近球形，径约2 mm，蓝绿色，被白粉。球果近卵圆形，长1.5~2.5 cm，成熟前近肉质，蓝绿色，被白粉，成熟后木质，开裂，红褐色；种子卵圆形或近椭圆形，顶端微尖，灰褐色或紫褐色，无翅或有极窄之翅。花期3—4月，球果10月成熟。

生长习性：喜光，幼时稍耐阴，适应性强，对土壤要求不严，在酸性、中性、石灰性和轻盐碱土壤中均可生长。耐干旱瘠薄，萌芽能力强，耐寒力中等，抗风能力较弱。

分　　布：为我国特产种，华北地区有野生。除青海、新疆外，人工栽培遍及全国。全国多有百年和数百年以上的古树。我校教工宿舍区有栽培。

繁　　殖：以播种繁殖为主，也可扦插或嫁接繁殖。

应　　用：可用于行道、亭园、大门两侧、绿地周围、路边花坛及墙垣内外绿化，均极美观。叶和枝可入药。

11. 鸡爪槭 *Acer palmatum*

科　　属：槭树科　槭属

形态特征：落叶小乔木，树皮深灰色。小枝细瘦；当年生枝紫色或淡紫绿色；多年生枝淡灰紫色或深紫色。叶5~9掌状分裂，通常7裂，裂片长卵圆形或披针形，先端锐尖或长锐尖，边缘具紧贴的尖锐锯齿；上面深绿色，无毛，下面淡绿色，在叶脉的脉腋被有白色丛毛；主脉在上面微显著，在下面凸起；叶柄长4~6 cm，细瘦，无毛。花紫色，杂性，雄花与两性花同株，生于无毛的伞房花序，总花梗长2~3 cm，叶发出以后才开花；萼片5，卵状披针形，先端锐尖；花瓣5，椭圆形或倒卵形，先端钝圆；小坚果球形，脉纹显著；翅与小坚果共长2~2.5 cm，宽1 cm，张开成钝角。花期5月，果熟期9月。

鸡爪槭变种和品种很多，常见的有：①红枫（cv. *atropurpureum*），又名红槭、紫红鸡爪槭。叶深裂几达叶片基部，裂片长圆状披针形，叶终年红色或紫红色。②细叶鸡爪槭（cv. *dissectum*），又名羽毛枫、羽毛槭、塔枫。叶掌状深裂达基部，为7~11裂，裂片又羽状分裂，具细尖齿。树冠开展，枝略下垂。③深红细叶鸡爪槭（cv. *ornatum*），又名红细叶鸡爪槭、红羽毛枫。外形同细叶鸡爪槭，但叶片终年呈红色或紫红色。

生长习性:喜疏阴的环境,夏日怕日光曝晒,抗寒性强,能忍受较干旱的气候条件。多生于阴坡湿润山谷,耐酸碱,不耐水涝,凡西晒及潮风所到地方生长不良。要求湿润和富含腐殖质的土壤。

分　　布:分布于山东、河南南部、江苏、浙江、安徽、江西、湖北、湖南、贵州等地。朝鲜和日本也有分布。我校教工宿舍区、校山林西区以及盆景园有栽培。

繁　　殖:用播种、扦插、嫁接等方法繁殖。一般原种用播种法繁殖,而园艺变种常用嫁接法繁殖。

应　　用:为优良的观叶树种。枝、叶可药用,有行气止痛、解毒消痈功效,主治气滞腹痛、痈肿发背。

12. 柿树 *Diospyros kaki*(略:在 2 号区已经介绍)

13. 木犀 *Osmanthus fragrans*(略:在 1 号区已经介绍)

14. 香橼 *Citrus medica*

别　　名:枸橼

科　　属:芸香科　柑橘属

形态特征:常绿小乔木或灌木。全株无毛,有短刺。叶互生;叶柄有倒心形宽翅,长约为叶片的1/3~1/4;叶片革质,椭圆形或长圆形,先端短而钝或渐尖,微凹头,基部钝圆,全缘或有波状锯齿,两面无毛,有半透明油腺点。花单生或簇生,也有成总状花序,花白花;雄蕊 25~36;子房 10~11 室。柑果长圆形、圆形或扁圆形,先端有乳头状突起,果皮通常粗糙而有皱纹或平滑,成熟时橙黄色,有香气;种子多数。花期 4—5 月,果熟期 10—11 月。

生长习性:喜温暖湿润气候,怕严霜,不耐严寒。

分　　布:长江流域及其以南地区均有分布。我校教工宿舍区的运动休闲广场有栽培。

繁　　殖:播种或扦插繁殖。

应　　用:果实入药,有疏肝理气、宽胸化痰、除湿和中之功效,主治胸胁胀痛、咳嗽痰多、脘腹痞痛、食滞呕逆、水肿脚气等症。

15. 圆柏 *Juniperus chinensis*(略:在 2 号区已经介绍)

16. 鹅掌楸 *Liriodendron chinensis*

别　　名:马褂木、双飘树

科　　属:木兰科　鹅掌楸属

形态特征:落叶乔木,高可达 40 m,胸径可达 1 m 以上。叶互生,长 6~22 cm,宽 5~19 cm,每边常有 2 裂片,背面粉白色;叶柄长 4~8 cm。叶形如马褂,叶片的顶部平截,犹如马褂的下摆;叶片的两侧平滑或略微弯曲,好像马褂的两腰;叶片的两侧端向外突出,仿佛是马褂伸出的两只袖子。故鹅掌楸又叫马褂木。花单生枝顶,花被片 9 枚,外轮 3 片萼状,绿色,内 2 轮花

瓣状黄绿色，基部有黄色条纹，形似郁金香；雄蕊多数，雌蕊多数。聚合果纺锤形，由多数具翅的小坚果组成。花期 6 月，果期 9 月。

生长习性：性喜光及温和湿润气候，有一定的耐寒性，可经受-15℃低温而完全不受伤害。喜深厚、肥沃、适湿而排水良好的酸性或微酸性土壤，在干旱土地上生长不良，也忌低湿水涝。

分　　布：主要分布于江苏、安徽、浙江、福建、湖北、湖南、广西等省区。我校老图书馆旁有栽培。

繁　　殖：常用播种、扦插、压条繁殖。

应　　用：树形端正，叶形奇特，是优美的庭荫树和行道树种，与悬铃木、椴树、银杏、七叶树并称世界五大行道树种。花淡黄绿色，美而不艳，最宜植于园林中安静休息区的草坪上；秋叶黄色，美丽。可独栽或群植，在江南自然风景区中可与木荷、山核桃、板栗等行混交林式种植；还是一种非常珍贵的盆景观赏植物，十分稀少。对 SO_2 等有毒气体有抗性，可在大气污染较严重的地区栽植。为国家二级重点保护野生植物。根、树皮药用可祛风除湿、止咳，也用于风湿关节痛、风寒咳嗽。

17. 白玉兰 *Magnolia denudata*（略：在 2 号区已经介绍）

18. 罗汉松 *Podocarpus macrophyllus*（略：在 1 号区已经介绍）

19. 石榴 *Punica granatum*（略：在 1 号区已经介绍）

20. 落羽杉 *Taxodium distichum*

别　　名：落羽松

科　　属：杉科　落羽杉属

形态特征：落叶乔木，高可达 50 m，胸径可达 2 m。树干尖削度大，干基膨大，地面通常有屈膝状的呼吸根；树皮为长条片状脱落，棕色；枝水平开展，幼树树冠圆锥形，老树树冠宽圆锥状；嫩枝开始绿色，秋季变为棕色。叶线形，扁平，基部扭曲，在小枝上为 2 列羽状，长 1~1.5 cm，宽约 1 mm，先端尖，上面中脉下凹，淡绿色，下面中脉隆

起，黄绿色，每边有4~8条气孔线，落前变成红褐色。球果圆形或卵圆形，有短梗，向下垂，成熟后淡褐黄色，有白粉，直径约2.5 cm；种鳞木质，盾形，顶部有沟槽，种子为不规则三角形，有短棱，长1.2~1.8 cm，褐色。花期4月下旬，球果熟期10月。

生长习性：耐低温、盐碱、水淹、干旱瘠薄，抗风、污染、病虫害，酸性土到盐碱地都可生长。

分　　布：原产美国东南部，世界各地有引种。我国广州、杭州、上海、南京、武汉、福建引种栽培均生长良好。我校教工宿舍区有栽培。

繁　　殖：播种或扦插繁殖。

应　　用：是优美的庭园、道路绿化树种。在我国大部分地区都可作为工业用树林和生态保护林树种。

21. 加杨 *Populus canadensis*

别　　名：加拿大杨

科　　属：杨柳科　杨属

形态特征：落叶乔木，高可达30 m。干直，树皮粗厚，深沟裂，下部暗灰色，上部褐灰色。大枝微向上斜伸，树冠卵形；萌枝及苗茎棱角明显；小枝圆柱形，稍有棱角，无毛，稀微被短柔毛。芽大，先端反曲，绿色，富黏质；单叶互生，叶三角形或三角状卵形，长7~10 cm，长枝萌枝叶较大，长10~20 cm，一般长大于宽，先端渐尖，基部截形或宽楔形，无或有1~2腺体，边缘半透明，有圆锯齿，近基部较疏，具短缘毛；上面暗绿色，下面淡绿色，叶柄侧扁而长，带红色（苗期特明显）。雄花序轴光滑，每花有雄蕊15~25，苞片淡绿褐色，不整齐，丝状深裂，花盘淡黄绿色，全叶缘，花丝细长，白色，超出花盘，雌花序有柱头4裂。果序长可达27 cm；蒴果卵圆形，长约8 mm，先端锐尖瓣裂。雌雄异株；雄株多，雌株少。花期4月，果期5—6月。

生长习性：喜温暖湿润气候，耐瘠薄及微碱性土壤。

分　　布：原产美洲。我国除广东、海南、云南、西藏外，其他各省区均有引种栽培。我校教工宿舍区有栽培。

繁　　殖：常用播种、扦插或压条繁殖。

应　　用：树冠阔，叶片大而有光泽，宜作行道树、庭荫树、公路树及防护林等，孤植、列植均宜。加杨是美洲黑杨和欧洲黑杨的杂交种，材质轻软，纹理直，易干燥、加工。适用于制作家具、包装箱、农具和作为农村建筑用材，也是制作火柴盒、杆和造纸等的良好材料。

22. 石楠 *Photinia serrulata*

科　　属:蔷薇科　石楠属

形态特征:常绿灌木或小乔木,高 4~6 m。小枝褐灰色,无毛。单叶互生,叶片革质,长椭圆形、长倒卵形或倒卵状椭圆形。梨果球形,直径 5~6 mm,红色,鲜艳著目,后成褐紫色。种子 1 颗,卵形,长 2 mm,棕色,平滑。花期 4—5 月,果期 10 月。

生长习性:喜温暖湿润的气候,抗寒力不强,气温低于-10℃会落叶、死亡。喜光也耐阴,对土壤要求不严,以肥沃、湿润的砂质土最为适宜。

分　　布:主产于长江流域及秦岭以南地区,华北地区有少量栽培,多呈灌木状。我校老图书馆旁有栽培。

繁　　殖:播种或扦插繁殖。

应　　用:作为庭荫树或绿篱栽植效果更佳。根据园林绿化布局需要,可修剪成球形或圆锥形等不同的造型,孤植或基础栽植均可,丛栽多使其形成低矮的灌木。

23. 金钱松 *Pseudolarix amabilis*

别　　名:金松、水树

科　　属:松科　金钱松属

形态特征:落叶乔木,高可达 40 m,胸径可达 1.5 m。枝平展,不规则轮生;树干通直,树皮灰色或灰褐色,裂成鳞状块片;具长枝和距状短枝。叶在长枝上螺旋状散生,在短枝上 20~30 片簇生、伞状平展,线形或倒披针状线形,柔软,长 3~7 cm,宽 1.5~4 mm;叶淡绿色,上面中脉不隆起或微隆起,下面沿中脉两侧有 2 条灰色气孔带,秋季叶呈金黄色。雌雄同株,球花生于短枝顶端,具梗;雄球花 20~25 个簇生;雌球花单生,苞鳞大于珠鳞,珠鳞的腹面基部有 2 枚胚株。球果当年成熟,直立,卵圆形,长 6~7.5 cm,直径 4~5 cm,成熟时淡红褐色,具短梗。

生长习性:宜温凉湿润气候,黄壤或黄棕壤、pH 5~6 生长适宜。

分　　布:产于安徽、江苏、浙江、江西、湖南、湖北、四川等地。我校老图书馆旁有栽培。

繁　　殖:扦插或播种繁殖。

应　　用：园林用途：树冠呈圆锥形，姿态优美，叶色秀丽，秋叶转棕褐色，均甚美观，宜在园林中丛植、列植或孤植，也可成片林植成风景林；与南洋杉、雪松、金松和北美巨杉合称世界五大公园树种，被列为我国二级保护植物。经济用途：木质纹理直，质轻柔，易于加工，油漆及胶接性能良好，适制桁条、门窗、楼板、家具及造船等用；其管胞长，纤维素含量高，是良好的造纸用材。医学用途：根皮入药，名为"土荆皮"，有抗菌消炎、止血等功效，可治疗疥癣瘙痒、风湿痹痛、湿疹瘙痒，抗生育和抑制肝癌细胞活性等。

二、灌木

1. 南天竹 *Nandina domestica*（略：在 2 号区已经介绍）

2. 女贞 *Ligustrum lucidum*（略：在 2 号区已经介绍）

3. 苏铁 *Cycas revoluta*（略：在 1 号区已经介绍）

4. 榕树 *Ficus microcarpa*

别　　名：小叶榕、细叶榕、成树、榕树须

科　　属：桑科　榕属

形态特征：常绿大乔木。树冠伞形或圆形，高可达 20~30 m，胸径可达 2 m，有气生根。叶色深绿；椭圆至倒卵形，长 1~4 cm，先端钝尖，基部楔形，全缘或浅波状；羽状脉，侧脉 5~6 对；革质，无毛。隐花果腋生，近扁球形，熟时淡红色。花期 5—12 月。

生长习性：多生长在高温多雨、气候潮湿的热带雨林地区。

分　　布：原产印度、马来西亚、缅甸，中国、越南、菲律宾也有分布。我校教工宿舍区和花圃盆景园中有栽培。

繁　　殖：扦插或播种繁殖。扦插时可选健康且生命力强的枝干，底部削成鸭嘴状，再用生根剂浸泡 1 小时即很容易成活。

应　　用：叶和气根（榕树须）晒干可入药，全年可采，可清热、解表、化湿，用于流行性感冒、疟疾、支气管炎、急性肠胃炎、细菌性痢疾、百日咳。榕树为世界上树冠最大的树种，在我国广西、广东、云南、福建等省都有榕树独木成林的景观。树性强健，绿荫蔽天，为低维护性高级遮阴树、行道树、园景树、防火树、防风树、绿篱树，可修剪造型，是台湾地区景观利用最广泛的树种，也是福建福州、浙江温州、台湾台北、广西柳州、四川乐山等城市的市树，福州又简称榕城。还可以用来制作盆景。

5. 六月雪 *Serissa japonica*

别　　名：满天星、白马骨、碎叶冬青

科　　属：茜草科　六月雪属

形态特征:常绿灌木,高可达 1 m;枝粗壮,灰白色。叶对生,或由于小枝短缩而成丛状,卵形或长椭圆形,长 2~3 cm,宽 7~12 mm,先端钝,基部渐狭成一短柄,上面中脉、边缘、下面叶脉及叶柄均有白色微毛。花通常数朵簇生于枝顶或叶腋;萼 5 裂,裂片披针形,边缘有细齿,中肋隆起,长 2 mm;花冠白色,漏斗状,筒内喉部有毛,5 裂,长约 5 mm,花冠管与萼片近等长。核果球形。花期 8—9 月,果期 9—10 月。

生长习性:性喜阳光,也较耐阴,忌狂风烈日,高温酷暑时节宜疏荫。耐旱力强,对土壤要求不严。盆栽宜用含腐殖质、疏松、肥沃、通透性强的微酸性、湿润培养土,则生长良好。

分　　布:产于江苏、安徽、江西、浙江、福建、广东、香港、广西、四川、云南。我校教工宿舍区有栽培。

繁　　殖:播种或扦插繁殖。

应　　用:枝叶密集,白花盛开时宛如雪花满树,雅洁可爱,是既可观叶又可观花的优良观赏植物。地栽时适宜作花坛、花篱和下木,或配植在山石、岩缝间。

6. 金橘 *Fortunella margarita*(略:在 2 号区已经介绍)

7. 冬珊瑚 *Solanum pseudocapsicum* var. *diflorum*

别　　名:珊瑚樱、红珊瑚、四季果、吉庆果、珊瑚子、玉珊瑚、野辣茄、野海椒

科　　属:茄科　茄属

形态特征:直立分枝小灌木,高可达 2 m,全株光滑无毛。叶互生,狭长圆形至披针形,长 1~6 cm,宽 0.5~1.5 cm,先端尖或钝,基部狭楔形下延成叶柄,边全缘或波状,两面均光滑无毛,中脉在下面凸出,侧脉 6~7 对,在下面更明显;叶柄长约 2~5 mm,与叶片不能截然分开。花多单生,很少成蝎尾状花序,无总花梗或近于无总花梗,腋外生或近对叶生;浆果橙红色,萼宿存,顶端膨大。种子盘状,扁平。花期初夏,果期秋末。

生长习性:性喜阳光,温暖、半阴处也能生长,稍耐寒,冬季移至屋内即可安全过冬。需土层深厚、疏松的肥沃土壤,比较耐干旱。

分　　布:原产南美洲,我国各地多有栽培。我校教工宿舍区有栽培。

繁　　殖:播种繁殖。

应　　用:最大优点为观果期长:浆果在枝上宿存

很久不落，常老果未落，新果又生，终年累月，可长期观赏。

8. 月季 *Rosa chinensis*（略：在 1 号区已经介绍）

9. 猕猴桃 *Actinidia chinensis*

别　　名：阳桃、羊桃、奇异果、狐狸桃、野梨、藤梨、猴仔梨

科　　属：猕猴桃科　猕猴桃属

形态特征：落叶木质攀缘藤木，高可达 7~8 m。小枝幼时密生棕色柔毛；髓大，白色，片状。叶圆形、卵圆形或倒卵形，下面密生灰棕色星状绒毛。花乳白色，后变白色，芳香。浆果大，卵形或长圆形，密被黄棕色长毛。花期 5—6 月，果期 10 月。

生长习性：喜温暖气候，喜光，较耐阴，忌强烈日照，多生于林缘和灌木丛中。萌芽力强，有较好的自然更新能力。

分　　布：分布于我国长江流域以南地区，垂直分布可达海拔 1 850 m。我校教工宿舍区有栽培。

繁　　殖：嫁接、压条、扦插或播种繁殖。

应　　用：花大，美丽而有芳香，是良好的棚架材料，既可观赏又有经济效益，最适宜在自然式公园中配植应用。果实味道鲜美，营养丰富。根、叶可入药。

10. 牡丹 *Paeonia suffruticosa*（略：在 2 号区已经介绍）

11. 凤尾兰 *Yucca gloriosa*（略：在 2 号区已经介绍）

12. 楤木 *Aralia chinensis*

别　　名：鹊不踏、虎阳刺、海桐皮、鸟不宿、通刺、黄龙苞、刺龙柏、刺树椿

科　　属：五加科　楤木属

形态特征：落叶灌木或乔木，高达 2~8 m。树皮灰色，疏生粗壮直刺；小枝被黄棕色绒毛，疏生细刺。叶为二回或三回奇数羽状复叶，长 60~110 cm；叶柄及叶轴通常有细刺；羽片有小叶 5~11，稀 13；小叶片纸质至薄革质，卵形，长 5~12 cm，宽 3~8 cm，先端渐尖或短渐尖，基部圆形，上面粗糙，疏生糙毛，下面有淡黄色或灰色短柔毛，脉上更密，边缘有锯齿，稀为细锯齿或不整齐粗重锯齿，侧脉 7~10 对，两面均明显，网

脉在上面不甚明显，下面明显；小叶无柄或有长 3 mm 的柄，顶生小叶柄长 2~3 cm。小伞形花序集成圆锥状复花序，顶生，长 30~60 cm；花白色，芳香；萼无毛，长约 1.5 mm，边缘有 5 个三角形小齿；花瓣 5，卵状三角形，长 1.5~2 mm；雄蕊 5，花丝长约 3 mm；子房 5 室；花柱 5，离生或基部合生。果实球形，黑色，直径约 3 mm，有 5 棱；宿存花柱长 1.5 mm，离生或合生至中部。花期 7—8 月，果期 9—12 月。

生长习性：常生于森林、灌丛或林缘路边。

分　　布：华北、华中、华东、华南和西南地区均有分布。我校教工宿舍区老花房有分布。

繁　　殖：播种繁殖。

应　　用：茎皮、根皮、根均可入药，主治风湿关节痛、腰腿酸痛、肾虚水肿、消渴、胃脘痛、跌打损伤、骨折、吐血、衄血、疟疾、漆疮、骨髓炎、深部脓疡。

13. 凤尾竹 *Bambusa multiplex*（略：在 1 号区已经介绍）

14. 木槿 *Hibiscus syriacus*

别　　名：木棉、荆条、朝开暮落花、喇叭花

科　　属：锦葵科　木槿属

形态特征：落叶灌木，高达 2~5 m，小枝幼时密被黄色星状绒毛，后脱落。叶菱形至三角状卵形，具深浅不同 3 裂或不裂，先端钝，基部楔形，边缘具不整齐齿缺；叶柄长 5~25 mm，上面被星状柔毛；托叶线形。花单生于枝端叶腋间，花梗长 4~14 mm，被星状短绒毛；小苞片 6~8，线形，密被星状疏绒毛；花萼钟形，裂片 5，三角形；花钟形，淡紫色，花瓣倒卵形，外面疏被纤毛和星状长柔毛。蒴果卵圆形，密被黄色星状绒毛；种子肾形，背部被黄白色长柔毛。花期 6—9 月，果期 10—11 月。

生长习性：喜温暖、湿润气候，也很耐寒。喜光，耐半阴。耐干旱，不耐水湿。适应性强，对土壤要求不严，能在贫瘠的砾质土或微碱性土中正常生长，但以深厚、肥沃、疏松的土壤为好。萌芽性强，耐修剪。

分　　布：原产我国中部各地，华东、中南、西南及河北、陕西、台湾等地均有栽培。我校教工宿舍区有栽培。

繁　　殖：常用扦插和播种繁殖，以扦插为主。

应　　用：通常作为绿篱或观赏用，耐修剪，是抗烟尘、抗 HF 等有害气体的极好植物，也是美化、绿化、净化空气的好树种，是韩国的国花。花、果、根、叶和皮均可入药，具有防治病毒性疾病和降低胆固醇的作用。花含肥皂草甙、异牡荆素、皂甙等，对金黄色葡萄球菌和伤寒杆菌有一定抑制作用，可治疗肠风泻血。花内服可治反胃、痢疾、脱肛、吐血、下血、痄腮、白带过多等症，外敷可治疗疮痈疖肿。

15. 木芙蓉 *Hibiscus mutabilis*

别　　名：芙蓉花、酒醉芙蓉

科　　属：锦葵科　木槿属

形态特征：落叶灌木或小乔木，高达 2~5 m；小枝、叶柄、花梗和花萼均密被星状毛与直毛相混的细绵毛。叶宽卵形至圆卵形或心形，直径 10~15 cm，常 5~7 裂，裂片三角形，先端渐尖，具钝圆锯齿；叶柄长 5~20 cm；托叶披针形，常早落。花单生于枝端叶腋间，花梗长约 5~8 cm，近端具节；小苞片 8，线形，密被星状绵毛，基部合生；萼钟形，长 2.5~3 cm，裂片 5，卵形，渐尖头；花初开时白色或淡红色，后变深红色，花瓣近圆形。蒴果扁球形，直径约 2.5 cm，被淡黄色刚毛和绵毛；种子肾形，背面被长柔毛。花期 8—10 月，果 10—11 月成熟。

生长习性：喜温暖湿润和阳光充足的环境，稍耐半阴，有一定的耐寒性。对土壤要求不严，但在肥沃、湿润、排水良好的砂质土壤中生长最好。

分　　布：我国黄河流域至华南各省均有栽培，尤以四川、湖南为多。我校教工宿舍区和 1 栋、2 栋学生公寓旁有栽培。

繁　　殖：可用扦插、分株或播种法进行繁殖。

应　　用：花大而色艳，在中国自古以来多于庭园中栽植，可孤植、丛植于墙边、路旁、厅前等处。茎皮含纤维素 39%，茎皮纤维柔韧而耐水，可作缆索和纺织品原料，也可造纸。花、叶、根均可入药。

16. 水栀子 *Gardenia jasminoides* var. *radicans*

别　　名：雀舌栀子花、小叶栀子、小花栀子

科　　属：茜草科　栀子属

形态特征：常绿灌木，株高可达 2 m。根淡黄色，多分枝，植株平滑，枝梢有柔毛；叶对生或 3 叶轮生，披针形，革质、光亮，托叶膜质；花单生于叶腋中，有短梗，花萼呈圆筒形，单生花瓣 5~7 枚，白色，肉质，有香气；果实倒卵形或长椭圆形，扁平，外有黄色胶质物，果熟时呈金黄色或橘红色。花期 5—8 月，果熟期 10 月。

生长习性：对生长环境没有严格要求，耐瘠薄。

分　　布：我国长江以南大部分省区均有分布和人工栽培，主产于江西、湖南、湖北、浙江、福建、四川等省，但主产地在江西抚州。我校

老图书馆前面的广场有栽培。

繁　　殖:一般多采用扦插法和压条法进行繁殖。

应　　用:是提取天然色素的较好原料。根、叶可药用,有解热凉血、镇静止痛、疏风解湿作用。园林中作绿篱用。经济价值高,是一种集绿化、观赏、药用于一体的植物,在国际市场上属热销农产品,具有良好的市场发展前景。

17. 栀子花 *Gardenia jasminoides*(略:在 1 号区已经介绍)

三、草本

1. 朱顶红 *Hippeastrum vittatum*

别　　名:孤挺花

科　　属:石蒜科　朱顶红属

形态特征:多年生草本。鳞茎肥大,近球形,外皮淡绿色或黄褐色。叶片两侧对生,带状,先端渐尖。花葶自基部抽出,总花梗中空,被有白粉,顶端着花 2~6 朵,花喇叭形。现代栽培的多为杂种,花朵硕大,花色艳丽,有大红、玫红、橙红、淡红、白、蓝紫、绿、粉中带白、红中带黄等色;花径大者可达 20 cm 以上,而且有重瓣品种。花期 4—10 月。

生长习性:喜温暖湿润气候,生长适温为 18~25℃,忌酷热和烈日,应置荫棚下养护。怕水涝。冬季休眠期要求冷凉的气候,以 10~12℃为宜,不得低于 5℃。喜富含腐殖质、排水良好的砂壤土。

分　　布:原产南美热带秘鲁、巴西,现在世界各国广泛栽培。我校教工宿舍区和花房有栽培。

繁　　殖:分球、播种、切割鳞茎和组织培养均可。

应　　用:叶厚有光泽,花色艳丽缤纷,花朵硕大肥厚,适于盆栽或地栽。品种繁多不逊郁金香,花色齐全超过风信子,花型奇特赛过百合,其综合性状居球根花卉之首。

2. 香薷 *Elsholtzia ciliata*

别　　名:臭荆芥、臭藿香、荆芥、野芝麻、野紫苏、紫花香菜、紫香薷

科　　属:唇形科　香薷属

形态特征:一年生直立草本,高 0.3~0.5 m,具密集的须根。茎通常自中部以上分枝,钝四棱形,具槽。叶卵形或椭圆状披针形,长 3~9 cm,宽 1~4 cm,先端渐尖,基部楔状下延成狭翅,边缘具锯齿,侧脉约 6~

7对，与中肋两面稍明显；叶柄长0.5~3.5 cm，背平腹凸，边缘具狭翅，疏被小硬毛。穗状花序长2~7 cm，宽达1.3 cm，偏向一侧，由多花的轮伞花序组成；苞片宽卵圆形或扁圆形；花萼钟形，疏生腺点，萼齿5，三角形，前2齿较长，先端具针状尖头，边缘具缘毛；花冠淡紫色，约为花萼长之3倍，外面被柔毛，上部夹生有稀疏腺点，喉部被疏柔毛，冠筒自基部向上渐宽；雄蕊4，前对较长，外伸，花丝无毛，花药紫黑色；花柱内藏，先端2浅裂。小坚果长圆形，长约1 mm，棕黄色，光滑。花期7—10月，果期10月至翌年1月。

生长习性：对土壤要求不严格，一般土壤均可栽培，但碱土、砂土不宜。怕旱，不宜重茬，前茬以谷类、豆类、蔬菜为好。

分　　布：除新疆、青海外几产中国各地。我校教工宿舍区有栽培。

繁　　殖：播种繁殖。

应　　用：干燥地上部分可入药，主治急性肠胃炎、腹痛吐泻、夏秋阳暑、头痛发热、恶寒无汗、霍乱、水肿、鼻衄、口臭等症。

3. 凤仙花 *Impatiens balsamina*

别　　名：指甲花、急性子、女儿花、金凤花、桃红

科　　属：凤仙花科　凤仙花属

形态特征：一年生草本，茎高40~100 cm，肉质，粗壮，直立。上部分枝，有柔毛或近于光滑。单叶互生，披针形或椭圆形披针形，长4~10 cm，顶端渐尖，边缘有锐齿，基部楔形。有的品种同一株上能开数种颜色的花朵。花多单瓣。蒴果椭圆形而尖，熟时瓣裂，弹射出种子，自播繁殖，故采种须及时；种子多数，球形，黑色，状似桃形。花期6—9月，果期7—10月。

生长习性：性喜阳光，怕湿，耐热不耐寒，适生于疏松、肥沃的微酸性土壤中，但也耐瘠薄。适应性较强，移植易成活，生长迅速。

分　　布：原产中国、印度、马来西亚，现世界各地均有栽培。我校教工宿舍区有栽培。

繁　　殖：播种繁殖。

应　　用：除作花境和盆景装置外，也可作切花。种子亦名急性子，茎亦名透骨草，均可入药，有活血化瘀、利尿解毒、通经透骨之功效。鲜草捣烂外敷，可治疮疖肿疼、毒虫咬伤、跌打损伤。种子为解毒药，有通经、催产、祛痰、消积块的功效，孕妇忌服。花瓣捣碎后加大蒜汁等黏稠物，可染指甲，对灰指甲有一定疗效。

4. 毛茛 *Ranunculus japonicus*

别　　名：鱼疔草、鸭脚板、野芹菜、老虎脚爪草、毛芹菜

科　　属：毛茛科　毛茛属

形态特征:多年生草本,茎高 20~60 cm,有伸展的白色柔毛。基生叶和茎下部叶有长柄,长可达 20 cm;叶片五角形,长 3~6 cm,宽 5~8 cm,深裂,中间裂片宽菱形或倒卵形,浅裂,疏生锯齿,侧生裂片不等地 2 裂;茎中部叶有短柄,上部叶无柄,深裂,裂片线状披针形,上端有时浅裂成数齿。花序具数朵花;花黄色,直径约 2 cm;萼片船状椭圆形,外有柔毛;花瓣 5,少数为 6~8,稀为重瓣,圆状宽倒卵形,基部蜜腺有鳞片;雄蕊和心皮均多数。聚合果近球形,长 2~3 mm,两面凸起,边缘不显著,有短喙稍向外曲。花期 4—8 个月。

生长习性:喜温暖湿润气候,日温在 25℃生长最好。喜生于田野、湿地、河岸、沟边及阴湿的草丛中。生长期间需要适当的光照,忌土壤干旱,不宜在重黏性土中栽培。

分　　布:我国东北至华南都有分布。我校教工宿舍区有分布。

繁　　殖:播种繁殖为主。

应　　用:以带根全草入药,主治疟疾、黄疸、偏头痛、胃痛、风湿关节痛、鹤膝风、痈肿、恶疮、疥癣、牙痛、火眼等症。

5. 紫竹梅 *Setcreasea purpurea*

别　　名:紫锦草、紫鸭跖草、紫叶草

科　　属:鸭跖草科　紫竹梅属

形态特征:一年生草本,高 20~50 cm。茎多分枝,带肉质,紫红色,下部匍匐状,节上常生须根,上部近于直立。叶互生,披针形,长 6~13 cm,宽 6~10 mm,先端渐尖,全缘,基部抱茎而成鞘,鞘口有白色长睫毛,上面暗绿色,边缘绿紫色,下面紫红色。花密生在二叉状的花序柄上,下具线状披针形苞片,长约 7 cm;萼片 3,绿色,卵圆形,宿存;花瓣 3,蓝紫色,广卵形。蒴果椭圆形,有 3 条隆起棱线。种子呈三棱状半圆形,淡棕色。花期夏秋。

生长习性:喜温暖、湿润,不耐寒,忌阳光曝晒,喜半阴。对干旱有较强的适应能力,适宜肥沃、湿润的壤土。

分　　布:原产墨西哥,现广泛种植。我校花房有栽培。

繁　　殖:扦插繁殖。

应　　用:整个植株全年呈紫红色,枝或蔓或垂,特色鲜明,具有较高的观赏价值。全草入

药,具有活血、止血、解蛇毒之功效,主治蛇泡疮、疮疡、毒蛇咬伤、跌打损伤、风湿等症。

6. 菊花 *Dendranthema morifolium*

科　　属:菊科　菊属

形态特征:多年生草本,茎直立,多分枝,稍被红毛。叶互生,卵形至披针形,头状花序大小不等,单生枝端或叶腋,或排列成伞房状;中央管状花,两性,黄色;也有全为舌状花;雄蕊5枚,聚药,柱头2裂片线形。瘦果柱状,一般不发育。无冠毛。花期9—10月。

生长习性:喜凉爽、较耐寒,生长适温18~21℃,地下根茎耐旱,最忌积涝,喜地势高、土层深厚、富含腐殖质、疏松肥沃、排水良好的壤土。在微酸性至微碱性土壤中皆能生长。

分　　布:遍布中国各城镇与农村,尤以北京、南京、上海、杭州、青岛、天津、开封、武汉、成都、长沙、湘潭、西安、沈阳、广州等为盛。我校教工宿舍区有栽培。

繁　　殖:分根、扦插或压条繁殖。

应　　用:有极高的观赏价值,全世界有1.5万左右栽培品种,日本就有1万多个品种。是北京市、太原市市花,中国十大传统名花之一,也是世界著名的四大切花之一。其花入药,有散风清热、平肝明目之效,用于风热感冒、头疼眩晕、目赤肿痛、眼目昏花。菊花配上甘草是夏季解暑的一道良茶。

7. 海芋 *Alocasia macrorrhizos*

别　　名:巨型海芋、滴水观音

科　　属:天南星科　海芋属

形态特征:多年生常绿草本,茎圆柱形,有节,常生不定芽。叶多数,螺旋状排列;叶片革质,表面稍光亮,绿色,背较淡,极宽,箭状卵形,边缘浅波状,佛焰苞管部卷成长卵形,白绿色,肉穗花序芳香;雌花序圆柱形,奶黄色,基部较粗,先端钝,雌花子房棱柱状,先端渐狭为明显的花柱,柱头盘状,胚珠卵形,基底胚座。浆果亮红色,短卵状。花期4—7月。

生长习性:喜高温潮湿环境,耐阴,不宜强光照,适合大盆栽培,生长十分旺盛,不宜强风。

分　　布:原产云南、四川、贵州、湖南、江西、广西、广东、福建。国外分布于孟加拉国、印度、老挝、柬埔寨、越南、泰国至菲律宾。我校教工宿舍区有栽培。

繁　　殖:常采用分株、播种、球根、组织培养四种繁殖方法。

应　　用:可维持 CO_2 与 O_2 的平衡,改善小气候,减弱噪音,涵养水源,调节湿度;除此之外,还有吸收粉尘、净化空气等功能。株型、叶形皆美,观赏价值高。根茎供药用,对腹痛、霍乱、疝气等有良效,又可治肺结核、风湿关节炎、气管炎、流感、伤寒、风湿心脏病;外用治疗疮痈肿毒、蛇虫咬伤、水烫火伤;调煤油外用治神经性皮炎;兽医用以治牛伤风、猪丹毒。本品有毒,须久煎并换水 2~3 次后方能服用。鲜草汁液皮肤接触后瘙痒,误入眼内可引起失明;茎、叶误食后喉舌发痒、肿胀、流涎、肠胃烧痛、恶心、腹泻、惊厥,严重者窒息、心脏麻痹而死。民间用醋加生姜汁少许共煮,内服或含漱以解毒。

8. 垂序商陆 *Phytolacca americana*

别　　名:商陆、美国商陆、十蕊商陆、垂序商陆

科　　属:商陆科　商陆属

形态特征: 多年生草本,高 1~2 m。根肥大,倒圆锥形。茎直立或披散,圆柱形,茎干呈紫红色。叶大,长椭圆形或卵状椭圆形,质柔嫩, 长 15~30 cm,宽 3~10 cm。总状花序直立,顶生或侧生, 长约 15 cm,先端急尖;花白色,微带红晕;雄蕊、心皮及花柱均为 10,心皮合生。果序下垂,轴不增粗;浆果扁球形,熟时紫黑色;种子平滑。夏秋季开花。

生长习性:喜温暖湿润的气候条件,耐寒不耐涝。

分　　布:分布于我国西南至东北,朝鲜、日本及印度也有。我校教工宿舍区有栽培。

繁　　殖:一般可采用种子直播和肉质根定植两种繁殖方式。

应　　用:具有很好的保水保土作用。根入药,以白色肥大者为佳,红根有剧毒,仅供外用,可通二便,逐水、散结,治水肿、胀满、脚气、喉痹,外敷治痈肿疮毒。

9. 齿果酸模 *Rumex dentatus*

别　　名:牛舌草、羊蹄、齿果羊蹄

科　　属:蓼科　酸模属

形态特征:一年或多年生草本,高可达 1 m。茎直立,分枝;枝纤细,无毛。基生叶长圆形,长 5~10 cm,先端钝或急尖,基部圆形或心形,花序圆锥状,顶生,具叶;花两性,簇生于叶腋,花梗长 3~5 mm,呈轮状排列,无毛,花梗中下部具关节;外花被片椭圆形,长约 2 mm;内花被片果时增大,三角状卵形,顶端急尖,基部近圆形,网纹明显,全部具小瘤,边缘每侧具 2~4 个刺状齿,齿长 1.5~2 mm。瘦果卵形,具 3 锐棱,长 2~2.5 mm,两端尖,黄褐色,有光泽。花期 4—

5月,果期6月。

生长习性:喜湿,宜排水良好的土壤,多生长在山坡路旁、水边湿地。

分　　布:产于华北、西北、华东、华中、四川、贵州及云南。尼泊尔、印度、阿富汗、哈萨克斯坦及欧洲东南部也有分布。我校多处有野生分布。

繁　　殖:播种繁殖。

应　　用:根、叶可入药,有清热解毒、杀虫止痒、治癣功效。

10. 蕺菜 *Houttuynia cordata*(略:在2号区已经介绍)

11. 一叶兰 *Aspidistra elatior*

别　　名:蜘蛛抱蛋

科　　属:百合科　蜘蛛抱蛋属

形态特征:多年生常绿草本。根状茎近圆柱形,具节和鳞片。叶基生,矩圆状披针形,先端渐尖,基部楔形,边缘多少皱波状,两面绿色,有时稍具黄白色斑点或条纹。花被钟状,上部6~8裂;花被筒裂片近三角形,向外扩展或外弯,先端钝,边缘和内侧的上部淡绿色,内面具1条特别肥厚的肉质脊状隆起;雄蕊6~8枚,生于花被筒近基部;花丝短;柱头盾状膨大,圆形。

生长习性:喜温暖湿润、半阴环境,较耐寒,极耐阴。

分　　布:原产中国南方各省区,现各地均有栽培。我校教工宿舍区有栽培。

繁　　殖:主要用分株繁殖。

应　　用:是室内绿化装饰的优良喜阴观叶植物,适宜于家庭及办公室布置摆放,也是现代插花极佳的配叶材料。根状茎入药,用于跌打损伤、风湿筋骨痛、腰痛、肺虚咳嗽、咯血等症状。

12. 紫苏 *Perilla frutescens*

别　　名:桂荏、白苏、赤苏、红苏、黑苏、白紫苏、青苏、苏麻、水升麻

科　　属:唇形科　紫苏属

形态特征:一年生草本,有特异芳香。茎直立,高30~100 cm,4棱,分枝多,有紫色或白色细毛。叶对生,卵形或卵圆形,长4~12 cm,宽3~10 cm,先端长尖或突尖,基部圆形或广楔形,边缘有粗圆齿,两面紫色或绿色,或上面绿色,下面紫色,两面稀生柔毛,沿脉较密,下面有细

腺点；叶柄长 3~7 cm，紫色或绿色，密生有节的紫色或白色毛。总状花序顶生或腋生，稍偏侧，密生细毛；苞片卵形，全缘；花萼钟状，萼管有脉 10 条，密被毛，上唇 3 裂，下唇 2 裂；花冠唇形，红色或淡红色，上唇 2 裂，裂片方形，顶端微凹，下唇 3 裂，两侧裂片近圆形，中裂片横椭圆形；雄蕊 4 枚，2 强；子房 4 裂，花柱出自子房基部，柱头 2 裂。小坚果倒卵形，褐色或暗褐色，有网状皱纹。花期 7—8 月，果期 9—10 月。

生长习性：适应性很强，对土壤要求不严，宜排水良好的砂质壤土、壤土、黏壤土，在房前屋后、沟边地边的肥沃土壤上栽培均生长良好。前茬作物以蔬菜为好。果树幼林下均能栽种。

分　　布：全国大部分地区都有分布。我校教工宿舍区有栽培。

繁　　殖：播种繁殖。

应　　用：全草入药，可治疗风寒感冒，用于发热恶寒、头痛鼻塞、咳嗽胸闷、呃逆呕吐。

13. 薄荷 *Mentha haplocalyx*

别　　名：野薄荷、夜息香

科　　属：唇形科　薄荷属

形态特征：多年生草本。茎直立，高 30~60 cm，下部数节具纤细的须根及水平匍匐根状茎，锐四菱形，具 4 槽，上部被倒向微柔毛，下部仅沿棱上被柔毛，多分枝。叶片长圆状披针形，长 3~7 cm，宽 0.8~3 cm，先端锐尖，侧脉约 5~6 对。轮伞花序腋生，轮廓球形，花冠淡紫色。花期 7—9 月，果期 10 月。

生长习性：喜温暖潮湿和阳光充足、雨量充沛的环境。

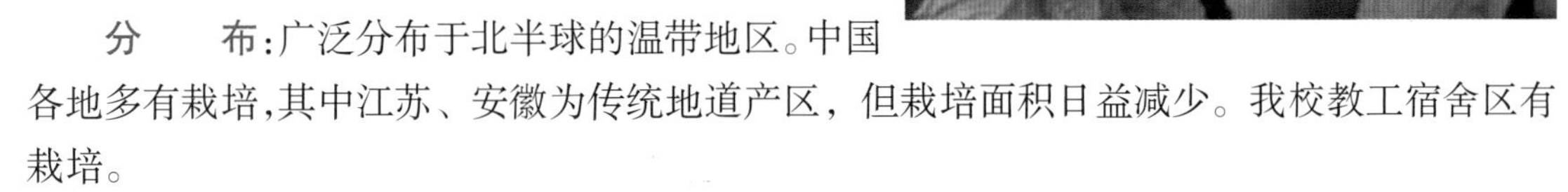

分　　布：广泛分布于北半球的温带地区。中国各地多有栽培，其中江苏、安徽为传统地道产区，但栽培面积日益减少。我校教工宿舍区有栽培。

繁　　殖：主要采取根茎和分株繁殖，也可用扦插或播种繁殖。

应　　用：药用有疏散风热、清利头目、利咽透疹、疏肝行气之效。也可当蔬菜食用。

14. 阔叶麦冬 *Liriope platyphylla*

别　　名：大麦冬

科　　属：百合科　山麦冬属

形态特征：多年生草本。植株丛生；根多分枝，常局部膨大成纺锤形或圆矩形小块根，块根长可达 3.5 cm，直径约 7~8 mm。叶丛生，革质，长 20~65 cm，宽 1~3.5 cm，具 9~11 条脉。花

葶通常长于叶，长 35~100 cm；总状花序长 25~40 cm，具多数花，3~8朵簇生于苞片腋内；苞片小，刚毛状；花被片矩圆形或矩圆状披针形，长约 3.5 mm，紫色；花丝长约 1.5 mm；花药长 1.5~2 mm；子房近球形，花柱长约 2 mm，柱头 3 裂。种子球形，初期绿色，成熟后变黑紫色。花期 6 月下旬—9 月。

生长习性：喜阴湿温暖，稍耐寒。适宜各种腐殖质丰富的土壤，以砂质壤土最好。

分　　布：主要分布于中国中部及南部。我校教工宿舍区有栽培。

繁　　殖：播种或分株繁殖。

应　　用：根入药，有滋养、补肾、强筋健骨功效。

四、藤本

1. 白英 *Solanum lyratum*(略：在 1 号区已经介绍)

2. 络石 *Trachelospermum jasminoides*(略：在 3 号区已经介绍)

3. 灰白茅莓 *Rubus tephrodes*

别　　名：乌苞、黑乌苞、蛇乌苞、倒水莲、乌龙摆尾

科　　属：蔷薇科　悬钩子属

形态特征：常绿或落叶蔓性灌木，高达 3~4 m。枝密被灰白色绒毛；单叶互生，叶近圆形或宽卵形；花瓣小，白色，近圆形至长圆形；果子熟时紫黑色，由多数小核果组成；核有皱纹。花期 6—8 月，果期 8—10 月。

生长习性：喜光，耐旱，对环境适应能力强。多生于山坡、路旁或灌丛中，垂直分布海拔可达 1 500 m。

分　　布：产于湖北、湖南、江西、安徽、福建、台湾、广东、广西、贵州等省区。我校教工宿舍区 4 栋后面和山林中有野生。

繁　　殖：播种繁殖。

应　　用：果实可以食用。根入药，能祛风湿、活血调经。

4. 何首乌 *Fallopia multiflora*（略：在 1 号区已经介绍）

5. 忍冬 *Lonicera japonica*（略：在 1 号区已经介绍）

6. 常春藤 *Hedera sinensis*

别　　名：土鼓藤、钻天风、三角风、散骨风、枫荷梨藤、洋常春藤

科　　属：五加科　常春藤属

形态特征：常绿攀缘藤本。茎枝有气生根，幼枝被鳞片状柔毛。单叶互生，长 10 cm，宽 3~8 cm，先端渐尖，基部楔形，全缘，营养枝上的叶 3~5 浅裂；生殖枝上的叶为卵状菱形，不裂，长 5~12 cm，宽 1~8 cm，先端长尖，基部楔形，全缘。伞形花序单生或 2~7 个顶生；花小，黄白色或绿白色，花 5 数；子房下位，花柱合生成柱状。果圆球形，浆果状，黄色或红色。花期 5—8 月，果期 9—11 月。

生长习性：性喜温暖、荫蔽的环境，忌阳光直射，但喜光线充足，较耐寒，抗性强，对土壤和水分的要求不高，以中性和微酸性为最好。

分　　布：原产欧洲，现国内外普遍栽培，产于黄河流域以南至华南和西南等省区。我校教工宿舍区和花房有栽培。

繁　　殖：可采用扦插法、分株法和压条法进行繁殖。除冬季外，其余季节都可以进行，而温室栽培不受季节限制，全年均可繁殖。

应　　用：在庭院中可用以攀缘假山、岩石，或在建筑阴面作垂直绿化材料，也可盆栽供室内绿化观赏用，是一种因株型优美、规整而世界著名的新一代室内观叶植物。可以净化室内空气，吸收由家具及装修材料散发出的苯、甲醛等有害气体。以全株入药，主治风湿关节痛、腰痛、跌打损伤、肝炎、头晕、口眼歪斜、衄血、目翳、急性结膜炎、肾炎水肿、闭经、痈疽肿毒、荨麻疹、湿疹等症。

7. 葎草 *Humulus scandens*（略：在 1 号区已经介绍）

第六部分　5号区植物

5号区植物主要分布于1栋、2栋、11栋学生公寓以及足球运动场周边。

一、乔木

1. 樟 *Cinnamomum camphora*（略：在2号区已经介绍）

2. 枇杷 *Eriobotrya japonica*（略：在2号区已经介绍）

3. 石楠 *Photinia serratifolia*（略：在4号区已经介绍）

4. 栾树 *Koelreuteria paniculata*

别　　名：木栾、栾华、五乌拉叶、乌拉、乌拉胶、黑色叶树、石栾树、黑叶树、木栏牙

科　　属：无患子科　栾树属

形态特征：落叶乔木。树冠近圆球形，树皮灰褐色，细纵裂；小枝稍有棱，无顶芽，皮孔明显；一回奇数羽状复叶，有时部分小叶深裂为不完全的二回羽状复叶，小叶7~15枚，卵形或卵状椭圆形，缘有不规则粗齿，近基部常有深裂片，背面沿脉有毛；顶生圆锥花序宽而疏散，花小，金黄色；蒴果三角状卵形，长4~5 cm，顶端尖，成熟时红褐色或红色，果皮膜质而膨大成膀胱形，成熟时3瓣开裂。花期6—7月，果9—10月成熟。

生长习性：喜光，耐半阴，耐寒，耐干旱、瘠薄。适应性强，喜生于石灰质土壤，耐盐渍及短期水涝。深根性，萌蘖力强，幼树生长较慢，以后渐快，有较强抗烟尘能力。

分　　布：原产我国北部及中部。日本、朝鲜也有分布。我校二号食堂旁有栽培。

繁　　殖：以播种繁殖为主，分蘖或根插亦可。种子于秋季果熟时采收，及时晾晒去壳。

应　　用：宜作庭荫树、行道树及园景树，也是很好的水土保持及荒山造林树种。栾树可提制栲胶，花可作黄色染料，种子可榨油。木材黄白色，易加工，可制家具。叶含没食子酸甲酯，对多种细菌和真菌具有抑制作用。叶片药用，有清肝明目之功效。

5. 日本晚樱 *Cerasus serrulata* var. *lannesiana*（略：在3号区已经介绍）

6. 桃 *Amygdalus persica*（略：在2号区已经介绍）

7. 荷花玉兰 *Magnolia grandiflora*（略：在1号区已经介绍）

8. 柿树 *Diospyros kaki*（略：在2号区已经介绍）

9. 杜英 *Elaeocarpus decipiens*

科　　属：杜英科　杜英属

形态特征：常绿乔木，高5~15 m。嫩枝及顶芽初时被微毛，不久变秃净，干后黑褐色。叶革质，披针形或倒披针形，长7~12 cm，宽2~3.5 cm，上面深绿色，干后发亮，下面秃净无毛，幼嫩时亦无毛，先端渐尖，尖头钝，基部楔形，常下延，侧脉7~9对，在上面不很明显，在下面稍凸起，网脉在上下两面均不明显，边缘有小钝齿；叶柄长1 cm，初时有微毛，结实时变秃净。总状花序多生于叶腋及无叶的去年枝条上，花白色，萼片披针形，先端尖，两侧有微毛；花瓣倒卵形，与萼片等长，上半部撕裂，裂片14~16条，外侧无毛，内侧近基部有毛；雄蕊25~30枚，长3 mm，花丝极短，花药顶端无附属物；核果椭圆形。花期6—7月，果期9—11月。

生长习性：稍耐阴，喜温暖湿润气候，耐寒性不强。

分　　布：产于广东、广西、福建、台湾、浙江、江西、湖南、贵州和云南。我校二号食堂旁有栽培。

繁　　殖：播种或扦插繁殖。

应　　用：其叶片脱落之前会变红，在树上停留一段时间，所以可作观赏红叶的树种，常被栽种在公园、庭园、绿地作为添景树或行道树。

10. 紫玉兰 *Magnolia liliiflora*(略:在2号区已经介绍)

11. 意杨 *Populus earamevicana*(略:在1号区已经介绍)

12. 银杏 *Ginkgo biloba*(略:在3号区已经介绍)

13. 乌桕 *Sapium sebiferum*

别　　名:腊子树、桕子树、木子树、木梓树

科　　属:大戟科　乌桕属

形态特征:落叶乔木。枝广展,具皮孔;树皮暗灰色,有纵裂纹。单叶互生,菱状广卵形,全缘,无毛;叶柄顶端有2个腺点。穗状花序顶生,雌雄同株,同序,雄花在上,雌花在下;花黄绿色。蒴果三棱状球形,三裂;种子被白蜡,各部均无毛而具乳状汁液。花期4—8月,果熟期9—11月。

生长习性:喜光,喜温暖气候及深厚、肥沃而水分丰富的土壤,耐寒性不强。

分　　布:分布于黄河流域、长江流域和珠江流域各省。我校11栋学生公寓旁有分布。

繁　　殖:主要是播种繁殖。

应　　用:应用于园林中,其秋叶变红,集观形、观色叶、观果于一体,具有极高的观赏价值;也是我国南方重要的工业油料树种,果实可用于制蜡烛。根皮、树皮、叶可入药,用于血吸虫病、肝硬化腹水、大小便不利、毒蛇咬伤;外用治疗疮、鸡眼、跌打损伤、湿疹、皮炎等症。

14. 朴树 *Celtis sinensis*

别　　名:黄果朴、白麻子、朴、朴榆

科　　属:榆科　朴属

形态特征:落叶乔木,高可达20 m,胸径可达1 m。树冠扁球形。幼枝有短柔毛,后脱落。叶宽卵形、椭圆状卵形,先端短渐尖,基部歪斜,中部以上有粗钝锯齿,三出脉,下面沿叶脉及脉腑疏生毛,网脉隆起,叶柄长约1 cm。花杂性同株;雄花簇生于当年生枝下部叶腋;雌花单生于枝上部叶腋,1~3朵聚生。核果近球形,单生叶腋,红褐色,直径4~5 mm;果柄等长或稍长于叶柄。花期4月,果熟期10月。

生长习性:喜光耐阴;喜肥厚、湿润、疏

松的土壤。耐干旱瘠薄，耐轻度盐碱，耐水湿；适应性强，深根性，萌芽力强，抗风；耐烟尘，抗污染。生长较快，寿命长。

分　　布：分布于淮河流域、秦岭以南至华南各省区，散生于平原及低山区，村落附近习见，多生于平原耐阴处。我校盆景园和山林中有分布，体育馆后面也有分布。

繁　　殖：播种繁殖。育苗期要注意整形修剪，以养成干形通直、冠形美观的大苗。

应　　用：树冠圆满宽广，树荫浓郁，最适合于公园、庭园作庭荫树，也可以供街道、公路列植作行道树，城市的居民区、学校、厂矿、街头绿地及农村四旁绿化都可用，也是河网区防风固堤常用树种。

15. 合欢 *Albizia julibrissin*

别　　名：绒花树、马缨花

科　　属：豆科　合欢属

形态特征：落叶乔木。树干灰黑色。小枝有棱角，嫩枝、花序和叶轴被绒毛或短柔毛。托叶线状披针形，较小叶小，早落。二回羽状复叶，总叶柄近基部及最顶一对羽片着生处各有1枚腺体；羽片4~12对。小叶10~30对，线形至长圆形，向上偏斜，先端有小尖头，有缘毛，中脉紧靠上边缘。头状花序在枝顶成伞房状排列，花粉红色，花萼管状。荚果带状，嫩荚有柔毛，老荚无毛。花期6—7月，果期8—11月。

生长习性：性喜光，喜温暖，耐寒，耐旱，耐土壤瘠薄及轻度盐碱，宜在排水良好、肥沃的砂质土中生长，但不耐水涝。

分　　布：广泛分布于全国南北各地。我校足球场旁有栽培。

繁　　殖：播种繁殖。

应　　用：宜作庭荫树、行道树。树皮及花可入药，嫩叶可食，木材可供制造家具等用。

16. 刺叶冬青 *Ilex bioritsensis*

科　　属：冬青科　冬青属

形态特征：常绿灌木或小乔木，高1.5~10 m；小枝近圆形，灰褐色。叶生于1~4年生枝上，叶片革质，卵形至菱形，长2.5~5 cm，宽1.5~2.5 cm，先端渐尖，且具1~3 mm的刺，基部圆形或截形，边缘波状，具3或4对硬刺齿，叶面深绿色，具光泽，背面淡绿色，无毛，主脉在叶面凹陷，被微柔毛，背面隆起，无毛，侧脉4~6对，上面明显凹入；叶柄长约3 mm，被短柔毛；托叶小，卵形，急尖。花簇生于二年生枝的叶腋内，花梗长约2 mm，小苞片卵形，具缘毛；花2~4基数，淡黄绿色；花萼盘状，裂片宽三角形；花瓣阔椭圆形，长约3 mm，基部稍合生；雄蕊长于花瓣，花药长圆形；不育子房卵球形，直径约1 mm。雌花花梗长约2 mm，近基部具2小苞片，无毛；花萼像雄花，花瓣分离。果椭圆形，长8~10 mm，成熟时红色，宿存花萼平展，宿存柱头盘状；分核 2，背腹扁，卵形或近圆形，背部稍凸，具掌状棱和浅沟，腹面具条纹，内果皮木质。花期 4—5 月，果期 8—10 月。

生长习性：喜温暖湿润环境，常生长于林冠下，较耐阴。

分　　布：产于我国台湾中部、湖北西南部、四川大部分地区、贵州和云南西北部及东北部。我校 11 栋学生公寓旁和花房有引种栽培。

繁　　殖：播种繁殖。

应　　用：可用于园林观赏。根可入药，主治风湿痹痛、跌打损伤。

17. 鸡爪槭 *Acer palmatum*（略：在 4 号区已经介绍）

18. 棕榈 *Trachycarpus fortunei*（略：在 1 号区已经介绍）

19. 构树 *Broussonetia papyrifera*（略：在 1 号区已经介绍）

20. 桑 *Morus alba*（略：在 2 号区已经介绍）

21. 苏铁 *Cycas revoluta*（略：在 1 号区已经介绍）

22. 紫叶李 *Prunus cerasifera*（略：在 1 号区已经介绍）

23. 榉树 *Zelkova serrata*

别　　名：大叶榉、红榉树、青榉、白榉

科　　属：榆科　榉属

形态特征：落叶乔木，高可达 30 m，胸径可达 1 m，树皮灰白色或褐灰色，呈不规则片状剥落。单叶互生，卵形、椭圆状卵形或卵状披针形，先端尖或渐尖，边缘有规则的桃形锯齿，叶表面微粗糙，背面淡绿色，无毛。花单性（少杂性）同株，核果上部歪斜，几无柄。花期 4 月，果熟期 10—11 月。

生长习性：阳性树种，喜光，喜温暖环境。适生于深厚、肥沃、湿润的土壤，对土壤的适应性强。忌积水，不耐干旱和贫瘠。生长慢，寿命长。

分　　布：分布于淮河及秦岭以南，长江中下游至华南、西南各省区。垂直分布多在海拔 500 m 以下之山地、平原。我校 11 栋学生公寓旁有栽培。

繁　　殖：播种繁殖。

应　　用：树体高大雄伟，盛夏绿荫浓密，秋叶红艳。可孤植、丛植于公园和广场的草坪、建筑旁作庭荫树，或与常绿树种混植作风景林，或列植于人行道、公路旁作行道树。

24. 木犀 *Osmanthus fragrans*(略:在1号区已经介绍)

25. 白花泡桐 *Paulownia fortunei*(略:在2号区已经介绍)

26. 三球悬铃木 *Platanus orientalis*

别　　名:法国梧桐

科　　属:悬铃木科　悬铃木属

形态特征:落叶大乔木,高20~30 m,树冠阔钟形;干皮灰褐色至灰白色,呈薄片状剥落。幼枝、幼叶密生褐色星状毛。叶掌状5~7裂,深裂达中部,裂片长大于宽,叶基阔楔形或截形,叶缘有齿牙,掌状脉;托叶圆领状。花序头状,黄绿色。多数坚果聚为圆球形,3~6球成一串,宿存花柱长,呈刺毛状,果柄长而下垂。花期4—5月,果9—10月成熟。

生长习性:喜光,喜湿润温暖气候,较耐寒。适生于微酸性或中性、排水良好的土壤,微碱性土壤虽能生长,但易发生黄化。根系分布较浅,台风时易受害而倒斜。抗空气污染能力较强,叶片具吸收有毒气体和滞积灰尘的作用。本种树干高大,枝叶茂盛,生长迅速,易成活,耐修剪,所以广泛栽植作行道绿化树种,也为速生材用树种;对SO_2、Cl_2等有毒气体有较强的抗性。

分　　布:原产欧洲,印度、小亚细亚亦有分布,我国广泛栽培。我校1栋学生公寓旁有栽培。

繁　　殖:通常采用插条和播种育苗两种形式。多用嫩枝扦插,也用硬枝扦插,但成活率不及用嫩枝的高。

应　　用:为世界著名的优良庭荫树和行道树,在园林中孤植于草坪、旷地,或列植于街道两旁,尤为雄伟壮观;又因其对多种有毒气体抗性较强,并能吸收有害气体,用于街道、广场、校园绿化颇为合适;果可入药。缺点是小坚果上的长绒毛会引人咳嗽过敏,且落果时间长达半年之久。现有科研单位已培育出不育的多倍体品系。

27. 一球悬铃木 *Platanus occidentalis*

别　　名:美国梧桐

科　　属:悬铃木科　悬铃木属

形态特征:落叶大乔木,高可达40 m;树皮有浅沟,呈小块状剥落;嫩枝被有黄褐色绒毛。叶大,阔卵形,通常3浅裂,稀为5浅裂,宽10~22 cm,长度比宽度略小;花通常4~6数,单性,聚成圆球形头状花序。雄花的萼片及花瓣均短小,花丝极短,花药伸长,盾状药隔无毛。雌花基部有长绒毛;萼片短小;花瓣比萼片长4~5倍;心皮4~

6个，花柱伸长，比花瓣长。头状果序圆球形，单生，稀为2个，直径约3 cm，宿存花柱极短；小坚果先端钝，基部的绒毛长为坚果之半，不突出头状果序外。

生长习性：喜光，好温暖湿润气候，有一定的抗寒能力，在–15℃低温可安全越冬。对土壤适应力强，根系发达，抗逆性强。生长迅速，易于繁殖，树形好，遮阴面积大，干形通直，生物量高，是典型的阔叶速生树种。且耐修剪、抗烟尘，能吸收有害气体，能隔音防噪。

分　　布：原产北美洲，多分布于美国中南部纬度偏北、经度偏东的地区。现被广泛引种于我国北部和中部省市。我校1栋学生公寓旁有栽培。

繁　　殖：播种或扦插繁殖，以扦插繁殖为主。

应　　用：材质坚硬致密，心材带赤褐色，边材与心材同色，可作细木工艺制品及器具用材。园林中常用作行道树。

28. 二球悬铃木 *Platanus × acerifolia*（略：在2号区已经介绍）

二、灌木

1. 红花檵木 *Loropetalum chinense* var. *rubrum*（略：在1号区已经介绍）

2. 金叶女贞 *Ligustrum × vicaryi*

别　　名：黄叶女贞、冬青、蜡虫树

科　　属：木樨科　女贞属

形态特征：落叶灌木。叶色金黄，单叶对生，椭圆形或卵状椭圆形，长2~5 cm。总状花序，小花白色。核果阔椭圆形，紫黑色。

生长习性：性喜光，稍耐阴，耐寒能力较强，不耐高温高湿。适应性强，以疏松、肥沃、通透性良好的砂壤土为最好。

分　　布：长江以南及黄河流域等地均有分布，生长良好。我校11栋学生公寓旁有栽培。

繁　　殖：一般采用扦插或嫁接繁殖。

应　　用：叶色为金黄色，大量应用于园林绿化中，主要用来组成图案和建造绿篱，具极佳的观赏效果，也可修剪成球形。亦可入药，功能同女贞。

3. 木槿 *Hibiscus syriacus*（略：在4号区已经介绍）

4. 八角金盘 *Fatsia japonica*

别　　名：八金盘、八手、手树、金刚纂

科　　属：五加科　八角金盘属

形态特征：常绿灌木或小乔木，高可达5 m。茎光滑无刺。叶柄长10~30 cm；叶片大，革质，近圆形，直径12~30 cm，掌状7~11深裂，裂片长椭圆状卵形，先端短渐尖，基部心形，边缘有

疏离粗锯齿，上表面暗亮绿，下面色较浅，有粒状凸起，边缘有时呈金黄色；侧脉在两面隆起，网脉在下面稍显著。伞形花序聚生成圆锥状，复花序顶生，长 20~40 cm；伞形花序直径 3~5 cm，花序轴被褐色绒毛；花萼近全缘，无毛；花瓣 5，卵状三角形，长 2.5~3 mm，黄白色，无毛；雄蕊 5，花丝与花瓣等长；子房下位，5 室，每室有 1 胚珠；花柱 5，分离；花盘凸起半圆形。浆果近球形，直径 5 mm，熟时黑色。花期 10—11 月，果熟期翌年 4 月。

生长习性：喜阴湿温暖气候，不耐干旱和严寒。以排水良好而肥沃的微酸性土壤为宜，中性土壤亦能适应。

分　　布：原产日本南部，我国台湾有引种栽培，现全世界温暖地区已广泛移栽。我校 1 栋学生公寓边篮球场旁有栽培。

繁　　殖：可采用播种、扦插或分株繁殖。

应　　用：为优良的观叶植物，宜配植于庭院、门旁、窗边、墙隅及建筑物背阴处，或点缀在溪流滴水之旁，或成片群植于草坪边缘及林地，还可盆栽供室内观赏。对 SO_2 抗性较强，适于厂矿区、街边种植。亦可入药。

5. 大叶黄杨 *Euonymus japonicus*（略：在 1 号区已经介绍）

6. 海桐 *Pittosporum tobira*（略：在 1 号区已经介绍）

7. 杜鹃花 *Rhododendron simsii*

别　　名：映山红

科　　属：杜鹃花科　杜鹃属

形态特征：落叶灌木或小乔木，高 2~5 m；分枝多而纤细，密被亮棕褐色扁平糙伏毛。叶革质，常集生枝端，卵形、椭圆状卵形、倒卵形或倒卵形至倒披针形，先端短渐尖，基部楔形或宽楔形，边缘微反卷，具细齿，上面深绿色，疏被糙伏毛，下面淡白色，密被褐色糙伏毛，中脉在上面凹陷，下面凸出；叶柄长 2~6 mm，密被亮棕褐色扁平糙伏毛。花芽卵球形，鳞片外面中部以上被糙伏毛，边缘具睫毛。花 2~6 朵簇生枝顶；花梗长 8 mm，密被亮棕褐色糙伏毛；花萼宿存，5 深裂，裂片三角状长卵形，长 5 mm，被糙伏毛，边缘具睫毛；花冠阔漏斗形，玫瑰色、鲜红色或暗红色，长 3.5~4 cm，宽 1.5~2 cm，裂片 5，倒卵形，长 2.5~3 cm，上部裂片具深红色斑点。蒴果卵球形，长达 1 cm，密被

糙伏毛。花期4—5月，果期6—8月。

生长习性：喜凉爽、湿润气候，忌酷热干燥。要求富含腐殖质、疏松、湿润及pH 5.5~6.5的酸性土壤。

分　　布：主要产于江苏、安徽、浙江、江西、福建、台湾、湖北、湖南、广东、广西、四川、贵州和云南。我校11栋学生公寓旁和山林中以及大花山、青龙山都有野生分布。

繁　　殖：常用播种、扦插和嫁接法繁殖，也可行压条和分株繁殖。

应　　用：花冠色艳，为著名的观花植物，具有较高的观赏价值，是中国十大传统名花之一，在国内外各公园中均有栽培。是湖北省麻城市市花，麻城市龟峰山拥有全国最大的野生杜鹃花群落，为我国观赏杜鹃花的最佳去处之一。

8. 雷竹 *Phyllostachys violascens* 'Prevernalis'

别　　名：早竹、早园竹、雷公竹

科　　属：禾本科　刚竹属

形态特征：竿高7~11 m，径达4~6 cm。节间较短而均匀，幼竿密被白粉。出土后的竹笋经25~30天生长成为幼竹，开始放叶，再经10~20天，幼竿竿形生长即告完成。

生长习性：最适合生长于土层深厚肥沃、排水良好、背风向阳的山麓平缓坡地或房前屋后平地，在河漫滩、半阳性缓坡也能较好生长，但在积水严重的低洼地、板结平地生长不良。

分　　布：原产浙江临安、安吉、余杭。我校山林及学生公寓旁有栽培。

繁　　殖：分株繁殖。

应　　用：是优良的笋用竹种，名副其实的山珍，具有较高的经济效益。发展雷竹产业既可以为人们提供营养丰富、鲜嫩美味的无公害蔬菜，又可以美化环境，绿化荒山荒坡，防止水土流失，保护农田水库，实现三大效益完美结合。浙江临安和湖北崇阳均为雷竹之乡。

9. 茶梅 *Camellia sasanqua*（略：在2号区已经介绍）

10. 火棘 *Pyracantha fortuneana*（略：在1号区已经介绍）

11. 无刺枸骨 *Ilex cornuta* var. *fortunei*（略：在2号区已经介绍）

12. 木芙蓉 *Hibiscus mutabilis*（略：在4号区已经介绍）

13. 菲白竹 *Sasa fortunei*

别　　名：花叶竹

科　　属：禾本科　赤竹属

形态特征：低矮小竹，高20 cm左右，竿茎粗约1 mm，叶面上有白色或淡黄色纵条纹，菲白竹即由此得名。

生长习性:喜温暖湿润气候,好肥,较耐寒,忌烈日,宜半阴,喜肥沃、疏松、排水良好的砂质土。

分　　布:原产日本,现华东地区多作露地栽培。我校花圃有栽培。

繁　　殖:分株繁殖。

应　　用:宜作地表绿化、色块或盆栽观赏。端庄秀丽,案头、茶几上摆置一盆,别具雅趣,是观赏竹类中不可多得的珍贵品种。

14. 孝顺竹 *Bambusa multiplex*(略:在1号区已经介绍)

15. 竹叶花椒 *Zanthoxylum armatum*(略:在2号区已经介绍)

16. 南天竹 *Nandina domestica*(略:在3号区已经介绍)

17. 扁担杆 *Grewia biloba*

别　　名:柏麻、版筒柴、扁担杆子、二裂解宝木

科　　属:椴树科　扁担杆属

形态特征:落叶灌木或小乔木,高可达3 m左右;小枝有星状毛。叶狭菱状卵形或狭菱形,长3~9 cm,宽1~4 cm,边缘密生小牙齿,表面几无毛,背面疏生星状毛或几无毛,基出脉3条;叶柄长2~6 mm。聚伞花序与叶对生,花淡黄绿色;直径不到1 cm;萼片5,狭披针形,长约5 mm,外面密生灰色短毛,内面无毛;花瓣5;雄蕊多数,花药白色,花柱长,子房有毛。核果橙红色,无毛,2裂,每裂有2核,内有种子2~4粒。花期6—7月,果期8—9月。

生长习性:性强健,耐寒,耐干旱,耐瘠薄。喜光,也略耐阴。对土壤要求不严,在富含腐殖质的土壤中生长旺盛。

分　　布:主要分布于长江以南,广东、广西、湖北、湖南、江西、福建、台湾、浙江、安徽等省区都有分布。我校足球运动场南边有栽培。

繁　　殖:播种或分株繁殖。

应　　用:果实橙红鲜丽,且可宿存枝头达数月之久,是良好的观果树种。宜于园林丛植、篱植或与假山、岩石配置,也可作疏林下木。茎皮纤维色白、质地软,可用于制人造棉,宜混纺或单纺;去皮茎秆可作编织用。枝叶可药用。

18. 桂竹 *Phyllostachys bambusoides*

别　　名:五月竹、斑竹、月季竹

科　　属:禾本科　刚竹属

形态特征：常绿乔木状竹类植物。竿高可达 18 m，径可达 14 cm，中部节间长可达 40 cm，竿绿色无毛，无白粉，竿环和箨环均隆起。笋期 6 月。箨舌红色，边缘绿色，平直或微皱，下垂。叶长，椭圆状披针形，长 7~15 cm，宽 1.3~2.3 cm，下面粉绿色。花药长 11~14 mm。花期 5 月，未见种子。

生长习性：阳性，喜温暖湿润气候，稍耐寒，能耐-18℃低温，喜山麓及平地之深厚、肥沃土壤，不耐黏重土壤。耐盐碱，适应性强。生长在海拔 700~1 300 m 处。

分　　布：分布较广，从黄河流域至长江以南各省区均有。湖北省红安县产此竹，其北部山区几乎都有分布。我校 1 栋学生公寓旁有栽培。

繁　　殖：主要是分株繁殖。

应　　用：园林价值同毛竹，经济价值仅次于毛竹，竹笋味美可食，是“南竹北移”的优良竹种。

19. 算盘子 *Glochidion puberum*

别　　名：金骨风、雷打火烧、狮子滚球

科　　属：大戟科　算盘子属

形态特征：落叶灌木。小枝有灰色或棕色短柔毛。单叶互生，长椭圆形或椭圆形，尖头或钝头，基部宽楔形；上面橄榄绿色或粉绿色，下面稍带灰白色；叶脉有密生毛；有短柄或几无柄。花单性，雌雄同株或异株，无花瓣，1 至数朵生于叶腋，常下垂；下部叶腋生雄花，近顶部叶腋生雌花和雄花，或纯生雌花；萼片 6，2 轮排列；雄蕊 3。蒴果扁球形，种子黄赤色。花期 6—9 月，果期 7—10 月。

生长习性：喜光，稍耐阴。生于林缘、沟边和山坡灌丛中。

分　　布：分布于福建、广东、广西、贵州、四川、湖北、江西、浙江、江苏、安徽、陕西等省。我校足球场南边有野生。

繁　　殖：主要是播种繁殖。

应　　用：以根和叶入药，能消肿解毒、治痢止泻。

20. 马甲子 *Paliurus ramosissimus*

别　　名：白棘、铁篱笆、铜钱树、马鞍树、雄虎刺、簕子、棘盘子

科　　属：鼠李科　马甲子属

形态特征:落叶灌木或小乔木。小枝褐色或深褐色,被短柔毛,稀近无毛。叶互生,纸质,宽卵形、卵状椭圆形或近圆形,长 3~7 cm,宽 2.2~5 cm,顶端钝或圆形,基部宽楔形、楔形或近圆形,稍偏斜,边缘具钝细锯齿或细锯齿,稀上部近全缘,上面沿脉被棕褐色短柔毛,幼叶下面密生棕褐色细柔毛,后渐脱落,仅沿脉被短柔毛或无毛,基生三出脉;叶柄被毛,基部有2个紫红色斜向直立的针刺。腋生聚伞花序,被黄色绒毛;花瓣匙形,短于萼片。核果杯状,被黄褐色或棕褐色绒毛,周围具木栓质 3 浅裂的窄翅;果梗被棕褐色绒毛;种子紫红色或红褐色,扁圆形。花期 5—8 月,果期 9—10 月。

生长习性:喜光照,适应性强,对土壤要求不严,耐干旱瘠薄,也耐低湿。

分　　布:产于长江流域及长江以南地区。我校足球场南边有栽培。

繁　　殖:播种繁殖。

应　　用:为优良的庭园树和刺篱笆,全株可入药,有解毒消肿、止痛活血之效,可治痈肿溃脓等症,根可治喉痛。

21. 盐肤木 *Rhus chinensis*

别　　名:五倍子、五倍子树

科　　属:漆树科　盐肤木属

形态特征:落叶灌木或乔木。树皮灰褐色,有赤褐色斑点。小枝上有三角形叶痕。奇数羽状复叶互生,叶轴及叶柄常有翅,有小叶 7~13;小叶无柄,边缘有粗锯齿,背面粉绿色,有柔毛。圆锥花序顶生,直立,宽大;花小,杂性,黄白色;萼片 5~6,花瓣 5~6;雄蕊 5;花盘环状;子房上位。果序直立,核果,球形,被腺毛和具节柔毛,成熟后红色。幼芽或叶柄常受五倍子虫的刺伤而生成囊状的虫瘿,似茶泡状,称为“五倍子”。花期 7—9 月,果期 10—11 月。

生长习性:喜光,耐干旱瘠薄,适应性强。

分　　布:我国除黑龙江、吉林、内蒙古和新疆外,其余各省区均有分布。我校山林周边有野生分布。

繁　　殖:播种或压根繁殖。

应　　用:秋叶红色,甚美丽,可为秋景增色,在园林绿化中常作为观叶树种。也是中国主要经济树种,可供制药和作工业染料的原料。根、叶、花及果均可入药,有清热解毒、舒筋活络、散瘀止血、涩肠止泻之功效。

三、草本

1. 玛格丽特菊 *Argyranthemum frutescens*

别　　名:木茼蒿、木春菊、法兰西菊

科　　属:菊科　木茼蒿属

形态特征:多年生草本,高 50~70 cm。下部叶倒卵状披针形,基部渐狭成长柄;中部叶长圆形至披针形,顶端尖,基部稍狭;上部叶渐小,披针形或线状披针形,顶端尖,基部狭,无柄,全缘或具疏细齿,两面被贴伏短毛或绢毛。头状花序单生于茎或枝顶,径 3~6 cm;舌状花雌性,舌片宽 2~3 mm,顶端具 2~4 个小齿裂;两性花花冠管状,长约 4 mm,檐部钟状,有 5 个卵形裂片;雌花瘦果三棱形,长 3~4 mm,具狭翅;两性花瘦果近圆柱形,长 2~3 mm,无毛;冠毛膜片冠状,具齿或短芒。花果期 2—10 月。

生长习性:性喜温暖湿润环境,忌高温多湿,不耐寒,宜疏松、肥沃、富含腐殖质、排水通畅的土壤。

分　　布:原产非洲加那利岛。我校花房和 11 栋学生公寓旁有栽培。

繁　　殖:扦插繁殖。

应　　用:盆栽观赏,或作背景绿叶材料布置。

2. 孔雀草 *Tagetes patula*(略:在 2 号区已经介绍)

3. 麦冬 *Ophiopogon japonicus*(略:在 2 号区已经介绍)

4. 接骨草 *Sambucus chinensis*

别　　名:陆英、蒴藋、排风藤、八棱麻、大臭草、秧心草、小接骨丹

科　　属:忍冬科　接骨木属

形态特征:高大草本或半灌木,高 1~2 m;茎有棱条,髓部白色。一回羽状复叶,托叶叶状或有时退化成蓝色的腺体;小叶 2~3 对,互生或对生,狭卵形,嫩时上面被疏长柔毛,先端长渐尖,基部钝圆,两侧不等,边缘具细锯齿,近基部或中部以下边缘常有 1 枚或数枚腺齿。复伞花序顶生,大而疏散,杯形不孕性花不脱落,可孕性花小;萼筒杯状,萼齿三角形;花冠白色,仅基部联合,花药黄色或紫色。果实红色,近圆形。花期 4—5 月,果熟期 8—9 月。

生长习性:常野生于山野林缘、路旁、山坡地灌丛或草丛。喜较凉爽和湿润气候,耐寒。一

般土壤均可种植,但涝洼地不宜。忌高温和连作。

分　　布:分布几遍南北各省区,但海南省未发现。我校11栋学生公寓旁有分布。

繁　　殖:播种、分株繁殖均可。

应　　用:药用可治跌打骨伤及风湿痹痛、筋骨疼痛。

5. 红花酢浆草 *Oxalis corymbosa*(略:在1号区已经介绍)

6. 鸭跖草 *Commelina communis*

别　　名:碧竹子、翠蝴蝶、淡竹叶

科　　属:鸭跖草科　鸭跖草属

形态特征:一年生草本。茎圆柱形,肉质,长30~60 cm,下部匍匐状,节常生根,节间较长,表面呈绿色或暗紫色,具纵细纹。叶互生,带肉质;卵状披针形,长4~8 cm,宽至2 cm,先端短尖,全缘,基部狭圆成膜质鞘。总状花序,花3~4朵,深蓝色,着生于二叉状苞片内;花被6,2列,绿白色,小形,萼片状,内列3片中的前1片白色,卵状披针形,基部有爪,后2片深蓝色,花瓣状,卵圆形,基部亦具爪;雄蕊6,后3枚退化,前3枚发育;柱头头状。蒴果椭圆形,压扁状,成熟时裂开。种子呈三棱状半圆形,暗褐色,有皱纹而具窝点,长2~3 mm。花期夏季。

生长习性:喜温暖、半阴、湿润环境,不耐寒,对土壤要求不严。

分　　布:我国大陆大部分地区有分布。我校11栋学生公寓旁有野生。

繁　　殖:扦插繁殖。

应　　用:多盆栽供室内摆设,亦可作垂吊式栽培。全草可入药。

7. 商陆 *Phytolacca acinosa*

别　　名:牛萝卜

科　　属:商陆科　商陆属

形态特征:多年生草本,高70~100 cm,全株无毛,根粗壮,肉质,圆锥形,外皮淡黄色。茎直立,多分枝,绿色或紫红色,具纵沟。叶互生,椭圆形或卵状椭圆形,长12~25 cm,宽5~10 cm,先端急尖,基部楔形而下延,全缘,侧脉羽状,主脉粗壮;叶柄长1.5~3 cm,总状花序顶生或侧生,长10~15 cm;花两性,径约8 mm,具小梗,小梗基部有苞片1及小苞片2;萼通常5片,偶为4片,卵形或长方状椭圆形,初白色,后变淡红色;无花瓣,雄蕊8,花药淡粉红色(少数呈淡紫色);心皮8~10,离生。浆果扁球形,径约7 mm,通常由8个分果组成,熟时紫黑色;种子肾圆形,扁平,黑色。花期6—8月,果期8—10月。

生长习性:喜温暖、阴湿环境,宜疏松、肥沃的砂质壤土。

分　　布:主产河南、湖北、安徽等省。我校山林周边多有分布。

繁　　殖:播种或分株繁殖。

应　　用:其根入药,可通二便、泄水散结,主治水肿、胀满、脚气、喉痹、痈肿、恶疮。

8. 一串红 *Salvia splendens*

别　　名:爆仗红、拉尔维亚、象牙红、西洋红、洋赪桐

科　　属:唇形科　鼠尾草属

形态特征:半灌木状草本。叶片卵圆形或三角状卵圆形;轮伞花序具2~6花;花萼钟状,红色;花丝长5 mm,药隔长13 mm,近直伸。小坚果椭圆形,顶端有不规则小数褶劈,边缘或棱有厚而狭的翅。

生长习性:喜阳,也耐半阴,宜肥沃、疏松土壤,耐寒性差,生长适温20~25℃。

分　　布:原产南美,我国大部分地区有引种栽培。我校1栋和2栋学生公寓旁有栽培。

繁　　殖:以播种繁殖为主,也可用扦插繁殖。

应　　用:主要用于花坛栽培观赏。全草入药,可消肿解毒。

9. 积雪草 *Centella asiatica*

别　　名:十八缺、崩大碗、马蹄草、蚶壳草、铜钱草

科　　属:伞形科　积雪草属

形态特征:多年生草本,茎匍匐,细长,节上生根。叶片膜质至草质,圆形、肾形或马蹄形,长1~2.8 cm,宽1.5~5 cm,边缘有钝锯齿,基部阔心形;掌状脉5~7,两面隆起,脉上部分叉;叶柄比叶长,基部叶鞘透明,膜质。伞形花序聚生于叶腋;每一伞形花序有花3~4,聚集呈头状,花无柄或有1 mm长的短柄;花瓣卵形,紫红色或乳白色,膜质;花丝短于花瓣,与花柱等长;果实两侧扁压,圆球形,基部心形至平截形,每侧有纵棱数条,棱间有明显的小横脉,网状,表面有毛或平滑。花果期4—10月。

生长习性:喜生于阴湿的草地或水沟边。

分　　布:分布于陕西、江苏、安徽、浙江、江西、湖南、湖北、福建、台湾、广东、广西、四川、云南等省区。我校11栋学生公寓旁草坪有栽培。

繁　　殖:主要是播种和分株繁殖。

应　　用:除了用于地被绿化,还可以药用,主治疗痈肿毒、跌打损伤。

10. 长萼鸡眼草 *Kummerowia stipulacea*

别　　名:掐不齐、圆叶鸡眼草

科　　属:豆科　鸡眼草属

形态特征：一年生草本。茎平伏,上升或直立,多分枝,茎和枝上被疏生向上的白毛，有时仅节处有毛。三出羽状复叶，小叶纸质，倒卵形或椭圆形,先端微凹或近截形,基部楔形,全缘。花常腋生，较萼筒稍短、稍长或近等长,生于萼下;花梗有毛;花冠上部暗紫色。荚果椭圆形或卵形,稍侧偏。花期7—8月,果期8—10月。

生长习性:生于路旁、草地、山坡、固定或半固定沙丘等处。

分　　布:产于我国东北、华北、华东、中南、西北等省区。我校11栋学生公寓旁有野生。

繁　　殖:播种繁殖。

应　　用:全草入药,具有清热解毒、健脾利湿之功效。又可作饲料及绿肥。

11. 美人蕉 *Canna indica*

别　　名:红艳蕉、小花美人蕉

科　　属:美人蕉科　美人蕉属

形态特征:多年生宿根草本。根茎肥大;地上茎肉质,不分枝。茎叶具白粉,叶互生,宽大,长椭圆状披针形。总状花序自茎顶抽出,花径可达20 cm，花瓣直伸,具4枚瓣化雄蕊;花色有乳白、鲜黄、橙黄、橘红、粉红、大红、紫红、复色斑点等50多个品种。花期6—10月,南方几乎全年有花。

生长习性:喜阳光,喜温暖湿润气候。不耐寒,霜冻时花朵及叶片凋零。

分　　布:分布于印度以及中国大陆的南北各地。我校2栋学生公寓旁有栽培。

繁　　殖:分株或播种繁殖。

应　　用:花大而美丽,色彩鲜艳,是著名的观赏花卉。具有净化空气作用,可作有害气体的监测植物,能吸收SO_2、HCl以及CO_2等,抗性较好。

12. 魔芋 *Amorphophallus rivieri*

别　　名:鬼芋、花梗莲、虎掌

科　　属:天南星科　魔芋属

形态特征:多年生草本,株高约 40~70 cm。掌状复叶,一株只生一叶,叶柄粗壮似茎,圆柱形,淡绿色,有暗紫色斑。花紫红色,有奇异臭味。地下球茎圆形,个大,为主食部位,内含大量淀粉。花期 10—11 月。

生长习性:喜温,不耐热;喜湿,不耐渍;怕强风,适宜在土层深厚、质地疏松、排水透气良好、有机质丰富的轻砂土中生长。

分　　布:原产印度、锡兰、越南、中国。我校 2 栋学生公寓旁和山林中有栽培。

繁　　殖:播种繁殖。

应　　用:除医药、食品保健方面用途外,魔芋多糖在纺织、印染、化妆、陶瓷、消防、环保、军工、石油开采等方面也有广泛用途。

13. 蔊菜 *Rorippa indica*

别　　名:辣米菜

科　　属:十字花科　蔊菜属

形态特征:一年生草本,高可达 50 cm,基部有毛或无毛。茎直立或斜升,分枝,有纵条纹,有时带紫色。叶形变化大,基生叶和茎下部叶有柄,柄基部扩大呈耳状抱茎,叶片卵形或大头状羽裂,边缘有浅齿裂或近于全缘;茎上部叶向上渐小,多不分裂,基部抱茎,边缘有不整齐细牙齿。花小,黄色;萼片长圆形,长约 2 mm;花瓣匙形,与萼片等长。长角果细圆柱形或线形,长 2 cm 以上,宽 1~1.5 mm,斜上开展,有时稍内弯,顶端喙长 1~2 mm;种子 2 行,多数,细小,卵圆形,褐色。花期 4—5 月,果实于花后渐次成熟,至 8—9 月。

生长习性:喜光,喜湿,稍耐阴,不耐寒。主要生长在山沟、河边、路旁、田埂及住宅附近。

分　　布:主要产于华东地区。我校 11 栋学生公寓旁有野生。

繁　　殖:播种繁殖。

应　　用:全草入药,内服有解表健胃、止咳化痰、平喘、清热解毒、散热消肿等功效;外用治痈肿疮毒及烫火伤。还可作为蔬菜食用。

14. 马齿苋 *Portulaca oleracea*

别　　名:长命菜、五行菜

科　　属:马齿苋科　马齿苋属

形态特征:一年生草本,全株无毛。茎平卧或斜倚,伏地铺散,多分枝,圆柱形,长 10~

15 cm,淡绿色或带暗红色。叶互生,有时近对生,叶片扁平,肥厚,倒卵形,马齿状,长 1~3 cm,宽 0.6~1.5 cm,顶端圆钝或平截,有时微凹,基部楔形,全缘,上面暗绿色,下面淡绿色或带暗红色,中脉微隆起;叶柄粗短。花无梗,直径 4~5 mm,常 3~5 朵簇生枝端,苞片 2~6。花期 5—8 月,果期 6—9 月。

生长习性:喜肥沃土壤,耐干旱亦耐涝,生命力非常强。

分　　布:广布于温带、亚热带地区,我国南北各地均产。我校 11 栋学生公寓旁有野生分布。

繁　　殖:播种或扦插繁殖。

应　　用:含丰富的营养成分,可鲜食或晒干食用。全草药用,具有清热解毒、散血消肿之功效,主治热痢脓血、热淋、血淋、带下、痈肿恶疮、丹毒、瘰疬。内服或捣汁外敷,治痈肿,用于湿热所致的腹泻、痢疾,常配黄连、木香,亦用于便血、子宫出血,有止血作用。

15. 茴香 *Foeniculum vulgare*

别　　名:怀香、香丝菜、小茴香

科　　属:伞形科　茴香属

形态特征:多年生草本,作一或二年生栽培,有强烈香气。高 0.4~2 m。茎直立,光滑,灰绿色或苍白色,多分枝。叶为 3~4 回羽状复叶,最终小叶片线形;较下部的茎生叶柄长 5~15 cm, 中部或上部的叶柄部分或全部成鞘状,叶鞘边缘膜质;叶片轮廓为阔三角形,长 4~30 cm,宽 5~40 cm,4~5 回羽状全裂。复伞形花序顶生与侧生;伞辐 6~29,不等长,长 1.5~10 cm;小伞形花序有花 14~39;花柄纤细,不等长;无萼齿;花瓣黄色,倒卵形或近倒卵圆形,长约 1 mm,先端有内折的小舌片,中脉 1 条;花丝略长于花瓣,花药卵圆形,淡黄色;花柱基圆锥形,花柱极短,向外叉开或者贴伏在花柱基上。果实长圆形,主棱 5 条,尖锐;每个棱槽内有油管 1,合生面有油管 2;胚乳腹面近平直或微凹。花期 5—6 月,果期 7—9 月。

生长习性:喜冷凉的气候条件,但适应性广泛,耐寒、耐热性均强。

分　　布:原产欧洲、地中海沿岸,我国各省区都有栽培。我校 1 栋学生公寓北边有栽培。

繁　　殖:播种繁殖。

应　　用:果实既可以作调料食用,也可药用。其果实也是重要的中药,味辛性温,具有行气止痛、健胃散寒的功效,主治胃寒痛、小腹冷痛、痛经、腹胁痛、疝痛、睾丸鞘膜积液、血吸虫病等。

16. 地肤 *Kochia scoparia*

别　　名:地麦、落帚、扫帚苗、扫帚菜、孔雀松

科　　属:藜科　地肤属

形态特征：一年生直立草本，分枝多而密，株型卵形、倒卵形或椭圆形，具短柔毛，茎基部半木质化，株高可达 1.5 m。单叶互生，叶线性或披针形，细密，草绿色，秋季叶色变红。花小，不显著，单生或簇生叶腋。花期 9—10 月。

生长习性：喜温暖环境，喜光，不耐寒，极耐炎热，耐盐碱，耐干旱瘠薄。对土壤要求不严。

分　　布：原产欧洲及亚洲中部和南部地区，现世界广泛栽培。我国长江流域广泛栽培。我校 11 栋学生公寓旁和花圃有栽培。

繁　　殖：播种繁殖，极易自播繁殖。

应　　用：用于布置花篱、花境，或数株丛植于花坛中央，可作多种造型，盆栽可装饰厅堂、会场等。种子含油，嫩茎叶可食，老茎枝可用于做扫帚。果实可入药，性味苦寒，具有清热解毒、利尿通淋的功效。

17. 叶下珠 *Phyllanthus urinaria*

别　　名：珠仔草、假油甘、朝汕、龙珠草

科　　属：大戟科　叶下珠属

形态特征：一年生草本。茎带紫红色，具翅状纵棱。单叶互生，作覆瓦状排列，形成 2 行，很似羽状复叶，叶片矩圆形或长椭圆形，全绿，先端尖或钝，基部圆形，几无叶柄。花小，单性同株，无瓣，夏秋沿茎叶下面开白色小花，无花柄。花后结扁圆形小果，形如小珠，排列于假复叶下面。蒴果扁球形，表面有瘤状凸起。花期 4—6 月，果期 7—11 月。

生长习性：喜温暖湿润气候，忌干旱。以向阳、土壤肥沃的潮湿畲地种植为宜。

分　　布：分布于长江流域以南等省。我校 11 栋学生公寓旁有野生。

繁　　殖：播种繁殖。

应　　用：全草入药，内服可清热平肝、清肝明目、消痞止痢、利尿，外用可解毒消肿。

18. 罗勒 *Ocimum basilicum*

别　　名：九层塔、金不换、圣约瑟夫草、甜罗勒、兰香

科　　属：唇形科　罗勒属

形态特征：具圆锥形主根及自其上生出的密集须根。茎直立，钝四棱形，上部微具槽，基部无毛，上部被倒向微柔毛，绿色，常染有红色，多分枝。叶卵圆形至卵圆状长圆形，长 2.5~5 cm，宽 1~2.5 cm，先端微钝或急尖，基部渐狭，边缘具不规则牙齿或近于全缘，两面近无毛，下面具腺点，侧脉 3~4 对，与中脉在上面平坦，下面多少明显；叶柄伸长，向叶基多少具狭翅，被微柔

毛。总状花序顶生于茎、枝上，各部均被微柔毛，由多数具6花交互对生的轮伞花序组成，下部的轮伞花序远离，彼此相距可达2 cm，上部轮伞花序靠近；苞片细小，倒披针形，长5~8 mm，短于轮伞花序，先端锐尖，基部渐狭，无柄，边缘具纤毛，常具色泽；花梗明显，花时长约3 mm，果时伸长，长约5 mm，先端明显下弯。

生长习性：喜温暖湿润气候，不耐寒，耐干旱，不耐涝，以排水良好、肥沃的砂质壤土或腐殖质壤土为佳。

分　　布：原产非洲、美洲及亚洲热带地区。我国广泛栽培，南部各省区有逸为野生的。我校1栋学生公寓后有分布。

繁　　殖：播种繁殖。

应　　用：可自叶片及花头萃取精油，无色，气味清凉，对神经系统有很强的刺激作用，疲劳时使用可立即振奋精神，对于精神不集中、长期精神涣散、无精打采等都有疗效，可帮助增加记忆力。

19. 马鞭草 *Verbena officinalis*

别　　名：紫顶龙芽草、野荆芥、龙芽草、凤颈草、蜻蜓草、退血草、燕尾草

科　　属：马鞭草科　马鞭草属

形态特征：多年生草本，高30~120 cm。茎四棱形，具展开的分枝，幼时有短柔毛。叶对生，暗绿色，两面有硬毛；基生叶有柄，卵形至长圆形，长2~8 cm，宽1~5 cm，边缘有粗齿或切裂；茎生叶菱形，无柄，羽状深裂或有齿，或渐小而成披针形。穗状花序细长，顶生或腋生；苞片近于与花萼等长，外面被硬毛；花萼长约2 mm，有5齿，外面有短柔毛或腺点；花冠淡蓝紫色，长4~5 mm，有5裂片，裂片顶端全缘，外面有微柔毛。雄蕊4枚，无花丝或有短花丝；子房上位，4室。蒴果，外果皮薄，成熟时裂为4个小坚果。花期6—8月，果期7—10月。

生长习性：喜干燥、阳光充足的环境，喜肥，喜湿润，怕涝，不耐干旱。一般的土壤均可生长，但以土层深厚、肥沃的壤土及砂壤土长势健壮，低洼易涝地不宜种植。

分　　布：产于中国山西、陕西、甘肃、江苏、安徽、浙江、福建、江西、湖北、湖南、广东、广西、四川、贵州、云南、新疆、西藏。全世界的温带至热带地区均有分布。我校体育馆旁有分布。

繁　　殖：播种或分株繁殖。

应　　用：地上部分可入药，用于癥瘕积聚、痛经经闭、喉痹、痈肿、水肿、黄疸、疟疾。

20. 知风草 *Eragrostis ferruginea*

别　　名:香草

科　　属:禾本科　画眉草属

形态特征:多年生草本,秆高 25~75 cm。叶鞘强压扁,基部相互跨覆,光滑无毛,鞘口与两侧密生柔毛,通常在叶鞘的主脉上生有腺点;叶舌退化成短毛,叶片条形,宽 4~6 mm。圆锥花序开展,长 20~30 cm,分枝节密,每节生枝 1~3 个,向上,枝腋间无毛。小穗长圆形,长 5~10 mm,紫黑色,含 7~12 小花,外稃具 3 脉,长 3 mm,自下而上脱落。花果期 8—12月。

生长习性:具有很高的抗旱性和抗寒性,适于在干燥、寒冷的地区生长。不耐盐碱也不耐涝,在酸性或沼泽潮湿的土壤上极为少见。多见于路边、田野。

分　　布:分布于东北、华北以及南方各省区。我校 11 栋学生公寓旁和山林中有野生。

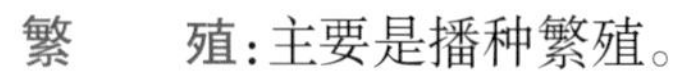

繁　　殖:主要是播种繁殖。

应　　用:是优质牲畜饲料。药用可活血散瘀,主治跌打损伤。

21. 萹蓄 *Polygonum aviculare*

别　　名:扁竹、竹叶草

科　　属:蓼科　蓼属

形态特征:多年生草本,高 15~50 cm。茎匍匐或斜上,基部分枝甚多,具明显的节,叶互生;叶柄短,叶披针形至椭圆形,长 5~16 mm,宽 1.5~5 mm,先端钝或尖,基部楔形,全缘,绿色,两面无毛;托叶鞘膜质,下部褐色,上部白色,撕裂脉明显。花 6~10 朵簇生于叶腋;花梗短;苞片及小苞片均为白色透明膜质;花被绿色,5 深裂,具白色边缘,结果后边缘变为粉红色;雄蕊通常 8 枚,花丝短;子房长方形。花期 6—8 月,果期 9—10 月。

生长习性:喜光,喜温暖湿润气候,宜排水良好的砂质壤土。

分　　布:产于全国大部分地区。我校 1 栋学生公寓旁有野生。

繁　　殖:播种繁殖。

应　　用:全草可提取黄色和绿色染料。为药食两用植物,幼嫩枝叶开水烫后可当菜食用;全草入药,主治霍乱、黄疸、小儿疳积,利小便,消臌胀。

22. 黄花蒿 *Artemisia annua*

别　　名：草蒿、青蒿、臭蒿

科　　属：菊科　蒿属

形态特征：一年生草本，高 40~150 cm。基部和下部叶有柄，并在花期枯萎；中部叶卵形，3 回羽状深裂，终裂片长圆状披针形，顶端尖，全缘或有 1~2 齿；上部叶小，无柄，单一羽状细裂或全缘。头状花序多数，球形；瘦果卵形，淡褐色，无毛。花期 7—9 月，果期 9—10 月。

生长习性：阳生，常野生于旷野、山坡、路边、河岸、宅旁。收获后的玉米地、油菜地或二荒地生长最多，熟土地次之，多年荒地较少。

分　　布：生境适应性强，遍及全国，多生长在路旁、荒地、山坡、林缘等处。我校 1 栋学生公寓北边有分布。

繁　　殖：播种繁殖。

应　　用：药用可清暑利湿、抗菌、抗寄生虫、解热，为中国传统中草药。其有效成分青蒿素在抗疟方面与传统的奎宁类抗疟药物具有不同的作用机理，有抗疟、抗孕、抗纤维化、抗血吸虫、抗弓形虫、抗心律失常和肿瘤细胞毒性等作用，世界卫生组织已把青蒿素的复方制剂列为国际上防治疟疾的首选药物。

23. 千里光 *Herba senecionis*

别　　名：九里明、蔓黄、菀、箭草、青龙梗

科　　属：菊科　千里光属

形态特征：多年生草本，茎木质细长，曲折呈攀缘状。叶互生，椭圆状三角形或卵状披针形；头状花序顶生，排列成伞房花序状。花期 10 月到翌年 3 月，果期 2—5 月。

生长习性：生于山坡、疏林下、林边、路旁、沟边草丛中。适应性较强，耐干旱，又耐潮湿，对土壤条件要求不严，但以砂质壤土及黏壤土生长较好。

分　　布：产于中国西藏、陕西、湖北、四川、贵州、云南、安徽、河南、浙江、江西、福建、湖南等省区。我校体育馆旁有分布。

繁　　殖：扦插或压条繁殖。

应　　用：入药有清热解毒、明目、止痒等功效，多用于风热感冒、目赤肿痛、泄泻痢疾、皮肤湿疹疮疖。

24. 艾蒿 *Artemisia argyi*

别　　名:冰台、遏草、香艾、灸草

科　　属:菊科　蒿属

形态特征:多年生草本,茎有白色绒毛。叶片3~5深裂或羽状深裂;头状花序钟形,总苞片边缘膜质;花带红色,外层雌性,内层两性;瘦果。花果期8—10月。

生长习性:其适应性强,普遍生长于路旁荒野、草地。只要是向阳而排水顺畅的地方都能生长,但以湿润、肥沃的土壤生长较好。

分　　布:分布广,除极干旱与高寒地区外,几遍及全国。蒙古、朝鲜及原苏联的远东地区也有。日本有栽培。我校1栋学生公寓北边有分布。

繁　　殖:主要采用根茎分株进行无性繁殖,或播种繁殖。

应　　用:全草入药有调经止血、安胎止崩、散寒除湿之效。现代实验研究证明,艾叶具有抗菌及抗病毒,平喘、镇咳及祛痰,止血及抗凝血,镇静及抗过敏,护肝利胆等作用。

25. 洋姜 *Helianthus tuberosus*

别　　名:菊芋、五星草

科　　属:菊科　向日葵属

形态特征: 茎直立,株高2~3 m。地下块茎是不规则的多球形、纺锤形,皮红、黄或白色。叶基部对生,茎上部互生;长卵圆形,先端尖,叶面粗糙,叶背有柔毛,边缘具锯齿,绿色;叶柄上有狭翅。头状花序多个,生于枝端,黄色,外围舌状花,不易结实,管状花黄色。瘦果楔形,有毛,上端有2~4个具毛的扁芒。

生长习性:性喜稍清凉而干燥的气候,耐寒,耐旱,块茎在0~6℃时萌动。

分　　布:原产北美洲,经欧洲传入中国,现中国大多数地区有栽培。我校1栋学生公寓北边有分布。

繁　　殖:块茎繁殖、播种繁殖。

应　　用:块根、茎、叶入药,有治热病、肠热泻血、跌打骨伤等功效。另外菊芋含有一种物质,与胰岛素结构近似,能调节血糖,平衡血糖值。也是一种常见的蔬菜。

26. 蕨 *Pteridium aquilinum* var. *latiusculum*

别　　名:拳头菜、猫爪、龙头菜、蕨菜

科　　属:蕨科　蕨属

形态特征:多年生草本,地下根茎黑褐色,茎长而横走。叶远生;柄长 20~80 cm,基部粗 3~6 mm,褐棕色或棕禾秆色,略有光泽,光滑,上面有浅纵沟 1 条;叶片阔三角形或长圆三角形,长 30~60 cm,宽 20~45 cm,先端渐尖,基部圆楔形;羽片 4~6 对,对生或近对生,斜展;小羽片约 10 对,互生,斜展,披针形,钝头或近圆头,基部不与小羽轴合生,分离,全缘;中部以上的羽片逐渐变为一回羽状,长圆披针形,基部较宽,对称,先端尾状。叶脉稠密,仅下面明显。

生长习性:多生于海拔 200 m 以上的山坡、荒地、林下、林缘向阳处,多分布于稀疏针阔混交林中。其食用部分是未展开的幼嫩叶芽。

分　　布:在我国大陆以及东南亚有广泛分布。我校体育馆后有野生。

繁　　殖:孢子繁殖或分株繁殖。

应　　用:供食用,富含人体需要的多种维生素。根茎供药用,可清热、滑肠、降气、化痰。

27. 淡竹叶 *Lophatherum gracile*

别　　名:竹叶、碎骨子、山鸡米、金鸡米

科　　属:禾本科　淡竹叶属

形态特征:多年生草本,高 40~90 cm。根状茎粗短,坚硬。须根稀疏,其近顶端或中部常肥厚成纺锤状的块根。秆纤弱,多少木质化。叶互生,广披针形,长 5~20 cm,宽 1.5~3 cm,先端渐尖或短尖,全缘,基部近圆形或楔形而渐狭缩成柄状或无柄,平行脉多条,并有明显横脉,呈小长方格状,两面光滑或有小刺毛;叶鞘边线光滑或具纤毛;叶舌短小,质硬,长 0.5~1 mm,有缘毛。圆锥花序顶生,长 10~30 cm,分枝较少,疏散,斜升或展开;颖长圆形,具 5 脉,先端钝,边缘薄膜质,第一颖短于第二颖;外稃较颖为长,先端具短尖头。颖果纺锤形,深褐色。花期 6—9 月,果期 8—10 月。

生长习性:耐贫瘠,喜温暖湿润,耐阴亦稍耐阳,在阳光过强的环境中生长不良,常表现为植株低矮、分蘖力降低、叶色发干偏黄等,观赏价值降低。其栽培用土以肥沃、透水性好的黄壤土、菜园土为宜。

分　　布:主产于长江流域至南部各省,生于山坡、林下及沟边阴湿处。我校 11 栋学生公寓旁有分布。

繁　　殖:人工繁殖,籽播、分株皆可。

应　　用:性味甘淡,能清心、利尿、祛烦躁,对于牙龈肿痛、口腔炎症等有良好疗效,民间多用其茎叶制作夏日消暑的凉茶饮用。

四、藤本

1. 日本薯蓣 *Dioscorea japonica*

别　　名:尖叶薯蓣、野山药

科　　属:薯蓣科　薯蓣属

形态特征:多年生缠绕藤本。块茎圆柱形,垂直生长,直径 3 cm 左右,表面棕黄色,断面白色。茎细长,光滑无毛。单叶互生,叶腋间常生有不等大小各种形状的珠芽;中部以上叶对生,叶片长椭圆状狭三角形,顶端锐尖,基部心形,长 5~10 cm,宽 2~5 cm,两面无毛。雄花序穗状,直立,1~4 个腋生;花被片圆形或椭圆形;发育雄蕊 6,花药矩圆形,药隔厚;雌花序穗状下垂,长 8~12 cm。蒴果肾形,不反曲,有 3 翅,翅长和宽近相等;种子广卵形,着生于果实每室中央,四周围有薄膜状翅。

生长习性:生长于海拔 300~1 200 m 的地区,多见于溪沟边、向阳山坡、路旁的杂木林下、山谷及草丛中。

分　　布:分布于日本、朝鲜以及我国安徽、江苏、湖南、广西、四川、浙江、湖北、贵州、江西、福建、广东、台湾等地。我校体育馆后有分布。

繁　　殖:播种或块茎繁殖。

应　　用:块根入药,可补脾健胃,用于脾虚食少、泄泻便溏、白带过多、喘咳、尿频、消渴。

2. 牵牛 *Pharbitis nil*

别　　名:朝颜、碗公花、牵牛花、喇叭花

科　　属:旋花科　牵牛属

形态特征:一年生缠绕草本,全株被粗硬毛。叶互生,近卵状心形,深或浅的 3 裂,偶 5 裂,叶柄长 5~7 cm。花序有花 1~3 朵,总花梗稍短于叶柄;花冠漏斗状,白色、蓝紫色或紫红色。蒴果球形;种子 5~6 个,卵圆形,无毛。

生长习性:生性强健,喜气候温和、光照充足、通风适度,对土壤适应性强,较耐干旱盐碱,不怕高温酷暑。属深根性植物,好生肥沃、排水良好的土壤,忌积水。

分　　布：原产美洲。我校1栋学生公寓北边有分布。

繁　　殖：播种繁殖。

应　　用：具观赏和药用价值。种子入药，有毒，可泄水通便、消痰涤饮、杀虫攻积，用于水肿胀满、二便不通、痰饮积聚、气逆喘咳、虫积腹痛、蛔虫病、绦虫病。

3. 圆叶牵牛 *Pharbitis purpurea*

别　　名：圆叶旋花、小花牵牛

科　　属：旋花科　牵牛属

形态特征：多年生攀缘草本，茎长2~3 m，被短柔毛和倒向的长硬毛。叶圆卵形或阔卵形，长4~18 cm，宽3.5~16.5 cm，被糙伏毛，基部心形，边缘全缘或3裂，先端急尖或急渐尖；叶柄长2~12 cm。花梗至少在开花后下弯，长1.2~1.5 cm。萼片近等大，长1.1~1.6 cm，基部被开展的长硬毛，靠外的3枚长圆形，先端渐尖；靠内的2枚线状披针形；花冠紫色、淡红色或白色，漏斗状，长4~6 cm，无毛；雄蕊内藏，不等大，花丝基部被短柔毛；雌蕊内藏，子房无毛，3室，柱头3裂。每朵花最多可以结6粒种子(也有可能不结种)。蒴果近球形，直径9~10 mm，3瓣裂；种子黑色或禾秆色，卵球状三棱形，无毛或种脐处疏被柔毛。花期5—10月，果期8—11月。

生长习性：阳性，喜温暖，不耐寒，耐干旱瘠薄，常生于路边、野地和篱笆旁，栽培供观赏或逸为野生，分布于海拔2 800 m以下。

分　　布：原产热带美洲，我国各地普遍栽培。我校11栋学生公寓旁有分布。

繁　　殖：播种繁殖。

应　　用：可入药，药用功能同牵牛。

4. 鸡矢藤 *Paederia scandens*

别　　名：牛皮冻、臭藤

科　　属：茜草科　鸡矢藤属

形态特征：多年生缠绕藤本。基部木质，多分枝，全株均被灰色柔毛，揉碎后有恶臭。叶对生，纸质，叶形变异很大，卵形至披针形，长5~15 cm，宽3~9 cm，先端稍渐尖，基部圆形或心形，全缘，有长柄；托叶三角形，早落。聚伞状圆锥花序顶生和腋生；花萼5短齿，三角形；花冠筒钟形，长约1 cm，外面灰白色，有细茸毛，内面紫色，5裂。果实球形，熟时淡黄色。花期5—7月，果期10月。

生长习性:喜温暖湿润的环境,土壤以肥沃、深厚、湿润的砂质壤土较好。

分　　布:产于陕西、甘肃、山东、江苏、安徽、江西、浙江、福建、台湾、河南、湖南、湖北、广东、香港、海南、广西、四川、贵州、云南。我校足球场南面山坡有分布。

繁　　殖:播种或扦插繁殖。

应　　用:药用有治疗风湿痹痛、小儿疳积、痢疾、腹胀等功效。

5. 紫藤 *Wisteria sinensis*

别　　名:藤萝、朱藤、黄环

科　　属:豆科　紫藤属

形态特征:落叶木质藤本。嫩枝被白色柔毛,老叶无毛。奇数羽状复叶,互生,托叶线形,早落;小叶3~6对,纸质,卵状椭圆形至卵状披针形,上部小叶较大,基部一对最小。总状花序,呈下垂状;花大,芳香,花冠紫色,旗瓣圆形,先端略凹陷,花开后反折,基部有2胼胝体,翼瓣长圆形,基部圆,龙骨瓣较翼瓣短,阔镰形。荚果倒披针形,密被绒毛,悬垂枝上不脱落。花期4—5月,果期5—11月。

生长习性:较耐寒,能耐水湿及瘠薄土壤,喜光,较耐阴。主根深,侧根浅,不耐移栽。生长较快,寿命很长。

分　　布:为我国特产,分布我国南部各省,华北、华东、华中、华南、西北和西南地区均有栽培。我校11栋学生公寓旁和山林中有分布。

繁　　殖:以播种、扦插繁殖为主。

应　　用:一般应用于园林棚架,适栽于湖畔、池边、假山、石坊等处,具独特风格,盆景也常用。花可以提炼芳香油,入药可解毒、止吐泻。

6. 插田泡 *Rubus coreanus*

别　　名:覆盆子、大乌泡、乌沙莓、菜子泡、回头龙

科　　属:蔷薇科　悬钩子属

形态特征:落叶灌木,高 1~3 m。茎直立或弯曲成拱形,红褐色,有钩状的扁平皮刺;奇数羽状复叶。伞房花序顶生或腋生;总花梗和花梗有柔毛;花粉红色。果实近球形,深红色至紫黑色。花期 4—6 月,果期 6—8 月。

生长习性:喜光照充分、湿润的环境,多生于平地、山坡灌丛中。

分　　布:产于陕西、甘肃、江西、湖北、湖南、江苏、浙江、福建、安徽、四川、贵州、新疆,多生于海拔 100~1 700 m 的山坡灌丛或山谷、河边、路旁。我校 11 栋学生公寓旁山边有野生。

繁　　殖:播种繁殖。

应　　用:果实可生食。全株都可入药,果可补肾固精,用于阳痿、遗精、遗尿、带下;根和不定根可调经活血、止血止痛,用于跌打损伤、骨折、月经不调,外用治外伤出血。

7. 常春油麻藤 *Mucuna sempervirens*

别　　名:常绿油麻藤、牛马藤、棉麻藤

科　　属:豆科　黧豆属

形态特征:常绿木质藤本。茎棕色或黄棕色,粗糙。小枝纤细,淡绿色,光滑无毛。羽状复叶具 3 小叶,叶长 21~39 cm;托叶脱落;小叶纸质或革质,顶生小叶椭圆形、长圆形或卵状椭圆形,先端渐尖,基部稍楔形,侧生小叶极偏斜。总状花序生于老茎,蝶形花冠深紫色或紫红色。荚果长条形,木质两瓣裂,密被金黄色粗毛,种子间缢缩。花期 4—5 月,果期 9—10 月。

生长习性:耐阴,耐旱,喜高温,不耐寒,喜温暖湿润气候。

分　　布:产于我国西南至东南部。我校 11 栋学生公寓旁有栽培。

繁　　殖:扦插或播种繁殖。

应　　用:园林应用时常采廊架式垂直绿化方式。枝叶入药,具有行血补血、通经活络之功效。

8. 海金沙 *Lygodium japonicum*

别　　名:铁蜈蚣、金砂截、罗网藤、铁线藤、蛤唤藤、左转藤

科　　属:海金沙科　海金沙属

形态特征:多年生攀缘草本,长 1~4 m。根茎细而匍匐,被细柔毛。茎细弱,呈干草色,有白色微毛。叶为 1~2 回羽状复叶,纸质,两面均被细柔毛;小叶卵状披针形,边缘有锯齿或不规则分裂,上部小叶无柄,羽状或戟形,下部小叶有柄。能育叶卵状三角形,长、宽各约 10~20 cm;小羽片边缘生流苏状的孢子囊穗,穗长 2~4 mm,宽 1~1.5 mm,排列稀疏,暗褐色。

生长习性:生于山坡草丛或灌木丛中。

分　　布:广布于我国暖温带及亚热带,北至陕西及河南南部,西达四川、云南和贵州。朝鲜、越南、日本、澳大利亚也有。我校 11 栋学生公寓旁和山林中有分布。

繁　　殖:孢子繁殖。

应　　用:全草入药,主治脾胃肿满、腹胀如鼓、小便不通、脐下满闷。

9. 白蔹 *Ampelopsis japonica*

别　　名:山地瓜、野红薯、山葡萄秧、白根、五爪藤、菟核

科　　属:葡萄科　蛇葡萄属

形态特征:多年生半木质攀缘藤本,长约 1 m。块根粗壮,肉质,卵形、长圆形或长纺锤形,深棕褐色,生长旺盛时露出地面部分的表皮有片状剥落,数个相聚。茎多分枝,幼枝带淡紫色,光滑,有细条纹;卷须与叶对生。掌状复叶互生;叶柄长 3~5 cm,微淡紫色,光滑或略具细毛;小叶 3~5,羽状分裂或羽状缺刻,裂片卵形至椭圆状卵形或卵状披针形,先端渐尖,基部楔形,边缘有深锯齿或缺刻,中间裂片最长,两侧的较小,中轴有狭翅,裂片基部有关节,两面无毛。聚伞花序小,与叶对生,花序梗长 3~8 cm,细长,常缠绕;花小,黄绿色;花萼 5 浅裂;花瓣、雄蕊各 5;花盘边缘稍分裂。浆果球形,径约 6 mm,熟时白色或蓝色,有针孔状凹点。花期 5—6 月,果期 9—10 月。

生长习性:喜阴,生于山地、草地、荒坡及灌木林中。

分　　布:分布于华北、东北、华东、中南及陕西、宁夏、四川等地。我校 1 栋学生公寓旁有野生分布。

繁　　殖:主要用分根法和扦插法繁殖。

应　　用:根入药,主治疮疡肿毒、瘰疬、烫伤、湿疮、温疟、惊痫、血痢、肠风、痔漏、带下、跌打损伤、外伤出血。

10. 乌蔹莓 *Cayratia japonica*

别　　名:五爪龙、虎葛

科　　属:葡萄科　乌蔹莓属

形态特征:多年生蔓生草本。根茎横走,茎紫绿色,有纵棱,卷须二歧;幼枝有柔毛,后变光滑。叶为掌状复叶,小叶5,排列成鸟足爪状,中间的呈椭圆状卵形,小叶柄长2~3 cm,先端短尖,基部楔形或圆形,两侧的4枚小叶较小,成对着生在同一小叶柄上,小叶的边缘具较均匀的圆钝锯齿。聚伞花序腋生或假腋生,序梗长3~12 cm;花小,黄绿色,具短梗;萼杯状;花瓣4,卵状三角形;雄蕊4,与花瓣对生,花药长椭圆形;雌蕊1,子房上位,2室。浆果倒圆卵形,直径约7 mm,成熟时黑色;种子2~4粒。花期6月,果期8—9月。

生长习性:多生于旷野、山谷、林下、路旁。

分　　布:我国河南、山东、长江流域及南方各省有分布。我校1栋学生公寓旁有野生。

繁　　殖:常用扦插、压条、播种等方法繁殖。

应　　用:全草入药,具有清热解毒、活血散瘀、利尿之功效。

11. 络石 *Trachelospermum jasminoides*(略:在3号区已经介绍)

12. 苦瓜 *Momordica charantia*

别　　名:凉瓜、锦荔枝

科　　属:葫芦科　苦瓜属

形态特征:一年生草质藤本。茎五棱,浓绿色,有茸毛,分枝力强,易发生侧蔓,形成枝叶繁茂的地上部。单叶互生,掌状深裂,绿色,叶背淡绿色,5条放射叶脉,叶柄长9~10 cm,柄上有沟。花为单性,花瓣黄色,雌雄同株;先生雄花,后生雌花,单生。果实为浆果,长圆形或卵圆形,两头尖,表面有许多瘤状凸起,熟时橘黄色,略有苦味,可作蔬菜。果形有纺锤形、短圆锥形、长圆锥形等。

生长习性:性喜温暖,耐热不耐寒。对日照长短要求不严格,喜光不耐阴,开花结果期需要较强光照,有利于增强光合作用、提高坐果率。喜湿而不耐涝。对土壤适应性广,但以保水保肥好的肥沃的壤土为宜。

分　　布:原产东印度热带地区,在我国的栽培历史悠久,但目前主要分布在长江以南地区,特别是华南、海南一带栽培较为普遍。我校1栋学生公寓后面菜地有栽培。

繁　　殖:播种繁殖。

应　　用:可食用,含有丰富的维生素B、C和钙、铁等营养元素。亦可入药,主治中暑、暑热烦渴、暑疖、痱子过多、痢疾、疮肿、结膜炎、目赤肿痛、痈肿丹毒、烧烫伤、少尿等病症。

13. 南瓜 *Cucurbita moschata*

别　　名:番瓜、倭瓜、北瓜、饭瓜

科　　属:葫芦科　南瓜属

形态特征:一年生草质藤本。茎长达数米,节处生根,粗壮,有棱沟,被短硬毛,卷须分3~4叉。单叶互生,叶片心形或宽卵形,5浅裂有5角,稍柔软,长15~30 cm,两面密被茸毛,沿边缘及叶面上常有白斑,边缘有不规则的锯齿。花单生,雌雄同株。雄花花托短。花萼裂片线形,顶端扩大成叶状。花冠钟状,黄色,5中裂,裂片外展,具皱纹。雄蕊3枚。花药聚合,药室规则S形折曲。雌花花萼裂显著,叶状,子房圆形或椭圆形,1室,花柱短,柱头3,各2裂。瓠果,扁球形、壶形、圆柱形等,表面有纵沟和隆起,光滑或有瘤状凸起,似橘瓣状,呈橙黄至橙红色不等;果柄有棱槽,瓜蒂扩大成喇叭状。种子卵形或椭圆形,灰白色或黄白色,边缘薄。花期5—7月,果期7—9月。

生长习性:喜光,稍耐阴,光照不足时只长枝叶不开花,喜通风良好、温暖的气候,不耐寒,不能低于-9℃,但比柚子、甜橙耐寒。适生于疏松肥沃、腐殖质丰富、排水良好的砂壤土,切忌积水,根系有菌根共生。

分　　布:原产亚洲南部,世界各地均有栽培。我校1栋学生公寓后面菜地有栽培。

繁　　殖:播种繁殖,发芽适温25~28℃,发芽后夜温应保持在18~20℃。

应　　用:嫩果味甘适口,是夏秋季节的瓜菜之一;老瓜可作饲料或杂粮;瓜子可以作零食。种子、根、瓜蒂入药,主治久病气虚、脾胃虚弱、化痰排脓、气短倦怠、便溏、糖尿病、蛔虫等病症。

14. 黄瓜 *Cucumis sativus*

别　　名:胡瓜、青瓜

科　　属:葫芦科　黄瓜属

形态特征:一年生藤本。茎细长,具纵棱,四棱或五棱,卷须不分枝,中空,上具有刚毛,无限生长型,易折断,苗期节间短,直立,5~6 片真叶后开始伸长,呈蔓性。叶宽心状卵形,被绒毛,具 3~5 枚裂片,有小锯齿,叶腋着生卷须、侧枝及雌雄花。茎的长度和分枝能力取决于品种和栽培条件,早熟品种茎较短而侧枝少,中、晚熟品种茎较长而侧枝多。花多为单性,雌雄同株,腋生;雄花早于雌花出现,常数个簇生,雌花多单生,子房下位,具有单性结实特性;虫媒花,异花授粉。瓠果筒形至长棒状,嫩果绿色或深绿色,少数为淡黄色或白色,果面平滑或具棱、瘤、刺。花果期 5—9 月。

生长习性:喜湿热,严格要求短日照。

分　　布:广泛分布于中国各地,并且为主要的温室蔬菜。我校 1 栋学生公寓北边有栽培。

繁　　殖:主要采用播种和嫁接法繁殖。

应　　用:食用价值颇高,生吃营养价值高,有清热利水、解毒消肿、生津止渴之功效。

15. 打碗花 *Calystegia hederacea*

别　　名:燕覆子、蒲地参、兔耳草、富苗秧、扶秧、钩耳藤、喇叭花

科　　属:旋花科　打碗花属

形态特征:多年生草本。根状茎细圆柱形,白色,茎蔓生、缠绕或匍匐状,有棱角,无毛,基部常有分枝。叶互生,基部叶片近椭圆形,长 1~4 cm,宽 2~3 cm,基部心形,全缘;茎上部叶三角戟形,侧裂片开展,常再 2 浅裂,中裂片披针形或卵状三角形,先端钝,有尖头,基部心形,有长柄。花单生叶腋,花梗长 2~5 cm,苞片 2,大形,绿色,先端凸尖,宿存;萼片 5,长圆形,稍短于苞片,具小凸尖;花冠漏斗状,淡粉红色,长 2~3 cm;雄蕊 5,基部膨大,有细鳞毛;子房上位,2 室;花柱细长,柱头 2 裂。蒴果卵圆形,光滑。种子黑褐色。花期 5—6 月,果期 7—8 月。

生长习性:喜温和湿润的气候,也耐恶劣环境,适宜砂质土。

分　　布:分布在埃塞俄比亚、亚洲、马来西亚,我国各地均有。我校体育馆后有分布。

繁　　殖:在我国大部分地区不结果,以根扩展繁殖。

应　　用:全草入药,可调经活血、滋阴补虚,用于脾胃虚弱、消化不良、淋症、月经不调、

带下、小儿疳积等症状。

16. 马兜铃 *Aristolochia debilis*

别　　名：水马香果、蛇参果、三角草、秋木香罐

科　　属：马兜铃科　马兜铃属

形态特征：多年生草质藤本。根圆柱形。茎柔弱，无毛。叶互生；叶柄长 1~2 cm，柔弱。花单生或 2 朵聚生于叶腋；花梗长 1~1.5 cm；小苞片三角形，易脱落；花被长 3~5.5 cm。蒴果近球形，先端圆形而微凹，具 6 棱，成熟时由基部向上沿空间 6 瓣开裂；果梗长 2.5~5 cm，常撕裂成 6 条；种子扁平，钝三角形，边线具白色膜质宽翅。花期 7—8 月，果期 9—10 月。

生长习性：喜冷凉湿润的气候，耐寒，耐旱，怕涝，忌阳光照射。宜在湿润而肥沃的砂质壤土或腐殖质壤土中种植。

分　　布：分布于黄河以南至长江流域，南至广西，野生于路旁与山坡。我校足球场南边有广泛分布。

繁　　殖：分株或播种繁殖。

应　　用：园林上用于垂直绿化。其根、茎、果实都可以入药，有清肺降气、止咳平喘、清肠消痔的功效。其茎称天仙藤，有理气、祛湿、活血止痛的功效；其根称青木香，有行气止痛、解毒消肿的功效。同时也有强烈致癌物质成分，马兜铃酸可引发马兜铃酸肾病的发生，要谨慎使用。

17. 萝藦 *Metaplexis japonica*

别　　名：芄兰、斫合子、白环藤、羊婆奶、婆婆针落线包、羊角、天浆壳

科　　属：萝藦科　萝藦属

形态特征：多年生草质藤本，具乳汁。叶对生，卵状心形，长 5~12 cm，宽 4~7 cm，无毛，下面粉绿色；叶柄顶端丛生腺体。总状式聚伞花序腋生或腋外生，具长总花梗；花冠白色，内面被柔毛；柱头顶端 2 裂。蓇葖果角状，叉生，平滑；种子顶端具白色绢质种毛。花期 6—9 月，果期 9—12 月。

生长习性：生长于林边荒地、山脚、河边、路旁灌木丛中。

分　　布：分布于东北、华北、华东和甘肃、

陕西、贵州、河南、湖北等省区。我校足球场南边山坡有分布。

繁　　殖:播种繁殖。

应　　用:全草入药,果可治劳伤、虚弱、腰腿疼痛、缺奶、带下、咳嗽等;根可治跌打损伤、蛇咬、疔疮、瘰疬、阳痿;茎叶可治小儿疳积、疔肿;种毛可止血;乳汁可除瘊子。茎皮纤维坚韧,还可制人造棉。

第七部分　6号区植物

6号区植物主要分布于山北新花房。

一、乔木

1. 栾树 *Koelreuteria paniculata*(略:在5号区已经介绍)

2. 樟 *Cinnamomum camphora*(略:在2号区已经介绍)

3. 红椿 *Toona ciliata*

别　　名:红楝子

科　　属:楝科　香椿属

形态特征:落叶乔木。树皮灰褐色,呈鳞片状纵裂;嫩枝初被柔毛,后变无毛。叶为偶数或奇数羽状复叶,小叶椭圆状卵形或卵状披针形;先端渐尖,基部稍偏斜,全缘,上面无毛,下面仅脉腋有毛。圆锥花序顶生,与叶近等长或稍短;花两性,白色,有香气,具短梗;花萼短,裂片卵圆形;花瓣5,长圆形;雄蕊5,花丝无毛,花药比花丝短;子房5室,胚珠每室8~10,子房和花柱密被粗毛,柱头无毛。蒴果长椭圆形,果皮厚,木质,干时褐色,皮孔明显;种子两端具膜质翅,翅长圆状卵形,先端钝或急尖,通常上翅比下翅宽。花期3—4月,果期10—11月。

生长习性:不耐庇荫,但幼苗或幼树可稍耐阴。在土层深厚、肥沃、湿润、排水良好的疏林中生长较快。

分　　布:主要分布于云南、广东、广西、贵州等省,垂直分布范围在海拔800 m以下。湖北省有零星分布。印度、马来西亚、印度尼西亚、越南等国也有分布。我校11栋学生公寓到新花房之间的主干道有大树栽培。

繁　　殖:以播种繁殖为主。

应　　用:为我国南方重要的速生用材树种,材色红褐,花纹美丽,质地坚韧,最适宜制作高级家具。也可用作庭荫树、行道树。根皮及果可药用,主治久泻、久痢、肠风便血、崩漏、带下、遗精、白浊、疳积、蛔虫、疮癣等症。是国家二级重点保护野生植物,中国珍贵用材树种之一,有中国桃花心木之称。

4. 厚朴 *Magnolia officinalis*

别　　名:川朴、紫油厚朴

科　　属:木兰科　木兰属

形态特征:落叶乔木,高可达20 m。树皮厚,褐色,不开裂;小枝粗壮,淡黄色或灰黄色,幼时有绢毛;顶芽大,狭卵状圆锥形,无毛。叶大,近革质,7~9片聚生于枝端,长圆状倒卵形,长22~45 cm,宽10~24 cm;花白色,径10~15 cm,芳香;聚合果长圆状卵圆形,长9~15 cm;蓇葖果具长3~4 mm的喙;种子三角状倒卵形,长约1 cm。花期5—6月,果期8—10月。

生态习性:为喜光的中生性树种,幼龄期需荫蔽;喜凉爽、湿润、多云雾、相对湿度大的气候环境。在土层深厚、肥沃、疏松、腐殖质丰富、排水良好的微酸性或中性土壤上生长较好。

分　　布:产于陕西南部、甘肃东南部、河南东南部、湖北西部、湖南西南部、四川、贵州东北部。我校山林中和花房有栽培。

繁　　殖:播种、压条和扦插繁殖。在9—10月或10—11月采收成熟果实即可播种,或用湿砂贮藏至春季播种。

应　　用:树皮、根皮、花、种子及芽皆可入药,以树皮为主。主治食积气滞、腹胀便秘、湿阻中焦、脘痞吐泻、痰壅气逆、胸满喘咳。木材供建筑、板料、家具、雕刻、乐器、细木工等用。叶大荫浓,花大美丽,可作绿化观赏树种。现为国家二级重点保护野生植物。

5. 侧柏 *Platycladus orientalis*(略:在4号区已经介绍)

6. 龙柏 *Sabina chinensis*(略:在3号区已经介绍)

7. 红豆杉 *Taxus wallichiana* var. *chinensis*

别　　名:扁柏、红豆树、观音杉

科　　属:红豆杉科　红豆杉属

形态特征:常绿乔木,高可达 30 m,干径可达 1 m,树皮褐色,裂成条片状脱落。大枝开展,一年生枝绿色或淡黄绿色,秋季变成绿黄色或淡红褐色。叶排列成 2 列,条形,微弯或较直,上部微渐窄,先端常微急尖,上面深绿色,有光泽,下面淡黄绿色,叶背有 2 条宽黄绿色或灰绿色气孔带。种子生于杯状红色肉质的假种皮中,间或生于近膜质盘状的种托之上;常呈卵圆形,上部常具 2 钝棱脊,稀上部三角状具 3 条钝脊,先端有凸起的短钝尖头;种脐近圆形或宽椭圆形,稀三角状圆形。

生长习性:喜温暖湿润气候,多散生在湿润、肥沃沟谷阴处和半阴处林下,适于疏松、不积水的微酸到中性土。

分　　布:为我国特有树种,分布于云南、甘肃、陕西、湖北、湖南、广西、安徽、贵州等地。我校花房有盆栽。

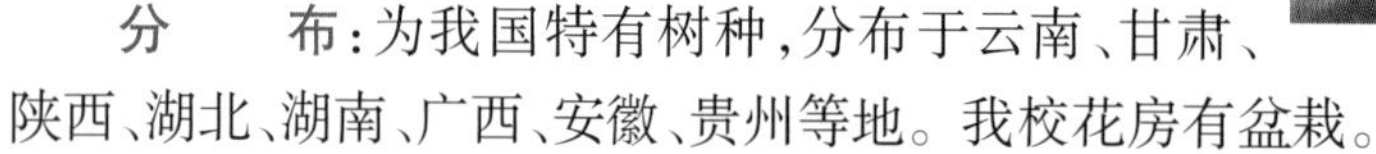

繁　　殖:大多采用播种繁殖,也可用扦插繁殖。

应　　用:可做盆栽,广泛应用于水土保持林、园艺观赏林,也是优良的用材树种。枝条和树皮可提取紫杉醇,对癌症有一定的疗效。

8. 南方红豆杉 *Taxus chinensis* var. *mairei*

别　　名:血柏、红叶水杉、海罗松、榧子木、赤椎、杉公子、美丽红豆杉

科　　属:红豆杉科　红豆杉属

形态特征:常绿乔木,高可达 16 m。叶线形,略弯如镰刀状,长 2~3.5 cm,宽 3~5 mm,叶边缘微反卷,质地较厚,叶端渐尖,叶背背面中脉与气孔带不同色,中脉带上的凸点较大,呈片状分布,或无凸点,叶在枝上成羽状 2 列。种子生于杯状红色肉质的假种皮中,种子通常较大,微扁,多呈倒卵圆形,上部较宽,稀柱状矩圆形,种脐常呈椭圆形。

生长习性:喜温暖多雨气候及酸性土壤,在中性土及钙质土上也能生长,生长慢。

分　　布:为我国特有树种,分布于长江流域以南各省区山地。我校花房有盆栽。

繁　　殖:播种或扦插繁殖。

应　　用:广泛应用于水土保持林、园艺观赏林,

是改善生态环境、建设秀美山川的优良树种。枝条和树皮可提取紫杉醇，对癌症有一定的疗效。

9. 罗汉松 *Podocarpus macrophyllus*（略：在 4 号区已经介绍）

10. 竹柏 *Nageia nagi*

别　　名：罗汉柴、大果竹柏、山杉、竹叶柏

科　　属：罗汉松科　罗汉松属

形态特征：常绿乔木，高可达 20~30 m，胸径可达 70 cm。树干通直，树皮褐色，平滑，薄片状脱落，枝条开展或伸展，树冠广圆锥形。叶对生，革质，长椭圆形，有多数并列的细脉，无中脉，上面深绿色，有光泽，下面浅绿色，上部渐窄，基部楔形或宽楔形，向下窄成柄状。雄球花穗状圆柱形，单生叶腋，常呈分枝状，长 1.8~2.5 cm；雌球花单生叶腋，稀成对腋生，基部有数枚苞片，花后苞片不肥大成肉质种托。种子圆球形，径 1.2~1.5 cm，成熟时假种皮暗紫色，有白粉，梗长 7~13 mm，其上有苞片脱落的痕迹；骨质外种皮黄褐色，顶端圆，基部尖，其上密被细小的凹点，内种皮膜质。花期 3—4 月，种子 10 月成熟。

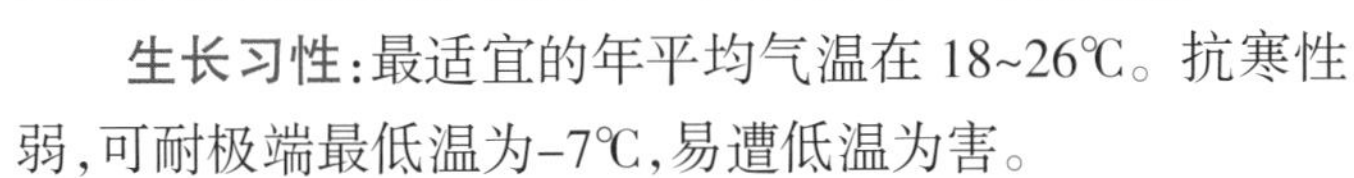

生长习性：最适宜的年平均气温在 18~26℃。抗寒性弱，可耐极端最低温为-7℃，易遭低温为害。

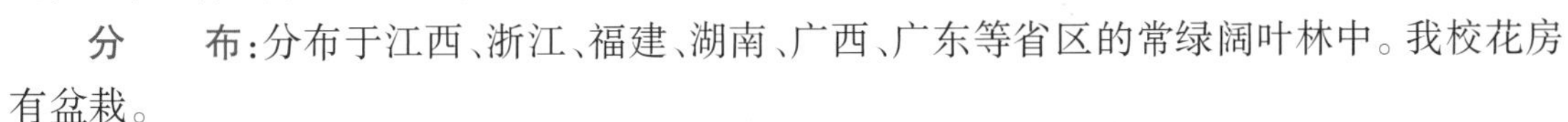

分　　布：分布于江西、浙江、福建、湖南、广西、广东等省区的常绿阔叶林中。我校花房有盆栽。

繁　　殖：播种或扦插繁殖。

应　　用：是南方良好的庭荫树和园林中的行道树。材质优良，纹理直，不裂，不翘变，可供建筑、家具、乐器、雕刻等用。是著名的木本油料树种。叶可入药，具止血、接骨功效。

11. 南洋杉 *Araucaria cunninghamii*

别　　名：澳洲杉、鳞叶南洋杉、塔形南洋杉

科　　属：南洋杉科　南洋杉属

形态特征：常绿乔木，在原产地高可达 60~70 m，胸径可达 1 m 以上。树皮灰褐色或暗灰色，粗，横裂；大枝平展或斜伸，幼树冠尖塔形，老则成平顶状，侧身小枝密生，下垂，近羽状排列。球果卵圆形或椭圆形，长 6~10 cm，宽约 4 cm，基部宽，上部渐窄或微圆，先端尖或钝。中脉明显或不明显，上面灰绿色，有白粉，有多数气孔线，下面绿色，仅中下部有不整齐的疏生气孔线。雄球花

单生枝顶，圆柱形。苞鳞刺状且尖头向后强烈弯曲，种子两侧有翅。

生长习性：喜气候温暖，空气清新湿润，光照柔和充足；不耐寒，忌干旱。

分　　布：原产大洋洲东南沿海地区。我国广州、海南岛、厦门等地有栽培，作庭园树，长江以北多盆栽。我校花房有栽培。

繁　　殖：播种或扦插繁殖。

应　　用：是世界五大庭院观赏树种之一，生长快，易开花结实，适宜独植为园景树或作纪念树，亦可作行道树。又是珍贵的室内盆栽树，也可作为大型雕塑或风景建筑背景树。木材可供建筑及制家具用，树皮可提取松脂。

12. 三角枫 *Acer buergerianum*

别　　名：三角槭

科　　属：槭树科　槭属

形态特征：落叶乔木。树皮褐色或深褐色，粗糙。小枝细瘦；当年生枝紫色或紫绿色，近于无毛；多年生枝淡灰色或灰褐色，稀被蜡粉。叶卵形或倒卵形，3浅裂，稀全缘，中央裂片三角卵形，急尖、锐尖或短渐尖；裂片边缘通常全缘，稀具少数锯齿；裂片间的凹缺钝尖；上面深绿色，下面黄绿色或淡绿色，被白粉，略被毛，在叶脉上较密；初生脉3条，稀基部叶脉也发育良好，致成5条；侧脉通常在两面都不显著；叶柄淡紫绿色，细瘦，无毛。萼片5，黄绿色，卵形，无毛，长约1.5 mm；花瓣5，淡黄色。翅果黄褐色；小坚果特别凸起，翅与小坚果共长2~2.5 cm，稀达3 cm，宽9~10 mm，中部最宽，基部狭窄，张开成锐角或近于直立。花期4月，果期8月。

生长习性：为弱阳性树种，稍耐阴。喜温暖、湿润环境及中性至酸性土壤。耐寒，较耐水湿，萌芽力强，耐修剪。树系发达，根蘖性强。

分　　布：广布长江流域各省区，黄河流域有栽培。我校足球场旁和花房有栽培。

繁　　殖：播种繁殖。

应　　用：宜孤植、丛植作庭荫树，也可作行道树及护岸树。

13. 枸骨 *Ilex cornuta*

别　　名：鸟不宿、猫儿刺、老虎刺、枸骨冬青

科　　属：冬青科　冬青属

形态特征：常绿灌木或小乔木。树皮灰白色，平滑不裂。单叶互生，叶硬革质，矩圆形，顶端扩大并有3枚大尖硬刺，中央一枚向背面弯，基部两侧各有1~2枚大刺齿，表面深绿而有光泽，背面淡绿色。

叶有时全缘,基部圆形,这样的叶往往长在大树树冠上部。花黄绿色,4 基数,雌雄异株,簇生二年生枝上。花期 4—5 月,果 9—12 月成熟。

生长习性:喜光,稍耐阴。喜温暖气候及肥沃、湿润而排水良好的微酸性土壤,耐寒性不强。

分　　布:原产长江中下游各省。我校花房有栽培。

繁　　殖:可用播种和扦插等法繁殖。

应　　用:叶和果入药,具有养阴清热、补益肝肾、祛风、止痛、解毒之功效。枝叶稠密,叶形奇特,深绿光亮,入秋红果累累,经冬不凋,鲜艳美丽,是良好的观叶、观果树种。

14. 菜豆树 *Radermachera sinica*

别　　名:蛇树、豆角树、接骨凉伞、牛尾树、幸福树

科　　属:紫葳科　菜豆树属

形态特征:常绿小乔木,高可达 10 m。叶柄、叶轴、花序均无毛。二回羽状复叶,稀为三回羽状复叶,叶轴长约 30 cm;小叶卵形至卵状披针形,长 4~7 cm,宽 2~3.5 cm,顶端尾状渐尖,基部阔楔形,全缘,侧脉 5~6 对,向上斜伸,两面均无毛,侧生小叶片在近基部的一侧疏生少数盘菌状腺体;顶生小叶柄长 1~2 cm。顶生圆锥花序,直立;苞片线状披针形;花萼蕾时封闭,锥形,内包有白色乳汁,萼齿 5,卵状披针形;花冠钟状漏斗形,白色至淡黄色,长 6~8 cm,裂片 5,圆形,具皱纹。蒴果细长,下垂,圆柱形,稍弯曲,多沟纹,渐尖,长达 85 cm,径约 1 cm;果皮薄革质,小皮孔极不明显;隔膜细圆柱形,微扁。花期 5—9 月,果期 10—12 月。

生长习性:性喜高温多湿、阳光足的环境;耐高温、畏寒冷、宜湿润、忌干燥。栽培宜用疏松肥沃、排水良好、富含有机质的壤土和砂质壤土。

分　　布:原产台湾、广东、海南、广西、贵州、云南等地。我校花房有盆栽。

繁　　殖:播种或扦插繁殖。

应　　用:常为中小型盆栽,可摆放在阳台、卧室、门厅等处。成熟植株叶子茂密青翠,充满活力朝气。根、叶、果入药,可凉血消肿,治高热、跌打损伤、毒蛇咬伤。

15. 榕树 *Ficus microcarpa*(略:在 4 号区已经介绍)

16. 日本五针松 *Pinus parviflora*

别　　名:五钗松、日本五须松、五针松

科　　属:松科　松属

形态特征:乔木,高可达 25 m,胸径可达 1 m。幼树树皮淡灰色,平滑,大树树皮暗灰色,裂

成鳞状块片脱落；枝平展，树冠圆锥形；一年生枝幼嫩时绿色，后呈黄褐色，密生淡黄色柔毛；冬芽卵圆形，无树脂。针叶5针一束，微弯曲，边缘具细锯齿，背面暗绿色，无气孔线，腹面每侧有3~6条灰白色气孔线；横切面三角形；叶鞘早落。球果卵圆形或卵状椭圆形，几无梗，熟时种鳞张开；鳞盾淡褐色或暗灰褐色，近斜方形，先端圆，鳞脐凹下；种子为不规则倒卵圆形，近褐色，具黑色斑纹，有种翅。

生长习性：喜生于土壤深厚、排水良好、适当湿润之处，在阴湿之处生长不良。虽对海风有较强的抗性，但不适于砂地生长。

分　　布：原产日本，分布在本州中部、北海道、九州、四国海拔1 500 m的山地。我国长江流域各城市、青岛、北京等地有引种。我校盆景园中有栽培。

繁　　殖：播种、嫁接或扦插繁殖。因种子不易采得，一般采用嫁接繁殖。

应　　用：为名贵的园林观赏树种、盆景树种。孤植配奇峰怪石，整形后在公园、庭院、宾馆作点景树，适宜与各种古典或现代的建筑配置。

17. 刺叶冬青 *Ilex bioritsensis*（略：在5号区已经介绍）

18. 印度橡皮树 *Ficus elastica*

别　　名：印度榕、印度橡胶

科　　属：桑科　榕属

形态特征：常绿乔木，高可达30 m以上。全株光滑，无毛，茎秆生气生根，有乳胶汁。叶宽大具长柄，厚革质，具光泽，长椭圆形或矩圆形，边全缘，长10~30 cm，先端钝尾尖，基部圆，叶面深绿色，具灰绿色或黄白色的斑纹和斑点，背面淡绿色。幼芽红色，具苞片。侧脉与中肋成直角。新芽生出时包在淡红色的托叶中，颇美丽。

生长习性：性喜暖湿，不耐寒，喜光，亦能耐阴。要求肥沃土壤，宜湿润，亦稍耐干燥，生长适温为20~25℃。

分　　布：原产印度、缅甸和斯里兰卡，中国各地多有栽培，城市盆栽极为广泛，北方在温室越冬。我校花圃有栽培。

繁　　殖：以扦插为主，也可用压条繁殖。

应　　用：叶大光亮，四季葱绿，为常见的观叶树种。盆栽可陈列于客厅卧室中，以资点缀。在温暖地区可露地栽培作行道树或风景树。

19. 鱼尾葵 *Caryota ochlandra*

别　　名:假桄榔、青棕、钝叶、董棕、假桄榔

科　　属:棕榈科　鱼尾葵属

形态特征:多年生常绿乔木，株高可达10~20 m。茎干直立,不分枝。叶大型,二回羽状全裂，厚革质,上部有不规则齿状缺刻,先端下垂,似鱼尾。肉穗花序下垂,花序长达3 m,小花黄色,3朵簇生。花期7月。果子球形,熟后紫红色。

生长习性:喜温暖湿润、光照充足,宜生于排水良好、疏松、肥沃的土壤。忌强光直射和曝晒,不耐寒。

分　　布:原产亚洲热带、亚热带及大洋洲。中国南部、西南部有分布。我校花房有盆栽。

繁　　殖:播种繁殖。

应　　用:茎含大量淀粉,可作桄榔粉的代用品;边材坚硬,可用于制作手杖和筷子等。根可入药,强筋健骨。

20. 散尾葵 *Chrysalidocarpus lutescens*

别　　名:黄椰子、紫葵

科　　属:棕榈科　散尾葵属

形态特征:丛生常绿灌木或小乔木。茎干光滑,黄绿色,有环纹状叶痕。叶细长,羽状复叶,全裂,长40~150 cm,叶柄稍弯曲,先端柔软;裂片条状披针形,不对称,背面主脉隆起;叶柄、叶轴、叶鞘均淡黄绿色;叶鞘圆筒形,包茎。肉穗花序圆锥状,生于叶鞘下,多分支,长约40 cm,宽50 cm;花小,金黄色。果近圆形,橙黄色;种子1~3枚,卵形至椭圆形。花期3—4月。

生长习性:喜温暖湿润、半阴且通风良好的环境,不耐寒,较耐阴,畏烈日,宜疏松、排水良好、富含腐殖质的土壤,越冬温度不得低于5℃。

分　　布:原产非洲马达加斯加岛,世界各热带地区多有栽培,我国广泛引种栽培。我校花圃有栽培。

繁　　殖:播种和分株繁殖。

应　　用:可布置于客厅、餐厅、会议室、家庭居室、书房、卧室或阳台。枝干入药,有收敛止血功效,主治吐血、咯血、便血、崩漏。

二、灌木

1. 夏威夷椰子 *Pritchardia gaudichaudii*

别　　名:竹茎玲珑椰子、竹榈、竹节椰子、雪佛里椰子

科　　属:棕榈科　茶马椰子属

形态特征:茎干直立,株高 1~3 m。茎节短,中空,具明显的茎节,从地下匍匐茎发新芽而抽长新枝,呈丛生状生长,不分枝。叶多生茎干中上部,羽状全裂,裂片披针形,互生,叶深绿色,且有光泽。花为肉穗花序,腋生于茎干中上部节位上,粉红色。开花挂果期可长达 2~3 个月。浆果紫红色。

生长习性:性喜高温高湿,耐阴,怕阳光直射。宜用疏松、通气透水良好、富含腐殖质的基质。

分　　布:原产墨西哥、危地马拉,主要分布于中南美洲热带地区。我校花圃有栽培。

繁　　殖:播种或分株繁殖。

应　　用:可用于客厅、书房、会议室、办公室等处绿化装饰。

2. 虎刺梅 *Euphorbia milii*

别　　名:铁海棠、麒麟刺、麒麟花

科　　属:大戟科　大戟属

形态特征:直立或稍攀缘性小灌木。多刺,体内有白色浆汁。茎和小枝有棱,棱沟浅,密被锥形尖刺。叶片密集着生新枝顶端,叶倒卵形至矩圆状匙形,叶面光滑,鲜绿色。杯状花序 2~4 个生于枝端,总苞钟形,基部有 2 枚红色苞片,花有长柄,蒴果扁球形。花期冬、春季,南方可四季开花,花果期全年。同属植物常见栽培的尚有白花虎刺梅。目前有多种花色园艺变种及大花品种。

生长习性:喜温暖、湿润和阳光充足的环境。

分　　布:原产非洲马达加斯加岛,现分布于世界各地。我校花房有栽培。

繁　　殖:主要是扦插繁殖。

应　　用:栽培容易,开花期长,苞片红色,鲜艳夺目,是深受欢迎的盆栽植物。全株入药,外敷可治瘀痛、骨折及恶疮等。

3. 西洋杜鹃 *Rhododendron hybrida*

别　　名:比利时杜鹃

科　　属:杜鹃花科　杜鹃属

形态特征:常绿矮小灌木。枝、叶表面疏生柔毛。分支多,叶互生,叶片卵圆至长椭圆形,全缘,深绿色。总状花序,花顶生,花冠阔漏斗状,花有半重瓣和重瓣,花色有红、粉、白、玫瑰红和双色等。花期主要在冬、春季。

生长习性:喜温暖、湿润、空气凉爽、通风和半阴的环境。要求土壤酸性、肥沃、疏松、富含有机质、排水良好。夏季忌阳光直射,应遮阳并常喷水,保持空气湿度。

分　　布:温带、亚热带分布广泛。我国广泛室内栽培。我校温室有栽培。

繁　　殖:可用扦插、嫁接、压条、播种等方法繁殖,常于早春进行。

应　　用:可作盆栽、树桩盆景,供观赏、园林布置等。

4. 三角梅 *Bougainvillea spectabilis*

别　　名:九重葛、簕杜鹃、叶子花

科　　属:紫茉莉科　叶子花属

形态特征:常绿攀缘状灌木。枝具刺,拱形下垂。单叶互生,卵形全缘或卵状披针形,被厚绒毛,顶端圆钝,基部圆形,有柄。枝、叶密生柔毛;刺腋生,下弯。花序腋生或顶生,常3朵簇生于3枚较大的苞片内;苞片椭圆状卵形,基部圆形至心形,长2.5~6.5 cm,宽1.5~4 cm,暗红色或淡紫红色;花被管狭筒形,长1.6~2.4 cm,绿色,密被柔毛,顶端5~6裂,裂片开展,黄色,长3.5~5 mm;雄蕊通常8;子房具柄。果实长1~1.5 cm,密生毛。花期春、秋季。

生长习性:喜温暖湿润气候,不耐寒,在3℃以上才可安全越冬,15℃以上方可开花。喜充足光照。对土壤要求不严,在排水良好、含矿物质丰富的黏重壤土中生长良好,耐贫瘠,耐碱,耐干旱,忌积水,耐修剪。

分　　布:原产南美巴西、秘鲁、阿根廷。华南、西南各地广泛栽培。是赞比亚国花。我国南方许多城市把三角梅作为市花,如深圳、厦门、北海、海口、三亚、珠海、惠州、梧州、柳州等。我校花房有种植。

繁　　殖:以扦插繁殖为主,也可嫁接繁殖。

应　　用:花期长,苞片艳丽,色彩丰富,可栽培于庭园及屋宅、棚架旁,或用于垂直绿化,使其攀缘山石、楼顶、园墙、廊柱等,也可作树桩盆景。长江以北可温室栽培。花可入药,有调和气血之效。

5. 非洲茉莉 *Fagraea ceilanica*

别　　名:华灰莉木、箐黄果

科　　属:马钱科　灰莉属

形态特征:常绿蔓性藤本,茎长可达 4 m。叶对生,长 15 cm,广卵形至长椭圆形,先端突尖,厚革质,全缘,表面暗绿色。夏季开花,伞房状聚伞花序,腋生,萼片 5 裂,花冠高脚碟状,先端 5 裂,裂片卵圆状长椭圆形,花冠筒长 6 cm,象牙白,蜡质,芳香浓郁。蓇葖果椭圆形,种子顶端具绢质白种毛。花期 5 月,果期 10—12 月。

生长习性:在气候温暖的环境条件下生长良好,生长适温为 18~32℃,夏季气温高于 38℃以上时会抑制植株生长;华南部分地区地栽可露地越冬,长江以北地区盆栽则要求冬季棚室温度不低于 3~5℃,至少应高于 0℃,否则极易招致叶片及嫩梢冻伤。

分　　布:分布于我国南部及东南亚等国。我校花房有栽培。

繁　　殖:主要用播种、分株、压条等方法繁殖。

应　　用:产生的挥发性油类具有显著杀菌作用,可使人放松,有利于睡眠、提高工作效率,花入药主采其杀菌解毒效果。

6. 瓜栗 *Pachira macrocarpa*

别　　名:马拉巴栗、发财树、中美木棉、鹅掌钱

科　　属:木棉科　瓜栗属

形态特征:常绿小乔木,高 4~5 m,掌状复叶,小叶 5~11 枚,长圆至倒卵圆形,渐尖,基部楔形,全缘,上面无毛,背面及叶柄被锈色星状茸毛,枝条多轮生。花大,花瓣条裂,花色有红、白或淡黄色,色泽艳丽。蒴果近梨形,长 9~10 cm,直径 4~6 cm,果皮厚,木质,几黄褐色,外面无毛,内面密被长绵毛,开裂,每室种子多数,大粒,形状不规则,浅褐色。花期 4—5 月,果期 9—10 月。

生长习性:喜高温高湿气候,耐寒力差,幼苗忌霜冻,成年树可耐轻霜及长期 5~6℃低温,华南地区可露地越冬,华南以北地区冬季须移入温室内防寒,喜肥沃疏松、透气保水的砂壤土,喜酸性土,忌碱性土或黏重土壤,较耐水湿,也稍耐旱。

分　　布:原产拉丁美洲的墨西哥、巴西、哥斯达黎加,我国南部热带地区亦有分布。我校花房有盆栽。

繁　　殖:用扦插、水培、沙培、播种等方法繁殖。

应　　用:常见为室内观赏植物,曾被联合国环保组织评为世界十大室内观赏花木之一。在华南用作行道树,可净化空气,吸收甲醛等有害气体。种子可食用,味道和花生差不多。

7. 胡椒木 *Zanthoxylum beecheyanum* ‘Odorum’

别　　名:青香木

科　　属:芸香科　花椒属

形态特征:常绿灌木。奇数羽状复叶,叶基有短刺2枚,叶轴有狭翼。小叶对生,倒卵形,长0.7~1 cm,革质,叶面浓绿富光泽,全叶密生腺体。雌雄异株,雄花黄色,雌花橙红色,子房3~4个。果实椭圆形,绿褐色。

生长习性:生长慢。耐热、耐寒、耐旱、耐风、耐剪、易移植。不耐水涝。栽培土质以肥沃的砂质壤土为佳,排水、光照须良好。

分　　布:原产日本,我国长江以南地区常作地被物栽培利用。我校盆景园有栽培。

繁　　殖:在春季用扦插、高压法繁殖。

应　　用:叶色浓绿细致,质感佳,并能散发香味,适于花槽栽植或作低篱、地被、修剪造型。

8. 龙船花 *Ixora chinensis*

别　　名:卖了木、山丹、英丹、仙丹花、百日红

科　　属:茜草科　龙船花属

形态特征:常绿灌木,高0.8~2 m,无毛。小枝初时深褐色,有光泽,老时呈灰色,具线条。叶对生,有时由于节间距离极短几成4枚轮生,披针形、长圆状披针形至长圆状倒披针形。花序顶生,多花,具短总花梗;花冠红色或红黄色,顶部4裂,裂片倒卵形或近圆形,扩展或外反,顶端钝或圆形。果近球形,双生,中间有1沟,成熟时红黑色。花期5—7月,果期10—11月。

生长习性:适合高温及日照充足的环境,喜湿润炎热气候,不耐低温。生长适温在23~32℃,气温低于20℃后长势减弱,开花明显减少,但若日照充足,仍有一定数量的花苞;温度低于10℃后生理活性降低,生长缓慢;温度低于0℃时会产生冻害。

分　　布:原产中国、缅甸和马来西亚。我校花房有栽培。

繁　　殖:用播种、压条、扦插繁殖均可,一般多用扦插法。

应　　用:在热带地区特别适宜露地栽植,应用于庭院、宾馆、小区道路旁及各风景区的植物造景,孤植、丛植、列植、片植均各有特色。亦可作药用。

9. 大花六道木 *Abelia × grandiflora*

别　　名:六道木

科　　属:忍冬科　六道木属

形态特征:常绿灌木。幼枝红褐色,有短柔毛;叶片倒卵形,长 2~4 cm,墨绿有光泽。花粉白色,钟形,长约 2 cm,有香味;花萼 4~5枚,大而宿存,粉红色;圆锥花序。花期 5—11 月。

生长习性:为阳性植物,性喜温暖、湿润气候,在中性偏酸、肥沃、疏松的土壤中生长快速。抗性优良,能耐阴、耐寒(-10℃)、耐干旱,抗短期洪涝,强耐盐碱。

分　　布:分布于华东、西南及华北。我校花房有栽培。

繁　　殖:因种子细小不易收获,多采用扦插或分株繁殖。

应　　用:枝条柔顺下垂,树姿婆娑,于庭园中配植或群植用作绿篱和花径均宜。

10. 鹅掌柴 *Schefflera octophylla*

别　　名:鸭脚木

科　　属:五加科　鹅掌柴属

形态特征:常绿大乔木或灌木,盆栽条件下株高 30~80 cm 不等,在原产地可达 40 m。分枝多,枝条紧密。掌状复叶,小叶 5~9 枚,椭圆形或卵状椭圆形,全缘,长 9~17 cm,宽 3~5 cm,端有长尖,叶革质,浓绿,有光泽。花小,多数白色,有香气,伞形花序集成大型圆锥花序,花期冬、春季;浆果球形,果期 12 月至翌年 1 月。

生长习性:喜温暖、湿润、半阳环境。宜生于深厚、肥沃的酸性土中,稍耐瘠薄。

分　　布:原产大洋洲,我国广东、福建等地亚热带雨林有分布。现广泛植于世界各地。我校花圃有栽培。

繁　　殖:播种或扦插繁殖。

应　　用:适于作大型盆栽,也可于庭院孤植,是南方冬季的蜜源植物。

11. 十大功劳 *Mahonia fortunei*

别　　名:细叶十大功劳、老鼠刺、猫刺叶、黄天竹、土黄柏

科　　属:小檗科　十大功劳属

形态特征:常绿灌木,高可达 2 m。根和茎断面黄色,叶苦。一回奇数羽状复叶互生,长 15~30 cm;小叶 3~9,革质,披针形,长 5~12 cm,宽 1~2.5 cm,侧生小叶片等长,顶生小叶最大,均无柄,先端急尖或渐尖,基部狭楔形,边缘有 6~13 刺状锐齿;托叶细小,外形。总状花序直立,4~8 个簇生;萼片 9,3 轮;花瓣黄色,6 枚,2 轮;花梗长 1~4 mm。浆果圆形或长圆形,长 4~6 mm,蓝黑色,有白粉。花期 7—10 月,果期 10—12 月。

生长习性:为暖温带植物,具较强的抗寒能力。不耐暑热,在高温下不但生长停止,叶片也会干尖。在原产地多生长于阴湿峡谷和森林下面,属阴性植物。喜排水良好的酸性腐殖土,极不耐碱,较耐旱,怕水涝,在干燥的空气中生长不良。

分　　布:分布于四川、湖北和浙江等省。我校花圃和学生宿舍旁有栽培。

繁　　殖:播种、扦插、分株繁殖。

应　　用:全株供药用,主治细菌性痢疾、胃肠炎、传染性肝炎、支气管炎、咽喉肿痛、结膜炎、烧伤、烫伤等症。由于叶形奇特,黄花似锦,典雅美观,在江南园林中常丛植于假山旁侧。

12. 雀梅藤 *Sageretia thea*

别　　名:刺冻绿、对节刺、碎米子、对角刺、酸果、酸铜子、酸色子

科　　属:鼠李科　雀梅藤属

形态特征:落叶藤状或直立灌木。小枝具刺,互生或近对生,褐色,被短柔毛。叶纸质,近对生或互生,通常椭圆形、矩圆形或卵状椭圆形,稀卵形或近圆形,顶端锐尖,钝或圆形,基部圆形或近心形,边缘具细锯齿,上面绿色,无毛,下面浅绿色,无毛或沿脉被柔毛,侧脉 2~3 对,上面不明显,下面明显凸起;叶柄长 2~7 mm,被短柔毛。花小无梗,绿白色,有芳香,通常数个簇生,排成穗状圆锥花序;花瓣匙形,顶端 2 浅裂,常内卷,短于萼片;花柱极短,柱头 3 浅裂,子房 3 室,每室具 1 胚珠。核果近圆球形,直径约 5 mm,成熟时黑色或紫黑色,具 1~3 不开裂的分核,味酸;种子扁平,两端微凹。花期 7—11 月,果期翌年 3—5 月。

生长习性:喜半阴,喜温暖湿润气候,有一定耐寒性,对土壤要求不严,耐阴,萌芽、萌蘖力强,耐整形、修剪。

分　　布:分布于长江流域及以南地区。我校盆景园有盆栽。

繁　　殖:主要是播种和扦插繁殖。

应　　用:温暖地区常作绿篱及制作盆景。果甜可食,嫩叶代茶。根可供药用,有化痰散结、消炎止痛功效。

13. 小勾儿茶 *Berchemiella wilsonii*

科　　属:鼠李科　小勾儿茶属

形态特征:落叶灌木。树皮灰黑色,纵裂;小枝淡红褐色,无毛,具明显的皮孔,有纵裂纹。叶互生,纸质,椭圆形或椭圆状披针形,先端渐尖、短渐尖或钝、具短尖,基部圆形或宽楔形,稍不对称,边缘波状或全缘,上面淡绿色,无毛,下面灰白色,脉腋微被茸毛,侧脉 7~10 对,中脉及侧脉在上面稍凹,在下面凸起;托叶短,三角形。聚伞花序复组成疏生总状花序, 顶生无毛; 淡黄色,苞片三角形,早落;花萼 5 裂,花瓣 5,宽倒卵形或卵状菱形,与萼片互生、近等长。果成熟时红色,长椭圆形,长约 8 mm,直径约 3.5 mm。5—6 月开花,8—9 月果熟。

生长习性:喜温暖、湿润环境,多生于土层深厚、土质肥沃、排水良好的沟谷中下部。

分　　布:分布于湖北西部兴山县、保康县、五峰县、竹溪县、房县、神农架,安徽南部歙县柏子山及西部霍山。我校花房和 8 号区山林中有引种栽培。

繁　　殖:播种繁殖。

应　　用:濒危种,被列为国家二级保护植物。最好是就地保护。根入药,具有祛风湿、活血通络、止咳化痰、健脾益气之功效,主治风湿关节痛、腰痛、痛经、肺结核、瘰疬、小儿疳积、肝炎、胆道蛔虫、毒蛇咬伤、跌打损伤。

14. 纹瓣悬铃花 *Abutilon striatum*

别　　名:金玲花、风铃花

科　　属:锦葵科　苘麻属

形态特征:常绿灌木,高可达 1 m。叶掌状 3~5 深裂,裂片卵状渐尖形, 先端长渐尖,边缘具锯齿或粗齿,两面均无毛或仅下面疏被星状柔毛; 叶柄长 3~6 cm,无毛;托叶钻形,常早落。花单生于叶腋,花梗下垂,长 7~10 cm,无毛;花萼钟形,长约 2 cm,裂片 5,卵状披针形,深裂达萼长的 3/4,密被褐色星状短柔毛;花钟形,橘黄色,具紫色条纹,花瓣 5,倒卵形,外面疏被柔毛;雄蕊柱长约 3.5 cm,花药褐黄色,多数,集生于柱端;子房钝头，被毛，花柱分枝10，紫色，柱头头状，突出于雄蕊柱顶端。果未见。花期5—10月。

生长习性：喜温暖湿润和阳光充足的环境，也耐半阴，适宜在含腐殖质丰富、疏松透气的砂质土壤中生长。

分　　布：原产南美洲的巴西、乌拉圭等地。我国福建、浙江、江苏、湖北、北京、辽宁等地各大城市有栽培。我校花圃温室有栽培。

繁　　殖：可用扦插或高空压条的方法繁殖，多在春秋季节进行。

应　　用：花奇特，橙红色，有红色脉纹，形似风铃，适合庭院栽培作花篱或做大中型盆栽观赏。茎皮可以取纤维加工编织做缆绳、麻袋等用。

15. 朱槿 *Hibiscus rosa-sinensis*

别　　名：扶桑、佛桑、大红花、朱槿牡丹

科　　属：锦葵科　木槿属

形态特征：常绿大灌木或小乔木，茎直立而多分枝，高可达6 m。单叶互生，宽卵形或狭卵形，长7~10 cm，具3主脉，先端突尖或渐尖，基部近圆形，边缘有不整齐粗齿或缺刻，两面无毛。花大，有下垂或直上之柄，单生于上部叶腋间，有单瓣、重瓣之分；单瓣者漏斗形，重瓣者非漏斗形，呈红、黄、粉、白等色，雄蕊柱和花柱较长，伸出花冠外；花萼钟形，裂片卵状。蒴果卵形，平滑无毛，有喙。花期全年，夏秋最盛。

生长习性：抗逆性强，病虫害很少，性喜温暖、湿润气候，不耐寒冷，要求日照充分。在平均气温10℃以上地区生长良好。喜光，不耐阴，适生于有机物质丰富、pH 6.5~7的微酸性土壤，在南方地栽作花篱，长江流域以北地区均温室盆栽。

分　　布：原产中国，分布于福建、广东、广西、云南、四川诸省区。是马来西亚、巴拿马和斐济国花；也是广西南宁市市花。我校花圃有栽培。

繁　　殖：常用扦插和嫁接繁殖。

应　　用：在南方多散植于池畔、亭前、道旁和墙边，盆栽适于客厅和入口处摆设。花、叶、茎、根均可入药，有清热利水、解毒消肿之功效。

16. 胡颓子 *Elaeagnus pungens*

别　　名：羊奶子

科　　属：胡颓子科　胡颓子属

形态特征：常绿直立灌木，具刺，刺顶生或腋生，有时较短，深褐色。幼枝微扁棱形，密被锈色鳞片，老枝鳞片状脱落，黑色，具光泽。叶革质，椭圆形或阔椭圆形，稀矩圆形，两端钝形或基部圆形，边缘微反卷或皱波状，上面幼时具银白色和少数褐色鳞片，成熟后脱落，具光泽，干燥后褐绿色或褐色，下面密被银白色和少数褐色鳞片。叶柄深褐色。花白色或淡白色，下垂，密被鳞片，1~3花生于叶腋锈色短小枝上。萼筒圆筒形或漏斗状圆筒形。果实椭圆形，成熟时红色，果核内面具白色丝状棉毛。花期9—12月，果期翌年4—6月。

生长习性：不怕阳光曝晒，也具有较强的耐阴力。

分　　布：原产中国，北半球温带和亚热带地区有分布。我校花房有栽培。

繁　　殖：播种或扦插繁殖。

应　　用：种子、叶和根可入药。种子可止泻，叶治肺虚短气，根治吐血及煎汤洗疮疥有一定疗效。果实味甜，可酿酒和熬糖。株型自然，红果下垂，适于草地丛植，也用于林缘、树群外围作自然式绿篱。

17. 瑞香 *Daphne odora*

别　　名：睡香

科　　属：瑞香科　瑞香属

形态特征：常绿直立灌木。枝粗壮，通常二歧分枝，小枝近圆柱形，紫红色或紫褐色，无毛。叶互生，纸质，长圆形或倒卵状椭圆形，先端钝尖，基部楔形，边缘全缘，上面绿色，下面淡绿色，两面无毛，侧脉7~13对，与中脉在两面均明显隆起。花粉红色或白色，无毛，数朵至12朵组成顶生头状花序；苞片披针形或卵状披针形，无毛，脉纹显著隆起。果实红色。花期3—5月，果期7—8月。

生长习性：性喜半阴和通风环境，忌曝晒，不耐积旱。喜肥沃、湿润而排水良好的微酸性壤土，萌发力强，耐修剪。

分　　布：分布于长江流域以南各省区。我校花圃有栽培。

繁　　殖：主要采用播种、扦插、分株、压条、嫁接繁殖。

应　　用：最适种于林间空地、林缘道旁、山坡台地及假山阴面，若散植于岩石间则风趣倍增。入药性味甘、咸，能活血化瘀。

18. 巴西野牡丹 *Tibouchina semidecandra*

别　　名：紫花野牡丹、燕子野牡丹

科　　属：野牡丹科　蒂牡花属

形态特征：常绿小灌木。枝条红褐色。单叶对生，叶全缘，椭圆形至披针形，两面具细茸毛。花顶生，5瓣，深紫蓝色。花萼5枚，红色，被绒毛。初开之花呈深紫色，后呈紫红色。着叶处，有环形的向外凸出的节。蒴果杯状球形。一年可多次开花，每年10月至次年2月为盛花期。

生长习性：性喜高温，极耐寒，对温度的适应范围广。

分　　布：原产巴西低海拔山区及平地，我国广东、海南等地有引种栽培。我校温室有盆栽。

繁　　殖：主要用扦插繁殖。

应　　用：为观花植物，可孤植或片植、丛植以布置园林。

19. 红背桂 *Excoecaria cochinchinensis*

别　　名：红子木、紫背桂、红背桂花

科　　属：大戟科　海漆属

形态特征：常绿灌木。枝无毛，具多数皮孔。单叶对生，稀兼有互生或近3片轮生，革质，叶片狭椭圆形或倒卵状矩圆形，顶端长渐尖，基部渐狭，边缘有疏细齿，两面均无毛，叶片上面绿色，下面紫红色，中脉于两面均凸起，侧脉8~12对，弧曲上升。托叶卵形，顶端尖。花单性，雌雄异株，聚集成腋生或稀兼有顶生的总状花序，雄花序长1~2 cm，雌花序由3~5朵花组成，略短于雄花序。蒴果球形，熟时红色，基部截平，顶端凹陷。种子近球形。花期几乎全年。

生长习性：耐半阴，忌阳光曝晒，夏季放在庇荫处可保持叶色浓绿。要求肥沃、排水好的砂壤土。

分　　布：分布于广东、广西、云南等地。我校温室有栽培。

繁　　殖：用扦插、播种、嫁接等方法繁殖。

应　　用：枝叶飘飒，清新秀丽，盆栽常用以“点缀”室内厅堂、居室(不适宜长期摆放室内)，南方用于庭园、公园、居住小区绿化，茂密的株丛及鲜艳的叶色与建筑物或树丛辉映，彰显自然闲趣。

20. 变叶木 *Codiaeum variegatum*

别　　名：洒金榕

科　　属：大戟科　变叶木属

形态特征：常绿灌木或小乔木。单叶互生，厚革质。叶形和叶色依品种不同而有很大差异，叶片形状有线形、披针形至椭圆形，边缘全缘或者分裂，有时波浪状或螺旋状扭曲。叶片上常具有白、紫、黄、红色的斑块和纹路，全株有乳状液体。总状花序腋生，雌雄同株异序。蒴果近球形，稍扁，无毛。花期9—10月，果期10—12月。

生长习性：喜高温、湿润和阳光充足的环境，不耐寒，喜湿怕干。

分　　布:原产东南亚及澳大利亚。我国南部各省区常见栽培。我校温室有栽培。

繁　　殖:常用播种、扦插、压条、嫁接等方法繁殖。

应　　用:因在叶形、叶色上变化显示出色彩美、姿态美,成为深受人们喜爱的观叶植物。其枝叶是插花理想的配叶料,不是鲜花而胜似鲜花。根、茎、叶上的乳汁有毒。

21. 一品红 *Euphorbia pulcherrima*

别　　名:象牙红、圣诞花、圣诞红、猩猩木

科　　属:大戟科　大戟属

形态特征:常绿灌木。茎、叶含白色乳汁。茎光滑,嫩枝绿色,老枝深褐色。单叶互生,叶卵状椭圆形至披针形,全缘或波状浅裂。开花时,生于上部者朱红色,杯状聚伞花序,每一花序只有1枚雄蕊和1枚雌蕊,其下形成鲜红色的总苞片,总苞坛状,呈叶片状,有2个大而呈黄色的腺体,色泽艳丽,是观赏的主要部位。真正的花则是苞片中间一群黄绿色的细碎小花,不易引人注意。果为蒴果。花果期9月至次年4月。

生长习性:喜温暖、喜湿润、喜阳光。

分　　布:原产墨西哥塔斯科地区。我国两广和云南地区有露地栽培,其他地方室内盆栽观赏。我校温室有盆栽。

繁　　殖:主要用扦插和压条两种方法繁殖。

应　　用:花色艳丽,由于其开花时正值元旦、春节,因此有普天同庆、共祝新生的美好寓意。鲜叶入药,有调经止血、活血化瘀、接骨消肿的功效。

22. 茉莉花 *Jasminum sambac*

别　　名:香魂、莫利花、没丽、没利、抹厉、末莉、末利、木梨花

科　　属:木犀科　素馨属

形态特征:常绿小灌木或藤本状灌木,高可达1 m。枝条细长,小枝有棱角,有时有毛。单叶对生,光亮,宽卵形或椭圆形,叶脉明显,叶面微皱,叶柄短而向上弯曲,有短柔毛。初夏由叶腋

抽出新梢,聚伞花序顶生或腋生,有花3~9朵,花冠白色,极芳香。果球形,径约1 cm,呈紫黑色。花期5—8月,果期7—9月。

生长习性:性喜温暖湿润,在通风良好的半阴环境生长最好。宜含有大量腐殖质的微酸性砂质土壤。大多数品种畏寒、畏旱,不耐霜冻、湿涝和碱土。冬季气温低于3℃时枝叶易遭冻害,如持续时间长就会死亡。

分　　布:原产印度、中国南方,现广泛植栽于亚热带地区,主要分布在伊朗、埃及、土耳其、摩洛哥、阿尔及利亚、突尼斯以及西班牙、法国、意大利等地中海沿岸国家,东南亚各国均有栽培。我校花房有栽培。

繁　　殖:多用扦插法,也可压条或分株繁殖。

应　　用:为著名的观花植物;花可提取茉莉花油;干花可制茶;花、叶和根都可药用,主治下痢腹痛、目赤肿痛、疮疡肿毒等病症。

23. 郁香忍冬 *Lonicera fragrantissima*

别　　名:香忍冬、香吉利子、羊奶子

科　　属:忍冬科　忍冬属

形态特征:半常绿或有时落叶灌木,高可达2 m。幼枝无毛或疏被倒刚毛,间或夹杂短腺毛,毛脱落后留有小瘤状凸起,老枝灰褐色。叶厚纸质或带革质,形态变异很大,从倒卵状椭圆形、椭圆形、圆卵形、卵形至卵状矩圆形,顶端短尖或具凸尖,基部圆形或阔楔形,两面无毛或仅下面中脉有少数刚伏毛,更或仅下面基部中脉两侧有稍弯短糙毛,有时上面中脉有伏毛,边缘多少有硬睫毛或几无毛;叶柄长2~5 mm,有刚毛。花先于叶或与叶同时开放,芳香,生于幼枝基部苞腋;苞片披针形至近条形;相邻两萼筒约联合至中部,萼檐近截形或微5裂;花冠白色或淡红色,长1~1.5 cm,外面无毛或稀有疏糙毛,唇形,筒长4~5 mm,内面密生柔毛,基部有浅囊,上唇裂片深达中部,下唇舌状,反曲。果实鲜红色,矩圆形,部分联合。花期2—4月,果熟期4—5月。

生长习性:喜光,也耐阴,在湿润、肥沃的土壤中生长良好。耐寒、耐旱、忌涝,萌芽性强。

分　　布:产于河北南部、河南西南部、湖北西部、安徽南部、浙江东部及江西北部。上海、杭州、庐山和武汉等地有栽培。我校盆景园有栽培。

繁　　殖:播种、扦插繁殖。

应　　用:适宜于庭院中、草坪边、园路旁、假山前后及亭阁附近栽植。

24. 澳洲鹅掌柴 *Schefflera actinophylla*

别　　名:大叶鹅掌柴、八叶木、八方来财树、小叶手树、大叶伞

科　　属:五加科　鹅掌柴属

形态特征:常绿乔木,高可达40 m。茎秆直立,少分枝,嫩枝绿色,后呈褐色,平滑。复叶

掌状互生，柔软下垂，全缘，形似伞状，小叶数随树木的年龄而异，幼年时3~5片，长大时5~7片，至乔木状时可多达16片。小叶片椭圆形，全缘，先端钝，有短突尖，叶缘波状，革质，长20~30 cm，宽10 cm，叶面浓绿色，有光泽，叶背淡绿色。叶柄红褐色，长5~10 cm。花序圆锥状，花小，红色。核果近球形，紫红色。

生长习性：喜温暖、湿润和半阴环境。在空气湿度大、土壤水分充足的情况下茎叶生长茂盛。渍水会引起烂根，盆土缺水或长期时湿时干会发生落叶，对临时干旱和干燥空气有一定适应能力。

分　　布：原产澳洲，现世界各地有引种栽培。我校花圃有盆栽。

繁　　殖：可用播种与扦插繁殖，播种应随采随播。

应　　用：常作大型盆栽，适宜于厅堂摆放，呈现自然和谐的绿色环境，春、夏、秋季也可置于庭院荫蔽处和楼房阳台上观赏。也可于庭院孤植，是南方冬季的蜜源植物。

25. 沙漠玫瑰 *Adenium obesum*

别　　名：天宝花

科　　属：夹竹桃科　天宝花属

形态特征：多肉灌木或小乔木，高可达4.5 m；树干肿胀。单叶互生，集生枝端，倒卵形至椭圆形，长达15 cm，全缘，先端钝而具短尖，肉质，近无柄。花冠漏斗状，外面有短柔毛，5裂，径约5 cm，外缘红色至粉红色，中部色浅，裂片边缘波状；顶生伞房花序。花形似小喇叭，色艳，花序三五成丛，灿烂似锦，四季开花不断。因原产地接近沙漠且红如玫瑰而得名沙漠玫瑰，也有玫红、粉红、白色及复色等。花期5—12月。南方温室栽培较易结实。种子有白色柔毛，可助其飞行散布。

生长习性：性喜高温、干旱、阳光充足的气候环境，喜富含钙质、疏松透气、排水良好的砂质壤土，不耐荫蔽，忌涝，忌浓肥和生肥，畏寒冷，生长适温25~30℃。

分　　布：自20世纪80年代引入华南地区栽培后，在我国大部分地区有分布。我校花房有栽种。

繁　　殖：扦插繁殖。

应　　用：植株矮小，树形古朴苍劲，根茎肥大如酒瓶状。每年4—5月和9—10月二度开花，鲜红妍丽，形似喇叭，极为别致，深受人们喜爱。南方可地栽布置小庭院,古朴端庄,自然大方;或盆栽观赏,装饰室内、阳台,也别具一格。

26. 鸳鸯茉莉 *Brunfelsia latifolia*

别　　名:番茉莉、双色茉莉

科　　属:茄科　鸳鸯茉莉属

形态特征:多年生常绿小灌木,株高可达1 m。叶片长卵形,暗绿色。花单朵或数朵簇生,有时数朵组成聚伞花序;花冠高脚碟状,有浅裂;花冠直径4~5 cm,花萼筒状,雄蕊和雌蕊坐落在花冠中心的小孔上。花期4—10月,单花开放5天左右。花朵初开为蓝紫色,渐变为雪青色,最后变为白色。

生长习性:要求排水良好的微酸性土壤,生长适温18~30℃。室内栽培每日至少要有4小时的光照,在充足的日照条件下开花繁茂。12℃以下进入休眠。

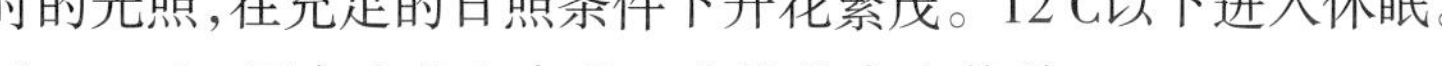

分　　布:原产中美和南美。我校花房有栽种。

繁　　殖:播种、扦插繁殖。

应　　用:主要作室内盆栽观赏。

27. 福建茶 *Carmona microphylla*

别　　名:福建茶、猫仔树

科　　属:紫草科　基及树属

形态特征:灌木,高1~3 m。具褐色树皮,多分枝;分枝细弱,节间长1~2 cm,幼嫩时被稀疏短硬毛;腋芽圆球形,被淡褐色绒毛。叶在长枝上互生,在短枝上簇生,革质,倒卵形或匙形,长1.5~3.5 cm,宽1~2 cm,先端圆形或截形、具粗圆齿,基部渐狭为短柄,边缘上部有少数牙齿,上面有短硬毛或斑点,下面近无毛;脉在叶上面下陷,在下面稍隆起。裂片线形或线状倒披针形,宽0.5~0.8 mm,中部以下渐狭,被开展的短硬毛,内面有稠密的伏毛;花冠钟状,白色,或稍带红色,长4~6 mm,披针形,裂片长圆形,伸展,较筒部长;花丝长3~4 mm,着生花冠筒近基部,花药长圆形,长1.5~1.8 mm,伸出;花柱长4~6 mm,无毛。核果直径3~4 mm,内果皮圆球形,具网纹,直径2~3 mm,先端有短喙。

生长习性:比较耐阴,性喜温暖湿润气候,

不耐寒，适生于疏松、肥沃及排水良好的微酸性土壤；萌芽力强，耐修剪。

分　　布：产于广东西南部、海南岛及台湾。多生于低海拔平原、丘陵及空旷灌丛处。我校花房有栽培。

繁　　殖：播种或扦插繁殖。

应　　用：枝繁叶茂，株型紧凑，适宜在园林绿地中种植观赏，四季均宜，尤以夏季嫩叶新放时最佳。也是绿篱或盆栽制作盆景的好材料，老树桩育成的盆景更为古雅。在我国岭南派盆景的制作中，它是主要的品种之一。

28. 米仔兰 *Aglaia odorata*

别　　名：米兰、树兰

科　　属：楝科　米仔兰属

形态特征：常绿灌木或小乔木。单数羽状复叶互生，长约 13 cm，叶柄上有黑色腺点，叶轴上稍有翅；小叶 3~5 片，革质有光泽，先端 1 片较长，两侧的小叶较小，基部的一对小叶更小，小叶无柄，狭椭圆形至狭椭圆状披针形，先端钝或钝尖，全缘或呈微波状，基部楔形而下延。花单性与两性同株，为腋生疏散的圆锥花序，圆球形，极香，花径 2 mm，具短梗；萼片 5，绿色；花瓣 5，黄色；雄蕊 5，花丝合生成筒状，花药藏筒内；雌蕊 1。浆果，卵形或近球形，表面常有散生星状鳞片。花期 5—12 月，果期 7 月至翌年 3 月。

生长习性：喜温暖，忌严寒，喜光，忌强阳光直射，稍耐阴，宜肥沃、富含腐殖质、排水良好的壤土。

分　　布：原产中国福建、广东、广西、云南等省，东南亚也有分布。我校花圃有栽培。

繁　　殖：常用高压与扦插法繁殖。

应　　用：现全国各地都用作盆栽，既可观叶又可赏花。其花可食用，也可药用。

29. 佛手 *Citrus medica* var. *sarcodactylis*

别　　名：五指橘、佛手柑

科　　属：芸香科　柑橘属

形态特征：常绿小乔木或灌木。为枸橼的变种，果实在成熟时各心皮分离，形成细长弯曲的果瓣，状如手指，故名佛手。老枝灰绿色，幼枝略带紫红色，具短而硬的刺。单叶互生，叶柄短，无翼叶，无关节，叶腋有刺；叶片革质，长椭圆形或倒卵状长圆形，先端钝，有时微凹，基部近圆形或楔形，边缘有浅波状钝锯齿。花单生，簇生或为总状花序；花萼杯状，5 浅裂，裂片三角形；花瓣 5，内面白色，外面紫色；雄蕊多数；子房椭圆形，上部窄尖。柑果卵形或长圆形，先端分裂如拳状或张开似指尖，其裂数代表心皮数，表面橙黄色，粗糙，果肉淡黄色。种子数颗，卵形，先端尖，有时不完全发育。花期 4—5 月，果熟期 10—12 月。

生长习性：喜温暖湿润、阳光充足的环境，不耐严寒，怕冰霜及干旱，耐阴，耐瘠，耐涝。

分　　布：长江流域及其以南地区均有分布。我校盆景园有栽培。

繁　　殖：扦插、嫁接、高压繁殖均可。

应　　用：叶色泽苍翠，四季常青。根、茎、叶、花、果均可入药，有理气化痰、止呕消胀、舒肝健脾、和胃等多种功效。

30. 九里香 *Murraya exotica*

别　　名：七里香、千里香

科　　属：芸香科　九里香属

形态特征：常绿灌木或小乔木。嫩枝呈圆柱形，表面灰褐色，具纵皱纹。质坚韧，不易折断，断面不平坦。奇数羽状复叶有小叶 3~9 片；小叶片呈倒卵形或近菱形，最宽处在中部以上，长约 3 cm，宽约 1.5 cm；先端钝，急尖或凹入，基部略偏斜，全缘；黄绿色，薄革质，上表面有透明腺点，小叶柄短或近无柄，下部有时被柔毛。干皮灰色或淡褐色，常有纵裂。聚伞花序，花白色，香气浓郁，直径约 4 cm。浆果近球形，肉质，红色。花期 7—10 月，果熟期 10 月至翌年 2 月。

生长习性：为阳性树种，宜阳光充足、空气流通的环境。喜温暖，不耐寒，冬季气温降至 5℃左右时移入室内越冬。

分　　布：原产我国云南、贵州、湖南、广东、广西、福建、台湾、海南等省区，亚洲其他一些热带及亚热带地区也有分布。我校花房有盆栽。

繁　　殖：常用播种、扦插和压条等方法繁殖。

应　　用：南部地区多用作围篱材料，或作花圃点缀品，亦作盆景材。花、叶、果均可提取精油；叶可作调味香料；枝叶入药，有行气止痛、活血散瘀之功效。

31. 朱蕉 *Cordylie fruticosa*

别　　名：铁树、朱竹

科　　属：龙舌兰科　朱蕉属

形态特征：常绿灌木。直立，茎有时稍分枝。叶聚生于茎或枝的上端，矩圆形至矩圆状披针形，绿色或带紫红色，叶柄有槽，基部宽而抱茎。圆锥花序长 30~60 cm，侧枝基部有大苞片；花淡红色、青紫色至黄色，长约 1 cm；外轮花被片下部紧贴内轮而形成花被筒，上半部在盛开时外弯或反折；雄蕊生于花被筒的喉部，稍短于花被；花柱细长。花期 11 月至次年 3 月。

生长习性:喜高温多湿环境,冬季临界低温为 10℃,夏季要求半阴。忌碱性土壤。

繁　　殖:扦插、分根、播种繁殖均可。

分　　布:广泛栽种于亚洲温暖地区。我国广东、广西、福建、台湾等省区常见栽培。我校花房有栽培。

应　　用:株型美观,色彩华丽,是良好的观叶植物。盆栽幼株点缀客室和窗台,优雅别致;成片摆放于会场、公共场所、厅室出入处,端庄整齐,清新悦目。其叶入药,可清热、止血、散瘀。

32. 龙须铁 *Dracaena draco*

别　　名:龙须树、龙血树

科　　属:龙舌兰科　龙血树属

形态特征:常绿小灌木。皮灰色,叶无柄,密生于茎顶部,厚纸质,宽条形或倒披针形,基部扩大抱茎。顶生圆锥花序长达 60 cm;花白色、芳香。浆果球形,黄色。花期 4—6 月。

生长习性:喜高温多湿,喜光,不耐寒,最低适温 5~10℃。

分　　布:原产大西洋加那利群岛。我校花房有栽培。

繁　　殖:主要采用高压和插条繁殖。

应　　用:株型优美规整,叶形、叶色多姿多彩,为现代室内装饰的优良观叶植物。中、小盆栽可点缀书房、客厅和卧室,大中型植株可美化、布置厅堂。

33. 富贵竹 *Dracaena sanderiana*

别　　名:万寿竹、开运竹

科　　属:百合科　龙血树属

形态特征:常绿亚灌木状。植株直立,上部有分枝。根状茎横走,结节状。叶互生或近对生,纸质,叶长披针形,有明显 3~7 条主脉,具短柄,浓绿色。伞形花序有花 3~10 朵,生于叶腋或与上部叶对生,花被 6,花冠钟状,紫色。浆果近球形,黑色。花期 6—7 月。

生长习性:喜阴湿高温,耐阴、耐涝,耐肥力强,抗寒力强;喜半阴环境。适宜生长于排水良好的砂质土或半泥砂及冲积层黏土中,也可长期在水中生长。

分　　布:原产加那利群岛及非洲和亚洲的热带地区,现我国广泛栽培。我校花房有栽培。

繁　　殖:常采用扦插繁殖。

应　　用:多用于家庭瓶插或盆栽。特别适宜于造型,如“开运竹”,观赏价值高,颇受国际市场欢迎。

34. 百合竹 *Dracaena reflexa*

别　　名:短叶竹蕉

科　　属:百合科　龙血树属

形态特征:多年生常绿灌木或小乔木。叶线形或披针形,全缘,浓绿有光泽,松散成簇;花序单生或分枝,常反折,花白色,雌雄异株。见于栽培的还有斑叶金边百合竹,也叫金边富贵竹,叶缘有金黄色纵纹;金心百合竹,叶缘绿色,中央呈金黄色。

生长习性:习性强健,喜高温多湿,生长适温 20~28℃,耐旱也耐湿,温度高则生长旺盛,冬季干冷易引起叶尖干枯。宜半阴,忌强烈阳光直射,越冬要求 12℃以上。对土壤及肥料要求不严。

分　　布:原产马达加斯加,现广泛栽培。我校花房有栽培。

繁　　殖:扦插繁殖。

应　　用:叶色殊雅,叶片潇洒飘逸,耐阴性强,非常适合室内观赏,还可水培观赏。

35. 象脚丝兰 *Yucca elephantipes*

别　　名:巨丝兰

科　　属:龙舌兰科　丝兰属

形态特征:常绿木本。茎干粗壮、直立,褐色,有明显叶痕,茎基部可膨大为近球状。叶窄披针形,着生于茎顶,末端急尖;叶革质,坚韧,全缘,绿色,无柄。

生长习性:生长适温 15~25℃,冬季气温不宜低于 7℃。以肥沃、疏松和排水良好的砂质壤土为宜。

分　　布:原产墨西哥、危地马拉。喜温暖湿润和阳光充足环境。较耐寒,耐干旱,耐阴。我校花房和办公楼有盆栽。

繁　　殖:常用扦插和播种繁殖。

应　　用:株型规整,茎干粗壮,叶片坚挺翠绿,极富阳刚、正直之气质。它适应性强,生命力旺盛,栽培管理简单,同时对多种有害气体具较强吸收能力,为室内外绿化装饰的理想材料。作中小盆栽,布置会议室、大厅、走廊过道等处,可营造庄重、严肃气氛;幼小植株盆栽放于书架、办公桌上也极受欢迎。

36. 香龙血树 *Dracaena fragans*

别　　名:巴西铁

科　　属:龙舌兰科　龙血树属

形态特征:多年生小乔木。株型整齐,茎干挺拔,叶簇生于茎顶,尖稍钝,弯曲成弓形,有亮黄色或乳白色条纹;叶缘鲜绿色,且具波浪状起伏,有光泽,花小,黄绿色,芳香。

生长习性:性喜光照充足、高温、高湿环境,亦耐阴、耐干燥,在有明亮的散射光和北方居室较干燥的环境中也生长良好。

分　　布:原产热带地区,现世界广泛栽培。我校花房有栽培。

繁　　殖:扦插繁殖。

应　　用:树干粗壮,叶片剑形,碧绿油光,生机盎然,是颇为流行的室内大型盆栽花木,尤其在较宽阔的客厅、书房、起居室内摆放,格调高雅、质朴,并带有南国情调。

37. 铺地柏 *Sabina procumbens*

别　　名:爬地柏、矮桧、匍地柏、偃柏

科　　属:柏科　圆柏属

形态特征:常绿小灌木。树皮赤褐色,呈鳞片状剥落。枝茂密柔软,匍地而生。叶全为刺叶,3 叶交叉轮生,叶面有 2 条气孔线,叶背蓝绿色,叶基下延生长。果球形,带蓝色,内含种子 2~3 粒。

生长习性:阳性树,耐寒,耐瘠薄,在砂地及石灰质壤土上生长良好,忌低温。

分　　布:原产日本。我国黄河流域至长江流域广泛栽培,主要繁殖培育基地有江苏、浙江、安徽、湖南、河南等。我校花房有栽培。

繁　　殖:播种繁殖。

应　　用:在园林中可配植于岩石园或草坪角隅,又为缓土坡的良好地被植物,各地亦经常盆栽观赏。

38. 朱砂根 *Ardisia crenata*

别　　名:凤凰肠、老鼠尾、富贵子、幸福子

科　　属:紫金牛科　紫金牛属

形态特征:常绿灌木,高达 1~2 m,具匍匐生根的根茎。单叶互生,叶坚纸质,狭卵形或卵

状披针形，或椭圆形至近长圆形。花芳香，伞形花序，单一着生于特殊侧生或腋生花枝顶端，核果球形，鲜红色，果期 10—12 月。

生长习性：喜温暖、荫蔽和湿润的环境。忌干旱，要求通风及排水良好的肥沃土壤。

分　　布：产于我国长江以南地区。我校花房有栽培。

繁　　殖：播种繁殖。

应　　用：是良好的观果植物，适合室内绿化装饰。根及全株入药，有清热降火、活血去瘀、祛痰、止咳、止痛等功效。

39. 贴梗海棠 *Chaenomeles speciosa*

别　　名：铁杆海棠、皱皮木瓜、川木瓜

科　　属：蔷薇科　木瓜属

形态特征：落叶灌木，高可达 2 m，具枝刺。小枝圆柱形，开展，粗壮；叶片卵形至椭圆形，稀长椭圆形。花先叶开放，3~5 朵簇生于二年生老枝上；花梗短粗，近无柄；萼筒钟状；花瓣猩红色，稀淡红色或白色；雄蕊 45~50，长约花瓣之半；花柱 5，基部合生。梨果球形至卵形，直径 3~5 cm，黄色或黄绿色，有不明显的稀疏斑点，芳香，果梗短或近于无。花期 3—5 月，果期 9—10 月。

生长习性：性喜阳光，耐瘠薄，不择土壤，喜排水良好的深厚土壤，不宜低洼栽植，不耐水淹，有一定的耐寒能力。

分　　布：产于我国西南部，现全国各地均有栽培。我校盆景园有栽培。

繁　　殖：播种繁殖。

应　　用：常作为独特观赏树孤植或三五成丛地点缀于园林小品及园林绿地中。果含丰富的齐墩果酸等有机酸，是风味独特的纯天然绿色食品。果实入药，有祛风、舒筋、活络、镇痛、消肿、顺气之效。

40. 玫瑰 *Rosa rugosa*

别　　名：徘徊花、刺玫花、湖花、笔头花、蓓蕾花

科　　属：蔷薇科　蔷薇属

形态特征：直立落叶灌木。茎丛生，有茎刺。单数羽状复叶互生，椭圆形或椭圆形状倒卵形，小叶

片上有深皱纹；花单生于叶腋或数朵聚生，花直径 4~5.5 cm，紫红色，芳香；花梗有绒毛和腺体。果扁球形。玫瑰因枝秆多刺，故有“刺玫花”之称。花期 5—6 月，果期 8—9 月。

生长习性：喜阳光，耐旱，耐涝，也耐寒冷，适宜生长在较肥沃的砂质土壤中。

分　　布：主要分布于华北、西北和西南地区。我校花圃有栽培。

繁　　殖：播种繁殖。

应　　用：是城市绿化和园林的理想花木，适于作花篱，也是绿化街道、庭院园林、花径花坛及百花园的理想植物。为英国和美国国花，也是乌鲁木齐市市花。初开的花朵及根可入药，有理气、活血、收敛等功效。花可提取玫瑰油。

41. 白兰花 *Michelia alba*

别　　名：白兰、缅桂

科　　属：木兰科　含笑属

形态特征：常绿乔木或灌木，高达 17~20 m，树皮灰白，幼枝常绿，分枝少。单叶互生，叶较大，长椭圆形或披针椭圆形，全缘，薄革质。花单生于当年生枝的叶腋，花蕾好像毛笔笔头，白色或略带黄色，极香。花期 6—10 月，花开不断，夏季最盛。一般不结果。

生长习性：喜光照充足、暖热湿润和通风良好的环境，不耐寒，不耐阴，也怕高温和强光，宜排水良好、疏松、肥沃的微酸性土壤，最忌烟气、台风和积水。华南地区在适温条件下花可长年开放不绝。

分　　布：原产印度尼西亚。我国华南、华东、华中广泛栽培，北方温室栽培。我校花圃有栽培。

繁　　殖：常用压条和嫁接繁殖。

应　　用：在南方可露地庭院栽培，是南方园林中的骨干树种。北方盆栽，可布置庭院、厅堂、会议室。花可制香料和药用。

42. 兰屿肉桂 *Cinnamomum kotoense*

别　　名：大叶肉桂、台湾肉桂、平安树

科　　属：樟科　樟属

形态特征：常绿乔木，高可达 15 m。小枝黄绿色，光滑无毛，叶、枝及树皮干时几不具芳香气。叶片硕大，长 10~22 cm，宽 5~8 cm，表面亮绿色，有金属光泽，背面灰绿色，离基三出脉明显，上凹下凸；圆锤花序 8~16 cm，花瓣黄色；果卵球形，长约

1.4 cm，宽 1.0 cm；果托杯状，边缘有短圆齿，无毛，果梗长约 1 cm，无毛。花期 6—7 月，果期 8—9 月。

生长习性：性喜温暖湿润、阳光充足的环境，喜光又耐阴，喜暖热、无霜雪、多雾高温之地，不耐干旱、积水、严寒和干燥空气。栽培宜用疏松肥沃、排水良好、富含有机质的酸性砂壤土。在人工栽培条件下，宜为其创造一个暖热湿润的环境。生长适温 20~30℃。

分　　布：广泛产于我国台湾南部兰屿岛。我校温室内有盆栽。

繁　　殖：一般采用播种和扦插繁殖。

应　　用：既是优美的室内盆栽观叶植物，又可作园景树。

43. 珠兰 *Chloranthus spicatus*

别　　名：金粟兰、珍珠兰、鱼子兰、茶兰、鸡爪兰

科　　属：金粟兰科　金粟兰属

形态特征：常绿半灌木，直立或稍伏地。盆栽植株仅 30~70 cm。茎干丛生，节部明显隆起，枝光滑，青绿色，柔弱而质脆，容易折断。单叶对生，椭圆形，边缘有钝齿，齿尖有腺体；叶质厚而柔软，有光泽，似茶叶，故有茶兰别名。穗状花序通常顶生，少有腋生，成圆锥花卉排列；花小，两性，无花被，是裸花，黄绿色。初花期 5 月下旬，花颗粒状，形同鱼子。花期 8—10 月。

生长习性：性喜温暖，怕高温，也不耐寒，喜夏季凉爽、冬季温暖、四季温差小的气候。冬季室温必须保持在 5℃以上才能安全越冬。

分　　布：原产亚热带，云南、福建等地森林中有野生。我校花圃有栽培。

繁　　殖：常用压条、扦插和分株繁殖。

应　　用：枝叶碧绿柔嫩，姿态优雅。夏季家庭养植，花香浓郁，适合于窗前、阳台、花架陈列，馥郁盈室，令人心旷神怡。全株入药，主治风湿疼痛、癫痫、跌打损伤、刀伤出血等症。

44. 棕竹 *Rhapis excelsa*

别　　名：观音竹、筋头竹、棕榈竹、矮棕竹

科　　属：棕榈科　棕竹属

形态特征：丛生灌木，高 1~3 m。茎干直立，不分枝，有节，包有褐色网状纤维的叶鞘。叶集生茎顶，掌状，有裂片 5~10 枚，长 20~25 cm，宽 1~2 cm；叶柄细长，约 8~20 cm。肉穗花序腋生，花小，淡黄色，极多，单性，雌雄异株。花期 4—5 月，果期 10—11 月。浆果球形，种子球形。

生长习性：喜温暖湿润、通风良好的半阴环境，不耐积水，畏烈日，极耐阴，夏季炎热光照强

时应适当遮阴。稍耐寒，可耐 0℃左右低温。

分　　布：原产我国广东、云南等地，日本也有，主要分布于东南亚。我校花圃有栽培。

繁　　殖：可用播种和分株繁殖。

应　　用：作庭园或室内观赏，华中地区多盆栽。

45. 袖珍椰子 *Chamaedorea elegans*

别　　名：矮生椰子、袖珍棕、袖珍葵、矮棕

科　　属：棕榈科　竹节椰属

形态特征：常绿小灌木，茎干直立，不分枝，深绿色，具不规则花纹，茎节不明显。叶多着生于枝顶，羽状全裂，披针形，互生，深绿色，有光泽，长 14~22 cm，宽 2~3 cm，顶端 2 片羽叶基部常合生为鱼尾状。肉穗花序腋生，花黄色，小球状，雌雄异株，雄花序稍直立，雌花序稍下垂。花期 3—5 月。浆果橙黄色。

生长习性：喜高温高湿及半阴通风环境，宜种在肥沃、疏松、排水良好的土壤中。

分　　布：原产墨西哥和委内瑞拉，我国普遍栽培。我校花圃有栽培。

繁　　殖：播种繁殖。

应　　用：适宜装饰客厅、书房、会议室、宾馆服务台等，可净化空气中的苯、三氯乙烯和甲醛。

46. 龟背竹 *Monstera deliciosa*

别　　名：蓬莱蕉、铁丝兰、穿孔喜林芋、龟背蕉、电线莲、透龙掌

科　　属：天南星科　龟背竹属

形态特征：常绿藤本。茎粗壮，茎干着生褐色气根，幼叶心形无孔，长大后成广卵形，在羽状的叶脉间呈龟甲形散布长圆形的孔洞或深裂；叶具长柄，深绿色。肉穗花序，佛焰苞舟形，花淡黄色。浆果淡黄色，柱头周围有青紫色斑点。花期 8—9 月，果于翌年花期之后成熟。

生长习性：喜温暖、湿润环境，忌阳光直射，不耐寒。

分　　布：原产墨西哥热带雨林中，我国栽培十分广泛。我校花圃有栽培。

繁　　殖：采用播种、扦插、压条法繁殖。

应　　用：置于室内客厅、卧室和书房，也可以大盆栽培，叶片可作插花叶材。夜间可吸收 CO_2。

三、草本

1. 花叶冷水花 *Pilea cadierei*

别　　名：白斑叶冷水花、金边山羊血

科　　属：荨麻科　冷水花属

形态特征：多年生常绿草本，茎肉质，高25~65 cm，无毛。叶对生，2枚稍不等大；叶柄每对不等长，长0.5~7 cm；叶片膜质，狭卵形或卵形，长4~11 cm，宽1.6~4.8 cm，先端渐尖或长渐尖，基部圆形或宽楔形，上面中央有2条（有时边缘有2条）间断白斑，边缘在基部之上有浅锯齿或浅牙齿，钟乳体条形，在叶两面明显而密，在脉上也有；基出脉3条。花序自叶腋间抽生，花序梗淡褐色、半透明。雌雄异株；雄花序聚伞状，长达4 cm；雄花直径约1.5 mm，花被片4，雄蕊4，较花被片长，花药白色；雌花序较短而密，长在1.2 cm以下；花被片3，狭卵形，长约0.5 mm，中间1枚较长，外面具钟乳体，柱头画笔头状。瘦果卵形，稍偏斜，淡黄色，表面有疣状点。花期7—9月，果期9—11月。

生长习性：比较耐寒，冬季室温不低于6℃不会受冻，14℃以上开始生长。喜温暖湿润气候，怕阳光曝晒，在疏荫环境下叶色白绿分明，节间短而紧凑，叶面透亮并有光泽。在全部荫蔽的环境下常常徒长，节间变长，茎秆柔软，容易倒伏，株型松散。对土壤要求不严，能耐弱碱，较耐水湿，不耐旱。

分　　布：原产越南，多分布于热带地区。我校花圃实训基地内有栽植。

繁　　殖：扦插繁殖。

应　　用：是相当时兴的小型观叶植物，由于它们适应性强，容易繁殖，比较好养，株丛小巧素雅，叶色绿白分明，纹样美丽。可陈设于书房、卧室，清雅宜人；也可悬吊于窗前，绿叶垂下，妩媚可爱。

2. 唐菖蒲 *Gladiolus gandavensis*

别　　名：十样锦、剑兰、菖兰、荸荠莲、十三太保、补补高升、节节高

科　　属：鸢尾科　唐菖蒲属

形态特征：多年生草本。鳞茎扁圆形，肥大，有膜质鳞茎皮。基生叶剑形，2列，长达60 cm，宽2~4 cm，灰绿色。花葶直立，通常单生，高50~80 cm，多少有叶；穗状花序顶生，长达30 cm，苞片卵形或宽披针形，膜质，长达5 cm；花红黄色、白色或淡红色，各花着生于

每一苞内，长约 5~6 cm；花被筒漏斗状，多向外稍弯曲，上部 6 裂片倒卵圆形；雄蕊 3，着生于花被筒喉部之下；子房 3 室，有胚珠多颗；花柱细长，顶端有 3 分枝。蒴果矩圆形至倒卵形，室裂，短于佛焰苞。

生长习性：喜凉爽气候，畏酷暑和严寒。要求肥沃、疏松、湿润、排水良好的土壤。

分　　布：原产南非，世界各地普遍栽培。主要生产国为美国、荷兰、以色列及日本等。我校花房有栽培。

繁　　殖：以分株繁殖为主。

应　　用：花形美观、色彩鲜艳、瓣如薄绢，惹人喜爱，是世界四大切花之一，可作花篮、花束、瓶插等。也可布置花境及专类花坛。矮生品种可盆栽观赏。

3. 吊竹梅 *Zebrina pendula*

别　　名：吊竹兰、花叶竹夹菜、红莲

科　　属：鸭跖草科　吊竹梅属

形态特征：多年生草本。茎稍柔弱，绿色，下垂，半肉质，分枝多，节上生根。叶长圆形，无柄，椭圆状卵形至矩圆形，长 3~7 cm，宽 1.5~3 cm，先端短尖，上面紫绿色间有银白色，中部边缘有紫色条纹，下面紫红色，鞘的顶部和基部或全部均被疏长毛。小花白色腋生。花集生于顶生苞片状叶内；萼片 3，合生成一圆柱状的管，长约 6 mm；花冠管白色，纤弱，长约 1 cm，裂片 3，玫瑰紫色，长约 3 mm；雄蕊 6；子房 3 室。果为蒴果。花期不定。

生长习性：喜水湿，不择土壤。生长适温 10~25℃，越冬温度 5℃左右。喜半阴，忌烈日照射。

分　　布：原产墨西哥，我国广泛栽培。我校花房有栽培。

繁　　殖：多采用扦插法。

应　　用：因叶形似竹而得名。其叶片美丽，常以盆栽悬挂室内，观赏其四散柔垂的茎叶。全草入药，主治急性结膜炎、咽喉肿痛、带下、毒蛇咬伤等症。

4. 四季海棠 *Begonia semperflorens*

别　　名：四季秋海棠

科　　属：秋海棠科　秋海棠属

形态特征：多年生常绿肉质草本，高 15~30 cm，茎直立，光滑无毛，基部多分枝。叶卵形或宽卵形，长 5~8 cm，基部偏斜，基部有锯齿和睫毛，两面光滑，主脉红色，单叶互生，有圆形或两侧不等的斜心脏形，有的叶片形似象耳，叶色有纯绿、红绿、紫红、深褐,或有白色斑纹,背面红色,有的叶片有凸起。托叶大,膜质。花顶生或腋生,雌雄同株,花几朵聚生在腋生的总花梗上,有白色、粉红、大红诸色。花期4—12月。蒴果有红翅3枚。

生长习性:性喜阳光,稍耐阴,怕寒冷,喜温暖、稍阴湿的环境和湿润的土壤,但怕热及水涝,夏天注意遮阴和通风排水。

分　　布:原产南美巴西,现在我国广泛栽培。我校温室有栽培。

繁　　殖:主要用播种、扦插、分株和组培等方法繁殖。

应　　用:除盆栽观赏以外,又是花坛、吊盆、栽植槽、窗箱和室内布置的材料。

5. 天竺葵 *Pelargonium hortorum*

别　　名:洋绣球、石腊红、入腊红、日烂红、洋葵

科　　属:牻牛儿苗科　天竺葵属

形态特征:多年生草本花卉,株高30~60 cm,全株被细毛和腺毛,具异味。茎肉质。叶互生,掌状有长柄,叶缘多锯齿,叶面有较深的环状斑纹。伞形花序顶生,总梗长,花有白、粉、肉红、淡红、大红等色,有单瓣、重瓣之分,还有叶面具白、黄、紫色斑纹的彩叶品种。花期5—6月,除盛夏休眠,如环境适宜可不断开花。

生长习性:喜温暖、湿润和阳光充足环境。耐寒性差,怕水湿和高温。宜肥沃、疏松和排水良好的砂质壤土。夏季休眠或半休眠,应置半阴处,并控制水分。

分　　布:原产非洲南部,我国各地常见栽培。我校花圃有盆栽。

繁　　殖:常用播种、扦插、组培等方法繁殖。

应　　用:是家庭中普遍栽植的花叶兼赏花卉,也是布置花坛、花径的好材料。全草入药,主治胆结石、肾结石、肌肉酸痛、疱疹、湿疹、月经不顺、乳房充血发炎、忧郁不安等症。

6. 红星凤梨 *Noregelia carolinae* cv. *meyendorffii*

别　　名:小果子蔓

科　　属:凤梨科　果子蔓属

形态特征:多年生常绿草本。中等较小型种,株高40~50 cm。叶宽线形,长40~50 cm,宽4~5 cm,直立;有纵斑纹,橄榄绿色,先端渐尖或钝。穗状花序短粗,苞片鲜红色,长披针形;小花白色。花期5—10月。

生长习性:喜温热、湿润环境,明亮的散射光对生长、开花有利,要求疏松、排水良好、含腐殖质的壤土,冬

季温度不低于10℃。

分　　布：原产南美安第斯山地区，中国广泛栽培。我校花房有栽培。

繁　　殖：主要用分株繁殖。

应　　用：除盆栽点缀窗台、阳台和客厅以外，还可装饰小庭院和入口处，常用作大型插花和花展的装饰材料。

7. 孔雀竹芋 *Calathea makoyana*

别　　名：蓝花蕉

科　　属：竹芋科　肖竹芋属

形态特征：多年生常绿草本。叶片卵状椭圆形，叶薄，革质，叶柄紫红色。绿色叶面上隐约呈现金属光泽，且明亮艳丽，沿中脉两侧分布着羽状、暗绿色、长椭圆形的绒状斑块，左右交互排列；叶背紫红色。

生长习性：性喜半阴，不耐阳光直射，适应在温暖、湿润的环境中生长。

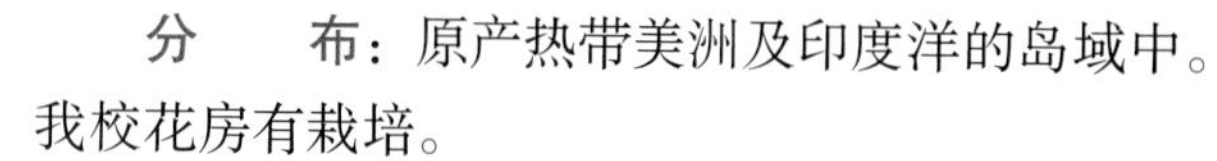

分　　布：原产热带美洲及印度洋的岛域中。我校花房有栽培。

繁　　殖：分株繁殖。

应　　用：具有美丽动人的叶，生长茂密，又具耐阴能力，是理想的室内绿化植物。

8. 彩虹竹芋 *Calathea roseopicta*

别　　名：粉红肖竹芋、玫瑰竹芋

科　　属：竹芋科　肖竹芋属

形态特征：多年生常绿草本。叶椭圆形或卵圆形，稍厚带革质，光滑而富光泽，叶面青绿色，叶脉青绿色，中脉浅绿色至粉红色，羽状侧脉两侧间隔着斜向上的浅绿色斑条，叶脉侧则排列着墨绿色线条，叶脉和沿叶缘呈黄色条纹；近叶缘处有一圈玫瑰色或银白色环形斑纹；叶背具紫红斑块。

生长习性：喜高温湿润环境，忌阳光曝晒，不耐热，忌高温，不耐寒，忌干旱，生长适温18~25℃。

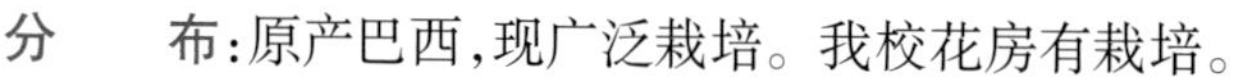

分　　布：原产巴西，现广泛栽培。我校花房有栽培。

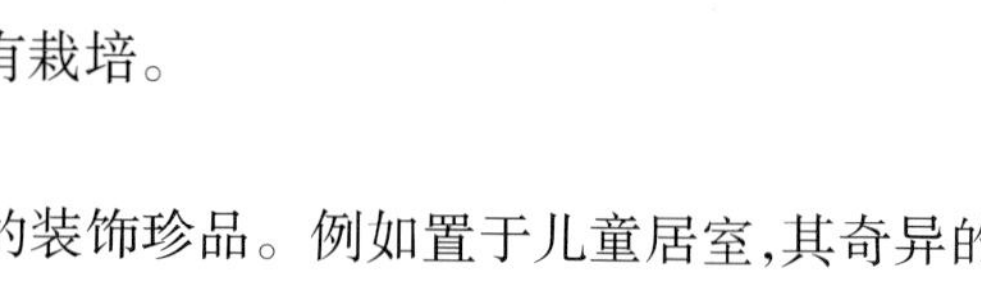

繁　　殖：分株繁殖。

应　　用：叶色珍奇美丽，是家庭小客室理想的装饰珍品。例如置于儿童居室，其奇异的叶色有助于激发儿童对自然科学的兴趣。

9. 绒叶肖竹芋 *Calathea zebrina*

别　　名：天鹅肖竹芋、斑叶肖竹芋

科　　属:竹芋科　肖竹芋属

形态特征:多年生草本。叶片长椭圆形,叶面淡黄绿色至灰绿色,头状花序,蓝紫色或白色。花期 6—8 月。

生长习性:喜中等强度光照,在半阴条件下叶色油润而富有光泽。

分　　布:原产热带美洲及印度洋的岛域中。我校温室有栽培。

繁　　殖:分株或扦插繁殖。

应　　用:其叶色、叶表图案美丽,颇具现代风格。置于书桌、茶几或博古架上,采用白塑或白瓷套盆,更能显示其形色之美。

10. 波浪竹芋 *Calathea rufibarba*

别　　名:浪心竹芋

科　　属:竹芋科　肖竹芋属

形态特征:多年生草本。叶基稍歪斜,叶片倒披针形或披针形,叶面绿色,富有光泽,中脉黄绿色,叶缘及侧脉均有波浪状起伏,叶背、叶柄都为紫色,叶背布满微毛。

生长习性:性喜温暖湿润环境,生长适温 20~28℃,高于 30℃则需降温并增加空气湿度,冬季越冬最好保持在 15℃以上。

分　　布:原产热带。我校温室有栽培。

繁　　殖:分株繁殖。

应　　用:可根据植株的大小作不同规格的盆栽,装饰客厅、居室、阳台等处,在气候较为温暖的地区还可布置花坛等园林景观或庭院栽培观赏。

11. 花烛 *Anthurium andraeanum*

别　　名:红掌、安祖花、火鹤花、红鹤芋

科　　属:天南星科　花烛属

形态特征:多年生常绿草本花卉。根肉质,无茎,叶从根茎抽出,具长柄,单生、心形,鲜绿色,叶脉凹陷。肉穗花序圆柱状,直立,佛焰苞蜡质,正圆形至卵圆形,鲜红色、橙红肉色、白色。四季开花。

生长习性:喜温热环境,怕干旱和强光曝晒。适宜生长昼温为 26~32℃,夜温为 21~32℃。宜排水良好土壤。

分　　布:原产南美洲热带雨林潮湿、半阴的沟谷地带,现在欧洲、亚洲、非洲皆有广泛栽培。我校花圃有栽培。

繁　　殖:用分株、扦插、播种和组织培养等方法繁殖。

应　　用:应用范围广,经济价值高,目前是发展快、需求量较大的高档热带切花和盆栽花卉。

12. 金钱树 *Zamioculcas zamiifolia*

别　　名:金币树、雪铁芋、泽米叶天南星、龙凤木

科　　属:天南星科　雪芋属

形态特征:多年生常绿草本,地上部分无主茎;地下部分为肥大的块茎。羽状复叶自块茎顶端抽生,坚挺浓绿,叶轴粗壮,小叶在叶轴上呈对生或近对生;叶柄基部膨大,木质化;每枚复叶有小叶 6~10 对,具 5 年以上寿命,被新叶不断更新。

生长习性:喜暖热、略干燥、半阴的环境,较耐干旱,畏寒冷,忌强光曝晒,怕土壤黏重和盆土内积水。要求疏松肥沃、排水良好、富含有机质的酸性至微酸性土壤。萌芽力强。

分　　布:原产热带非洲,我国室内广泛栽培。我校花圃有栽培。

繁　　殖:主要采用分株和扦插法繁殖。

应　　用:多用于客厅、书房、起居室内摆放,是近年较为流行的观叶植物。

13. 观音莲 *Alocasia × amazonica*

别　　名:黑叶芋

科　　属:天南星科　海芋属

形态特征:多年生草本。茎短缩,常有 4~6 枚叶。叶箭形盾状,长 30~40 cm,宽 10~20 cm,先端尖锐,有时尾状尖。叶柄长,浅绿色,叶缘有 5~7 个大型齿状缺刻,主脉三叉状,侧脉直达缺刻。叶浓绿色,叶脉银白色,叶缘周围有一圈极窄的银白色环线,十分醒目,叶背紫褐色。

生长习性:喜温暖湿润、半阴的生长环境,生长适温 20~30℃,越冬温度为 15℃。生于海拔 500~1 600 m 的沟谷密林下或山沟灌木林下阴湿处。

分　　布:产于西南及台湾、广东、广西等地。我校花房有栽培。

繁　　殖:常用分株繁殖。

应　　用:叶形美观,叶色墨绿,十分诱人,盆栽点缀客厅、书房和窗台,更显典雅豪华。

14. 生石花 *Lithops pseudotruncatella*

别　　名:石头花、曲玉、象蹄、元宝

科　　属:番杏科　生石花属

形态特征:多年生小型多肉植物。茎很短,常常看不见。变态叶肉质肥厚,两片对生联结而成为倒圆锥体,其顶面色彩和花纹各异。品种较多,各具特色。3~4 年生的生石花,秋季从对生叶的中间缝隙开出黄、白、红、粉、紫等色花朵,多在下午开放,傍晚闭合,次日午后又开,单朵花可开 7~10 天。开花时花朵几乎将整个植株都盖住,非常娇美。生石花形如彩石,色彩丰富,娇小玲珑,享有"有生命的石头"的美称。

生长习性:喜阳光,耐高温,但需通风良好,否则容易烂根。忌涝。冬季温度需保持 8~10℃。

分　　布:原产非洲南部及西南干旱地区的岩床裂隙或砾石土中。我国南方地区有栽培。我校花圃实训基地内有栽培。

繁　　殖:播种或分株繁殖。

应　　用:外形和色泽酷似彩色卵石,品种繁多,色彩丰富,是世界著名的小型多浆植物,常用来盆栽供室内观赏。

15. 欧洲报春花 *Primula acaulis*

别　　名:欧洲樱草、德国报春、西洋樱草

科　　属:报春花科　报春花属

形态特征:多年生草本,常作一或二年生栽培。植株丛生,株高 20 cm。叶基生,绿色,长椭圆形,长 10~15 cm。花序伞状,有单和重瓣花型,花色艳丽丰富,有大红、粉红、紫、蓝、黄、橙、白等色,一般喉部多为黄色。花期 1—4 月;蒴果球形,果期 3—5 月。

生长习性:喜温暖湿润气候,较耐寒,越冬温度在 5℃以上,宜排水好、富含腐殖质的土壤。

分　　布:产于西欧和南欧,现在世界各地广泛栽培。我校花房有栽培。

繁　　殖:播种繁殖。

应　　用:是很好的室内绿化装饰植物,宜室内布置色块或作早春花坛用。

16. 仙客来 *Cyclamen persicum*

别　　名：萝卜海棠、兔耳花、兔子花、一品冠

科　　属：报春花科　仙客来属

形态特征：多年生草本，株高 20~30 cm。叶片由块茎顶部生出，心形、卵形或肾形，叶片有细锯齿，叶面绿色，具有白色或灰色晕斑，叶背绿色或暗红色。花单生于花茎顶部，花朵下垂，花瓣向上反卷，犹如兔耳，有白、粉、玫红、大红、紫红、雪青等色，基部常具深红色斑。花期 10 月至翌年 4 月；蒴果球形，直径 1~2 cm，果期 4—5 月。

生长习性：喜凉爽、湿润及阳光充足的环境，要求疏松、肥沃、富含腐殖质、排水良好的微酸性砂壤土。

分　　布：原产地中海沿岸、希腊、叙利亚等地，现广为栽培。我校温室有栽培。

繁　　殖：播种繁殖。

应　　用：适宜于盆栽观赏，可用于室内布置。

17. 不夜城芦荟 *Aloe nobilis*

别　　名：不夜城、大翠盘

科　　属：百合科　芦荟属

形态特征：常绿多肉质草本。肉质叶披针形，幼苗时呈两向互生排列，成年后则为轮状互生，叶缘有淡黄色锯齿状肉刺，叶面及叶背有散生的淡黄色肉质凸起；松散的总状花序从叶丛上部抽出，小花筒形，橙红色，冬末至早春开放。不夜城芦荟有一个斑锦变异品种，称“不夜城锦”，叶面及叶背均有黄色或黄白色纵条纹，有时整片叶子都呈黄色。花期初夏。

生长习性：喜排水性能良好、不易板结的疏松土质。怕寒冷，低于 0℃会受冻。

分　　布：原产南非的大卡卢高原和小卡卢高原。我校花房常年栽培。

繁　　殖：扦插或播种繁殖。

应　　用：提取的原汁可应用在食品、药品、美容品等方面，能治疗烫伤、烧伤。植株能吸收室内甲醛等有毒气体。

18. 库拉索芦荟 *Aloe vera*

别　　名：巴巴芦荟、劳伟、奴会

科　　属:百合科　芦荟属

形态特征:多年生草本。茎较短;叶簇生于茎顶,直立或近于直立,呈狭披针形,先端长渐尖,基部宽阔,粉绿色,边缘有刺状小齿。花茎单生或稍分枝,高 60~90 cm;总状花序疏散;小花长约 2.5 cm,黄色或有赤色斑点;管状小花 6 裂;雄蕊 6,花药丁字着生;雌蕊 1,3 室,每室有多数胚珠。三角形蒴果,室背开裂。花期 2—3 月。

生长习性:怕涝耐旱,怕寒喜暖。

分　　布:原产非洲北部地区。我校花房有栽培。

繁　　殖:分株和扦插繁殖。

应　　用:可入药,主治肝火头痛、目赤肿痛、烦热惊风、热结便秘、虫积腹痛、小儿疳积、湿疮疥癣、痔瘘。汁液能治疗烫伤、烧伤。

19. 木立芦荟 *Aloe arborescens*

别　　名:木剑芦荟

科　　属:百合科　芦荟属

形态特征:多年生草本。茎短或明显,叶肉质,呈莲座状簇生或有时 2 列着生,先端锐尖,边缘常有硬齿或刺。叶轮生。花葶从叶丛中抽出;花橙红色,多朵排成总状花序或伞形花序;花被圆筒状,有时稍弯曲。秋冬开花。

生长习性:怕涝耐旱,怕寒喜暖。

分　　布:原产南非,现广泛栽培。我校花房有栽培。

繁　　殖:分株或扦插繁殖。

应　　用:是可养颜、排毒、提高免疫力和延缓衰老的保健品,已得到越来越多消费者的认同。汁液能治疗烫伤、烧伤。

20. 吊兰 *Chlorophytum comosum*

别　　名:挂兰、钓兰

科　　属:百合科　吊兰属

形态特征:多年生常绿草本。具圆柱形肥大须根和根状茎。叶基生, 条形至条状披针形,狭长,柔韧似兰,顶端长、渐尖;基部抱茎,着生于短茎上。花葶长于叶,弯垂;总状花序单一或分枝,有时还在花序上部节上簇生;花白色,数朵一簇,疏离地散生在花序轴。花期 5—6 月,室内冬季也可开花。

生长习性:喜温暖湿润、半阴环境。适应性强,较耐旱,不甚耐寒。不择土壤,在排水良好、疏松、肥沃的砂质土中生长较佳。

分　　布:原产非洲南部,现世界各地广为栽培。我校花房常年栽培。

繁　　殖:通常用分株繁殖。

应　　用:是居室内极佳的悬垂观叶植物,也是一种良好的室内空气净化花卉。全草可药用,具有养阴清热、润肺止咳、活血祛瘀之功效。

21. 玉簪 *Hosta plantaginea*

别　　名:白萼、白鹤仙

科　　属:百合科　玉簪属

形态特征:多年生草本。具粗根茎。叶基生;叶片卵形至心状卵形。花葶从叶丛中抽出,具1枚膜质的苞片状叶;总状花序,基部具苞片;花白色,芳香,花被筒下部细小,花被裂片6,长椭圆形;雄蕊下部与花被筒贴生,与花被等长,或稍伸出花被外;花柱常伸出花被外。蒴果圆柱形。花期7—8月,果期8—9月。

生长习性:性强健,耐寒冷,喜阴湿环境,不耐强烈日光照射,要求土层深厚、排水良好且肥沃的砂质壤土。

分　　布:原产中国及日本,现欧美各国多有栽培。我校花房和教工宿舍楼旁有栽培。

繁　　殖:多采用分株繁殖,亦可播种繁殖。

应　　用:是较好的阴生植物,在园林中可用于树下作地被植物,或植于岩石园或建筑物北侧,也可盆栽观赏或作切花用。全株均可入药,可消肿、解毒、止血,主治痈疽、瘰疬、咽肿、吐血、骨鲠、烧伤。

22. 紫萼 *Hosta ventricosa*

别　　名:紫玉簪

科　　属:百合科　玉簪属

形态特征:多年生草本。须根被绵毛。叶基生,多数;叶面亮绿色,背面稍淡,卵形或菱状卵形,先端渐尖,基部楔形或浅心形,下延,中肋和侧脉在上表面下凹,背面隆起,侧脉6~8对,弧形,其间横脉细密。花葶直立,绿色,圆柱形,中下部有一苞片;花10~17朵,排成总状花序。花梗青紫色，果期下弯；花被淡青紫色，花被管下部筒状，向上骤然扩张为钟状；裂片 6，卵状三角形，直伸；雄蕊 6，花丝白色，比花被长，着生于花被管基部；子房上位。蒴果黄绿色，下垂，三棱状圆柱形，先端具短喙。从顶部室背开裂，种子黑色，扁长圆形，种翅在上方。花期 6—7 月，果期 9—10 月。

生长习性：阴性植物，喜温暖湿润环境，较耐寒，入冬后地上部枯萎，休眠芽露地越冬，喜肥沃、湿润、排水良好的砂质壤土。

分　　布：分布于河北、陕西、华东、中南、西南各省，日本也有分布。我校花房有栽培。

繁　　殖：分株或播种繁殖。

应　　用：叶片墨绿色，花瓣紫色，园艺品种很多，有花边紫萼或花叶紫萼，适宜配植于花坛、花境和岩石园，可成片种植在林下、建筑物背阴处或其他裸露的庇荫处，也可盆栽供室内观赏。全草入药，有散瘀止痛、解毒的功效，主治跌打损伤、胃痛；其根还可用于治疗牙痛、赤目红肿、咽喉肿痛、乳腺炎、中耳炎、疮痈肿毒、烧烫伤、蛇咬伤等。

23. 萱草 *Hemerocallis fulva*

别　　名：忘忧草

科　　属：百合科　萱草属

形态特征：多年生宿根草本。具短根状茎和粗壮的纺锤形肉质根。叶基生，宽线形，相对排成 2 列，背面有龙骨凸起，嫩绿色。花葶细长坚挺，高约 60~100 cm，聚伞花序。花大，漏斗形，直径 10 cm 左右，花被裂片长圆形，下部合成花被筒，上部开展而反卷，边缘波状，橘红色。蒴果背裂，内有亮黑色种子数粒，果实很少能发育。花期 6—7 月。

生长习性：适应性强，喜湿润也耐旱，喜阳光又耐半阴。

分　　布：主产于秦岭以南的亚热带地区，主要分布于长江流域。国外自欧洲南部经亚洲北部直至日本都有分布。我校花房有栽培。

繁　　殖：分株或播种繁殖。

应　　用：花色鲜艳，栽培容易，且春季萌发早，绿叶成丛，极为美观。园林中多丛植或于花境、路旁栽植。又可作疏林地被植物。花蕾可作蔬菜，叶、根入药。嫩苗亦可食，可清热解毒、止血、止渴生津、利尿、解酒毒。根为强壮滋补药，可清热解毒、利尿消肿。

24. 郁金香 *Tulipa gesneriana*

别　　名：洋荷花、郁香

科　　属：百合科　郁金香属

形态特征：多年生草本，鳞茎扁圆锥形或扁卵圆形，外被淡黄色纤维状皮膜。茎叶光滑具白粉。叶 3~5 片，长椭圆状披针形或卵状披针形。花单生茎顶，大形直立，花瓣 6 片，倒卵形，鲜黄色或紫红色，具黄色条纹和斑点。花型有杯型、碗型、卵型、球型、钟型、漏斗型、百合花型等，

有单瓣也有重瓣。花色有白、粉红、洋红、紫、褐、黄、橙等。蒴果3室，室背开裂，种子多数，扁平。花期3—5月。

生长习性：属长日照花卉，喜向阳、避风，冬季温暖湿润、夏季凉爽干燥的气候。

分　　布：原产地中海南北沿岸及中亚细亚和伊朗、土耳其、东至中国的东北地区等地。而今各地普遍种植，其中以荷兰最为盛行，是荷兰和土耳其的国花。中国各地庭园中也多有栽培。我校花房有栽培。

繁　　殖：分球或播种繁殖。

应　　用：花色艳丽多彩，是重要的春季球根花卉，常利用各种颜色配植成几何图形的花坛，或分品种成片种植在草坪、林内、水边。

25. 百合 *Lilium rownie* var. *viridulum*

别　　名：山丹、倒仙

科　　属：百合科　百合属

形态特征：多年生球根草本花卉。茎直立，不分枝，草绿色，茎秆基部带红色或紫褐色斑点。地下具鳞茎，肉质鳞片白色或淡黄色，多数须根生于基部。单叶互生，狭线形，无叶柄，包生于茎秆上，叶脉平行。有的品种在叶腋间生出紫色或绿色颗粒状珠芽，其珠芽可繁殖成小植株。花着生于茎秆顶端，呈总状花序，簇生或单生，花冠较大，花筒较长，呈漏斗形喇叭状，6裂，无萼片，花朵大，常下垂或平伸；花色多为黄色、白色、粉红、橙红，有的具紫色或黑色斑点，也有一朵花具多种颜色的，极美丽。蒴果椭圆形。花期各异。

生长习性：喜湿润和光照，要求肥沃、富含腐殖质、土层深厚、排水性极为良好的砂质土壤，多数品种宜在微酸性至中性土壤中生长。

分　　布：主要分布在亚洲东部、欧洲、北美洲等北半球温带地区，中国是其最主要的起源地，是百合属植物自然分布中心。我校花房有栽培。

繁　　殖：播种、鳞片扦插和分珠芽繁殖等。

应　　用：观赏价值高，是名贵的切花花卉。有些品种可作为蔬菜食用和药用。鳞茎入药，用于阴虚久咳、痰中带血、虚烦惊悸、失眠多梦、精神恍惚，可润肺止咳、清心安神、通利二便。

26. 天门冬 *Asparagus cochinchinensis*

别　　名：三百棒、丝东

科　　属：百合科　天门冬属

形态特征：多年生常绿、半蔓生性草本。茎基部木质化，分枝丛生下垂，有纵槽纹。块根肉质，簇生，长椭圆形或纺锤形，灰黄色。叶状枝2~3枚束生叶腋，线形，扁平，稍弯曲，先端锐尖。

叶退化为鳞片,主茎上的鳞状叶常变为下弯的短刺。花1~3朵簇生叶腋,黄白色或白色,下垂;花被6,排成2轮,长卵形或卵状椭圆形;雄蕊6,花药呈丁字形;雌蕊1。浆果球形,成熟后红色;种子球形,黑色。花期6—8月。

生长习性:喜温暖湿润的半阴环境,耐干旱和瘠薄,不耐寒。

分　　布:贵州、四川、广西、浙江、云南、陕西、甘肃、安徽、湖北、河南、江西等地均产,以贵州产量最大,品质最佳。我校花房有栽培,足球运动场东边围墙外有野生。

繁　　殖:播种或分株繁殖。

应　　用:宜作盆栽观叶植物,也宜与其他开花植物配植。块根可入药,是著名中药材,具有养阴清热、润燥生津、润肺滋肾的功效。

27. 风信子 *Hyacinthus orientalis*

别　　名:洋水仙、西洋水仙、五色水仙

科　　属:风信子科　风信子属

形态特征:多年生球根草本。鳞茎卵形,有膜质外皮,皮膜颜色与花色相关。叶4~8枚,狭披针形,肉质,上有凹沟,绿色有光泽。花茎肉质,略高于叶,总状花序顶生,有小花10~20朵;花漏斗型,花被筒型,上部4裂,基部膨大,裂片长圆形,反卷,有紫、玫瑰红、粉红、黄、白、蓝等色,芳香,有重瓣、大花、早花和多倍体等品种。蒴果。自然花期3—4月。

生长习性:喜冬季温暖湿润、夏季凉爽稍干燥、阳光充足或半阴环境。喜肥,宜肥沃、排水良好的砂壤土,忌过湿或黏重的土壤。鳞茎有夏季休眠习性。

分　　布:以分球繁殖为主,也可用鳞茎繁殖或播种繁殖。

繁　　殖:原产西亚及中亚海拔2 600 m以上的石灰岩地区。现世界各地广泛栽培。我校花房有栽培。

应　　用:适于布置花坛、花境和花槽,也可作切花、盆栽或水养观赏。花除供观赏外,还可提取芳香油。

28. 条纹十二卷 *Haworthia fasciata*

别　　名:条纹蛇尾兰、锦鸡尾

科　　属:百合科　十二卷属

形态特征:多年生肉质草本。无茎,基部抽芽,群生。叶片紧密轮生在茎轴上,呈莲座状;叶三角状披针形,先端锐尖;叶表光滑,深绿色;叶背绿色,具较大的白色瘤状凸起,这些凸起排列成横条纹,与叶面的深绿色形成鲜明的对比。总状花序,小花绿白色。园艺变型有大叶条纹

十二卷，叶片大而宽，叶背瘤点多而散生；“凤凰”，大型种，叶宽而下垂，叶背瘤点密集。

生长习性：喜温暖干燥和阳光充足环境。怕低温和潮湿，对土壤要求不严，以肥沃、疏松的砂壤土为宜。

分　　布：原产非洲南部热带干旱地区，现世界多地有栽培。我校温室有栽培。

繁　　殖：常用分株和扦插繁殖，培育新品种时则采用播种。

应　　用：肥厚的叶片镶嵌着带状白色星点，清新高雅。可配以造型美观的盆钵，装饰桌案、几架。

29. 龙舌兰 *Agave americana*

别　　名：龙舌掌、番麻

科　　属：龙舌兰科　龙舌兰属

形态特征：常绿大型肉质草本。无茎，叶厚，坚硬，倒披针形，灰绿色；叶呈松散的莲座式排列，底部叶部分较软，匍匐在地；叶基表面凹，背面凸，至顶端形成明显的沟槽；叶顶端有 1 枚硬刺，长 2~5 cm，叶缘具向下弯曲的疏刺。大型圆锥花序高 45~80 cm，上部多分枝；花簇生，有浓烈的臭味；花被基部合生成漏斗状，黄绿色；雄蕊长约花被的 2 倍。蒴果长圆形，长约 5 cm。原产地一般要几十年后才开花，开花后母株枯死，异花授粉才能结实。像大多数竹子一样一生只开一次花。

生长习性：喜温暖干燥和阳光充足环境。稍耐寒，冬季温度不低于 5℃。较耐阴，耐旱力强。要求排水良好、肥沃的砂壤土。

分　　布：原产墨西哥，我国普遍栽培，长江流域及以北地区常温室盆栽。我校花房有栽培。

繁　　殖：常用分株和播种繁殖。

应　　用：叶片坚挺美观，四季常青，园艺品种较多。常用于盆栽观赏，适于布置小庭院和厅堂，栽植在花坛中心、草坪一角，能增添热带景色。在室内可吸附苯、甲醛和三氯乙烯等。

30. 虎尾兰 *Sansevieria trifasciata*

别　　名：虎皮兰、锦兰

科　　属：百合科　虎尾兰属

形态特征：多年生常绿草本，地上无分枝。叶簇生，下部筒形，中上部扁平，直立，全缘，表面乳白、淡黄、深绿相间，呈横带斑纹。金边虎尾兰的叶缘金黄色，银脉虎尾兰的叶表面具纵向

银白色条纹。花从根颈单生抽出,总状花序,淡白至浅绿色,3~5 朵一束,着生在花序轴上。花期 11—12 月。

生长习性:耐干旱,喜光,喜温,也耐阴,忌水涝,在排水良好的砂质壤土中生长健壮。

分　　布:原产非洲、亚洲热带。我国广泛栽培。我校花房有栽培。

繁　　殖:叶扦插繁殖或分株繁殖。

应　　用:以观叶为主,适合庭园美化或盆栽。

31. 也门铁 *Draceana arborea*

别　　名:也门铁树

科　　属:百合科　龙血树属

形态特征:多年生草本。有金心也门铁、金边也门铁等品种。叶为宽条形,深绿色,无柄,叶缘微波状。叶片长可达 80 cm。

生长习性:适宜高温高湿环境。光线充足、荫蔽均可。

分　　布:原产热带非洲。我校花房有栽培。

繁　　殖:多以组培繁殖为主,也可用扦插繁殖。

应　　用:叶姿优美,可点缀客厅、布置厅堂,对光线的适应性较强,在阴暗的室内可连续观赏 2~4 周,置于室内光线一般处可摆 6 个月至 2 年,是最为耐阴的一类室内绿色观赏植物。还能有效吸附室内的甲醛、苯等有害气体。

32. 万年青 *Rohdea japonica*

科　　属:百合科　万年青属

形态特征:多年生常绿草本。无地上茎,根状茎粗短,黄白色,有节,节上生多数细长须根。叶自根状茎丛生,质厚,披针形或带形,边缘略向内褶,基部渐窄呈叶柄状,上面深绿色,下面淡绿色,直出平行脉多条,主脉较粗。春、夏从叶丛中生出花葶;花多数,丛生于顶端,排列成短穗状花序;花被 6 片,淡绿白色,卵形至三角形，头尖，基部宽，下部愈合成盘状；雄蕊6，无柄，花药长椭圆形；子房球形，花柱短，柱头3裂。浆果球形，橘红色；内含种子1粒。花期5—6月，果期6—11月。

生长习性：多喜在林下潮湿处或草地中生长。性喜半阴、温暖、湿润、通风良好的环境，不耐旱，稍耐寒；忌阳光直射，忌积水。

分　　布：原产中国和日本。在我国分布较广，华东、华中及西南地区均有，主要产地有浙江、江西、湖北等地。我校花房有栽培。

繁　　殖：播种或分株繁殖。

应　　用：常作室内盆栽，四季常青。入药可清热解毒、强心利尿。

33. 广东万年青 *Aglaonema modestum*

别　　名：大叶万年青、井干草

科　　属：天南星科　粗肋草属

形态特征：多年生宿根常绿草本，株高40~60 cm。根茎粗短，节处有须根。叶椭圆状卵形，互生，质硬有光泽，叶柄长，中部以下鞘状。穗状花序顶生，花小而密集，色白带绿。浆果球形，由绿转红，熟时鲜红色，经冬不落。花期4—5月，果10—11月成熟。

生长习性：喜半阴、温暖、湿润、通风良好的环境，忌阳光直射。一般园土均可栽培，以富含腐殖质、疏松、透水性好的砂质壤土最好。

分　　布：分布于我国西南、华南地区，印度至马来西亚亦有。我校花房有栽培。

繁　　殖：常采用分株法，也可用播种繁殖。

应　　用：常盆栽置室内观赏，入药可清热解毒、消肿止痛。

34. 彩叶草 *Coleus scutellarioides*

别　　名：五彩苏、老来少、五色草、锦紫苏

科　　属：唇形科　鞘蕊花属

形态特征：多年生草本，老株可长成亚灌木状，但株型不佳，观赏价值低，故多作一或二年生栽培。株高50~80 cm，栽培苗多控制在30 cm以下。全株有毛，茎为四棱，基部木质化。单叶对生，卵圆形，先端长渐尖，缘具钝齿，叶长可达

15 cm，叶面绿色，有淡黄、桃红、朱红、紫等色彩鲜艳的斑纹。总状花序顶生，花小，浅蓝色或浅紫色。小坚果平滑有光泽。

生长习性：性喜气候温暖湿润、阳光柔和充足、空气清新的环境条件，冬季室内适温20~25℃，越冬温度不能低于10℃。

分　　布：适应性强，我国各地均有，尤以南方常见。主要培育基地有江苏、浙江、安徽等地。我校花房有栽培。

繁　　殖：通常播种繁殖可以保持品种的优良性状。有些尚不能用播种繁殖方法保持品种性状的需采取扦插繁殖。

应　　用：色彩鲜艳，品种甚多，繁殖容易，为应用较广的观叶花卉，除可作小型观叶花卉陈设外，还可用于配置图案花坛，也可作为花篮、花束的配叶使用。

35. 活血丹 *Glechoma longituba*

别　　名：遍地香、地钱儿、钹儿草、连钱草、铜钱草、白耳莫、乳香藤

科　　属：唇形科　活血丹属

形态特征：多年生草本，高10~30 cm，幼嫩部分被疏长柔毛。匍匐茎逐节生根，茎上升，四棱形。叶对生；叶柄长为叶片的1.5倍，被长柔毛；叶片心形或近肾形，长1.8~2.6 cm，宽2~3 cm，先端急尖或钝，边缘具圆齿，两面被柔毛或硬毛。轮伞花序通常2花；小苞片线形，长4 mm，被缘毛；花萼筒状，长9~11 mm，外面被长柔毛，内面略被柔毛，萼齿5，上唇3齿较长，下唇2齿略短，顶端芒状，具缘毛；花冠蓝色或紫色，下唇具深色斑点，花冠筒有长和短二型，长筒者长1.7~2.3 cm，短筒者长1~1.4 cm；雄蕊4，内藏，后对较长，花药2室；子房4裂，花柱略伸出，柱头2裂；花盘杯状，前方呈指状膨大。小坚果长圆状卵形，长约1.5 mm，深褐色。花期4—5月，果期5—6月。

生长习性：喜阴湿，阳处亦可生长，耐寒，忌涝。

分　　布：除青海、甘肃、新疆及西藏外，全国各地均有分布。我校花房有栽培。

繁　　殖：播种繁殖。

应　　用：入药可口服，亦可外用，具有利湿通淋、清热解毒、散瘀消肿等功效。

36. 碰碰香 *Plectranthus hadiensis* var. *tomentosus*

别　　名：一抹香、触留香、绒毛香茶菜

科　　属：牻牛儿苗科　天竺葵属

形态特征：多年生灌木状草本。蔓生，茎枝呈棕色，嫩茎绿色或泛红晕。叶卵形或倒卵形，肉质，交互对生，绿色，光滑，边缘有些疏齿。伞形花

序，花瓣有深红、粉红、白、蓝等色。多分枝，全株被有细密的白色绒毛。

生长习性：喜阳光，但也较耐阴。怕寒冷，需在温室内栽培。不耐水湿。喜疏松、排水良好的土壤。喜温暖，不耐寒冷。冬季需要 5~10℃的温度。不耐潮湿，过湿则易烂根致死。

分　　布：原产非洲好望角。我国各地室内栽培。我校花房有栽培。

繁　　殖：扦插繁殖，20 天左右即可生根，生根后可移植在小花盆中。

应　　用：宜盆栽观赏，放置在高处或悬吊在室内，也可作几案、书桌的点缀品。

37. 姜 *Zingiber officinale*

别　　名：生姜

科　　属：姜科　姜属

形态特征：多年生宿根草本。根茎肉质，肥厚，扁平，有芳香和辛辣味。叶披针形至条状披针形，先端渐尖，基部渐狭，平滑无毛，有抱茎的叶鞘，无柄。花茎直立，被以覆瓦状疏离的鳞片；穗状花序卵形至椭圆形；苞片卵形，淡绿色；花稠密，先端锐尖；萼短筒状；花冠 3 裂，裂片披针形，黄色，唇瓣较短，长圆状倒卵形，呈淡紫色，有黄白色斑点，下部两侧各有小裂片；雄蕊 1 枚，挺出，子房下位；花柱丝状，淡紫色，柱头放射状。蒴果长圆形。花期 6—8 月。

生长习性：原产热带多雨的森林地区，要求阴湿而温暖的环境，生育期间的适宜温度为 22~28℃，不耐寒，地上部遇霜冻即枯死。

分　　布：我国中部、东南部至西南部各省区广为栽培。山东青州出产的尉丰大姜尤为知名。亚洲热带地区亦常见栽培。我校花房有栽培。

繁　　殖：播种或分株繁殖。

应　　用：根茎可入药，具有发汗解表、温肺止咳、解毒的功效，可治外感风寒、胃寒呕吐、风寒咳嗽、腹痛腹泻等病症。

38. 落地生根 *Bryophyllum pinnatum*

别　　名：花蝴蝶、倒吊莲、土三七、叶生根、番鬼牡丹

科　　属：景天科　伽蓝菜属

形态特征：多年生草本，高 40~150 cm；茎有分枝。羽状复叶，小叶长圆形至椭圆形，先端钝，边缘有圆齿，圆齿底部容易生芽，芽长大后落地即成一新植株；花下垂，蓇葖包在花萼及花冠内；种子小，有条纹。花期 1—3 月。

生长习性：喜阳光充足、温暖湿润环境，较耐旱，甚耐寒，宜肥沃、排水良好的酸性砂壤土。

分　　布:原产非洲马达加斯加岛的热带地区,在我国分布于福建、台湾、广东、广西、云南等地的山坡、沟边、路旁湿润草地上,各地温室和庭园常栽培。我校温室有栽培。

繁　　殖:播种繁殖。

应　　用:盆栽,是窗台绿化的好材料,点缀书房和客室也颇具雅趣。全草入药,可解毒消肿、活血止痛、拔毒生肌。

39. 大花蕙兰 *Cymbidium hybridum*

别　　名:喜姆比兰、蝉兰、西姆比兰

科　　属:兰科　兰属

形态特征:常绿多年生附生草本,假鳞茎粗壮,属合轴性兰花。假鳞茎上通常有 12~14 节,每个节上均有隐芽。芽的大小因节位而异,1~4 节的芽较大,第 4 节以上的芽较小,质量差。隐芽依据植株年龄和环境条件不同可以形成花芽或叶芽。叶片 2 列,长披针形,叶片长度、宽度不同品种差异很大。叶色受光照强弱影响很大,可由黄绿色至深绿色。根系发达,根多为圆柱状,肉质,粗壮肥大,大都呈灰白色,无主根与侧根之分,前端有明显根冠。内部结构为典型的单子叶植物构造,其皮层较为发达,有防止根系干燥的功能。花序较长,小花数一般大于 10 朵,品种之间有较大差异,花被片 6,外轮 3 枚为萼片,花瓣状;内轮为花瓣,下方的花瓣特化为唇瓣;花大型,直径 6~10 cm,花色有白、黄、绿、紫红或带有紫褐色斑纹。果实为蒴果,其形状、大小等常因亲本或原生种不同而有较大差异;种子十分细小,种子内的胚通常发育不完全,且几乎无胚乳,在自然条件下很难萌发。其中绿色品种多带香味。

生长习性:常野生于溪沟边和林下的半阴环境。喜冬季温暖和夏季凉爽。

分　　布:原产我国西南地区。我校花房有栽培。

繁　　殖:常用组培和分株繁殖。

应　　用:用于盆栽观赏。

40. 墨兰 *Cymbidium sinense*

别　　名:报春兰、丰岁兰

科　　属:兰科　蝴蝶兰属

形态特征:地生植物。假鳞茎卵球形,包藏于叶基之内。叶 3~5 枚,带形,近薄革质,暗绿色,长 45~110 cm,宽 1.5~3 cm,有光泽,关节位于距基部 3.5~7 cm 处。花葶从假鳞茎基部发出,直立,较粗壮,长 40~90 cm,一般略长于叶;总状花序具 10~20 朵或更多的花;花苞片除最下面的 1 枚长于 1 cm 外,其余的长 4~8 mm;花梗和子房长 2~2.5 cm;花的色泽变化较大,较常为暗紫色或紫褐色而具浅色唇瓣,也有黄绿色、桃红色或白色的,一般有较浓的香气;萼片狭长圆形或狭椭圆形,长 2.2~3.5 cm,宽 5~7 mm;花瓣近狭卵形,长 2~2.7 cm,宽 6~10 mm;唇瓣近卵状长圆形,宽 1.7~3 cm,不明显 3 裂;侧裂片直立,多少围抱蕊柱,具乳突状短柔毛;中裂片较大,外弯,亦有类似的乳突状短柔毛,边缘略波状;唇盘上 2 条纵褶片从基部延伸至中裂片基部,上半部向内倾斜并靠合,形成短管;蕊柱长 1.2~1.5 cm,稍向前弯曲,两侧有狭翅;花粉团 4 个,成 2 对,宽卵形。蒴果狭椭圆形。花期 10 月至次年 3 月。

生长习性:喜阴,而忌强光;喜温暖,而忌严寒;喜湿,而忌燥;喜肥,而忌浊。

分　　布:资源分布较广泛,国内产安徽南部、江西南部、福建、台湾、广东、海南、广西、四川、贵州、云南。我校花房有栽培。

繁　　殖:常用分株繁殖。

应　　用:现已成为中国较为热门的国兰之一。多用于装点室内环境和作为馈赠亲朋的礼仪盆花。

41. 竹节蓼 *Homalocladium platycladium*

别　　名:扁叶蓼、扁茎竹、百足草

科　　属:蓼科　竹节蓼属

形态特征:常绿灌木。多分枝,叶状枝扁平多节,老枝圆柱形,有节,暗褐色,上有纵线条;幼枝扁平,多节,绿色,形似叶片。叶退化,全缺或有数枚披针形小叶片,基部三角楔形,托叶退化为线条。总状花序簇生在新枝条的节上,形小,淡红色或绿白色。果为红色或淡紫色的浆果。花期 9—10 月,果期 10—11 月。

生长习性:不耐寒,为温室盆栽植物。较耐阴,不宜直射光照。不耐湿,需排水良好的土壤。要求空气湿度大的环境。

分　　布:产于南太平洋所罗门群岛。我国多栽培于庭园、温室。我校花房有栽培。

繁　　殖:以嫩茎扦插繁殖为主。

应　　用:株丛繁茂,嫩茎扁平、亮绿色,形态较为奇特。一般在温室盆栽,供室内装饰用;在暖地也可于庭园栽培,布置园景。茎入药,有清热解毒、散淤消肿之效。

42. 马齿苋树 *Portulacaria afra*

别　　名:银杏木、树马齿苋、小叶玻璃翠、金枝玉叶

科　　属:马齿苋科　马齿苋属

形态特征:多年生肉质灌木。茎绿色,老茎浅褐色,阳光下呈玫瑰红色,节间明显,分枝近水平。叶对生,叶片肉质,呈倒卵状三角形,叶端截形,叶基楔形,长 1.2 cm,宽 1 cm,厚 0.2 cm,叶面光滑,鲜艳色,富有光泽。小花淡粉色。

生长习性:喜温暖干燥、阳光充足的环境,耐半阴,在散射光条件下生长良好,耐旱,要求排水良好的砂质壤土。不耐寒,冬季温度不能低于10℃。

分　　布:原产南非干旱地区,现我国广泛栽培。我校花房有栽培。

繁　　殖:扦插或嫁接繁殖。

应　　用:以观叶为主,可吊盆栽植,也是制作盆景的好材料。盆栽通过修剪,严格控制高度,老茎浅褐色,其肉质叶片极像马齿苋,茎干嫩绿色,肉质分枝多,有苍劲古朴之感。

43. 君子兰 *Clivia miniata*

别　　名:大叶石蒜

科　　属:石蒜科　君子兰属

形态特征:多年生常绿草本。根肉质。叶深绿油亮,互生,宽带状,叶脉较清晰。花葶从叶丛中抽出,伞房花序,数朵小花聚生排列;花萼开张,花瓣6,漏斗状,花黄色或橘黄色。浆果球形,初绿后红。花期4—8月。

生长习性:喜凉爽,忌高温;喜湿润,忌干燥。生长适温为15~25℃,低于5℃则停止生长。适宜肥沃、深厚、排水良好的土壤。

分　　布:原产南非,现我国普遍栽培,是长春市市花。我校花房有栽培。

繁　　殖:分株或播种繁殖均可。

应　　用:花叶兼美,宜盆栽室内摆设,也是布置会场、装饰宾馆环境的理想盆花。还有净化空气的作用。

44. 红花石蒜 *Lycoris radiate*

别　　名:彼岸花、曼珠沙华

科　　属:石蒜科　石蒜属

形态特征:多年生草本。地下鳞茎椭圆形,外被紫红色薄膜。叶线形,5~6片,基生,花后抽出,夏季枯萎。每一花茎着花4~6朵,伞形花序顶生;花鲜红色,花冠筒短,裂片狭长,倒被针形,向外翻卷。子房下位,花后不结实。花期5—10月。

生长习性:耐寒性强,喜半阴,也耐曝晒,喜湿润,也耐干旱。各类土壤均能生长,以疏松、肥沃的腐殖质土最好。有夏季休眠习性。

分　　布:原产中国长江流域及西南各省。越南、马来西亚、日本也有分布。我校花房有栽培。

繁　　殖:用分球、播种、鳞块基底切割和组织培养等方法繁殖,以分球法为主。

应　　用:冬季叶丛青翠,生机勃勃,夏秋季红花怒放,十分艳丽,园林中可作林下地被花卉,花境丛植或山石间自然式栽植,也可供盆栽、水养、切花等用。鳞茎有毒,入药有催吐、祛痰、消肿、止痛之效。

45. 水鬼蕉 *Hymenocallis littoralis*

别　　名:美洲水鬼蕉、蜘蛛兰、蜘蛛百合、螯蟹花

科　　属:石蒜科　水鬼蕉属

形态特征:多年生鳞茎草本。叶基生,倒披针形,长 60 cm,先端急尖。花葶硬而扁平,实心,高 30~70 cm;伞形花序,3~8 朵小花着生于茎顶,无柄;花径可达 20 cm,花被筒长裂,一般呈线形或披针形;雄蕊 6 枚着生于喉部,而下部为被膜联合成杯状或漏斗状副冠,有如螯蟹腿、蜘蛛脚,故有螯蟹花、水鬼蕉的名称。花绿白色,有香气。花期夏秋,6—7 月。蒴果卵圆形或环形,肉质状,成熟时裂开;种子为海绵质状,绿色。

生长习性:喜光照、温暖湿润,不耐寒,喜肥沃的土壤。盆栽越冬温度 15℃以上。生长期水肥要充足。露地栽植于秋季挖球,干藏于室内。

分　　布:原产美洲热带。我国华南地区广泛引种栽培供观赏。我校花房有栽培。

繁　　殖:采用分球繁殖。

应　　用:叶姿健美,花形别致,亭亭玉立,适合盆栽观赏。温暖地区可用于庭院布置或花境、花坛用材,观赏价值高。其叶药用,用于治疗风湿关节痛、甲沟炎、跌打肿痛、痈疽、痔疮等症。

46. 白鹤芋 *Spathiphyllum kochii*

别　　名:苞叶芋、白掌、一帆风顺

科　　属:天南星科　白鹤芋属

形态特征:多年生草本。根茎短,叶长椭圆状披针形,两端渐尖,叶脉明显,叶柄长,基部呈鞘状。花葶直立,高出叶丛,佛焰苞直立向上,稍卷,白色;肉穗花序圆柱状,白色。

生长习性:喜高温多湿和半阴环境。

分　　布:原产热带美洲,现广泛栽培。我校花房有栽培。

繁　　殖:常用分株、播种和组培繁殖。

应　　用:花茎挺拔秀美,清新悦目。盆栽点缀客厅、书房,十分典雅别致。用盆栽白鹤芋列放宾馆大堂、广场前沿、车站出入口、商厦橱窗,显得高雅俊美。在南方,配置于小庭园、池畔、墙角处,别具一格。其花也是极好的花篮和插花装饰材料。

47. 春羽 *Philodenron selloum*

别　　名:春芋

科　　属:天南星科　喜林芋属

形态特征:多年生草本。株高可达 1 m,茎粗壮直立,直径可达 10 cm,茎上有明显叶痕及电线状的气根。叶于茎顶向四方伸展,有长约 40~50 cm 的叶柄,叶身鲜浓有光泽,呈卵状心脏形,全叶羽状深裂,呈革质。幼年期叶片较薄,呈三角形,随生长发生叶片逐渐变大,羽裂缺刻越多且越深。

生长习性:喜高温多湿环境,对光线的要求不严格,不耐寒,耐阴暗,在室内光线不过于微弱之地均可盆养,喜肥沃、疏松、排水良好的微酸性土壤,冬季温度不低于 5℃。

分　　布:原产巴西及巴拉圭等地,现广泛种植。我校花房有栽培。

繁　　殖:常用扦插和分株繁殖。

应　　用:叶态奇特,十分耐阴,适合于室内厅堂摆设,特别适宜装饰音乐茶座、宾馆休息室等。

48. 绿萝 *Epipremnum aureum*

别　　名:魔鬼藤、黄金葛、黄金藤、桑叶

科　　属:天南星科　麒麟叶属

形态特征:多年生常绿蔓性草本。茎蔓细长,多分枝,茎节处生有气根。叶互生,心形,嫩绿色,革质有光泽,或略带黄色斑驳,全缘。盆栽茎蔓纤细,叶小,长约 10 cm,宽约 5 cm。随生长年龄的增加茎渐增粗,叶片亦越来越大。不易开花。

生长习性:喜温暖、潮湿环境,要求土壤疏松、肥沃、排水良好。

分　　布:原产中美、南美。我国各地广泛栽培。我校花房有栽培。

繁　　殖:一般采用扦插法繁殖。

应　　用:较适合室内摆放,可让其攀附于圆柱上,摆于门厅、宾馆;也可培养成悬垂状,

置于书房、窗台。

49. 鸡冠花 *Celosia cristata*

别　　名:鸡髻花、老来红、芦花鸡冠

科　　属:苋科　青葙属

形态特征:一年生草本,高 25~90 cm。茎粗壮直立,光滑,有棱线或沟。叶互生,卵状至线形变化不一,全缘。穗状花序顶生,肉质;上部花退化,中下部集生不显著小花,花被膜质;花被及苞片有黄、白、橙、红和玫瑰紫等色。花期 6—10 月。

生长习性:喜阳光充足、炎热而空气干燥的环境,不耐寒,喜疏松、肥沃、排水良好的砂质土壤,不耐贫瘠,忌积水。

分　　布:原产东亚及南亚亚热带和热带地区,现世界各地广泛栽培。我校花房有栽培。

繁　　殖:播种繁殖。

应　　用:形状、色彩多样,是重要的花坛材料。矮型及中型品种用于花坛及盆栽观赏,高型品种适合布置花境及作切花。

50. 大花马齿苋 *Portulaca grandiflora*

别　　名:半支莲、太阳花、洋马齿苋、龙须牡丹、松叶牡丹

科　　属: 马齿苋科　马齿苋属

形态特征: 一年生草本,高 10~30 cm。茎平卧或斜升,紫红色,多分枝,节上丛生毛。叶密集枝端,较下的叶分开, 不规则互生,叶片细圆柱形,有时微弯,顶端圆钝,无毛;叶柄极短或近无柄,叶腋常生一撮白色长柔毛。花单生或数朵簇生枝端,花瓣 5 或重瓣,倒卵形,顶端微凹,红色、紫色或黄白色;雄蕊多数,花丝紫色,基部合生;花柱与雄蕊近等长。蒴果近椭圆形,盖裂;种子细小,多数,圆肾形。花期 6—9 月,果期 8—11 月。

生长习性:喜温暖、阳光充足的环境,阴暗潮湿之处生长不良。极耐瘠薄,一般土壤均能适应,喜排水良好的砂质土。

分　　布:原产南美、巴西、阿根廷、乌拉圭等地。我国各地均有栽培。我校花房有栽培。

繁　　殖:扦插或播种繁殖。

应　　用:植株矮小,茎、叶肉质光洁,花色丰艳,花期长。宜布置花坛外围,也可辟为专类

花坛。全草可入药,具清热解毒、活血祛瘀、消肿止痛、抗癌等功效。

51. 马齿牡丹 *Portulaca oleracea* var. *granatus*

别　　名:阔叶半支莲、太阳花

科　　属:马齿苋科　马齿苋属

形态特征: 为松叶牡丹与马齿苋的杂交种,多年生草本,通常匍匐,茎叶肉质,单叶互生,叶椭圆形或卵圆形;花两性,花萼2枚,基部合生管状;花色丰富,有黄、白、桃红、粉红、橙、橙红、紫红及各色之相参色;花型有单瓣、重瓣、半重瓣变化,单瓣花有5花瓣,雄蕊多数,柱头4~6裂,较雄蕊略高;果为蒴果;种子多数,灰黑色。花果期5—11月。

生长习性:耐高温、干旱,喜光,对土壤要求不严。

分　　布:广布于热带、亚热带地区。我国各地有栽培。我校花房有栽培。

繁　　殖:扦插或播种繁殖。

应　　用:植株矮小,茎、叶肉质光洁,花色艳丽,是良好的地被植物,也可以吊盆培养或盆栽供观赏。

52. 土人参 *Talinum paniculatum*

别　　名:假人参、参草

科　　属:马齿苋科　土人参属

形态特征:一年或多年生草本, 高可达60 cm左右,肉质,全体无毛。主根粗壮有分枝,外表棕褐色。茎圆柱形,下部有分枝,基部稍木质化。叶近对生或互生,倒卵形,或倒卵状长椭圆形, 长6~7 cm, 宽2.5~3.5 cm,先端尖或钝圆,全缘,基部渐狭而成短柄。花梗丝状,萼片2,花瓣5,倒卵形或椭圆形;雄蕊10余枚,花丝细柔;雌蕊子房球形,花柱线形,柱头3深裂,先端向外展而微弯。蒴果,种子细小,黑色,扁圆形。花期6—7月,果期9—10月。

生长习性:喜温暖湿润气候,耐高温、高湿,不耐寒。

分　　布:分布于长江以南各地,浙江、江苏、安徽、福建、河南、广西、广东、四川、贵州、湖北、湖南、云南等省区都有。我校花房有栽培。

繁　　殖:播种繁殖。

应　　用:根入药,可健脾润肺、止咳、调经。

53. 香石竹 *Dianthus caryophyllus*

别　　名：狮头石竹、康乃馨、大花石竹

科　　属：石竹科　石竹属

形态特征：常绿亚灌木，作宿根花卉栽培。株高 25~100 cm，茎直立，光滑，微具白粉，灰绿色，多分枝。叶对生，狭披针形，全缘，基部抱茎。花单生或 2~5 朵簇生；花色丰富，具香气。蒴果，种子褐色。花期 5—7 月，果期 8—9 月。

生长习性：喜空气流通、干燥和阳光充足的环境。喜肥沃、排水良好、腐殖质丰富、微酸性的黏质土。忌湿涝和连作。

分　　布：原产南欧、地中海北岸、法国到希腊一带。现世界各地广泛栽培，主要产区在意大利、荷兰、波兰、以色列、哥伦比亚、美国等国。我校花房有栽培。

繁　　殖：常用播种、扦插、组培和压条繁殖。

应　　用：常用于布置花坛或作切花，是世界著名的四大切花之一。矮生品种还可用于盆栽观赏。花朵可提香精。

54. 矮雪轮 *Silene pendula*

别　　名：大蔓樱草、小町草

科　　属：石竹科　蝇子草属

形态特征：一或二年生草本，株高约 30 cm。全株被柔毛和腺毛，茎俯仰，多分枝。叶卵状披针形，基部渐狭，顶端急尖或钝头，两面被伏柔毛。聚伞花序；花瓣倒心脏形，先端 2 裂，粉红色。栽培品种花色有白、淡紫、浅粉红、玫瑰色等；又有重瓣品种，花色也很丰富。萼筒长而膨大，筒上有紫红色条筋。蒴果卵形。花期 5—6 月，果期 6—7 月。

生长习性：耐寒，喜光，喜肥。在含有丰富腐殖质、排水良好而湿润的土壤中生长良好。

分　　布：原产地中海地区，现世界广泛栽培。我校花房有栽培。

繁　　殖：播种繁殖。

应　　用：是布置花坛和花境的好材料。矮生品种是点缀居室、岩石园和艺术花坛的理想材料。

55. 高雪轮 *Silene armeria*

别　　名：钟石竹

科　　属:石竹科　蝇子草属

形态特征:一年生草本,常带粉绿色。株高约60 cm,茎单生,被白霜,直立,上部分枝,无毛或被疏柔毛,上部具黏液。叶对生,卵状披针形,基生叶叶片匙形,花期枯萎;茎生叶叶片卵状心形至披针形,两面均无毛。复伞房花序较紧密顶生,具总花梗;花瓣淡红、玫红、白或雪青色,瓣片倒卵形,微凹缺或全缘,花径约1.8 cm;花梗无毛;苞片披针形,膜质,无毛;花萼筒状棒形,带紫色,无毛,纵脉紫色,萼齿短,宽三角状卵形,顶端钝,边缘膜质。蒴果长圆形,种子圆肾形,红褐色,具瘤状凸起。花期5—6月,果期6—7月。

生长习性:喜温暖和光照充足,忌高温多湿,不择土壤,但以疏松、肥沃、排水良好的土壤为佳。

分　　布:原产欧洲南部,现各地有栽培。我校花房有栽培。

繁　　殖:播种或扦插繁殖。

应　　用:适宜配置于花径、花境,点缀岩石园或作地被植物,也可盆栽或作切花。

56. 波斯顿蕨 *Nephrolepis exaltata*

别　　名:高肾蕨

科　　属:肾蕨科　肾蕨属

形态特征:多年生常绿草本,根茎直立,有匍匐茎。叶丛生,长可达60 cm以上,具细长复叶,二回羽状深裂,叶片展开后下垂,小羽片基部有耳状偏斜。孢子囊群半圆形,生于叶背近叶缘处。

生长习性:性喜温暖、湿润及半阴环境,又喜通风,忌酷热。

分　　布:原产热带及亚热带,我国台湾省有分布。我校花房有栽培。

繁　　殖:分株或走茎繁殖。

应　　用:为下垂状观叶植物,适宜盆栽于室内吊挂观赏,其匍匐枝剪下可用作装饰配置材料。

57. 白羽凤尾蕨 *Pteris ensiformis* var. *victoriae*

别　　名:维多利亚剑叶凤尾蕨、银脉凤尾蕨

科　　属:凤尾蕨科　凤尾蕨属

形态特征:叶二型,簇生,草质,无毛;叶柄禾秆色,表面光滑,有四棱;能育叶片矩圆状卵

形，长 10~25 cm，宽 5~15 cm，二回羽状；羽片 3~5 对，下部的有柄，向上无柄，有侧生小羽片 1~3 对，或有时仅为二叉，顶生小羽片特长，和其下的 1 对合生；小羽片披针形或条状披针形，宽 2~6 mm，除不育的顶部有细锯齿外，全缘；不育叶较小，小羽片矩圆形或卵状披针形，宽达 1 cm，边缘有尖锯齿。孢子囊群沿叶缘分布(但小羽片的顶部及基部不育)。

生长习性：喜温暖湿润和半阴环境，耐寒性较强，稍耐旱，怕积水和强光，宜在肥沃、排水良好的钙质土壤中生长，冬季温度不低于 5℃。

分　　布：原产马来西亚和澳大利亚。我国南方栽培用于室内观赏。我校花房有栽培。

繁　　殖：孢子繁殖或分株繁殖。

应　　用：适宜盆栽点缀窗台、阳台、案头和书桌，也用于插花配叶和盆景观赏。

58. 巢蕨 *Neottopteris nidus*

别　　名：山苏花、王冠蕨

科　　属：铁角蕨科　巢蕨属

形态特征：株型呈漏斗状或鸟巢状，株高 60~120 cm。叶片阔披针形，长 90~120 cm，渐尖头或尖头，叶厚纸质或薄革质，干后灰绿色，两面均无毛。叶簇生，辐射状排列于根状茎顶部。孢子囊群线形，长 3~5 cm，生于小脉的上侧，自小脉基部外行约达 1/2，彼此接近，叶片下部通常不育；囊群盖线形，浅棕色，厚膜质，全缘，宿存。

生长习性：常附生于雨林或季雨林内树干上或林下岩石上。团集成丛似鸟巢，能承接大量枯枝落叶、飞鸟粪便和雨水，这些物质转化为腐殖质，可作为植株的养分。

分　　布：原产热带、亚热带地区，我国广东、广西、海南和云南等地均有分布。我校花房有栽培。

繁　　殖：孢子繁殖或分株繁殖。

应　　用：国际上流行用其来制作大型悬吊或壁挂盆栽，用于宽敞厅堂作吊挂装饰，或将单丛的巢蕨分别附生固定于一段树干的不同高度部位，形成粗壮的古树模样，摆放于大厅或走廊上，犹如古树列队。

59. 鹿角蕨 *Platycerium wallichii*

别　　名：麋角蕨、蝙蝠蕨、鹿角羊齿

科　　属：鹿角蕨科　鹿角蕨属

形态特征:附生植物。根状茎肉质,短而横卧,密被鳞片。叶 2 列,二型;基生不育叶宿存,厚革质,下部肉质,厚达 1 cm,上部薄,直立,无柄,贴生于树干上,长达 40 cm,长宽近相等,先端截形,不整齐,3~5 次叉裂,裂片近等长,圆钝或尖头,全缘,主脉两面隆起。正常能育叶常成对生长,下垂,灰绿色,长 25~70 cm,分裂成不等大的 3 枚主裂片,基部楔形,下延,近无柄,内侧裂片最大,多次分叉成狭裂片,中裂片较小,两者都能育,外侧裂片最小,不育,裂片全缘,通体被灰白色星状毛,叶脉粗而突出。孢子囊散生于主裂片第一次分叉的凹缺处以下,不到基部,初时绿色,后变黄色;隔丝灰白色,星状毛。孢子绿色。

生长习性:常附生在以毛麻楝、榲树、垂枝榕等为主体的季雨林树干和枝条上,也可附生在林缘、疏林的树干或枯立木上。以腐殖叶聚积落叶、尘土等物质作营养。

分　　布:分布在热带季风气候、炎热多雨地区。在我国产于云南西南部盈江县那邦坝海拔 210~950 m 山地雨林中。缅甸、印度东北部、泰国也有分布。我校花房有栽培。

繁　　殖:分株繁殖为主,也能进行孢子繁殖。

应　　用:是我国二级保护植物。可将其贴生于古老朽木或装饰于吊盆中,点缀书房、客室和窗台,独有情趣,是室内立体绿化的好材料。

60. 铁线蕨 *Adiantum capillus-veneris*

别　　名:铁丝草、少女的发丝、铁线草、水猪毛土

科　　属:铁线蕨科　铁线蕨属

形态特征:多年生常绿草本。根茎黄褐色,密被淡褐色鳞片,鳞片线形或披针形,膜质,脉纹明显,根茎密生淡褐色长毛。叶疏生,叶柄有鳞片,全体无毛,长达 70 cm,叶柄纤细,紫黑色有光泽,与叶片约等长;叶鲜绿色,卵形或长方状卵形,1~3 回羽状复叶,羽片互生,小叶形态大小不一,多为倒卵形或斜方形,或扇形,基部楔形,顶端几乎截形而中间凹入,或 2~5 裂,裂片长短不一,具尖齿,叶脉自基部向边缘放射,细而叉形分枝。孢子囊群盖由小叶顶端的叶缘向下面反折而成,每个小叶的孢子囊群多至十余个,通常长方形,横行,折边稍向内,呈弧形,弯曲,褐色,边白色,膜质。

生长习性:喜温暖阴湿环境,不耐寒,不耐旱,宜酸性土壤。盆栽可常平放在室内具有散射光处,则生长良好。盆土以山地森林土和肥沃园土各半混合配制的培养土为宜。

分　　布:在我国分布于台湾、福建、广东、广西、湖南、湖北、江西、贵州、云南、四川、甘肃、陕西、山西、河南、河北、北京等地,非洲、美洲、欧洲、大洋洲及亚洲温暖地区均有。我校花

房有栽培。

繁　　殖:孢子繁殖或分株繁殖。

应　　用:形态优美,株型小巧,极适合小盆栽培和点缀山石盆景。全草入药,有清热解毒、利湿消肿、利尿通淋功效。

61. 含羞草 *Mimosa pudica*

别　　名:知羞草、呼喝草、怕丑草

科　　属:豆科　含羞草属

形态特征:多年生草本。遍体散生倒刺毛和锐刺。叶为 2 回羽状复叶,边缘及叶脉有刺毛。羽片和小叶触之即闭合而下垂;羽片通常 2 对,指状排列于总叶柄之顶端;小叶 10~20 对,线状长圆形,先端急尖,边缘具刚毛。头状花序长圆形,形状似绒球;花小,淡红色,多数;花萼钟状。荚果扁平,边缘有刺毛。花期 7—9 月,果期 8—10 月。

生长习性:适应性强,喜温暖,在湿润的肥沃土壤中生长良好,不耐寒,对土壤要求不严,喜光,但又能耐半阴。

分　　布:广布于各热带地区。我国华东、华南、西南等地区有引种。我校花房有栽培。

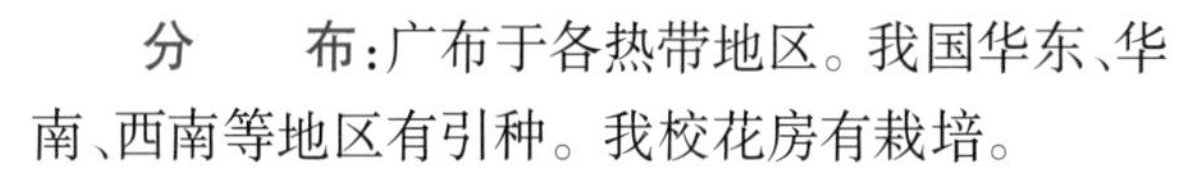

繁　　殖:播种繁殖。

应　　用:花、叶和荚果均具有较好的观赏效果。全草药用,能安神镇静、止血收敛、散瘀止痛。

62. 倒挂金钟 *Fuchsia hybrida*

别　　名:灯笼花、吊钟海棠

科　　属:柳叶菜科　倒挂金钟属

形态特征:灌木状草本。株高 30~150 cm,茎近光滑,枝细长稍下垂,常带粉红或紫红色,老枝木质化明显。单叶对生或 3 叶轮生,卵形至卵状披针形,边缘具疏齿;花生于枝顶叶腋,具长梗而下垂;萼筒长圆形,萼片 4 裂,翻卷质厚,花萼也有红、白之分;雄蕊 8,伸出于花瓣之外;花瓣 4 枚,有红、白、紫色等,自萼筒伸出,常抱合状或略开展,也有半重瓣。浆果紫红色,倒卵状长圆形。花期 1—6 月,果期 7 月。

生长习性:喜凉爽湿润环境,怕高温和强光,以肥沃、疏松的微酸性土壤为宜。

分　　布:原产秘鲁、智利、阿根廷、玻利维亚、墨西哥等中、南美洲国家,现广泛栽培。我校花房有栽培。

繁　　殖:主要采用扦插繁殖。

应　　用:可作盆花观赏,夏季凉爽地区可地栽布置花坛。入药有行血去瘀、凉血祛风之功效。

63. 美丽月见草 *Oenothera speciosa*

别　　名:待宵草、粉晚樱草、粉花月见草

科　　属:柳叶菜科　月见草属

形态特征:多年生草本,具粗大主根。茎常丛生,多分枝,被曲柔毛,下部常紫红色。基生叶紧贴地面,倒披针形,先端锐尖或钝圆,自中部渐狭或骤狭,并不规则羽状深裂下延至柄;叶柄淡紫红色,开花时基生叶枯萎;茎生叶灰绿色,披针形或长圆状卵形,先端下部的钝状锐尖,中上部的锐尖至渐尖,基部宽楔形并骤缩下延至柄,边缘具齿突,基部细羽状裂。花单生于茎枝顶部叶腋;花蕾绿色,花管淡红色,萼片绿色,带红色,开花时反折再向上翻。花期4—11月,果期9—12月。

生长习性:喜光,耐寒,忌积水。适应性强,耐酸耐旱,对土壤要求不严,一般中性、微碱或微酸性而排水良好、疏松的土壤上均能生长,土壤太湿则根部易得病。北方为一年生植物,淮河以南为二年生植物。

分　　布:原产美洲温带地区,我国广泛栽培。我校花房有栽培。

繁　　殖:播种繁殖。

应　　用:常丛生状种植,营造出别样的自然园林风情。根可入药,有消炎、降血压功效。

64. 果子蔓 *Guzmania atilla*

别　　名:擎天凤梨、西洋凤梨

科　　属:凤梨科　果子蔓属

形态特征:一年生草本。株高30 cm左右,冠幅80 cm。叶片线形,基部较宽,浅绿色,叶长60 cm,宽5 cm。一生只在春季开一次花,花茎常高出叶丛20 cm以上,花茎、苞片及近花茎基部的数枚叶片均为深红色,保持时间甚长,观赏期可达2个月左右。

生长习性:喜高温高湿和阳光充足环境。不耐寒,怕干旱,耐半阴。

分　　布:原产热带美洲,现我国广泛种植。我校花房有栽培。

繁　　殖:分株繁殖。

应　　用:色彩醒目,花期长,盆栽适合于窗台、阳台和客厅作点缀,还可装饰小庭院和入口处,常用于大型插花和花展的装饰材料。

65. 莺歌凤梨 *Vriesea carinata*

别　　名:岐花鹦哥凤梨、珊瑚花凤梨、黄金玉扇

科　　属:凤梨科　丽穗凤梨属

形态特征:多年生草本,株高20 cm左右。叶丛生,呈杯形,叶带状,长20~30 cm,宽1.5~2 cm,肉质,较薄,鲜绿色,有光泽;复穗状花序,花穗细小,直立,自叶丛中抽生;花苞穗状,基部艳红,端部黄绿色或嫩黄色,花小,黄色。观赏期长达1个月左右。

生长习性:喜高温多湿气候和光照充足环境。稍耐阴,有一定的耐寒、耐旱能力,忌烈日曝晒。适宜生长在肥沃、湿润、疏松、排水良好的土壤中。

分　　布:原产巴西,我国有引种,各地均有栽培。我校花房有栽培。

繁　　殖:分株繁殖。

应　　用:花苞色彩艳丽,为主要观赏部位。植株低矮,小巧玲珑,花、叶均艳丽美观,可在客厅、居室内摆放,置于书桌、茶几、花架上观赏。

66. 紫花凤梨 *Tillandsia cyanea*

别　　名:铁兰、紫花铁兰、细叶凤梨

科　　属:凤梨科　铁兰属

形态特征:多年生草本。叶长20~30 cm,宽1~1.5 cm,簇生,浓绿色,质硬,革质,基部呈紫褐色条状斑纹。花序梗自叶丛中抽出,长约20 cm,顶端12~15 cm处扁平形成花序,宽约2 cm,由粉红色近淡紫色的苞片对生组成。小花由苞片内开出,浓紫红色。苞片观赏期可达4个月。

生长习性:喜光线明亮、高温、高湿环境,忌阳光直射,在原产地生于热带森林的大树上,较耐干燥和寒冷。生长适温20~30℃,越冬最低温10℃。

分　　布:原产厄瓜多尔,现广泛栽培。我校花房有栽培。

繁　　殖:用分栽基生芽法繁殖,也可用播种法繁殖。

应　　用:适于盆栽装饰室内,用于美化环境,新奇典雅。可摆放于阳台、窗台、书桌等处,也可悬挂在客厅、茶室,还可作插花陪衬材料。同时具有很强的净化空气的能力。

67. 大岩桐 *Sinningia speciosa*

别　　名:六雪尼、落雪泥

科　　属:苦苣苔科　大岩桐属

形态特征:多年生草本。块茎扁球形,地上茎极短,株高 15~25 cm,全株密被白色绒毛。叶对生,肥厚而大,卵圆形或长椭圆形,有锯齿;叶脉间隆起,自叶间长出花梗。花顶生或腋生,花冠钟状,先端浑圆,5~6 浅裂,色彩丰富,有粉红、红、紫蓝、白、复色等色,大而美丽。蒴果,花后 1 个月种子成熟;种子褐色,细小而多。花果期 4—11 月。

生长习性:生长期喜温暖、潮湿,忌阳光直射,有一定的抗炎热能力,但夏季宜保持凉爽,23℃左右有利开花。生长期虽要求空气湿度大,但不喜大水,应避免雨水侵入;冬季休眠期则需保持干燥,如湿度过大或温度过低,则块茎易腐烂。喜肥沃、疏松的微酸性土壤。

分　　布:原产巴西,现广泛栽培。我校花房有栽培。

繁　　殖:播种、扦插或分球繁殖。

应　　用:常作室内盆栽或花坛花卉,是节日点缀和装饰室内的理想盆花材料。

68. 金鱼草 *Antirrhinum majus*

别　　名:龙头花、狮子花、龙口花、洋彩雀

科　　属:玄参科　金鱼草属

形态特征:多年生直立草本,茎基部有时木质化,高可达 80 cm。茎基部无毛,中上部被腺毛,基部有时分枝。叶下部的对生,上部的常互生,具短柄;叶片无毛,披针形至矩圆状披针形,长 2~6 cm,全缘。总状花序顶生,密被腺毛;花梗长 5~7 mm;花萼与花梗近等长,5 深裂,裂片卵形,钝或急尖;花冠颜色多种,从红色、紫色至白色,长 3~5 cm,基部在前面下延成兜状,上唇直立,宽大,2 半裂,下唇 3 浅裂,在中部向上唇隆起,封闭喉部,使花冠呈假面状;雄蕊 4,2 强。蒴果卵形,长约 15 mm,基部强烈向前延伸,被腺毛,顶端孔裂。花果期 3—6 月。

生长习性:喜阳光,也能耐半阴。性较耐寒,不耐酷暑。适生于疏松、肥沃、排水良好的土壤,在石灰质土壤中也能正常生长。

分　　布:原产地中海沿岸地区。我校花房有栽培。

繁　　殖:播种繁殖,也可用扦插繁殖。

应　　用:适合群植于花坛、花境,亦可作切花用。可药用,具有清热解毒、凉血消肿之功效。种子亦可榨油食用。

69. 金苞花 *Pachystachys lutea*

别　　名:黄虾花、金苞虾衣花、黄虾花、珊瑚爵床、金包银

科　　属:爵床科　厚穗爵床属

形态特征:常绿亚灌木,茎多分枝,直立,基部逐渐木质化,茎节膨大。叶对生,卵形或长卵形,先端锐尖,革质,叶脉纹理鲜明,叶面皱褶有光泽,叶缘波浪形。花序着生茎顶,由重叠整齐的金黄色心形苞片组成,呈四棱形,长 10~15 cm;花乳白色,唇形,长约 5 cm,从花序基部陆续向上绽开。四季均可开花。

生长习性:喜高温高湿和阳光充足的环境,比较耐阴,适宜生长于温度为 18~25℃的环境。冬季要保持 5℃以上才能安全越冬。适合栽种在肥沃、排水良好的轻壤土中。

分　　布:原产秘鲁和墨西哥。我校花房有栽培。

繁　　殖:扦插繁殖。

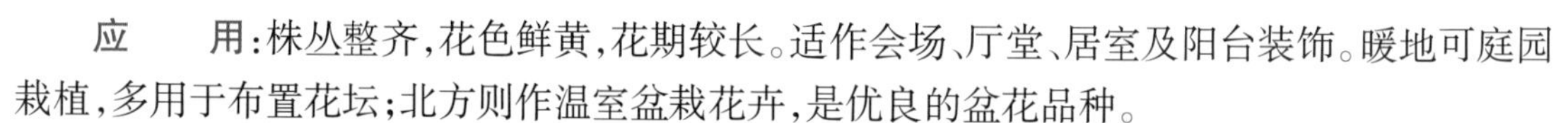

应　　用:株丛整齐,花色鲜黄,花期较长。适作会场、厅堂、居室及阳台装饰。暖地可庭园栽植,多用于布置花坛;北方则作温室盆栽花卉,是优良的盆花品种。

70. 虾衣花 *Calliaspidia guttata*

别　　名:虾夷花、虾衣草、狐尾木、麒麟吐珠

科　　属:爵床科　麒麟吐珠属

形态特征:常绿亚灌木,高 1~2 m,全体具毛。茎圆柱状,细弱,多分枝,嫩茎节基红紫色。叶卵形,顶端具短尖,基部楔形,全缘。穗状花序顶生,长 6~9 cm,下垂,具棕色、红色、黄绿色、黄色的宿存苞片;花白色,伸向苞片外,花分上、下二唇形,上唇全缘或稍裂,下唇浅裂,上有 3 行紫斑花纹。蒴果。常年开花不断,果期全年。

生长习性:性喜温暖、湿润环境,多在温室栽培。最低温度需要在 5~10℃,适生温度 18~28℃。喜阳光也较耐阴,忌曝晒。

分　　布:原产墨西哥,现世界各地均有栽培。我校花房有栽培。

繁　　殖:扦插、播种、压条繁殖。

应　　用:常年开花,苞片宿存,重叠成串,似龙虾,十分奇特有趣。适宜盆栽,放在室内高架上供四季观赏,或装饰窗台、书房、阳台;也可作花坛布置或制作盆景;或植于庭院的路边、墙垣边观赏。

71. 嫣红蔓 *Hypoestes purpurea*

别　　名：粉露草、烟红蔓、红点草、红点鲫鱼胆、小雨点、枪刀药、鹃泪草

科　　属：爵床科　枪刀药属

形态特征：多年生常绿草本，株高可达30~60 cm。枝条生长后略呈蔓性，茎节处易生根。叶对生，呈卵形或长卵形，全缘，叶面呈橄榄绿，上面布满红色、粉红色或白色斑点。叶腋易生短枝。花序腋生，直立，为淡紫色小型穗状花。总苞片4枚，2轮，对生，外方的1对合生成筒状，分离的2枚钻形，被微柔毛，内方的1对较小，披针形，里面通常仅有1朵花；花萼小；花冠紫蓝色，长2~2.5 cm，被柔毛，上唇线状披针形，顶端稍急尖，下唇倒卵形，3浅裂。蒴果长约10 mm，下部藏于宿存的管状总苞内。花果期10—11月。

生长习性：喜温暖湿润及半阴环境，适当增加直射光还可增加叶片色彩。不耐寒，适温15~18℃，越冬温度需12℃以上。宜疏松、微酸性、深厚、透水、富含腐殖质的肥沃土壤。

分　　布：产于广西、广东、海南、台湾、香港。我校花房有栽培。

繁　　殖：常用播种及扦插繁殖。

应　　用：叶片色彩缤纷，既可作为室内观赏的盆花，又可于花坛及大型容器栽培，或于风景园林和花园地栽。

72. 白网纹草 *Fittonia verschaffeltii* var. *argyroneura*

别　　名：费道花、银网草、银网、费丽花、白菲通尼亚草

科　　属：爵床科　网纹草属

形态特征：多年生草本，植株低矮，约5~20 cm。枝条斜生，不直立，成匍匐状蔓生，匍匐茎节可生根。茎枝、叶、叶柄和花梗均密被绒毛。单叶十字对生，卵形至椭圆形，长约2~3 cm，翠绿色，叶脉呈银白色。穗状花序顶生，花小，黄色；不易结实。

生长习性：忌阳光直射，只能在庇荫的高温环境中生长。生长适温25~30℃，越冬温度应在12℃以上。喜通透性良好的疏松土壤。

分　　布：分布于秘鲁和南美洲的热带雨林，现各地广泛栽培。我校花房有栽培。

繁　　殖：扦插或分株繁殖。

应　　用：多用作小盆栽、吊盆或组合栽培，有较高的观赏价值。

73. 金脉爵床 *Sanchezia speciosa*

别　　名:金叶木

科　　属:爵床科　黄脉爵床属

形态特征:多年生常绿直立灌木。多分枝,茎干半木质化,小枝为黄棕色。叶对生,无叶柄,阔披针形,长15~30 cm,宽5~10 cm,先端渐尖,基部宽楔形,叶缘有锯齿;叶片嫩绿色,叶脉橙黄色。花黄色,管状,簇生于短花茎上,每簇8~10朵,形成顶生穗状花序,整个花簇由一对红色的苞片包围。花期7—9月。

生长习性:喜高温、多湿,生长适温20~25℃。越冬温度在10℃以上。忌日光直射。要求排水良好的砂质壤土。

分　　布:原产南美、墨西哥。我校花房有栽培。

繁　　殖:扦插繁殖。

应　　用:是良好的室内盆栽植物。叶色深绿,叶脉淡黄,十分美丽,花穗金黄,花期可持续数周。适宜家庭、宾馆和橱窗布置,由于其基部叶片易变黄脱落,可用矮生观叶植物配置周围。

74. 夏堇 *Torenia fournieri*

别　　名:兰猪耳

科　　属:玄参科　蝴蝶草属

形态特征:一年生草本,株高15~30 cm,株型整齐而紧密。方茎,分枝多,呈披散状。叶对生,卵形或卵状披针形,边缘有锯齿,叶柄长为叶长之半,秋季叶色变红。花腋生或顶生总状花序,唇形花冠,花萼膨大,萼筒上有5条棱状翼。花蓝色,花冠杂色(上唇淡雪青,下唇紫堇色,喉部有黄色)。蒴果长椭圆形,长约1.2 cm,宽0.5 cm;种子小,黄色,圆球形或扁圆球形,表面有细小的凹窝。花果期6—12月。

生长习性:喜高温,耐炎热;喜光,耐半阴。对土壤要求不严,生长强健,需肥量不大,在阳光充足、适度肥沃湿润的土壤上开花繁茂。

分　　布:原产越南,我国南方常见栽培。我校花房有栽培。

繁　　殖:播种繁殖。

应　　用:花朵小巧,花色丰富,花期长,生性强健,适合阳台、花坛、花台等种植,也是优良的吊盆花卉。亦可作药用,有清热解毒、利湿、止咳、和胃止呕、化瘀等功效。

75. 百日草 *Zinnia elegans*

别　　名:百日菊、火球花、对叶菊

科　　属:菊科　百日菊属

形态特征:一年生草本,高 30~100 cm。叶对生,无柄,叶片宽卵圆形或长圆状椭圆形,基出 3 脉。头状花序径 5~6.5 cm,总苞宽钟状,总苞片多层,宽卵形或卵状椭圆形,托片上端有延伸的附片。舌状花深红色、玫瑰色、紫堇色或白色,舌片倒卵圆形,先端 2~3 齿裂或全缘,上面被短毛,下面被长柔毛。管状花黄色或橙色,长 7~8 mm,先端裂片卵状披针形,上面被黄褐色密茸毛。瘦果倒卵状楔形,长 7~8 mm,宽 3.5~4 mm,极扁,被疏毛,顶端有短齿。有单瓣、重瓣、卷叶、皱叶和各种不同颜色的园艺品种。花期 6—10 月,果期 7—10 月。

生长习性:性强健,耐干旱,喜阳光,但怕热,喜肥沃深厚的土壤。

分　　布:原产墨西哥。中国各地栽培很广,有时为野生。我校花房有栽培。

繁　　殖:播种、扦插繁殖。

应　　用:花大色艳,开花早,花期长,株型美观,可按高矮分别用于花坛、花境、花带,也常用于盆栽。全草入药,治上感发热、口腔炎、风火牙痛等。

76. 金盏菊 *Calendula officinalis*

别　　名:金盏花、黄金盏、长生菊

科　　属:菊科　金盏菊属

形态特征:一年生或越年生草本,高 30~60 cm,全株有短毛。茎有纵棱,单叶互生;下部叶匙形,全缘;上部叶长椭圆形至长椭圆状倒卵形,长 5~9 cm,宽 1~2 cm,先端钝或尖,基部略带心脏形,稍抱茎,边缘全缘或具稀疏细齿。头状花序单生于枝端。花期 4—7 月。

生长习性:喜温暖向阳。对土壤要求不严,以肥沃、疏松、排水良好的夹砂土较好。

分　　布:原产欧洲西部、地中海沿岸、北非和西亚,现世界各地都有栽培。我校花房有栽培。

繁　　殖:播种繁殖。

应　　用:是一种常见的观花植物,也具有清热解毒的药用价值。

77. 芙蓉菊 *Crossostephium chinense*

科　　属:菊科　芙蓉菊属

形态特征:半灌木。叶聚生枝顶,狭匙形或狭倒披针形,长 2~4 cm,宽 4~5 mm,全缘或有时 3~5 裂,顶端钝,基部渐狭,两面密被灰色短柔毛,质地厚。头状花序盘状,生于枝端叶腋,排成有叶的总状花序。花果期全年。

生长习性:性喜温暖、湿润气候,喜爱充足阳光、不耐阴,不宜长期摆放于室内。

分　　布:产于我国中南及东南部。我校花房有栽培。

繁　　殖:可采用圈枝、播种和扦插法繁殖。圈枝在 3—4 月进行。

应　　用:华东地区及北方各省常作盆栽观赏。药用有祛风除湿、解毒消肿、止咳化痰的功效,主治胃痛、感冒、风湿关节痛、麻疹、百日咳、支气管炎、淋浊、腹泻、白带、乳腺炎、痈疽疔毒、蜂螫伤等症。

78. 雏菊 *Bellis perennis*

别　　名:延命菊、马兰头花

科　　属:菊科　雏菊属

形态特征:多年生草本,作二年生栽培。全株具毛。叶基部簇生,长匙形或倒长卵形,基部渐狭,先端圆钝,略有锯齿。头状花序单生,花葶自叶丛中抽出,舌状花条形,平展,单轮排列于盘边,白或淡红色。盘心管状花,黄色。花序直径一般为 5 cm,瘦果扁平,倒卵形。花期 4—6 月。

生长习性:耐寒,最低可耐-3℃左右低温,喜冷凉的气候条件,通常情况下可以露地覆盖越冬。不耐酷热,喜气候温和的夏季。喜肥沃、湿润且排水良好的土壤。

分　　布:原产欧洲,现在中国各地庭园栽培为花坛观赏植物。我校花房有栽培。

繁　　殖:播种、扦插繁殖。

应　　用:用于花坛、花境、盆栽,应用广泛。含挥发油、氨基酸和多种微量元素,药用价值很高。

79. 瓜叶菊 *Pericallis hybrida*

别　　名:富贵菊、黄瓜菊

科　　属:菊科　瓜叶菊属

形态特征:全株密生柔毛,叶具有长柄,叶大,心状卵形至心状三角形,叶缘具有波状或多角齿,形似葫芦科的瓜类叶片,故名瓜叶菊。有时背面带紫红色,叶表面浓绿色,叶柄较长。花为头状花序,簇生成伞房状,有蓝、紫、红、粉、白或镶色,异花授粉。

生长习性:性喜冷寒,不耐高温和霜冻。好肥,喜疏松、排水良好的土壤。

分　　布:原产大西洋加那利群岛。我国各地公园或庭院广泛栽培。我校花房有栽培。

繁　　殖:以播种为主,也可采用扦插或分株法繁殖。

应　　用:是冬春时节主要的观赏植物之一,其花朵鲜艳,可作花坛栽植或盆栽布置于庭廊过道。

80. 非洲菊 *Gerbera jamesonii*

别　　名:太阳花、猩猩菊、日头花

科　　属:菊科　大丁草属

形态特征:多年生、被毛草本。根状茎短，为残存的叶柄所围裹，具较粗的须根。叶基生，莲座状，叶片长椭圆形至长圆形，长 10~14 cm，宽 5~6 cm,顶端短尖或略钝,基部渐狭,边缘不规则羽状浅裂或深裂,上面无毛,下面被短柔毛,老时脱毛;中脉两面均凸起,下面粗而尤著,侧脉 5~7 对，离缘弯拱连接，网脉略明显；叶柄长 7~15 cm,具粗纵棱,多少被毛。花葶单生,或稀有数个丛生,长 25~60 cm,无苞叶,被毛,毛于顶部最稠密,头状花序单生于花葶之顶,于花期舌瓣展开时直径 6~10 cm。

生长习性:喜光,冬季需全光照,但夏季应注意适当遮阴,并加强通风,以降低温度,防止高温引起休眠。

分　　布:原产南非,另少数分布在亚洲。华南、华东、华中等地区皆有栽培。我校花房有栽培。

繁　　殖:多采用组织培养快繁,也可采用分株法繁殖,每个母株可分 5~6 小株;播种繁殖用于矮生盆栽型品种或育种;还可用单芽或发生于颈基部的短侧芽分切扦插。

应　　用：重要的切花装饰材料，供插花及制作花篮，也可作盆栽观赏。

81. 银叶菊 *Senecio cineraria*

别　　名：雪叶菊

科　　属：菊科　千里光属

形态特征：叶匙形或羽状裂，正反面均被银白色柔毛，质较薄，如雪花图案。全株具白色绒毛，多分枝，头状花序单生枝顶，花小、黄色。花期 6—9 月，种子 7 月开始陆续成熟。

生长习性：在长江流域能露地越冬，不耐酷暑，高温高湿时易死亡。喜凉爽湿润、阳光充足气候，宜疏松肥沃的砂质土壤或富含有机质的黏质土壤。

分　　布：原产南欧，现广布于我国华南各地。我校花房有栽培。

繁　　殖：播种、扦插繁殖。

应　　用：群植时其银白色的叶片远看像一片白雪，与其他色彩的纯色花卉配置栽植，效果极佳，是重要的花坛观叶植物。

82. 大丽花 *Dahlia pinnata*

别　　名：大理花、天竺牡丹、东洋菊、大丽菊

科　　属：菊科　大丽花属

形态特征：多年生草本，有巨大棒状块根。茎直立，多分枝，高 1.5~2 m，粗壮。叶 1~3 回羽状全裂，上部叶有时不分裂，裂片卵形或长圆状卵形，下面灰绿色，两面无毛。头状花序大，有长花序梗，常下垂，宽 6~12 cm。总苞片外层约 5 个，卵状椭圆形，叶质，内层膜质，椭圆状披针形。舌状花 1 层，白色、红色或紫色，常卵形，顶端有不明显的 3 齿，或全缘；管状花黄色，有时在栽培种全部为舌状花。瘦果长圆形，长 9~12 mm，宽 3~4 mm，黑色，扁平，有 2 个不明显的齿。花期 6—12 月，果期 9—10 月。

生长习性：性喜阳光和疏松肥沃、排水良好的土壤。

分　　布：原产墨西哥，是全世界栽培最广的观赏植物，20 世纪初引入中国，现多个省区有栽培。我校花房有栽培。

繁　　殖：播种、扦插和分根繁殖均可。

应　　用：适宜于花坛、花径或庭前丛植，矮生品种可作盆栽。全株可入药，有清热解毒的功效。

83. 红凤菜 *Gynura bicolor*

别　　名:降压草、紫背天葵、红番苋、两色三七草

科　　属:菊科　菊三七属

形态特征:多年生草本,高 50~100 cm,全株无毛。茎直立,柔软,基部稍木质,上部有伞房状分枝,干时有条棱。叶具柄或近无柄。叶片倒卵形或倒披针形,长 5~10 cm,宽 2.5~4 cm,顶端尖或渐尖,基部楔状渐狭成具翅的叶柄,或近无柄而多少扩大,但不形成叶耳;边缘有不规则的波状齿或小尖齿,稀近基部羽状浅裂;侧脉 7~9 对,弧状上弯,上面绿色,下面干时变紫色,两面无毛;上部和分枝上的叶小,披针形至线状披针形,具短柄或近无柄。头状花序多数直径 10 mm,在茎、枝端排列成疏伞房状;小花橙黄色至红色,花冠明显伸出总苞,长 13~15 mm,管部细,长 10~12 mm;裂片卵状三角形;花药基部圆形,或稍尖;花柱分枝钻形,被乳头状毛。瘦果圆柱形,淡褐色,无毛;冠毛丰富,白色,绢毛状,易脱落。花果期 5—10 月。

生长习性:喜冷凉气候,要求全年日均气温 15~19℃,最高气温≤39℃,最低气温≥-5℃。适宜根状茎萌发的日均气温为 8~22℃,嫩茎生长最适宜日均温 20~28℃。

分　　布:多生于山坡林下、岩石上或河边湿处,分布海拔 600~1 500 m。我校花房及周边居民区有栽种。

繁　　殖:播种繁殖。

应　　用:可食用,有丰富营养。全株也可入药,有消肿、清热、止血、生血功效。

84. 白凤菜 *Gynura formosana*

别　　名:绿背天葵

科　　属:菊科　菊三七属

形态特征:多年生草本,近葶状,高 25~50 cm。茎圆柱形,下部平卧,上部直立,干时有条棱,被短糙毛,上部分枝,小枝 2~3,斜升。基部叶在花期凋落,下部和中部叶具柄;叶片椭圆形,匙形,稀提琴状浅裂,肉质,长 4~6 cm,宽 2~4 cm,

顶端钝，基部渐狭或急狭成长叶柄，叶柄基部有1对耳状假托叶，上部或中部以上常有1~2个小齿，边缘有波状小尖齿，侧脉3~4对，弧状弯，主脉和细脉干时不明显，两面被贴生短毛；上部叶小，无柄，长圆形，羽状浅裂或披针形而具小齿，基部有假托叶，最上部叶极退化，线形或线状披针形。花冠黄色，长14~15 mm，管部细，长10~11 mm，上部扩大，裂片卵状披针形；花药基部钝；花柱分枝顶端有披针形附器，被乳头状微毛。瘦果圆柱形，两端截形，具10条肋，被微毛。花果期5—7月。

生长习性：生性强健，对栽培土质要求不高，以肥沃的砂质土壤为最佳。排水、日照条件须良好。喜高温，生长适温20~30℃。一般生长在平原及低山阴湿处。

分　　布：特产于我国台湾。

繁　　殖：播种和扦插繁殖。

应　　用：是一种很好的集营养保健价值与特殊风味于一体的高档蔬菜。入药有消炎、解热、解毒、利尿、降血压等功效。

85. 一串珠 *Senecio rowleyanus*

别　　名：翡翠珠、绿串珠、佛珠、念珠掌、情人泪

科　　属：菊科　千里光属

形态特征：多年生肉质草本。枝蔓长20~30 cm。茎纤细，线形，匍匐生长。单叶互生，球状，直径0.4~0.8 cm，深绿色，中心具一条透明纵纹。花呈筒状，灰白色。瘦果。花期9—12月。在栽培条件下未见结果。

生长习性：较耐旱，怕高温潮湿，生长适温15~25℃，冬季室温保持在5℃以上即可安全越冬。生长期不能浇水太多，每周一次为宜，浇透，见干见湿。高温潮湿季节更要控制浇水，如盆土长期潮湿，则很容易造成肉质根叶腐烂。

分　　布：原产纳米比亚、南非。我校花房有栽培。

繁　　殖：播种或扦插繁殖。

应　　用：叶子很特别，像一颗颗豌豆般大小的明珠，穿结在细长的匍匐茎上，悬垂在花盆外围四周，宛如一串串翡翠项链，碧绿晶莹，也因此常作室内盆栽观叶植物。

86. 驱蚊香草 *Pelargonium graveolens*

别　　名：香叶天竺葵

科　　属：牻牛儿苗科　天竺葵属

形态特征：多年生常绿草本，生命力很强。茎梢多汁，叶互生，边缘有波形钝锯齿，叶面光滑；托叶宽三角形或卵形，长6~9 mm，先端急尖；叶柄与叶片近等长，被柔毛；叶片近圆形，基部心形，直径2~10 cm，掌状5~7裂达中部或近基部，裂片矩圆形或披针形，小裂片边缘为不规则的齿裂或锯齿，两面被长糙毛。伞形花序与

叶对生,长于叶,具花 5~12 朵;苞片卵形,被短柔毛,边缘具绿毛;花梗长 3~8 mm 或几无梗;萼片长卵形,绿色,先端急尖,距长 4~9 mm;花瓣玫瑰色或粉红色,长为萼片的 2 倍,先端钝圆,上面 2 片较大;雄蕊与萼片近等长,下部扩展;心皮被茸毛。蒴果长约 2 cm,被柔毛。花期 5—7 月,果期 8—9 月。

生长习性:喜光,除夏季应稍有遮阴外,秋、冬、春三季应有阳光直射。喜温喜水,喜中性偏酸性土壤。

分　　布:原产南非好望角一带。我国大部分地区室栽。我校花房有栽培。

繁　　殖:通常采用播种、扦插繁殖,在春、秋季扦插容易成活。

应　　用:可造型作盆景观赏,还可驱虫。特别适宜在办公室、居室、营业场所摆放。

87. 长春花 *Catharanthus roseus*

别　　名:日日春、日日草、日日新、三万花、四时春、时钟花、雁来红

科　　属:夹竹桃科　长春花属

形态特征:多年生草本或常绿亚灌木状,高可达 80 cm。茎通常上部分枝,幼枝红褐色,无毛或稍被毛,节稍膨大。叶对生,膜质,倒卵状长圆形,长 3~5 cm,宽 1.5~2 cm,顶端圆形,有短尖,基部渐狭,全缘或微波状,有短柄。花单生或成对生于叶腋,雄蕊 5 枚,着生于花冠筒中部之上;花盘为 2 片舌状腺体组成,与心皮互生而比其长;心皮 2,子房离生;花柱联合。蓇葖果通常成对着生,圆柱形,长 2~3 cm,直立,被毛。种子黑色,无种毛,具颗粒状小瘤凸起。花期 8—9 月,果期 9—10 月。

生长习性:喜温暖、稍干燥和阳光充足环境。生长适温 3—7 月为 18~24℃,9 月至翌年 3月为 13~18℃,冬季温度不低于 10℃。

分　　布:原产地中海沿岸、印度、热带美洲。中国栽培长春花的历史不长,主要在长江以南地区栽培,广东、广西、云南等省区栽培较为普遍。我校花房有栽培。

繁　　殖:多采用播种繁殖。

应　　用:多用于盆栽或栽植槽观赏。全草入药,可止痛、消炎、安眠、通便、利尿。

88. 文殊兰 *Crinum asiaticum*

别　　名:秦琼剑

科　　属:石蒜科　文殊兰属

形态特征:多年生球根草本花卉。叶片宽大肥厚,长可达 1 m 以上,先端尖锐似剑。花葶直立,伞形花序状;花被 6,中间紫红,两侧粉红,盛开时向四周舒展,线形,白色,有清香。蒴果。花期 5—9 月。

生长习性:喜温暖、湿润,略耐阴,耐盐碱,不耐寒,冬季须在不低于5℃的室内越冬。

分　　布:原产热带亚洲。我国福建、台湾、广东、广西、湖南、四川等地有野生。各地广泛栽培。我校花房有栽培。

繁　　殖:常采用分株和播种繁殖。

应　　用:花叶并美,花香浓郁,具有较高的观赏价值。盆栽可置于会议厅、宾馆、宴会厅门口等处,雅丽大方,满堂生香,令人赏心悦目。以叶和鳞茎入药,主治咽喉炎、跌打损伤、痈疖肿毒、蛇咬伤。

89. 忽地笑 *Lycoris aurea*

别　　名:黄色石蒜

科　　属:石蒜科　石蒜属

形态特征:多年生草本。鳞茎肥大,近球形。叶基生,质厚,秋季出叶,剑形。花葶高30~60 cm,伞形花序具5~10朵花,花黄色或橙色,花被强度反卷和皱缩,花被筒长1.2~1.7 cm。蒴果每室有种子数枚。花期8—9月。蒴果具3棱,果期10月。

生长习性:阴性植物,喜温暖阴湿环境,常生于阴湿的岩石上或石崖下土壤肥沃处。亦稍耐寒冷,有夏季休眠习性,不择土壤,但以腐殖质丰富、湿润而排水良好的土壤为宜。

分　　布:分布于湖北、陕西、河南、江苏、浙江、福建、广东、广西、贵州、云南等省区。日本、老挝也有。我校花房有栽培。

繁　　殖:播种和分株繁殖。

应　　用:不仅可用于园林配置,点缀竹林幽径,还可盆栽、水培,置于室内、庭院,奇特的花叶更迭,会时常给人以清新爽目的自然美感。其性甘温,有小毒,入药有清热解毒、散结消肿等功效,可用于治疗肿毒疔疮、毒蛇咬伤、风湿性关节炎等症。

90. 水仙 *Narcissus tazetta* var. *chinensis*

别　　名:洛神香妃、凌波仙子

科　　属:石蒜科　水仙属

形态特征:多年生球根草本。地下鳞茎肥大,卵形至广卵状球形,外被棕褐色皮膜。叶狭长带状,二列状着生。花葶中空,扁筒状,伞房花序。雄蕊呈椭圆形,花粉黄色。雌蕊近似三角形,乳白色,中部发绿。蒴果,种子空瘪。花期1—2月。

生长习性:喜冷凉气候,生长适温10~20℃,可耐0℃低温。鳞茎春天膨大,高温下进行花芽分化;经过休眠的鳞茎在温度高时可长根,但不发叶,温度下降才发叶,至温度

6~10℃时抽出花苔。

分　　布:原产北非、中欧及地中海沿岸,现世界各地广泛栽培。我国以福建漳州、厦门及上海崇明岛为栽培中心。是漳州市市花。我校花房有栽培。

繁　　殖:侧球繁殖、侧芽繁殖、双鳞片繁殖、组织培养等。

应　　用:株型清秀,花形奇特,花芳香,花期长,适宜室内案头、窗台点缀,也是很好的地被花卉,可成片散植林下、草坪或水畔,也可布置于早春花坛、花境。可雕刻和造型,是中国十大名花之一。鳞茎多液汁,有毒,可入药,花朵可提取香精。

91. 仙人掌 *Opuntia stricta*

别　　名:仙巴掌、观音掌、霸王树、龙舌

科　　属:仙人掌科　仙人掌属

形态特征:多年生常绿植物,灌木状,植株丛生;茎多浆,茎节扁平,多分枝,其上密生刺窝,并有数根褐色针刺。叶退化为针状,早落。花鲜黄色,着生于茎节上部。浆果暗红色,种子黑色。花期 4—6 月,果期 7—10 月。

生长习性:喜温暖气候,喜光,耐旱,忌涝,不择土壤,以富含腐殖质的砂壤为宜。

分　　布:原产美洲热带地区,世界各地广泛栽培。是墨西哥的国花。我校花房有栽培。

繁　　殖:扦插、播种或分株繁殖。

应　　用:盆栽观赏,或作绿篱。果可食,可清热解毒、散瘀消肿、健胃止痛、镇咳,用于胃、十二指肠溃疡,急性痢疾,咳嗽;外用治流行性腮腺炎、乳腺炎、痈疖肿毒、痔疮、蛇咬伤、烧烫伤有特效。

92. 昙花 *Epiphyllum oxypetalum*

别　　名:琼花、月下美人

科　　属:仙人掌科　昙花属

形态特征:灌木状肉质植物,高 1~2 m。主枝直,圆柱形,茎不规则分枝,茎节叶状扁平,长 15~60 cm,宽约 6 cm,绿色,边缘波状或缺凹,无刺,中肋粗厚,没有叶片。花自茎片边缘的小窠发出,大型,两侧对称,长 25~30 cm,宽约 10 cm,花被管比裂片长,花被片白色,干时黄色,雄蕊细长,多数;花柱白色,长于雄蕊,柱头线状,16~18 裂。浆果长圆形,红色,具枞棱,多汁。种子多。花期夏秋季,需要较热的环境,晚 8—10 时开放,一般花开 2 小时后凋谢,最长 9 小时后凋谢。

生长习性:喜温暖、湿润、半阴环境,也耐干旱,冬季能耐 5℃以上低温。对土壤要求不严,喜富含腐殖质、排水良好的微酸性砂质土壤。

分　　布:原产墨西哥及中、南美热带地区,现世界广泛栽培。我校花房有栽培。

繁　　殖:扦插或播种繁殖。

应　　用:为珍贵的盆栽观赏花卉。花、叶可入药,主治肺热咳嗽、肺痨、咯血、崩漏、心悸、失眠,可清肺、止咳、化痰;治心胃气痛,最适于肺结核。

93. 蟹爪兰 *Zygocactus truncatus*

别　　名:圣诞仙人掌、蟹爪莲、仙指花

科　　属:仙人掌科　蟹爪兰属

形态特征:多年生肉质植物,附生,灌木状。茎扁平而多分枝,长披散下垂。茎节短小,先端平截,边缘有尖锯齿,如蟹钳。花单生茎节顶端,花冠漏斗形,紫红色,数轮,内侧花冠筒部长,上部反卷。花期 11—12 月。

生长习性:喜温暖、湿润、半阴环境,不耐寒。喜疏松透气、富含腐殖质的土壤。

分　　布:原产巴西东部热带森林,现世界广泛栽培。我校花房有栽培。

繁　　殖:扦插或嫁接繁殖。

应　　用:株型优美,拱曲悬垂,冬季开花,花大色艳,是理想的冬季室内盆栽观赏植物。常嫁接于量天尺或其他砧木上。

94. 仙人指 *Schlumbergera bridgesii*

别　　名:仙人枝、圣烛节仙人掌

科　　属:仙人掌科　仙人指属

形态特征:多年生肉质植物,多分枝,枝丛下垂。枝扁平,多节枝,每节长圆形,叶状,每侧有 1~2 钝齿,顶部平截。花单生枝顶,花冠整齐,各栽培品种有多种颜色,包括紫、红、白、橙黄、浅黄、深红色等。花期 11 月至翌年 3 月。

生长习性:喜温暖湿润气候,宜富含有机质及排水良好土壤。

分　　布:原产南美热带森林之中,世界各国多有栽培。我校花房有栽培。

繁　　殖:扦插或嫁接繁殖。

应　　用:通常盆栽观赏。株型丰满,花繁而色艳,又在春节前后开放,开花期长,可入室摆设或悬挂,是不可多得的室内欣赏花卉,可用于装点书房、客厅。

蟹爪兰和仙人指两种同属仙人掌科花卉,外貌相似,容易混淆。可从以下几点来区分:①茎叶。蟹爪兰的茎叶为鲜绿色,边缘带红晕,中央有肥厚的中肋,茎节下部呈圆形,上部凹

形,两侧边缘有尖锐的粗锯齿,首尾相连,似蟹爪。仙人指茎节多分茎,也是鲜绿色,但边缘无红晕,且锯齿不明显,茎节顶端圆形,如人指。②花。蟹爪兰又称“圣诞仙人掌”,自然花期为11—12月;仙人指的自然花期则为2—3月。

95. 金琥 *Echinocactus grusonii*

别　　名:象牙球、金琥仙人球

科　　属:仙人掌科　金琥属

形态特征:多年生常绿植物。植株呈圆球形,深绿色,通常单生,球径可达50~80 cm,棱约20条;刺窝大,被金黄色硬刺;顶生新刺座上密生黄色绒毛。花外瓣内侧带褐色,内瓣亮黄色。6—10月开花,花着生球顶部绵毛丛中,钟形,4~6 cm长,黄色。果被鳞片及绵毛。

生长习性:喜阳光充足、高温,不耐寒,不耐夏季烈日直射,要求石灰质的砂质土壤。

分　　布:原产墨西哥中部,我国南方城市均有栽培。我校花房有栽培。

繁　　殖:播种、分球或嫁接繁殖。

应　　用:寿命很长,栽培容易,成年大金琥花繁球壮,金碧辉煌,观赏价值很高。而且体积小,占据空间少,是城市家庭绿化十分理想的一种观赏植物。

96. 仙人球 *Echinopsis tubiflora*

别　　名:草球、长盛球

科　　属:仙人掌科　仙人球属

形态特征:多年生肉质多浆草本植物。茎呈球形或椭圆形,高可达25 cm,绿色,球体有纵棱若干条,棱上密生针刺,黄绿色,长短不一,作辐射状。花着生于纵棱刺丛中,银白色或粉红色,长喇叭形,长可达20 cm,花筒外被鳞片,鳞腋有长毛。开花一般在清晨或傍晚,持续时间几小时到一天。球体常侧生许多小球,形态优美、雅致。

生长习性:产于高温、干燥、少雨的沙漠地带,怕冷,喜生于排水良好的砂质土壤。

分　　布:原产南美洲,现世界各地均有栽培。我校花房有种植。

繁　　殖:播种、分球或嫁接繁殖。

应　　用:茎、叶、花均有较高观赏价值,还有水培品种,置于室内,有吸附尘土、净化空气的作用。

97. 绯牡丹 *Gymnocalycium mihanovichii* var. *friedrichii*

别　　名:红牡丹、红球、红灯

科　　属:仙人掌科　裸萼球属

形态特征:多年生肉质植物。茎扁球形,直径3~4 cm,鲜红、深红、橙红、粉红或紫红色,具8棱,有突出的横脊。成球体群生子球。刺座小,无中刺,辐射刺短或脱落。花细长,着生在顶部的刺座上,漏斗形,粉红色,花期春夏季。果实细长,纺锤形,红色。种子黑褐色。

生长习性:耐干旱,水分不可过多,以空气潮湿环境为宜。喜温暖,喜肥,生长季节需施液肥,冬季应停止施肥。喜含腐殖质多、排水良好壤土。

分　　布:原产南美东部,现各地温室均有栽培。我校花房有栽培。

繁　　殖:嫁接繁殖。

应　　用:盆栽可点缀阳台、案头和书桌,顿时满室生辉;也可与其他小型多肉植物配置组成景框或瓶景观赏,也别具一格;或成片布置,鲜明艳丽,特别诱人。根皮含牡丹皮酚、丹皮甙,还含苯甲酸及植物甾醇、生物碱等。

98. 令箭荷花 *Nopalxochia ackermannii*

别　　名:孔雀仙人掌、孔雀兰

科　　属:仙人掌科　令箭荷花属

形态特征:多年生肉质植物。茎直立,多分枝,群生灌木状,高50~100 cm。植株基部主干细圆,分枝扁平呈令箭状,绿色。茎的边缘呈钝齿形。齿凹入部分有刺座,具0.3~0.5 cm长的细刺。扁平茎中脉明显凸出。花从茎节两侧的刺座中开出,花筒细长,大花喇叭状,白天开花,1朵花仅开1~2天,花色有紫红、大红、粉红、洋红、黄、白、蓝紫等色,花期4—6月。果实为椭圆形红色浆果,种子黑色。

生长习性:喜温暖湿润环境,忌阳光直射,耐干旱,耐半阴,怕雨淋,要求肥沃、疏松、排水良好的中性或微酸性砂质壤土。

分　　布:原产美洲热带地区,以墨西哥最多。我国以盆栽为主,分布于江苏、浙江、福建、广东、广西、云南、台湾、贵州、辽宁等地。我校花房有栽培。

繁　　殖:扦插或嫁接繁殖。

应　　用:花色品种繁多,以其轻盈的姿态、艳丽的色彩和幽郁的香气,深受人们喜爱。以盆栽观赏为主,用来点缀客厅、书房的窗前、阳台、门廊。在温室中多采用品种搭配,可提高观赏效果。

令箭荷花与昙花同属仙人掌科多年生常绿植物。两者区别主要有:①花不同。昙花每年9月前后夜间8—10时开,从开放至枯萎只有8小时左右,花娇艳非凡,白色稍带乳白色,筒部长于花瓣;而令箭荷花每年4月前后白天开放,一朵花从开放至枯萎有1~2天,花色艳丽,大都是红、紫,也有少数粉、黄,筒部略短于花瓣。两者花柄都是着生于扁枝边缘凹处。②茎枝不同。昙花的扁枝比较宽、薄、软,边缘是波浪式浅锯齿状;而令箭荷花的扁枝比较窄、厚、硬,边缘是圆锯齿状。③特性不同。昙花耐湿,不耐寒。冬季应置于10℃以上房间内才能安全越冬;而令箭荷花耐寒,不耐湿,冬季在露天1~8℃仍能安全越冬生长,如水分过多,易烂根枯萎死亡。

99. 量天尺 *Hylocereus undatus*

别　　名:霸王鞭、霸王花、剑花、三角火旺

科　　属:仙人掌科　量天尺属

形态特征:多年生肉质植物,株高30~60 cm。茎三棱柱形,多分枝,边缘具波浪状,长成后呈角形,具小凹陷,长1~3枚不明显的小刺,具气生根。花大型,萼片基部联合成长管状,有线状披针形鳞片,花外围黄绿色,内白色,花期夏季,晚间开放,时间极短,具香味。浆果长圆形,红色,即火龙果。

生长习性:喜温暖湿润和半阴环境,耐干旱,怕低温霜冻,土壤以富含腐殖质的砂质壤土为好。

分　　布:广泛分布于美洲热带和亚热带地区,其他热带和亚热带地区多有栽培。中国广东、广西、福建栽培广泛。我校花房有栽培。

繁　　殖:扦插或嫁接繁殖。

应　　用:常地栽于展览温室的墙角、边地,可展示热带雨林风光,也可作为篱笆植物,盆栽则可作为嫁接其他仙人掌科植物的砧木。花入药可治燥热咳嗽、咳血等,茎入药可舒筋活络、解毒。果营养丰富,可食。

100. 山影拳 *Cereus* sp. f. *monst*

别　　名:山影、仙人山

科　　属:仙人掌科　天轮柱属

形态特征:形态似山非山,似石非石,而是一种有生命的、郁郁葱葱、伏层起叠、终年翠绿的多肉植物,因外形峥嵘突兀,形似山峦,故又名仙人山。因品种不同,其峰的形状、数量和颜色各不相同,有所谓“粗码”、“细码”、“密码”之分。如用紫砂盆栽植,则如一盆别具一格的“山石盆景”。多分

枝。茎暗绿色，具褐色刺。20 年以上的植株才开花。果大，红色或黄色，可食。种子黑色。有 3~4 个石化品种。

生长习性：性强健，较耐干旱。喜排水良好、肥沃的砂壤土。喜阳光充足，也耐半阴。冬季可耐 5℃低温。

分　　布：原产西印度群岛、南美洲北部及阿根廷东部。我国各地作室内栽培。我校花房有栽培。

繁　　殖：一般可用扦插和嫁接繁殖。

应　　用：盆景直立挺拔，四季常青，生机勃勃，给人以不断向上之感。盆景或盆栽布置厅堂、书室或窗台等处，十分相宜。

101. 金手指 *Mammillaria elongata*

科　　属：仙人掌科　乳突球属

形态特征：茎肉质，全株布满黄色软刺。初始单生，后易从基部孳生仔球，圆球形至圆筒形，单体株径 1.5~2 cm，体色明绿色。具 13~21 个圆锥疣突的螺旋棱。黄白色刚毛样短小周刺 15~20 枚，黄褐色针状中刺 1 枚，易脱落。春季侧生淡黄色或白色小型钟状花，花径 1~1.5 cm。

生长习性：喜温暖，生长适温 15~22℃。越冬期间应注意防寒、保暖。喜阳光充足环境，秋季至翌年春季应将植株置于阳光充足处。喜干燥，耐干旱。浇水应掌握“不干不浇，浇则浇透”，保持稍微干燥状态。

分　　布：原产墨西哥伊达尔戈州。我校花房有栽培。

繁　　殖：可用扦插和嫁接繁殖。

应　　用：亦为仙人掌的一种，形似人的手指，有金黄色刺，故得名金手指。外形美观，小巧迷人，是理想的家居装饰品。悉心栽培常年均可零星开花。

102. 红叶甜菜 *Beta vulgaris* var. *cicla*

别　　名：红菾菜、厚皮菜、紫菠菜

科　　属：藜科　甜菜属

形态特征：多年生草本观叶植物，多作二年生栽培，主根直立。叶片全缘，在根颈处丛生，长圆状卵形，全绿、深红或红褐色，肥厚有光泽。花茎自叶丛中间抽生，高约 80 cm，花小，单生或 2~3 朵簇生叶腋。胞果，种子细小，花果期 5—7 月。

生长习性：喜光，好肥，耐寒力较强，对土壤要求不严，适应性强，在排水良好的砂壤土中生长较佳，也能在阴处生长。

分　　布：原产欧洲，早年引入我国，现长江流域地区栽培广泛。我校花房有栽培。

繁　　殖：播种繁殖。

应　　用：在园林绿化中可作露地花卉，布置花坛。也可盆栽，作室内摆设。叶可食，为碱性蔬菜，可纠正人体内酸性环境，有利于酸碱平衡。

103. 青葙 *Celosia argentea*

别　　名：草蒿、萋蒿、昆仑草、野鸡冠

科　　属：苋科　青葙属

形态特征：一年生草本，高 0.3~1 m，全体无毛。茎直立，有分枝，绿色或红色，叶片矩圆披针形、披针形或披针状条形，少数卵状矩圆形，长 5~8 cm，宽 1~3 cm，绿色常带红色，顶端急尖或渐尖，具小芒尖，基部渐狭；叶柄长 2~15 mm，或无叶柄。花多数，密生，在茎端或枝端成单一、无分枝的塔状或圆柱状穗状花序；子房有短柄，花柱紫色，长 3~5 mm。胞果卵形，长 3~3.5 mm，包裹在宿存花被片内。花期 5—8 月，果期 6—10 月。

生长习性：喜温暖湿润气候。对土壤要求不严，以肥沃、排水良好的砂质壤土栽培为宜。积水、低洼地不宜种植。

分　　布：产山东、江苏、安徽、浙江、福建、台湾、江西、湖北、湖南、广东、海南，我国各地分布广泛。我校花房有栽培。

繁　　殖：播种繁殖。

应　　用：园林中多用于布置花坛、花境，美化环境。种子炒熟后可加工食用，茎叶浸去苦味后可作野菜食用，全植物可作饲料。种子还可药用，有清热明目作用。

104. 千日红 *Gomphrena globosa*

别　　名：圆仔花、百日红、火球花

科　　属：苋科　千日红属

形态特征：一年生草本，株高 40~60 cm。茎直立，上部多分枝，全株密被细毛。叶对生，椭圆形至倒卵形。头状花序球形，1~3 个着生于枝顶，有长总花梗，花小而密生，苞片膜质，紫红色。花期 7—10 月。

生长习性：喜炎热干燥气候，不耐寒，喜阳光充足、疏松而肥沃的土壤。

分　　布：原产亚洲热带，现世界各地广泛栽培。我校花房有栽培。

繁　　殖：播种繁殖。

应　　用：可露地栽植，也可盆栽。球状花干后不凋，是良好的干花材料。

105. 尾穗苋 *Amaranthus caudatus*

别　　名:老枪谷、老仓谷、仙人谷

科　　属:苋科　苋属

形态特征:一年生草本，高约 80 cm，稀可达 1.5 m,茎粗壮,具棱角。上部多少被有开展的毛,多分枝,分枝常淡红色。叶菱状卵形或菱状披针形，长 4~15 cm，宽 2~8 cm，圆锥花序顶生或腋生,下垂,由多数穗状花序组成,花单性。雄花花被片卵状长圆形,具短尖头,紫色;雌花花被片卵状至匙形;雄蕊外露。花果期 9—11 月。

生长习性:喜光,耐高温,不耐寒,对土壤要求不严。

分　　布:原产热带,现世界各地广泛栽培。我国各地均有分布。我校花房有栽培。

繁　　殖:播种繁殖。

应　　用:适宜用于布置花坛、花境,也可盆栽观赏。种子可药用,主治小儿疳积、头昏。

106. 费菜 *Sedum aizoon*

别　　名:养心草、倒山黑豆、马三七、白三七

科　　属:景天科　景天属

形态特征：多年生肉质草本，无毛，粗茎高 20~50 cm。根状茎粗厚,近木质化,地上茎直立,不分枝。叶互生,或近乎对生;狭披针形、椭圆状披针形至卵状倒披针形,花瓣 5,黄色,长圆状披针形,先端具短尖。蓇葖果 5 枚呈星芒状排列。种子平滑,边缘具窄翼,顶端较宽。花期 6—8 月,果期 8—9 月。

生长习性:阳性植物,稍耐阴,耐寒,耐干旱瘠薄,在山坡岩石间和荒地上均能旺盛生长。

分　　布:主产我国华北、东北部和长江流域各省。我校花房有栽培。

繁　　殖:播种繁殖,也可用分根、扦插法。

应　　用:适宜用于城市中一些立地条件较差的裸露地面作绿化覆盖。也是一种保健蔬菜,常食可增强人体免疫力,有很好的食疗保健作用。全草药用,有活血、止血、宁心、利湿、消肿、解毒功效。

107. 垂盆草 *Sedum sarmentosum*

别　　名:山护花、鼠牙半支、半支莲

科　　属:景天科　景天属

形态特征:多年生肉质草本,不育枝匍匐生根,结实枝直立。叶3片轮生,倒披针形至长圆形。花淡黄色,种子细小,卵圆形,无翅,表面有乳头状凸起。花期5—6月,果期7—8月。

生长习性:性喜温暖湿润的半阴环境。适应性强,较耐旱、耐寒。不择土壤,在疏松的砂质壤土中生长较佳。

分　　布:全国大部分地区都有分布。我校花房有栽培。

繁　　殖:播种繁殖,也可用扦插、分株、压条等法。

应　　用:可作为北方屋顶绿化的专用草坪草,可作庭院地被栽植,盆栽亦可室内吊挂欣赏。全草入药,具清热解毒、消肿利尿、排胀生肌等功效。

108. 翡翠景天 *Sedum marganianum*

别　　名:串珠草、玉米景天、松鼠尾

科　　属:景天科　景天属

形态特征:多年生肉质草本,肉质茎匍匐生长,茎长可达50 cm,肉质叶抱茎生长。

生长习性:喜温暖半阴环境,忌强光直射,宜疏松砂壤土。室内盆栽时多选用草炭土、细砂等量混合配制的培养土。

分　　布:原产墨西哥干旱、阳光充足的亚热带地区。世界各国多有栽培。我校花房有栽培。

繁　　殖:以扦插繁殖为主。

应　　用:室内盆栽可以美化居室环境,通常作悬吊观赏,置于向阳窗前。

109. 长寿花 *Kalanchoe blossfeldiana*

别　　名:寿星花、假川莲、圣诞伽蓝菜

科　　属:景天科　伽蓝菜属

形态特征:常绿多年生草本多浆植物。茎直立,株高10~30 cm。单叶交互对生,椭圆状长圆形,肉质,叶片上部叶缘具波状钝齿,下部全缘,亮绿色,有光泽,叶边略带红色。圆锥状聚伞花序,挺直,花小,高脚碟状,花色粉红、绯红或橙红色。花期长,花期1—4月。

生长习性:喜温暖稍湿润和阳光充足的环境。不耐寒,生长适温15~25℃。

分　　布:原产非洲马达加斯加岛。我校花房有栽培。

繁　　殖:扦插或组培繁殖。

应　　用:株型紧凑,叶片晶莹透亮,花朵稠密艳丽,观赏效果极佳,为大众化的优良室内盆花。

110. 石莲花 *Corallodiscus flabellatus*

别　　名:石莲掌

科　　属:景天科　宝石花属

形态特征:多年生草本。多数品种植株呈矮小的莲座状,叶似玉石,集聚枝顶。叶片肉质化程度不一,形状有匙形、圆形、圆筒形、船形、披针形、倒披针形等多种,部分品种叶片被有白粉或白毛。叶色有绿、紫黑、红、褐、白等,有些叶面上还有美丽的花纹,叶尖或叶缘呈红色。

生长习性:喜温暖、干燥、通风环境,喜光,喜富含腐殖质的砂壤土,也能适应贫瘠的土壤。非常耐旱。

分　　布:原产墨西哥,现世界各地均有栽培。我校花房有栽培。

繁　　殖:扦插繁殖。

应　　用:株型奇特,观赏价值较高,盆栽是室内装饰佳品,热带、亚热带可露地栽培观赏。全草入药,有补肾益肾、明目、止血、利湿解毒功效。

111. 莲花掌 *Aeonium tabuliforme*

别　　名:宝石花

科　　属:景天科　莲花掌属

形态特征:多年生肉质草本,株高可达 60 cm,有匍匐茎。叶丛紧密,直立呈莲座状,叶倒卵形,肉质、无毛,表面被白粉,以翠绿色为主,少数为粉蓝或墨绿色。花梗自叶丛中抽出,花茎柔软,有苞片,具白霜。聚伞花序,花冠红色,花瓣披针形不张开,花期 6—10 月。

生长习性:喜温暖、干燥、阳光充足的环境,也耐半阴,不耐寒,耐干旱,怕积水,忌烈日。

分　　布:原产墨西哥,现世界各地均有栽培。我校花房有栽培。

繁　　殖:扦插繁殖。

应　　用:叶形、叶色较美,有一定的观赏价值,是理想的室内绿化装饰材料。

112. 玉树 *Crassula arborescens*

别　　名:景天树、玻璃树、八宝、厚脸皮、燕子掌

科　　属:景天科　青龙锁属

形态特征：多浆肉质常绿小灌木。株高约50 cm。茎干肉质，粗壮，干皮灰白，色浅，分枝多，小枝褐绿色，有节。叶肉质，卵圆形或椭圆形，单叶对生，叶片灰绿色，边缘有红晕。圆锥状聚伞花序着生于叶腋，花白色或淡粉色。花期春末夏初。

生长习性：喜温暖干燥和阳光充足环境。不耐寒，怕强光，稍耐阴。土壤以肥沃、排水良好的砂壤土为好。冬季温度不低于7℃。

分　　布：原产热带非洲，我国各地可见盆栽。我校花房有栽培。

繁　　殖：扦插繁殖。

应　　用：主要用于室内盆栽观赏。

113. 虎耳草 *Saxifraga stolonifera*

别　　名：石荷叶、狮子耳、耳聋草、金丝荷叶

科　　属：虎耳草科　虎耳草属

形态特征：多年生常绿草本。根纤细；匍匐茎细长，紫红色，有时生出叶与不定根。叶基生，通常数片；叶片肉质，圆形或肾形，花茎高达25 cm，直立或稍倾斜，有分枝；花序圆锥状，蒴果卵圆形。花期5—8月，果期7—11月。

生长习性：喜阴凉潮湿，土壤要求肥沃、湿润，以密茂多湿的林下和阴凉潮湿的坎壁上生长最好。

分　　布：广泛分布于山区阴湿地，我国大部分地区均有。我校花房有栽培。

繁　　殖：播种繁殖。

应　　用：叶丛茂密，叶形美观，是理想的耐阴观赏植物。全草入药，有祛风清热、凉血解毒功效。

114. 草莓 *Fragaria ananassa*

别　　名：洋莓、地莓、地果、红莓、高粱果

科　　属：蔷薇科　草莓属

形态特征：多年生草本，粗壮，密集成丛。三出复叶密被黄棕色绢状柔毛，小叶具短柄，倒卵形或椭圆形；聚合果圆形，鲜红色，紧贴果实；瘦果卵形、光滑，可食的肉质部分为花托发育而成，表面形似芝麻的是果实。花期3—6月，果期5—8月。

生长习性：喜光，喜潮湿，怕水渍，不耐旱，喜肥沃、透气良好的砂壤土。春季气温上升到5℃以上时植株

开始萌发,最适生长温度为20~26℃。

分　　布:品种多达2万余个。原产南美智利,世界各地广泛栽培,我国各地均有。我校花房和周边居民区有栽培。

繁　　殖:多采用分株繁殖。

应　　用:果可食用,酸甜可口,营养丰富。亦可入药,有润肺生津、健脾和胃、利尿消肿功效。

115. 豆瓣绿 *Peperomia tetraphylla*

别　　名:胡椒草

科　　属:胡椒科　草胡椒属

形态特征:多年生草本。株高15~20 cm,无主茎。叶簇生,近肉质,较肥厚,倒卵形,灰绿色杂以深绿色脉纹;穗状花序灰白色。栽培种有斑叶型,其叶肉质有红晕;花叶型,其叶中部绿色,边缘为一阔金黄色镶边;亮叶型,叶心形,有金属光泽;皱叶型,叶脉深深凹陷。

生长习性:喜温暖湿润的半阴环境。生长适温25℃左右,最低不可低于5℃,不耐高温,要求较高的空气湿度,忌阳光直射。喜疏松肥沃、排水良好的湿润土壤。

分　　布:原产西印度群岛、巴拿马、南美洲北部。后来传入中国,我校花房有栽培。

繁　　殖:多用扦插和分株法繁殖。

应　　用:一般作为盆栽装饰用,以其明亮的光泽和自然的绿色受到广泛欢迎。常用白色塑料盆、白瓷盆栽培,置于案几之上,十分美丽。或任枝条蔓延垂下,悬吊于室内窗前,也极清新悦目。有一定的空气净化作用。以全草入药,有祛风除湿、止咳祛痰功效,全年可采,鲜用或晒干。

116. 西瓜皮椒草 *Peperomia sandersii*

别　　名:豆瓣绿椒草

科　　属:胡椒科　草胡椒属

形态特征:多年生簇生型草本,株高15~20 cm。茎短,具暗红色叶柄。叶密集,肉质,卵形或盾形,长3~5 cm,宽2~4 cm;叶面绿色,叶背红色,叶柄长10~15 cm;叶脉由中央向四周呈辐射状,主脉11条,浓绿色,脉间银灰色,如同西瓜皮状。花序穗状,花小,白色。

生长习性:生长适温20~28℃,超过30℃和低于15℃则生长缓慢。耐寒力较差,冬季要求室内温度不得低于10℃,否则易受冻害。平时要摆放在半阴处培养,切忌强光直射。生长季节应保持盆土湿润,但盆内不能积水,否则易烂根落叶,甚至整株死亡。每月施一次稀薄腐熟饼肥水。

分　　布:原产南美洲和热带地区。我校花房有栽培。

繁　　殖:常用分株和叶插繁殖。

应　　用:株型矮小,生长繁茂,适合盆栽和吊篮栽植,作室内装饰观赏。

117. 芍药 *Paeonia lactiflora*

别　　名:将离、离草、婪尾春、余容、犁食、没骨花

科　　属:毛茛科　芍药属

形态特征:多年生草本。花瓣倒卵形,5~13枚,花盘浅杯状,一般独开在茎顶或近顶叶腋处。果实纺锤形,种子呈圆形、长圆形或尖圆形。根由三部分组成:根颈、块根、须根。根颈头是根的最上部,颜色较深,着生有芽;块根由根颈下方生出,肉质,粗壮,呈纺锤形或长柱形,粗0.6~3.5 cm,外表浅黄褐色或灰紫色,内部白色,富有营养;须根主要从块根上生出,是吸收水分和养料的主要器官,并可逐渐演化成块根。根按外观形状不同又可分为三型:粗根型、坡根型、匀根型。粗根型,根较稀疏,粗大直伸;坡根型,根向四周伸展,粗细不匀;匀根型,根条疏密适宜,粗细均匀。

生长习性:温带植物,喜温耐寒,有较宽的生态适应幅度。生长期光照充足,但在轻荫下也可正常生长发育,在花期又可适当降低温度、增加湿度,免受强烈日光灼伤。要求土层深厚,适宜疏松而排水良好的砂质壤土,在黏土和砂土中生长较差;以中性或微酸性土壤为宜,盐碱地不宜种植;以肥沃的土壤生长较好,但应注意含氮量不可过高,以防枝叶徒长,生长期可适当增施磷钾肥,以促使枝叶生长茁壮,开花美丽。

分　　布:主要分布在欧亚大陆温带地区。我国东北、华北、陕西及甘肃南部有栽培。我校花房和山林中有栽培。

繁　　殖:传统的繁殖方法包括分株、播种、扦插、压条等,其中以分株法最简单易行,被广泛采用。

应　　用:良好的观赏植物,观花为主。以根入药,具有镇痉、镇痛、通经作用。

118. 花毛茛 *Ranunculus asiaticus*

别　　名:芹菜花、波斯毛茛

科　　属:毛茛科　毛茛属

形态特征:多年生宿根草本花卉。株高20~40 cm,块根纺锤形,常数个聚生于根颈部;花单生或数朵顶生,花径3~4 cm;花期4—5月。根生叶具长柄,椭圆形,多为三出叶,有粗钝锯齿。茎生叶近无柄,羽状细裂,裂片5~6枚,叶缘也有钝锯齿。

生长习性:喜凉爽及半阴环境,忌炎热,适宜的生长温度白天20℃左右,夜间7~10℃,既怕湿又怕旱,宜种植于排水良好、肥沃疏松的中性或偏碱性土壤中。

分　　布:分布于亚洲和欧洲。现世界各国均有栽培。我校花房有栽培。

繁　　殖:播种或分株繁殖。播种变异性大,多用分株繁殖,9—10月间将块根带根茎掰开,以3~4根为一株栽植。

应　　用:花大而美丽,常种植于树下或于草坪中丛植,或种在建筑物的阴面。矮生或中等高度的可用于园林花坛、花带和家庭盆栽;切花种类可用于专门生产切花,作室内装饰。

119. 金钻蔓绿绒 *Philodendron* ‘con-go’

别　　名:喜树蕉、金钻、翡翠宝石

科　　属:天南星科　喜林芋属

形态特征:茎短,成株具发达粗壮气生根。叶长圆形,长约30 cm,先端尖,肥厚革质,绿色有光泽;叶柄长而粗壮。不开花。

生长习性:喜温暖湿润的半阴环境,畏严寒,忌强光,适宜在富含腐殖质、排水良好的砂质壤土中生长。

分　　布:原产南美洲。我国中南部各省广泛引种栽培。我校花房有栽培。

繁　　殖:常用扦插和分株繁殖。

应　　用:多用于盆栽装点室内环境,大方清雅,富热带雨林气氛,是非常好的观叶植物。

120. 红宝石喜林芋 *Philodendron erubescens*

别　　名:新红蔓绿绒、红宝石

科　　属:天南星科　喜林芋属

形态特征:多年生常绿藤本。革质叶呈三角状心形,全缘,叶基裂端尖锐。羽状侧脉4~5对,柄长20~30 cm,新叶和嫩芽鲜红色,成年叶绿色至浓绿色。

生长习性:喜温暖潮湿环境,耐阴性强,适温20~30℃,空气湿度需保持在90%左右,不耐寒。宜疏松肥沃、排水良好的砂质壤土。

分　　布:我国各地均有种植。我校花房有栽培。

繁　　殖:可用分株、扦插和压条法繁殖。

应　　用:叶片光亮鲜艳,株型优美,是优良的室内盆栽观叶植物。

121. 春兰 *Cymbidium goeringii*

别　　名:朵兰、扑地兰、幽兰、朵朵香、草兰

科　　属:兰科　兰属

形态特征:多年生草本。具肉质根和球形的假鳞茎。叶丛生,刚韧,长 20~25 cm,狭长而尖,边缘粗糙有细锯齿。花单生,少数 2 朵聚生,花葶直立,有鞘 4~5,花径 4~5 cm;花黄绿色、绿白色、黄白色等,有香气;萼片长 3~4 cm,宽 0.6~0.9 cm,狭矩圆形,端急尖或圆钝;花瓣卵状披针形,稍弯曲,比萼片稍宽,基部中间有红褐色条斑,唇瓣 3 裂不明显,比花瓣短,先端反卷或短而下挂,色浅黄,有 2 条褶片。花期 2—3 月。

生长习性:喜凉爽、湿润和通风环境,忌酷热、干燥和阳光直晒。要求排水良好、含腐殖质丰富的微酸性土壤。

分　　布:主要分布于我国,是我国特产,以湖北、江苏、浙江、福建、广东、四川、云南、安徽、江西、甘肃、台湾等地为多。我校花房有栽培。

繁　　殖:分株繁殖。

应　　用:叶态优美,花香为诸兰之冠,为客厅、书房的珍贵盆花。有药用价值。

122. 紫背万年青 *Rhoeo discolor*

别　　名:紫锦兰、蚌花、紫蒀、紫兰、血见愁、蚌花

科　　属:鸭跖草科　紫露草属

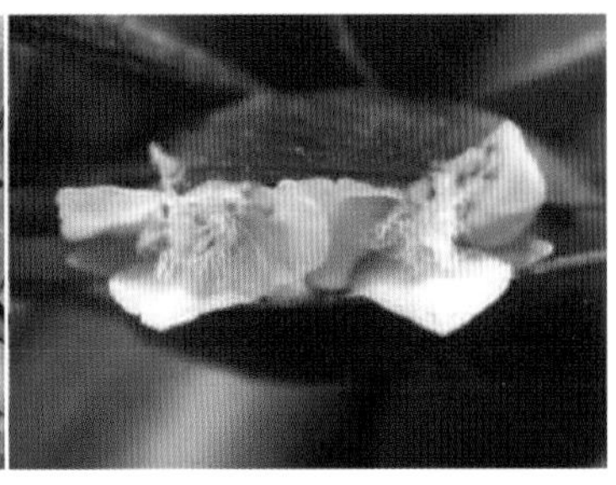

形态特征:常绿宿根草本。叶宽披针形,成环状着生在短茎上,叶面光滑深绿,叶背暗紫色;花腋生,白色花朵被 2 片蚌壳般的紫色苞片,花丝上有白色长毛。

生长习性:喜温暖湿润气候,适生温度 15~25℃,喜光也耐阴,畏烈日,要求肥沃、有保水力的土壤。冬季温度不低于 5℃。

分　　布:原产墨西哥和西印度群岛,现广泛栽培。我校周边有栽培。

繁　　殖:多用分株法繁殖,也可用扦插、播种法。

应　　用:叶面光亮翠绿,叶背深紫,适宜家庭阳台、房间布置和会客室、餐车、食堂等公共场所点缀,是室内常见栽培的观叶植物。

123. 紫露草 *Tradescantia reflexa*

别　　名:紫叶草

科　　属:鸭跖草科　紫露草属

形态特征:茎多分枝,带肉质,紫红色,下部匍匐状,节上常生须根,上部近于直立,叶互生,披针形,全缘,基部抱茎而生叶鞘,下面紫红色,花密生在二叉状的花序柄上,下具线状披针形苞片;萼片3,绿色,卵圆形,宿存,花瓣3,蓝紫色,广卵形;雄蕊6,能育2,退化3,另有一花丝短而纤细,无花药;雌蕊1,子房卵形,3室,花柱丝状而长,柱头头状;蒴果椭圆形,有3条隆起棱线。

生长习性:喜湿润的气候环境,要求生长环境的空气相对湿度在60%~75%。

分　　布:原产墨西哥,现广泛栽培。我校花房有栽培。

繁　　殖:扦插繁殖。

应　　用:适应性广,在绿化规划设计中可用于布置花坛,如成片或成条栽植,围成圆形、方形或其他形状,中心种植灌木、低乔木或其他花卉。也可在城市花园广场、公园、道路、湖边、山坡、林间等处呈条形、环形或片形种植,并用灌木或绿篱作背景,形成亮丽的园林画面。

124. 杜若 *Pollia japonica*

别　　名:地藕、竹叶莲、山竹壳菜

科　　属:鸭跖草科　杜若属

形态特征:多年生草本。根状茎长而横走。茎直立或上升,粗壮,不分枝,高30~80 cm,被短柔毛。叶鞘无毛;叶无柄或叶基渐狭,而延成带翅的柄;叶片长椭圆形,长10~30 cm,宽3~7 cm,基部楔形,顶端长渐尖,近无毛,上面粗糙。蝎尾状聚伞花序长2~4 cm,常多个成轮排列,形成数个疏离的轮,也有不成轮的,一般地集成圆锥花序,花序总梗长15~30 cm,花序远远地伸出叶子,各级花序轴和花梗被相当密的钩状毛;总苞片披针形,花梗长约5 mm;萼片3枚,长约5 mm,无毛,宿存;花瓣白色,倒卵状匙形,长约3 mm;雄蕊6枚全育,近相等,或有时3枚略小些,偶有1~2枚不育。果球状,果皮黑色,直径约5 mm,每室有种子数颗。种子灰色带紫色。花期7—9月,果期9—10月。

生长习性:生于海拔1 200 m以下的山谷林下,喜阴湿。

分　　布:产于我国华东、华南及西南部分省区。我校花房有栽培。

繁　　殖:扦插繁殖。

应　　用:全草入药,可理气止痛、疏风消肿,用于胸胁气痛、胃痛、腰痛、头肿痛、流泪;外用治毒蛇咬伤。

125. 蕙兰 *Cymbidium faberi*

别　　名:中国兰、九子兰、夏兰

科　　属:兰科　蕙兰属

形态特征:多年生草本。根粗而长,长达20~50 cm,假鳞茎卵形,不明显。叶狭带形,质较粗糙、坚硬,苍绿色,叶缘锯齿明显,中脉显著。花朵浓香,多数。花色有黄、白、绿、淡红及复色,多为彩花。花期4—6月。

生长习性:喜温暖湿润和半阴环境,较耐寒,忌干燥,宜疏松、肥沃、透气的腐叶土。

分　　布:原产我国中部及南部。我校花房有栽培。

繁　　殖:分株繁殖。

应　　用:叶片挺拔,花香浓郁,供观赏或制香料。

126. 建兰 *Cymbidium ensifolium*

别　　名:四季兰

科　　属:兰科　兰属

形态特征:多年生草本。根长,叶肥,多海绵质。叶丛生,线状披针形,暗绿色。总状花序自叶间抽出,花瓣较萼片稍少而色淡,唇瓣卵状矩圆形,全缘,绿黄色,有红斑或褐斑,香浓。不同品种花期各异,5—12月均可见花。

生长习性:喜温暖湿润和半阴环境,耐寒性差,越冬温度不低于3℃,怕强光直射,不耐水涝和干旱,宜疏松肥沃和排水良好的腐叶土。

分　　布:产安徽、浙江、江西、福建、台湾、湖南、广东、海南、广西、四川西南部、贵州和云南。我校花房有栽培。

繁　　殖:分株繁殖。

应　　用:花芳香馥郁,供观赏,是阳台、客厅、花架和小庭院台阶陈设佳品,显得清新高雅。花可制香料,叶可入药。

127. 寒兰 *Cymbidium kanran*

别　　名:青寒兰、青紫寒兰、紫寒兰、红寒兰

科　　属:兰科　兰属

形态特征:多年生草本。株型与建兰相似。叶3~7枚丛生,直立性强,长40~70 cm,宽1~1.7 cm,全缘或有细齿,略带光泽。花葶直立,与叶等高或高出叶面,花疏生,有花10余朵。瓣与萼片都较狭细,花有黄绿、紫红、深紫等色,一般具有杂色脉纹与斑点。花香浓郁持久。我国寒兰通常以花被颜色来分变型,有青寒兰、青紫寒兰、紫寒兰和红寒兰等。其中以青寒兰和红

寒兰为珍贵。花期 10—12 月。

生长习性:喜空气湿度大、冬暖夏凉环境,要求土壤腐殖质丰富、疏松透气、肥力充足。忌热,又怕冷,南方栽培须作阴凉保护。

分　　布:分布于福建、浙江、江西、湖南、广东以及西南的云、贵、川等地。我校花房有栽培。

繁　　殖:分株繁殖。

应　　用:株型修长健美,叶姿优雅俊秀,花色艳丽多变,香味清醇久远,集诸种兰花之美于一身,聚万物之灵气于一体,是珍贵的观赏植物。

128. 石斛 *Dendrobium nobile*

别　　名:林兰、禁生、杜兰

科　　属:兰科　石斛属

形态特征:多年生落叶草本。茎丛生,直立,上部略呈回折状,稍扁,黄绿色,具槽纹。叶近革质,短圆形。总状花序,花大,白色,顶端淡紫色。花期 1—6 月。是国家重点二级保护的珍稀濒危植物。

生长习性:多生于温凉高湿的阴坡、半阴坡微酸性岩层峭壁上,群聚分布,上有林木侧方遮阴,下有溪沟水源,冬春季节稍耐干旱,但严重缺水时常叶片落尽,裸茎度过不良环境,到温暖季节重新萌发枝叶。

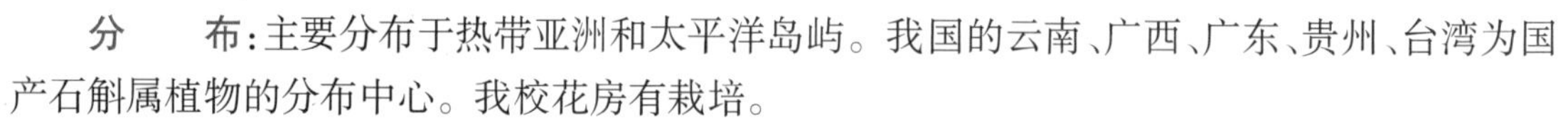

分　　布:主要分布于热带亚洲和太平洋岛屿。我国的云南、广西、广东、贵州、台湾为国产石斛属植物的分布中心。我校花房有栽培。

繁　　殖:常用分株、扦插和组培繁殖。

应　　用:常作为鲜切花,也可入药,可益胃生津、滋阴清热。

129. 蝴蝶兰 *Phalaenopsis aphrodite*

别　　名:蝶兰、台湾蝴蝶兰

科　　属:兰科　蝴蝶兰属

形态特征:多年生常绿草本,茎短,常被叶鞘所包。叶片稍肉质,常 3~4 枚或更多,正面绿色,背面紫色,椭圆形、长圆形或镰刀状长圆形,长 10~20 cm,宽 3~6 cm,先端锐尖或钝,基部楔形或有时歪斜,具短而宽的鞘。花序长达 50 cm,不分枝或有时分枝;花序轴紫绿色,多少回折状;花苞片卵状三角形;花白色或紫色;中萼片近椭圆形,先端钝,基部稍收狭,具网状脉;侧萼片歪卵形,先端钝,基部收狭并贴生在蕊柱足上,具网状脉；花瓣菱状圆形，先端圆形，基部收狭呈短爪，具网状脉；唇瓣 3 裂；蕊柱粗壮，长约 1 cm，具宽的蕊柱足；花粉团 2 个，近球形，每个劈裂为不等大的 2 片。花期 4—6 月。

生长习性：喜高温高湿、通风透气环境；不耐涝，耐半阴，忌烈日直射，越冬温度不低于 15℃。

分　　布：我国台湾及泰国、菲律宾、马来西亚、印度尼西亚等地都有分布。我国各地广泛栽培，其中以台湾出产最多。我校花房有栽培。

繁　　殖：大多采用组织培养繁殖，亦可以分株。

应　　用：盆栽观赏和做鲜切花。

130. 文心兰 *Oncidium hybridum*

别　　名：跳舞兰、舞女兰、金蝶兰

科　　属：兰科　文心兰属

形态特征：多年生宿根草本。叶片 1~3 枚，椭圆状披针形，可分为薄叶种、厚叶种和剑叶种。假鳞茎紧密丛生，扁卵形至扁圆形，有红火棕色斑点，一般一个假鳞茎上只有 1 个花茎，也有可能一些生长粗壮的 2 个花茎。有些种类一个花茎只有 1~2 朵花，有些种类又可达数百朵，如作为切花用的小花种一枝花几十朵，数枝上百朵到数百朵，其花朵色彩鲜艳，形似飞翔的金蝶，又似翩翩起舞的舞女，故又名金蝶兰或舞女兰。花色以黄色和棕色为主，还有绿色、白色、红色和洋红色等，其大小有的极小，如迷你型文心兰，有些又极大，花的直径可达 12 cm 以上。花的构造极为特殊，其花萼萼片大小相等，花瓣与背萼也几乎相等或稍大；花的唇瓣通常 3 裂，或大或小，呈提琴状，在中裂片基部有一脊状凸起物，脊上又有凸起的小斑点，颇为奇特，故名瘤瓣兰。花期全年。每次开花可以持续 1~2 个月。

生长习性：喜温暖，耐半阴。喜富含腐殖质、疏松和排水良好的壤土。

分　　布：原产美洲热带地区，种类分布最多的有巴西、美国、哥伦比亚、厄瓜多尔及秘鲁等国家。我校花房有栽培。

繁　　殖：分株或组培繁殖。

应　　用：花期长，色泽鲜艳，花形奇特，是一种极美丽而又极具观赏价值的兰花，是世界上重要的兰花切花品种之一，适合于家庭居室和办公室瓶插，也是加工花束、小花篮的高档用花材料。

四、藤本

1. 迎春花 *Jasminum nudirlorum*

别　　名：小黄花、金腰带、黄梅、清明花

科　　属：木犀科　素馨属

形态特征：落叶灌木，枝条细长，呈拱形下垂生长，长可达 2 m 以上。侧枝健壮，四棱形，绿

色。三出复叶对生，长 2~3 cm，小叶卵状椭圆形，叶轴具狭翼，叶片和小叶片幼时两面稍被毛，老时仅叶缘具睫毛，全缘，先端锐尖或钝，具短尖头，基部楔形，叶缘反卷。花单生于叶腋间，花冠高脚杯状，鲜黄色，顶端 6 裂，或成复瓣。花期 3—5 月，通常不结果。

生长习性：喜温暖湿润气候，喜光，稍耐阴，略耐寒，怕涝。要求疏松肥沃和排水良好的砂质土，在酸性土中生长旺盛，碱性土中生长不良。根部萌发力强。枝条着地部分极易生根。

分　　布：原产我国北方，主要分布在华北、辽宁、陕西、山东等省。我校花房和校外世纪广场有栽培。

繁　　殖：多用扦插繁殖。

应　　用：枝条披垂，先花后叶，花色金黄，叶丛翠绿，园林中宜配置在湖边、溪畔、桥头、墙隅或草坪、林缘、坡地。房屋周围也可栽植，可供早春观花。花、叶、嫩枝均可入药。

2. 薜荔 *Ficus pumila*

别　　名：凉粉子、木莲、凉粉果

科　　属：桑科　榕属

形态特征：常绿攀缘或匍匐灌木，含乳汁，小枝有棕色绒毛。叶异型、二型：在不生花序托的枝上叶小而薄，心状卵形，基部偏斜，几无柄，长约 2.5 cm；在生花序托的枝上叶较大而厚，革质，卵状椭圆形，网脉凸起，成蜂窝状，长 3~9 cm，顶端钝，表面无毛，背面有短毛。隐花果单生于叶腋，梨形或倒卵形，长约 5 cm，径约 3 cm，有短柄。花期 4—5 月，果期 6—10 月。

生长习性：多生于旷野树上或村边残墙破壁上或石灰岩山坡上。

分　　布：广泛分布于我国长江以南至广东、海南、福建、江西、浙江、安徽、江苏、台湾、湖南、广东、广西、贵州、云南东南部、四川及陕西等地。北方偶有栽培。日本、越南北部也有。我校花房有栽培。

繁　　殖：可采用播种繁殖和扦插、嫁接及组织培养。以播种育苗和扦插法为多。

应　　用：多用于垂直绿化。果实可制凉粉。入药可祛风除湿、活血通络、解毒消肿。

3. 爬山虎 *Parthenocissus tricuspidata*

别　　名：地锦、土鼓藤、红葡萄藤、爬墙虎

科　　属：葡萄科　爬山虎属

形态特征：多年生落叶大藤本，树皮有皮孔，髓白色。枝条粗壮，卷须短，多分枝，顶端有吸

盘。单叶互生，花枝上的叶宽卵形，长8~20 cm，宽6~16 cm，常3裂，或下部枝上的叶分裂成3小叶，幼枝上的叶较小，常不分裂。聚伞花序常着生于两叶间的短枝上，长4~8 cm，较叶柄短；花5数；萼花瓣顶端反折，子房2室，每室有2胚珠。浆果小球形，直径6~8 mm，熟时全缘；蓝黑色。花期6月，果期9—10月。

生长习性：适应性强，性喜阴湿环境，但不怕强光，耐寒，耐旱，耐贫瘠，气候适应性广泛，在暖温带以南冬季也可以保持半常绿或常绿状态。耐修剪，怕积水，对土壤要求不严，阴湿环境或向阳处均能茁壮生长，但在阴湿、肥沃的土壤中生长最佳。它对SO_2和HCl等有害气体有较强抗性，对空气中的灰尘有吸附能力。

分　　布：原产亚洲东部、喜马拉雅山区及北美洲，在我国分布极广，日本也有分布。我校花房和西边院墙边有栽培。

繁　　殖：主要采用扦插、压条、播种等方法繁殖。

应　　用：适于配植宅院墙壁、围墙、庭园入口处。可用于绿化房屋墙壁、公园山石。根、茎可入药，有破瘀血、消肿毒之功效。

4. 蔓长春花 *Vinca major*

别　　名：攀缠长春花

科　　属：夹竹桃科　蔓长春花属

形态特征：蔓性半灌木，茎偃卧，花茎直立。叶椭圆形，长2~6 cm，宽1.5~4 cm，先端急尖，基部下延；侧脉约4对；叶柄长1 cm。花单朵腋生；柱头有丛毛，基部有明显的环状增厚；花丝扁平；花药顶端无毛；花梗长4~5 cm；花冠蓝色，花冠筒漏斗状。蓇葖长约5 cm。花期3—5月。

生长习性：喜温暖湿润，喜阳光也较耐阴，稍耐寒，喜生于深厚、肥沃、湿润的土壤中。在华东地区多作地被栽培，枝节间可着地生根，很快覆盖地面。其花叶品种多作盆栽观赏。

分　　布：原产地中海沿岸及美洲、印度等地。我校花房有栽培。

繁　　殖：主要采用扦插法，在整个生长季期中都可以进行。此外还可采用分株、压条法繁殖。

应　　用：利用其攀缘性，可以拓展绿化空间、增加植物景观层次的变化，给园林建筑赋予生机，创造出幽雅的意境。茎、叶药用，可清热解毒。

5. 吊金钱 *Ceropegia woodii*

别　　名：腺泉花、心心相印、可爱藤、鸽蔓花、爱之蔓、吊灯花

科　　属：萝藦科　吊灯花属

形态特征：多年生肉质变形草本。茎细软下垂，节间长 2~8 cm。叶腋常生有块状肉质珠芽。叶肉质对生，心形或肾形，叶面暗绿，叶背淡绿，叶面上具有白色条纹，其纹理好似大理石。花通常 2 朵连生于同一花柄，具花冠筒，粉红色或浅紫色，蕾期形似吊灯，盛开时伞形。蓇葖果，盆栽通常不结实。

生长习性：性喜温暖向阳、气候湿润环境，耐半阴，怕炎热，忌水涝。要求疏松、排水良好、稍为干燥的土壤。

分　　布：原产南非，我国各地多是引种。我校花房有栽培。

繁　　殖：多用扦插压条和分株法繁殖。

应　　用：为观叶、观花、观姿俱佳花卉。多作吊盆悬挂或置于几架上，使茎蔓绕盆下垂，飘然而下，密布如帘，随风摇曳，风姿轻盈。亦可用金属丝扎成造型支架，引茎蔓依附其上，做成各种美丽图案。

6. 茑萝 *Quamoclit pennata*

别　　名：五角星花、狮子草

科　　属：旋花科　茑萝属

形态特征：一年生柔弱缠绕草本，无毛。叶卵形或长圆形，长 2~10 cm，宽 1~6 cm，单叶互生，叶的裂片细长如丝，羽状深裂至中脉，具 10~18 对线形至丝状的平展的细裂片，裂片先端锐尖；叶柄长 8~40 mm，基部常具假托叶。花序腋生，由少数花组成聚伞花序；总花梗大多超过叶，长 1.5~10 cm，花直立，花柄较花萼长，长 9~20 mm，在果时增厚成棒状；萼片绿色，稍不等长，椭圆形至长圆状匙形，外面一个稍短，长约 5 mm，先端钝而具小凸尖；花冠高脚碟状，长约 2.5 cm 以上，深红色，无毛，管柔弱，上部稍膨大，冠檐开展，直径约 1.7~2 cm，5 浅裂；雄蕊及花柱伸出；花丝基部具毛；子房无毛。上着数朵五角星状小花，颜色深红鲜艳，除红色外，还有白色的。蒴果卵形，透明。种子 4，卵状长圆形，黑褐色。花期从 7 月上旬—9 月下旬，每天开放一批，晨开午后即蔫。

生长习性:喜光,喜温暖湿润环境,不耐寒,能自播,要求土壤肥沃。

分　　布:原产热带美洲,现广布于全球温带及热带地区。我校花房有栽培。

繁　　殖:播种、扦插繁殖。

应　　用:为美丽的庭园观赏植物。全株均可入药,有清热解毒、消肿功效。种子有毒。

第八部分　7号区植物

7号区植物主要分布于学校山林西部。

一、乔木

1. 盐肤木 *Rhus chinensis*（略：在5号区已经介绍）

2. 君迁子 *Diospyros lotus*

别　　名：软枣、野柿子

科　　属：柿树科　柿属

形态特征：落叶乔木，高可达14 m。树皮灰黑色或灰褐色，深裂成方块状；幼枝灰绿色，有短柔毛。单叶互生，叶片椭圆形至长圆形，先端渐尖或急尖，基部钝圆或阔楔形，上面深绿色，初时密生柔毛，有光泽，下面近白色，至少在脉上有毛。花单性，雌雄异株，簇生于叶腋；花淡黄色至淡红色；雄花1~3朵腋生，成聚伞花序；花萼钟形，4裂，稀5裂，裂片卵形，先端急尖，内面有绢毛，花冠壶形，4裂，边缘有睫毛，花萼4裂，裂至中部，两面均有毛，裂片先端急尖，反曲，退化雄蕊8，花柱4。浆果近球形至椭圆形，初熟时淡黄色，后则变为蓝黑色，被白蜡质。花期5—6月，果期10—11月。

生长习性：性强健，喜光，耐半阴，耐寒及耐旱性均比柿树强，极耐湿。喜肥沃深厚土壤，但对瘠薄土、中等碱性土及石灰质土有一定的忍耐力。对SO_2抗性强。

分　　布：分布于辽宁到华北，直到中南和西南各省区。我校7号区山林中有野生。

繁　　殖：播种繁殖。

应　　用：树干挺直，树冠圆整，适应性强，可作园林绿化用。材质优良，可作一般用材。果实营养价值丰富，也可药用。

3. 槲栎 *Quercus aliena*

别　　名:细皮青冈、白反栎、细皮栎

科　　属:壳斗科　栎属

形态特征:落叶乔木,高可达 30 m;树皮暗灰色,深纵裂。老枝暗紫色,具多数灰白色突起的皮孔;小枝灰褐色,近无毛,具圆形淡褐色皮孔;芽卵形,芽鳞具缘毛。叶片长椭圆状倒卵形至倒卵形, 长 10~20 (30) cm,宽 5~14 (16) cm,顶端微钝或短渐尖,基部楔形或圆形,叶缘具波状钝齿,叶背被灰棕色细绒毛,侧脉每边 10~15 条,叶面中脉侧脉不凹陷;叶柄长 1~1.3 cm,无毛。雄花序长 4~8 cm,雄花单生或数朵簇生于花序轴,微有毛,花被 6 裂,雄蕊通常 10 枚;雌花序生于新枝叶腋,单生或 2~3 朵簇生。壳斗杯形,包着坚果约 1/2,直径 1.2~2 cm,高 1~1.5 cm;小苞片卵状披针形,长约 2 mm,排列紧密,被灰白色短柔毛。坚果椭圆形至卵形,直径 1.3~1.8 cm,高 1.7~2.5 cm,果脐微突起。花期 3—5 月,果期 9—10 月。

生长习性:生于海拔 100~2 000 m 的向阳山坡,常与其他树种组成混交林或成小片纯林。

分　　布:产陕西、山东、江苏、安徽、浙江、江西、河南、湖北、湖南、广东、广西、四川、贵州、云南。我校 7 号区山林中有分布。

繁　　殖:播种繁殖。

应　　用:木材坚硬,耐腐,纹理致密,供建筑、家具及薪炭等用材;种子富含淀粉,可酿酒,也可制凉皮、粉条和做豆腐及酱油等,又可榨油。壳斗、树皮富含单宁。叶片大且肥厚,叶形奇特、美观,叶色翠绿油亮,枝叶稠密,属于美丽的观叶树种。适宜低山风景区造景之用。日本每年从我国进口大量槲栎叶,用清洁后的叶片包裹食品。

4. 化香树 *Platycarya strobilacea*

别　　名:花木香、还香树、皮杆条、山麻柳、栲蒲、换香树、花龙树

科　　属:胡桃科　化香属

形态特征:落叶小乔木, 高 2~5 m; 树皮纵深裂, 暗灰色; 枝条褐黑色,幼枝棕色有绒毛, 髓实心。奇数羽状复叶互生,长 15~30 cm; 小叶 7~15, 长 3~10 cm, 宽 2~3 cm, 薄革质, 顶端长渐尖,边缘有重锯齿,基部阔楔形,稍偏斜,表面暗绿色,背面黄绿色,幼时有密毛。花单性,雌雄同穗状花序,直立;雄花序在上,长 4~10 cm,有苞片披针形,长 3~5 mm,表面密生褐色绒毛,雄蕊通常 8;雌花序在下, 长约 2 cm,有苞片宽卵形,长约 5 mm; 花柱短, 柱头 2 裂。果序球果状,长椭圆形,暗褐色;小坚果扁平,直径约 5 mm,有 2 狭翅。花期 5—6 月,果

期 7—10 月。

生长习性:多生于海拔 400~2 000 m 山地,喜光树种,适应性强,能耐干瘠。

分　　布:分布于华东、华中、华南、西南各省。我校 7 号区山林中有分布。

繁　　殖:播种繁殖。

应　　用:根皮、树皮、叶和果实为制栲胶的原料;木树粗松,可做火柴杆;种子可榨油;树皮纤维能代麻;叶可作农药,捣烂加水过滤出的汁液对防治棉蚜、红蜘蛛、甘薯金花虫、菜青虫、地老虎等有效。叶、果、皮可入药,能顺气、祛风、化痰、消肿、止痛、燥湿、杀虫。该物种为中国植物图谱数据库收录的有毒植物,其毒性为叶有毒,外用治疮毒。

5. 马尾松 *Pinus massoniana*

别　　名:青松、山松、枞松

科　　属:松科　松属

形态特征:常绿乔木,一年生枝条淡黄褐色,无毛;冬芽褐色。针叶每束 2 根,细长而柔韧,边缘有细锯齿,长 12~20 cm,先端尖锐;树脂管 4~7 个,边生;叶鞘膜质。花单性,雌雄同株;雄花序无柄,柔荑状,腋生在新枝的基部,雄蕊螺旋状排列;雌花序球形,一至数个生于新枝的顶端或上部。球果长圆状卵形,长 4~8 cm,直径 2.5~5 cm,成熟后栗褐色;种鳞的鳞片盾平或微肥厚,微有横脊;鳞脐微凹,无刺尖,很少有短刺尖。种子长卵圆形,有翅。花期 4—5 月,果期 9—10 月。

生长习性:不耐庇荫,喜光、喜温。对土壤要求不严格,喜微酸性土壤,但怕水涝,不耐盐碱,在石砾土、砂质土、黏土、山脊和阳坡的冲刷薄地上以及陡峭的石山岩缝里都能生长。

分　　布:分布极广,遍布于华中、华南各地。主要分布在海拔 800 m 以下的低山丘陵。我校 7 号区山林中有大量分布。

繁　　殖:播种繁殖,培养容器苗成活率高。

应　　用:树形高大雄伟,是长江流域和华南地区普遍绿化及造林的主要树种。树干可割取松脂,为医药、化工原料;松油脂及松香、叶、花粉、根、茎节、嫩叶等可入药。

6. 檫木 *Sassafras tzumu*

别　　名:檫树、山檫、青檫、黄楸树、花楸树、鹅脚板、半风樟

科　　属:樟科　檫木属

形态特征:落叶乔木,高可达 35 m,胸径 1.3 m,树干圆满通直。树皮黄色,后变灰色,有纵裂。小枝绿色;单叶互生,卵形或倒卵形,全缘或 2~3 浅裂,具明显三出脉;短圆锥花序顶生,花黄色,先于叶开放,花期 3 月;核果近球形,蓝黑色,被白粉,果托、果柄红色,8 月果熟。

生长习性:喜光,喜温暖湿润气候及深厚、肥沃、排水良好的酸性土壤,不耐旱,忌水湿,深

根性,生长快。

分　　布:主要分布在浙江、江西、湖南、湖北、安徽、江苏、四川、贵州、广东和广西。垂直分布多在海拔800 m以下。我校7号区山林中有分布。

繁　　殖:播种或分根繁殖。

应　　用:春开黄花,且先于叶开放,叶形奇特,秋季变红,花、叶均具有较高的观赏价值,可用于庭园、公园栽植或用作行道树,也可用于山区造林绿化。木材坚硬致密,纹理美观,抗压力强,具芳香,耐水湿,是造船、建筑、家具用材。枝、叶、根含芳香油,可作药用。

7. 白花泡桐 *Paulownia fortunei*(略:在2号区已经介绍)

8. 杉木 *Cunninghamia lanceolata*

别　　名:沙木、沙树

科　　属:杉科　杉木属

形态特征:常绿乔木,高可达30~40 m,胸径可达2~3 m。从幼苗到大树单轴分枝,主干通直圆满。侧枝轮生,向外横展,幼树树冠尖塔形,大树树冠圆锥形。叶螺旋状互生,侧枝之叶基部扭成2列,线状披针形,先端尖而稍硬,长3~6 cm,边缘有细齿,上面中脉两侧的气孔线较下面的为少。雄球花簇生枝顶;雌球花单生,或2~3朵簇生枝顶,卵圆形,种子扁平,长6~8 mm,褐色,两侧有窄翅,子叶2枚。

生长习性:较喜光,但幼时稍能耐侧方蔽荫。对土壤的要求较高,最适宜肥沃、深厚、疏松、排水良好的土壤,而嫌土壤瘠薄、板结及排水不良。

分　　布:分布于我国秦岭以南各部地区。我校7号区山林中有分布。

繁　　殖:播种或扦插繁殖。

应　　用:材质优良,轻软而芳香,耐腐而不受白蚁蛀食,不翘裂,易加工,最宜供建筑、家具、造船用,为我国南方重要用材树种之一。树皮含单宁10%,可制栲胶。入药有祛风止痛、散瘀止血功效。

9. 山合欢 *Albizia kalkora*

别　　名:山槐、白夜合

科　　属:豆科　合欢属

形态特征:落叶乔木。通常高3~8 m;枝条暗褐色,被短柔毛,有显著皮孔。二回羽状复叶;

羽片 2~4 对，小叶 5~14 对，长圆形或长圆状卵形，长 1.8~4.5 cm，宽 7~20 mm，先端圆钝而有细尖头，基部不等侧，两面均被短柔毛，中脉稍偏于上侧。头状花序，萼片 5，花瓣 5，在中部以下合生，雄蕊多数，2~3 个生于上部叶腋或多个排成顶生伞房状；花丝白色、细长；花萼管状，长 2~3 mm，5 齿裂；花冠长 6~8 mm，中部以下联合呈管状，裂片披针形，花萼、花冠均密被长柔毛；雄蕊长 2.5~3.5 cm，基部联合呈管状。荚果带状，长 7~17 cm，宽 1.5~3 cm，深棕色，嫩荚密被短柔毛，老时无毛；种子 4~12 颗，倒卵形。花期 5—6 月，果期 8—10 月。

生长习性：极喜光，耐干旱，适应性广，常生于荒山、溪沟边、路旁和山坡上。

分　　布：分布于黄河以南各省区。我校 7 号区山林中有野生分布。

繁　　殖：播种繁殖。

应　　用：可作庭院绿化观赏用。根和树皮入药，可解郁安神、补气活血消肿。

10. 福建柏 *Fokienia hodginsii*

别　　名：建柏、滇柏

科　　属：柏科　福建柏属

形态特征：常绿乔木，高可达 30 m 或更高，胸径可达 1 m。树皮紫褐色，近平滑或不规则长条片开裂；叶鳞形，小枝上面的叶微拱凸，深绿色，下面的叶具有凹陷的白色气孔带；雌雄同株。雄球花近球形，长约 4 mm。果近球形，熟时褐色，径 2~2.5 cm；种鳞顶部多角形，表面皱缩稍凹陷，中间有一小尖头突起；种子顶端尖，具 3~4 棱，上部有 2 个大小不等的翅，大翅近卵形，长约 5 mm，小翅窄小，长约 1.5 mm。花期 3—4 月，种子翌年 10—11 月成熟。

生长习性：喜光性中等，幼年耐庇荫。要求温凉润湿以至潮湿的山地气候。适生于微酸性至酸性的黄壤和黄棕壤。

分　　布：分布于中国福建、江西、浙江和湖南南部、广东和广西北部、四川和贵州东南部等，以福建中部最多。为我国国家二级重点保护植物。我校 7 号区山林中有分布。

繁　　殖：播种繁殖。

应　　用：木材可供建筑、家具等用材，又是优良的胶合板材。树根、树桩可蒸馏挥发油，为制造香皂之香料。心材药用，有行气止痛、降逆止呕之功效，主治脘腹疼痛、噎膈、反胃、呃逆、恶心呕吐。

11. 无患子 *Sapindus mukorossi*

别　　名：木患子、油患子、苦患树、黄目树、目浪树、油罗树、洗手果

科　　属：无患子科　无患子属

形态特征：落叶乔木，树皮黄褐色。一回偶数羽状复叶，小叶4~8对，叶片薄纸质，长椭圆状披针形或稍呈镰形，顶端短尖或短渐尖，基部楔形，稍不对称。圆锥花序顶生；花小，常两性，花冠淡绿色，有短爪；花盘杯状；萼片与花瓣各5；雄蕊8。核果肉质，球形，有棱，直径约2 cm，黄色或橙黄色。种子球形，黑色。花期6—7月，果期9—10月。

生长习性：喜光，稍耐阴，耐寒能力较强。对土壤要求不严，深根性，抗风力强。不耐水湿，能耐干旱。萌芽力弱，不耐修剪。生长较快，寿命长。对SO_2抗性较强。是工业城市生态绿化的首选树种。5~6年长成，一年一结果，生长快，易种植养护。

分　　布：分布于湖北西部及长江以南各省区。我校7号区山林中有栽培。

繁　　殖：播种繁殖。

应　　用：是优良的绿化观叶、观果树种。根、韧皮、嫩枝叶、果肉、种仁供药用，具清热、祛痰、消积、杀虫之功效。

12. 小叶栎 *Quercus chenii*

别　　名：苍落、刺巴栎、刺栎树、杜木黄栎、木黄栎

科　　属：壳斗科　栎属

形态特征：落叶乔木，高可达30 m，树皮黑褐色，纵裂。小枝较细，径约1.5 mm。叶片宽披针形至卵状披针形，长7~12 cm，宽2~3.5 cm，顶端渐尖，基部圆形或宽楔形，略偏斜，叶缘具刺芒状锯齿，幼时被黄色柔毛，以后两面无毛，或仅背面脉腋有柔毛，侧脉每边12~16条；叶柄长0.5~1.5 cm。雄花序长4 cm，花序轴被柔毛。壳斗杯形，包着坚果约1/3，径约1.5 cm，高约0.8 cm，壳斗上部的小苞片线形，长约5 mm，直伸或反曲；中部以下的小苞片为长三角形，长约3 mm，紧贴壳斗壁，被细柔毛。坚果椭圆形，直径1.3~1.5 cm，高1.5~2.5 cm，顶端有微毛；果脐微突起，径约5 mm。花期3—4月，果期翌年9—10月。

生长习性：生于海拔600 m以下的丘陵地区，成小片纯林或与其他落叶阔叶树组成混交林。

分　　布:产于江苏、安徽、浙江、江西、福建、河南、湖北、四川等省。我校7号区山林和围墙东花山中有分布。

繁　　殖:播种繁殖。

应　　用:可酿酒和作饲料,油制肥皂。壳斗、树皮含鞣质,可提取栲胶;另含单宁,可提制黑色天然染料。木材坚硬、耐磨,供机械用材。果入药,涩肠止泻,能消乳肿;树皮、叶煎汁可治疗急性细菌性痢疾。

13. 榔榆 *Ulmus parvifolia*

别　　名:小叶榆

科　　属:榆科　榆属

形态特征:落叶乔木,或冬季叶变为黄色或红色宿存至第二年新叶开放后脱落,高可达25 m,胸径可达1 m。叶质地厚,披针状卵形或窄椭圆形;花秋季开放,3~6朵在叶脉簇生或排成簇状聚伞花序,花被上部杯状,下部管状,花被片4,深裂至杯状花被的基部或近基部,花梗极短,被疏毛。翅果椭圆形或卵状椭圆形,长10~13 mm,宽6~8 mm,除顶端缺口柱头面被毛外,余处无毛,长1~3 mm,有疏生短毛。花果期8—10月。

生长习性:生于平原、丘陵、山坡及谷地。喜光,耐干旱,在酸性、中性及碱性土上均能生长,但以气候温暖,土壤肥沃、排水良好的中性土壤为最适宜生境。

分　　布:分布于河北、山东、江苏、安徽、浙江、福建、台湾、江西、广东、广西、湖南、湖北、贵州、四川、陕西、河南等省区。日本、朝鲜也有分布。我校7号区山林中部人行道旁边和盆景园有分布。

繁　　殖:通常用播种繁殖。10—11月种子成熟,次年春季3月播种,撒播或条播均可。

应　　用:材质坚韧,纹理直,耐水湿,可供家具、车辆、造船、器具、农具、油榨、船橹等用材。树皮、根皮可药用,有清热利水、解毒消肿、凉血止血功效。萌芽力强,为制作盆景的好材料。树形优美,姿态潇洒,树皮斑驳,枝叶细密,具有较高的观赏价值。在庭园中孤植、丛植或与亭榭配植均很适宜,作庭荫树、行道树或制作盆景均有良好的观赏效果。因抗性较强,还可选作厂矿区绿化树种。

14. 冬青 *Ilex chinensis*

别　　名:北寄生、槲寄生、桑寄生、柳寄生

科　　属:冬青科　冬青属

形态特征:常绿乔木。树皮灰色或淡灰色,光滑或有纵沟,小枝淡绿色,无毛。单叶互生,叶薄革质,狭长椭圆形或披针形,顶端渐尖,基部楔形,边缘疏生浅齿。叶柄常为淡紫红色。聚伞

花序着生于新枝叶腋内或叶腋外，雄花序有花 10~30 朵，雌花序有花 3~7 朵。花瓣紫红色或淡紫色，向外反卷。果实椭圆形或近球形，成熟时深红色。花期 5—6 月，果熟期 9—10 月。

生长习性：适生于肥沃湿润、排水良好的酸性壤土。较耐阴湿，萌芽力强，耐修剪。对 SO_2 抗性强。

分　　布：分布于秦岭南部、长江流域及其以南广大地区，而以西南和华南最多。我校 7 号区山林中有分布。

繁　　殖：主要用播种和扦插繁殖。

应　　用：叶、根、皮可入药，性寒味苦涩，有凉血止血、清热解毒之功效。枝繁叶茂，四季常青，果熟时红若丹珠，赏心悦目，是庭园中的优良观赏树种。

15. 黄连木 *Pistacia chinensis*

别　　名：惜木、楷木

科　　属：漆树科　黄连木属

形态特征：落叶乔木。树干扭曲，树皮暗褐色，呈鳞片状剥落，幼枝灰棕色。偶数羽状复叶（罕为奇数）互生，全缘，有小叶 5~7 对；小叶对生或近对生，纸质，披针形或卵状披针形，先端渐尖或长渐尖，基部偏斜，全缘，两面沿中脉和侧脉被卷曲微柔毛或近无毛，侧脉和细脉两面突起。花单性异株，雄花序总状，雌花序圆锥状；先花后叶，圆锥花序腋生，雄花序排列紧密，雌花序排列疏松；苞片披针形或狭披针形；核果倒卵状球形，成熟时紫红色，干后具纵向细条纹，先端细尖。花期 3—4 月。

生长习性：喜光，幼时稍耐阴；喜温暖，畏严寒；耐干旱瘠薄，对土壤要求不严。寿命长。

繁　　殖：常用播种繁殖。

分　　布：我国黄河流域至华南、西南各省区均有分布。我校 7 号区山林中有分布。

应　　用：是优良的木本油料树种。树皮及叶可入药，根、枝、叶、皮还可制农药。种子油可用于制肥皂、润滑油、照明，油饼可作饲料和肥料。先叶开花，树冠浑圆，枝叶繁茂而秀丽，早春嫩叶红色，入秋叶又变成深红或橙黄色，红色的雌花序也极美观。

16. 油茶 *Camellia oleifera*

科　　属：山茶科　山茶属

形态特征：常绿小乔木或灌木，高可达 7~8 m。树皮淡褐色，光滑。单叶互生，革质，椭圆形或卵状椭圆形，边缘有细锯齿。花顶生或腋生，两性花，白色，花瓣倒卵形，顶端常 2 裂。蒴果球

形、扁圆形、橄榄形，果瓣厚而木质化。种子茶褐色或黑色，三角状，有光泽。花期10—12月，果实翌年秋天成熟。

生长习性：喜温暖，怕寒冷，喜光；要求水分充足；对土壤要求不甚严格，一般适宜土层深厚的酸性壤土。对SO_2抗性强，抗氟和氯能力也很强。

分　　布：北至淮河秦岭一线，南在北回归线附近，东到台湾，西至云南的怒江流域和青藏高原的东缘都有分布。它生长在我国南方亚热带地区的高山及丘陵地带，是中国特有的一种纯天然高级油料作物。主要集中在浙江、江西、河南、湖南、广西五省区。我校7号区山林中有分布。

繁　　殖：播种、扦插或嫁接繁殖。目前优良品种主要采用嫁接繁殖。

应　　用：可作冬季观花植物，也是重要油料作物，与油棕、油橄榄和椰子并称世界四大木本食用油料植物。亦为蜜源植物。在坡度平缓、侵蚀作用弱的地方种植油茶还具有保持水土、涵养水源、调节气候的生态效益。

17. 青榨槭 *Acer davidii*

别　　名：青虾蟆、大卫槭

科　　属：槭树科　槭属

形态特征：落叶乔木。树皮黑褐色或灰褐色，常纵裂成蛇皮状。小枝细瘦，圆柱形，无毛；当年生的嫩枝紫绿色或绿褐色，具很稀疏的皮孔，多年生的老枝黄褐色或灰褐色。冬芽腋生，长卵圆形，绿褐色。单叶对生，叶片卵状椭圆形，先端锐尖或渐尖，常有尖尾，基部近于心脏形或圆形，边缘具不整齐的钝锯齿；上面深绿色，无毛；下面淡绿色；主脉在上面显著，在下面凸起，侧脉11~12对，呈羽状，在上面微现，在下面显著；叶柄细瘦，嫩时被红褐色短柔毛，渐老则脱落。花黄绿色，杂性，雄花与两性花同株，成下垂的总状花序，顶生于着叶的嫩枝，开花与嫩叶的生长大约同时，雄花的花梗长3~5 mm，通常9~12朵组成长4~7 cm的总状花序；两性花的花梗长1~1.5 cm，通常15~30朵组成长7~12 cm的总状花序；萼片5，椭圆形，先端微钝，长约4 mm；花瓣5，倒卵形，先端圆形，与萼片等长；花柱无毛，细瘦，柱头反卷。翅果嫩时淡绿色，成熟后黄褐色；翅宽约1~1.5 cm，连同小坚果共长2.5~3 cm，展开成钝角或几成水平。花期4月，果期9月。

生长习性：耐半阴，喜生于湿润溪谷。常生于山谷、山脚湿润地、山坡灌木林、疏林、杂木林、针阔混交林中。

分　　布:广布于华北、华东、中南、西南各省区。我校 7 号区山林中有栽培,围墙东花山中有野生。

繁　　殖:播种繁殖。

应　　用:有很高的绿化和观赏价值,是城市园林、风景区等各种园林绿地的优美绿化树种。树皮纤维较长,又含丹宁,可作工业原料。

18. 苦槠 *Castanopsis sclerophylla*

别　　名:槠栗、血槠、苦槠子

科　　属:壳斗科　栲属

形态特征:常绿乔木,高可达 20 m;树皮深灰色,纵裂;幼枝无毛。叶椭圆状卵形或椭圆形,长 5~15 cm,宽 3~6 cm,顶端渐尖或短尖,基部楔形或圆形,边缘或中部以上有锐锯齿,背面苍白色,有光泽,螺旋状排列。壳斗杯形,幼时全包坚果。成熟时包围坚果 3/4~4/5,直径 12~15 mm;苞片三角形,顶端针刺形,排列成 4~6 个同心环带;坚果褐色,有细毛。花期 5 月,10 月果熟。

生长习性:多生于海拔 1 000 m 以下低山丘陵地区。喜温暖、湿润气候,喜光,也能耐阴;喜深厚、湿润土壤,也耐干旱、瘠薄。深根性,萌芽力强,抗污染,寿命长。

分　　布:分布于长江以南地区,中亚热带常绿、落叶阔叶林区,南亚热带常绿阔叶林区。我校 7 号区山林中有分布。

繁　　殖:播种繁殖为主,也可分蘖繁殖。

应　　用:实用价值:本种树干高耸,枝叶茂密,四季常绿,宜庭园中孤植、丛植或混交栽植,或作风景林、沿海防风林及工厂区绿化树种应用,同时也是板栗嫁接的砧木。材质致密坚韧,有弹性,供建筑、机械等用。医用价值:通气解暑,去滞化瘀,特别是对痢疾和止泻有独到的疗效;腹泻只要喝上一碗苦槠羹,基本上都能够止住。食用价值:坚果含淀粉,浸水脱涩后可做豆腐,颜色呈淡红色,供食用,称“苦槠豆腐”;苦槠粉皮为纯天然食品,口味好,实属上等佳肴。

19. 花榈木 *Ormosia henryi*

别　　名:亨氏红豆、花梨木、红豆树、臭桶柴

科　　属:豆科　红豆属

形态特征:常绿乔木。树皮青灰色,平滑,有浅裂纹。小枝、叶轴、花序密被茸毛。奇数羽状复叶,小叶 2~3 对,革质,椭圆形或长圆状椭圆形,长 4.3~13.5 cm,宽 2.3~6.8 cm,先端钝或短尖。叶片上面深绿色,光滑无毛,下面及叶柄均密被黄褐色绒毛。圆锥花序顶生,或总状花序腋生,密被淡褐色茸毛。花萼钟形,5 齿裂,花冠中央淡绿色,边缘绿色微带淡紫。荚果扁平,长椭圆形,长

5~12 cm,宽 1.5~4 cm,顶端有喙。种子椭圆形或卵形,种皮鲜红色,有光泽。花期 7—8 月,果期 10—11 月。

生长习性:喜湿润土壤,忌干燥。喜温暖,但有一定的耐寒性。

分　　布:分布于我国长江以南各省区。我校 2 号教学楼后面苗圃有栽培。

繁　　殖:播种繁殖。

应　　用:木材花纹美丽,可用于制家具及文房诸器。其种子红色耀眼,可作装饰品。也可栽培用于园林绿化和庭院观赏。

20. 天师栗 *Aesculus chinensis* var. *wilsonii*

别　　名:七叶树

科　　属:无患子科　七叶树属

形态特征:落叶乔木。树皮平滑,灰褐色,常成薄片脱落。小枝圆柱形,紫褐色,嫩时密被长柔毛,渐老时脱落,有白色圆形或卵形皮孔。冬芽腋生于小枝的顶端,卵圆形,长 1.5~2 cm,栗褐色,有树脂,外部的 6~8 枚鳞片常排列成覆瓦状。掌状复叶对生,有长 10~15 cm 的叶柄,嫩时微有短柔毛,渐老时无毛;小叶 5~7 枚,稀 9 枚,长圆倒卵形、长圆形或长圆倒披针形,先端锐尖或短锐尖,基部阔楔形或近于圆形,稀近于心脏形,边缘有小锯齿,小叶柄长 1.5~2.5 cm,微有短柔毛。花序顶生,直立,圆筒形,长 20~30 cm,花有很浓的香味,杂性,雄花与两性花同株,雄花多生于花序上段,两性花生于其下段,不整齐。蒴果黄褐色,卵圆形或近于梨形,长 3~4 cm,顶端有短尖头,无刺,有斑点,壳很薄,干时仅厚 1.5~2 mm,成熟时常 3 裂。花期 4—5 月,果期 9—10 月。

生长习性:喜温暖湿润气候,不耐寒,深根性,生长慢,寿命长。

分　　布:产于河南西南部、湖北西部、湖南、江西西部、广东北部、四川、贵州和云南东北部。我校 2 号教学楼后面苗圃有栽培。

繁　　殖:主要用播种、扦插和高压繁殖。

应　　用:种子脱涩后可食,中医上入药,名娑罗子,主治胃胀痛、疳积等疾。木材坚硬细密可制造器具。木材可供建筑、细木工等用。树形美观,冠如华盖,开花时硕大的白色花序似一盏华丽的烛台,蔚为奇观,在风景区和小庭院中可作行道树或骨干景观树。

21. 金弹子 *Diospyros armata*

别　　名:刺柿、瓶兰

科　　属:柿树科　柿属

形态特征:常绿、半长绿灌木或小乔木,高可达 8 m;枝有刺,幼时有绒毛。叶长椭圆形至倒披针形,长 2~6 cm,先端钝,基部楔形,表面暗绿有光泽,背面稍有短柔毛。花冠乳白色,壶形,有毛,芳香;雄花成聚伞花序,雌花单生;果近球形,径约 2 cm,熟时黄色,果萼长约 1 cm;果柄长约 1~2 cm,有刚毛。花期 4—5 月,果期 5—10 月。

生长习性:性耐低温,但须活动积温高,每年生长适宜期在 4—11 月,温度在 28~33℃ 范围。

分　　布:产于湖北西部和四川东部。在华东、华南、华中地区都有分布和栽培。我校山上盆景园有栽培。

繁　　殖:播种或繁殖。

应　　用:茎干刚劲挺拔,自然虬曲,色泽如铁,宜于制作树桩盆景。是果、花、叶并美之观赏花卉,树桩盆景经济价值很高。

22. 龙爪槐 *Sophora japonica* f. *pendula*

别　　名:蟠槐、倒栽槐

科　　属:豆科　槐属

形态特征:系国槐的芽变品种,落叶乔木。树势较弱,主侧枝差异性不明显,大枝弯曲扭转,小枝细长下垂;圆锥花序顶生,花冠浅黄绿色至乳白色;种子肾形。花期 7—9 月,果期 9—12 月。

生长习性:喜光,稍耐阴。能适应干冷气候。喜生于土层深厚、湿润肥沃、排水良好的砂质壤土。

分　　布:原产我国华北、西北。我国各地有栽培。我校周边有栽培。

繁　　殖:播种、压条和扦插繁殖。

应　　用:是优良的园林树种,宜孤植、对植或列植。

23. 臭蜡树 *Evodia fargesii*

别　　名:臭桐子树

科　　属:芸香科　吴茱萸属

形态特征:落叶乔木。树皮平滑,浅灰色至暗灰色,枝条紫褐色至灰褐色,皮孔圆或长圆形。奇数羽状复叶对生;叶轴顶端小叶柄长 1.5~2.5 cm,侧生小叶柄长 2~6 mm;先端渐尖,基部圆形或宽楔形,常偏斜,全缘,上面绿色,无毛或有时疏被短柔毛,下面灰白色,干后苍绿色或暗褐色,沿主脉疏被长柔毛或脱落,但脉腋间及主脉的基部两侧毛常密生成丛,无腺点。聚伞圆锥花序顶生,花序长 6~10 cm,宽 8~12 cm 或更宽,花轴及花柄疏被短柔毛；萼片 5 浅裂，三角形，长约 1 mm，边缘被短睫毛；花瓣 5，白色。蓇葖果 4~5 裂，稀为 3 裂，淡红色。种子棕黑色，卵圆形，直径约 3 mm。花期 6—8 月，果期 9—10 月。

生长习性：多生于向阳的山坡地上及山溪边湿润树丛中。

分　　布：分布于长江流域各省市。我校 7 号区山林中有分布。

繁　　殖：播种繁殖。

应　　用：以果入药，有止咳之功效，主治麻疹后咳嗽。

二、灌木

1. 白背叶 *Mallotus apelta*

别　　名：野桐、叶下白、白背木、白背娘、白朴树、白帽顶

科　　属：大戟科　野桐属

形态特征：落叶灌木或小乔木。小枝密生星状毛。单叶互生，宽卵形，不分裂或 3 浅裂，顶端渐尖，基部平截或楔形，边缘有稀疏锯齿，两面有星状毛与棕色腺体，背面灰白色，毛更密。叶柄密生柔毛。花雌雄异株，雄花序为开展的圆锥花序或穗状，苞片卵形，雄花多朵簇生于苞腋。雄花花蕾卵形或球形，花萼裂片 4，卵形或卵状三角形，外面密生淡黄色星状毛，内面散生颗粒状腺体。雌花序穗状，稀有分枝，苞片近三角形。蒴果近球形，密生被灰白色星状毛的软刺，软刺线形，黄褐色或浅黄色。种子近球形，褐色或黑色，具皱纹。花期 6—9 月，果期 8—11 月。

生长习性：喜光，喜土层深厚环境，多生于丘陵和山坡的灌木草丛间。

分　　布：主要分布于长江流域各省份。我校 7 号区山林中有野生。

繁　　殖：主要是播种繁殖。

应　　用：以根及叶入药，可清热解毒、消肿止痛、祛湿止血。种子可榨油，供制肥皂、润滑油、油墨与鞣革等工业用。茎皮为纤维性原料，可织麻袋或供作混纺。

2. 结香 *Edgeworthia chrysantha*

别　　名：打结树、打结花

科　　属：瑞香科　结香属

形态特征：落叶灌木。小枝柔软，可打结，棕红色。通常三叉状分枝，被黄色绢状长柔毛。单叶互生，常簇生枝顶，叶椭圆状披针形至倒披针形，全缘，秋末落叶后留下突起叶痕。花先叶开放，花瓣黄色，4 裂，浓香，

40~50 朵小花聚成头状花序，生于枝顶或近顶部，下垂，总柄粗短。花萼圆筒形，端 4 齿裂，花瓣状。核果卵形，状如蜂窝。花期冬末春初，果期春夏间。

生长习性：暖温带树种，喜半阴，但亦耐日晒。喜温暖气候，耐寒力较差，在华北一带作温室栽培。

分　　布：北自河南、陕西，南至长江流域以南各省区均有分布。我校山上盆景园和花圃有栽培。

繁　　殖：主要繁殖方式有分株、压条、播种、扦插。

应　　用：树冠球形，枝叶美丽，宜栽在庭园或盆栽观赏。全株入药，能舒筋活络、消炎止痛，可治跌打损伤，风湿痛。

3. 山莓 *Rubus corchorifolius*

别　　名：树莓、三月泡

科　　属：蔷薇科　悬钩子属

形态特征：落叶灌木，高 1~2 m。小枝红褐色，有皮刺，幼枝带绿色，有柔毛及皮刺。单叶互生，叶卵形或卵状披针形，花白色，直径约 2 cm，通常单生在短枝上；聚合果球形，直径 1~1.2 cm，成熟时红色。花期 4—5 月，果期 5—6 月。

生长习性：喜光，耐贫瘠，适应性强，属阳性植物，生长在林缘、山谷、路旁或山坡草丛中，有阳叶、阴叶之分。

分　　布：除东北、甘肃、青海、新疆、西藏外，中国其余省份、朝鲜、日本、缅甸、越南均有分布。我校周边山林中有野生。

繁　　殖：播种繁殖。

应　　用：果含有机酸，熟后可食及酿酒。

4. 黄荆条 *Vitex negundo*

别　　名：五指柑、五指风、布荆子

科　　属：马鞭草科　牡荆属

形态特征：落叶灌木或小乔木，高可达 6 m，枝叶有香气。新枝方形，灰白色，密被细绒毛。叶对生；掌状复叶，通常 5 出，有时 3 出；小叶片椭圆状卵形，长 4~9 cm，宽 1.5~3.5 cm，中间的小叶片最大，两侧次第减小，先端长尖，基部楔形，全缘或每侧中上部具 2~5 浅锯齿，上面淡绿色，有稀疏短毛和细油点。下面白色，密被白色绒毛。圆锥花序，顶生；萼钟形，5 齿裂；花冠淡紫色，唇形，长约 6 mm，上唇 2 裂，下唇 3 裂；雄蕊 4，2 强；子房 4 室，花柱线形，柱头 2 裂。核果，卵状球形，下半部包于宿萼内。花期 6—8 月，果期 8—9 月。

生长习性：喜光，能耐半阴，好肥沃土壤，但亦耐干旱、瘠薄和寒冷。萌蘖力强，耐修剪。

分　　布：产于山东、江苏、浙江、江西、湖南、四川、广西等地。我校 7 号区山林中有分布。

繁　　殖：播种、扦插、压条、分株繁殖。

应　　用：用于园林观赏、四旁绿化。全株药用，根、茎：用于支气管炎、疟疾、肝炎。叶：用于感冒、肠炎、痢疾、疟疾、泌尿系统感染；外用治湿疹、皮炎、脚癣，煎汤。果实：用于咳嗽哮喘、胃痛、消化不良、肠炎、痢疾。鲜叶：捣烂敷，治虫、蛇咬伤，灭蚊。鲜全株：灭蛆。

5. 夹竹桃 *Nerium indicum*

别　　名：柳叶桃、绮丽、半年红、甲子桃

科　　属：夹竹桃科　夹竹桃属

形态特征：常绿直立大灌木，高可达 5 m，含水液，无毛。叶 3~4 枚轮生，在枝条下部为对生，窄披针形，长 11~15 cm，宽 2~2.5 cm，下面浅绿色；侧脉扁平，密生而平行。聚伞花序顶生；花萼直立；花冠深红色，芳香，重瓣。蓇葖果矩圆形，种子顶端具黄褐色种毛。花期 6—10 月，果期 12 月至翌年 1 月。

生长习性：喜光，喜温暖、湿润气候，不耐寒；耐旱力强，对土壤要求不严，在碱性土上也能生长。

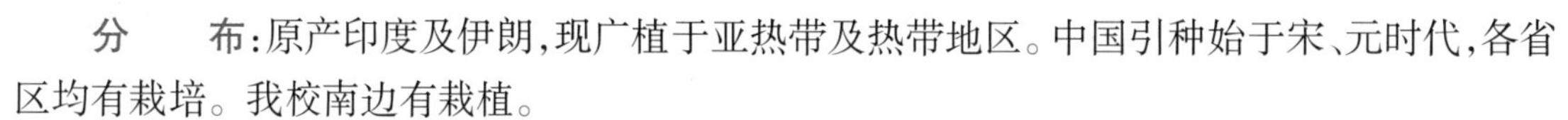

分　　布：原产印度及伊朗，现广植于亚热带及热带地区。中国引种始于宋、元时代，各省区均有栽培。我校南边有栽植。

繁　　殖：扦插繁殖为主，也可分株和压条。

应　　用：药用价值：品属于强心类中药，主要功能为强心利尿、祛痰定喘、镇痛、祛瘀。近代临床运用该药治疗心力衰竭、喘息咳嗽、癫痫、跌打损伤、经闭、斑秃。环保价值：有抗烟雾、抗灰尘、抗毒物和净化空气、保护环境的能力。

6. 大青 *Clerodendrum cyrtophyllum*

别　　名：淡亲家母

科　　属：马鞭草科　大青属

形态特征：落叶灌木或小乔木，高 1~10 m。幼枝黄褐色，被短柔毛，髓坚实，白色。单叶对生；叶片纸质，长圆状披针形、长圆形、卵状椭圆形或椭圆形，长 6~20 cm，宽 3~9 cm，先

端渐尖或急尖，基部近圆形或宽楔形，全缘，两面无毛或沿叶脉疏生短柔毛，背面常有腺点；侧脉 6~10 对。伞房状聚伞花序顶生或腋生，长 10~16 cm，宽 20~25 cm，具线形苞片；花萼杯状，先端 5 裂，裂片三角状卵形，粉红色，外面被黄褐色短绒毛和不明显的腺点；花冠白色，花冠管细长，长约 1 cm，先端 5 裂，裂片卵形；雄蕊 4，与花柱同伸出花冠外。果实球形或倒卵形，绿色，成熟时蓝紫色，宿萼红色。花果期 6 月至翌年 2 月。

生长习性：多生长在海拔 50~660 m 大山坡及向阳灌丛边。

分　　布：分布于热带和亚热带，少数分布于温带，主产东半球；大多数分布在西南、华南地区。我校山林中有分布。

繁　　殖：播种繁殖。

应　　用：药用可清热解毒、凉血止血。

7. 山麻杆 *Alchornea davidii*

别　　名：桂圆树、红荷树、桐花杆

科　　属：大戟科　山麻杆属

形态特征：落叶丛生小灌木。茎干直立而分枝少，茎皮常呈紫红色；幼枝密被绒毛，后脱落，老枝光滑。单叶互生，叶广卵形或圆形，先端短尖，基部圆形；表面绿色，有短毛疏生，背面紫色，叶表疏生短绒毛，

叶缘有齿牙状锯齿，主脉由基部三出；叶柄被短毛并有 2 个以上腺体；托叶 2 枚，线形。花单性同株；雄花密生成短穗状花序，萼 4 裂，雄蕊 8，花丝分离；雌花排成总状花序，位于雄花序的下面，无花瓣，萼 4 裂，紫色。蒴果扁球形，密生短柔毛。种子球形。花期 3—4 月，果期 6—7 月。

生长习性：喜光照，稍耐阴，喜温暖湿润的气候环境，对土壤的要求不严，以在深厚、肥沃的砂质壤土中生长最佳。

分　　布：主要分布于中国的秦岭以南地区，广布于长江流域。我校山林中有分布。

繁　　殖：以分株繁殖为主，也可扦插或播种，但种子不易采得。

应　　用：是良好的观茎、观叶树种。茎皮纤维可供造纸或纺织用，种子榨油供工业用，叶片可入药。

8. 茶 *Camellia sinensis*

别　　名：茶叶

科　　属：山茶科　山茶属

形态特征：常绿灌木或小乔木，高 1~6 m。小枝灰褐色，嫩枝具细绒毛或无毛。叶互生，薄革质，椭圆形或披针形，长 5~10 cm，宽 2~4 cm，先端钝或急尖，基部楔形，边缘有细圆锯齿；幼叶有绒毛。花通常 1~3 朵腋生或成聚伞花序，白色；苞片 1~2，早落；花 5 基数，萼片宿存，花瓣卵圆形或近圆形。蒴果球形或扁球形，淡褐色。花期 10—12 月。

生长习性：喜温暖湿润气候，年均温须15~25℃，但亦能耐-6℃以及短期的-16℃以下低温，年降水量以达1 000 mm以上为宜。性喜光，略耐阴。喜深厚、肥沃、排水良好的酸性壤土，在盐碱土上不能生长。

分　　布：分布于我国南方丘陵地区，以浙江、湖南、四川、福建、安徽、云南和湖北等省最多。我校山林中有分布。

繁　　殖：常播种或压条、扦插繁殖。

应　　用：花白色而芳香，在园林中可作绿篱用。叶片可制茶，茶与咖啡、可乐并称为世界三大饮料。

9. 菝葜 *Smilax china*

别　　名：金刚藤

科　　属：百合科　菝葜属

形态特征：多年生藤本落叶攀缘灌木。根状茎肥厚、坚硬。枝条常疏生刺。叶薄革质或纸质，宽卵形或圆形。花单性同株，绿黄色，多排成伞形花序；花被片6，2轮；雌花具6枚退化雄蕊。浆果球形，熟时红色。花期2—5月，果期9—11月。

生长习性：生于山坡、林下和灌丛中。

分　　布：分布于我国长江以南各地和日本。我校山林中有分布。

繁　　殖：播种和扦插繁殖。

应　　用：根药用，有发汗、祛风、利尿及治淋病、癌症、消渴症的功效。叶可捣烂外敷治恶疮。

10. 野茉莉 *Styrax japonicus*

别　　名：木香柴、野白果树、山白果

科　　属：野茉莉科　安息香属

形态特征：落叶灌木或小乔木，树皮灰褐色或紫黑色。叶卵形、近菱形至倒卵状长圆形。花单生叶腋，或4~6朵花生于侧枝顶端，下垂。花期4—6月，果期7—10月。

生长习性：喜光，稍耐阴。喜湿润、肥沃、深厚、疏松而富含腐殖质的土壤，耐旱、忌涝。

分　　布：分布于秦岭和黄河以南各省，我校山林中有野生。

繁　　殖：播种繁殖。

应　　用：园林中多植于水滨湖畔或阴坡谷地、溪流两旁。木材质密，供细工之用。种子含油丰富，是一种野生油料植物。

11. 麻叶绣线菊 *Spiraea cantoniensis*

别　　名：麻叶绣球、麻叶绣球绣线菊、石棒子

科　　属：蔷薇科　绣线菊属

形态特征：落叶灌木，高可达 1.5 m。单叶互生，叶片菱状披针形至菱状长圆形，蓇葖果直立开张，无毛，花柱顶生，常倾斜开展，具直立开张萼片。花期 4—5 月，果期 6—9 月。

生长习性：性喜温暖和阳光充足环境。稍耐寒、耐阴，较耐干旱，忌湿涝。分蘖力强。

分　　布：国内分布于华东、华南。全国各地均有栽培。我校山上盆景园有栽培。

繁　　殖：播种繁殖。

应　　用：可成片配植于草坪、路边、斜坡、池畔、林缘，可单株或数株点缀花坛，也可列植为花篱。根、叶、果实入药，有清热、凉血、祛瘀、解毒、消肿止痛之功效。

三、草本

1. 韩信草 *Scutellaria indica*

别　　名：耳挖草、金茶匙、牙刷草

科　　属：唇形科　黄芩属

形态特征：多年生上升直立草本。叶具柄，心状卵形或卵状椭圆形；花对生，总状花序；最下一对苞片叶状，其余均细小；花萼长约 2.5 mm，盾片高约 1.5 mm，果时十分增大；花冠蓝紫色，成熟小坚果卵形，具瘤，腹面近基部具一果脐。

生长习性：喜温暖湿润气候，宜选疏松肥沃、排水良好的壤土或砂质壤土栽培。

分　　布：生长于池沼边、田边或路旁潮湿处。分布于江苏、广西、广东、四川、河北、山西、

陕西、湖北、安徽、江西、浙江、福建、贵州、云南、台湾、河南等地。我校7号区山林中有分布。

繁　　殖:多用播种繁殖。

应　　用:可药用,主治跌打肿痛、外伤出血、产后四肢麻木、毒蛇咬伤,煎服或捣敷外用。

2. 铁苋菜 *Acalypha australis*

别　　名:海蚌含珠

科　　属:大戟科　铁苋菜属

形态特征:一年生草本。茎直立，多分枝，被柔毛。单叶互生，卵状菱形或卵状披针形，边缘有钝齿，顶端渐尖，基部楔形，两面有疏毛或无毛，基出脉3条，侧脉3对。叶柄长,花序腋生,有叶状肾形苞片1~3，不分裂,合对如蚌。通常雄花序极短,穗状,着生在雌花序上部,雄花萼4裂,雄蕊8。雌花序藏于对合的叶状苞片内,所以叫“海蚌含珠”。蒴果钝三棱形,淡褐色,表面有毛。种子黑色。花期4—9月,果期7—12月。

生长习性:喜温暖湿润气候。

分　　布:分布几遍及全国各地,长江流域尤多。我校7号区山林中有野生。

繁　　殖:主要用播种繁殖。

应　　用:全草入药,具有清热解毒、利湿、收敛止血之功效,对腹泻、痢疾有极佳疗效。

3. 小蓟 *Cephalanoplos segetum*

别　　名:刺儿菜、千针草、刺蓟菜

科　　属:菊科　蓟属

形态特征:多年生草本,高20~50 cm。叶长椭圆形或椭圆状披针形,长7~10 cm,宽1~3 cm,先端钝尖,基部渐狭或钝圆,边缘有尖刺,两面被蛛丝状毛;无叶柄。头状花序单一,顶生;花单性,雌雄异株,全为管状花,紫红色;雄花序较小,总苞长约1.8 cm,瘦果椭圆形或长卵形;冠毛羽毛状,先端稍肥厚而弯曲。花期5—7月,果期7—8月。

生长习性:喜温暖湿润气候,耐寒、耐旱。适应性较强,对土壤要求不严。

分　　布:全国都有分布。我校7号区山林边有分布。

繁　　殖:播种繁殖。

应 用:药用可凉血止血、祛瘀消肿,用于衄血、吐血、尿血、便血、崩漏下血、外伤出血、痈肿疮毒。

4. 苎麻 *Boehmeria nivea*

别 名:野麻、野苎麻、家麻、苎仔、青麻、白麻

科 属:荨麻科 苎麻属

形态特征:多年生宿根性草本,高 1~2 m。茎、花序和叶柄密生短或长柔毛。叶互生,宽卵形或近圆形,表面粗糙,背面密生交织的白色柔毛。花雌雄同株,团伞花序聚集成圆锥状,雌花序位于雄花序之上;雄花花被片 4,雄蕊 4;雌花花被管状,被细毛。瘦果椭圆形,长约 1.5 mm。花果期 7—10 月。

生长习性:为喜温作物。最适宜的土壤是砂质壤土、黏质壤土和腐殖质壤土。土壤的酸碱度对其产量影响也很大。当土壤酸碱度在 pH 6.0~7.0 时,植株生长健壮,纤维产量高。

分 布:我国主要产地分布在北纬 19°~39°,南起海南省、北至陕西省均有种植苎麻的历史,一般划分为长江流域麻区、华南麻区、黄河流域麻区。我校 7 号区山林中有分布。

繁 殖:分有性繁殖和无性繁殖两种方式,包括播种、扦插、分株、压条繁殖。我国苎麻主产区目前主要采用嫩梢扦插繁殖技术。

应 用:入药可用于感冒发热、麻疹高烧、尿路感染、肾炎水肿、孕妇腹痛、胎动不安、先兆流产、跌打损伤、骨折、疮疡肿痛、出血性疾病。苎麻是中国特有的以纺织为主要用途的农作物,也称白叶苎麻。其单纤维长、强度大,吸湿和散湿快,热传导性能好,脱胶后洁白有丝光,可以纯纺,也可和棉、丝、毛、化纤等混纺,闻名于世的浏阳夏布就是苎麻纤维的手工制品。苎麻地上部分可以全部用于提取乙醇。

5. 求米草 *Oplismenus undulatifolius*

科 属:禾本科 求米草属

形态特征:矮小草本。秆纤细,基部平卧地面,节处生根,上升部分高 20~50 cm。叶鞘短于或上部者长于节间,密被疣基毛;叶舌膜质,短小,长约 1 mm;叶片扁平,披针形至卵状披针形,长 2~8 cm,宽 5~18 mm,两面有柔毛,先端尖,基部略圆形而稍不对称,通常具细毛。圆锥花序狭,长 5~12 cm;小穗长约 3.5 mm;第一颖芒长约 1 cm;第二颖芒较短;第二外稃革质,边缘卷抱内稃。花果期 7—10 月。

生长习性：在土壤肥沃、水分充足处生长繁茂，分生出的新株也多，且茎节长，叶宽而柔嫩。但对土壤要求却不严，可生长于不同类土壤上。

分　　布：广布于我国南北各省区，产于昭通、贡山、昆明、文山、富宁。北半球的温带地区、非洲南部及澳大利亚均有。我校7号区山林中有野生。

繁　　殖：播种繁殖。

应　　用：可作为家畜饲料。

6. 羽衣甘蓝 *Brassica oleracea* var. *acephala*

别　　名：叶牡丹、牡丹菜、花包菜、绿叶甘蓝

科　　属：十字花科　芸薹属

形态特征：二年生草本，植株高大，根系发达。总状花序顶生，花期4—5月，虫媒花；果实为角果，扁圆形；种子圆球形，褐色。园艺品种形态多样，按高度可分高型和矮型；按叶的形态分皱叶、不皱叶及深裂叶品种；按颜色，边缘叶有翠绿色、深绿色、灰绿色、黄绿色，中心叶则有纯白、淡黄、肉色、玫瑰红、紫红等品种。

生长习性：喜冷凉气候，极耐寒，可忍受多次短暂的霜冻，耐热性也很强，生长势强，栽培容易，喜阳光，耐盐碱，喜肥沃土壤。

分　　布：原产地中海沿岸至小亚细亚一带，现广泛栽培，主要分布于温带地区。我校7号区山林中有栽培。

繁　　殖：播种繁殖。

应　　用：用于布置花坛，观赏效果佳。还可以作为蔬菜食用。

7. 虞美人 *Papaver rhoeas*

别　　名：丽春花、赛牡丹、满园春、仙女蒿

科　　属：罂粟科　罂粟属

形态特征：一年或二年生草本。株高40~70 cm，分枝细弱，被短硬毛。全株被开展的粗毛，有乳汁。叶片呈羽状深裂或全裂，裂片披针形，边缘有不规则锯齿。花单生，有长梗，未开放时下垂，花萼2片，椭圆形，外被粗毛。花冠4瓣，近圆形，具暗斑。雄蕊多数，离生。子房倒卵形，花柱极短，柱头常具10或16个辐射状分枝。花径5~6 cm，花色丰富。蒴果杯形，成熟时顶孔开裂，种子肾形。花期4—7月，果期6—8月。

生长习性：耐寒，怕暑热，喜阳光充足环境，喜排水良好、肥沃的砂壤土。

分　　布：原产欧洲中部及亚洲东北部，世界各地多有栽培，比利时将其作为国花。如今

在我国广泛栽培,以江浙一带最多。我校7号区山林中有栽培。

繁　　殖:只能播种繁殖,不耐移栽,能自播。

应　　用:不但花美,且药用价值高,全草可入药。姿态葱秀,因风飞舞,俨然彩蝶展翅,颇引人遐思;兼具素雅与浓艳华丽之美,二者和谐地统一于一身。其容其姿大有中国古典艺术中美人的丰韵,堪称花草中的妙品。园林中常有栽植。

8. 狗脊 *Woodwardia japonica*

别　　名:日本狗脊蕨

科　　属:乌毛蕨科　狗脊蕨属

形态特征:植株高65~90 cm。根状茎粗短,直立,密生红棕色披针形大鳞片。叶簇生;叶柄长30~50 cm,深禾秆色,基部以上到叶轴有同样而较小的鳞片;叶片矩圆形,厚纸质,仅羽轴下部有小鳞片,二回羽裂;下部羽片长11~15 cm,宽2~3 cm,向基部略变狭,羽裂1/2或略深。叶脉网状,有网眼1~2行,网眼外的小脉分离,无内藏小脉。孢子囊群长形,生于主脉两侧相对的网脉上;囊群盖长肾形,革质,以外侧边着生网脉。

生长习性:多生于疏林下,为丘陵地区常见的酸性土壤指示植物。

分　　布:广布于长江流域以南各省区,朝鲜南部和日本也有分布。我校7号区山林中多见分布。

繁　　殖:孢子繁殖或分株繁殖。

应　　用:根状茎富含淀粉,可食用及酿酒。根药用可以治疗风湿性关节炎。

9. 芒萁 *Dicranopteris dichotoma*

别　　名:小里白

科　　属:里白科　芒萁属

形态特征:多年生草本,高30~60 cm。根状茎横走,细长,褐棕色,被棕色鳞片及根。叶远生,叶柄褐棕色,无毛;叶片重复假二歧分叉,在每一交叉处均有羽片着生,在最后一分叉处有羽片二歧着生。叶为纸质,上面黄绿色或绿色,沿羽轴被锈色毛,后变无毛,下面灰白色,沿中脉及侧脉疏被锈色毛。孢子囊群圆形,1列,着生于基部上侧或上下两侧小脉的弯弓处,由5~8个孢子囊组成。

生长习性:生于强酸性的红壤丘陵或马尾松林下,常大片生长,有保持水土之效。是酸性土壤指示植物。

分　　布：分布于长江以南、西南及江苏、安徽、浙江、江西、福建、台湾、湖北、湖南、广东、广西等地和甘肃南部。朝鲜南部及日本也有分布。我校 7 号区山林中有野生。

繁　　殖：孢子繁殖或分株繁殖。

应　　用：具有观赏价值，中国南方农村常割取当燃料，叶柄可编织生活用品。全草入药，有清热利尿、祛瘀止血之效。

10. 泽漆 *Euphorbia helioscopia*

别　　名：五朵云、猫眼草、五凤草

科　　属：大戟科　大戟属

形态特征：一年或二年生草本。全株含乳汁。茎基部分枝，茎丛生，基部斜升，无毛或仅分枝略具疏毛，基部紫红色，上部淡绿色。单叶互生。无柄或因突然狭窄而具短柄。叶片倒卵形或匙形，先端微凹，边缘中部以上有细锯齿，无柄。杯状聚伞花序顶生，伞梗 5，每伞梗再分生 2~3 小梗，每小伞梗又第三回分裂为 2 叉，伞梗基部具 5 片轮生叶状苞片，与下部叶同形而较大。总苞杯状，先端 4 浅裂，裂片钝，腺体 4，盾形，黄绿色。雄花 10 余朵，每花具雄蕊 1，下有短柄，花药歧出，球形。雌花 1，位于花序中央。蒴果球形，3 裂，光滑。花期 4—5 月，果期 6—7 月。

生长习性：喜温暖湿润气候，稍耐荫蔽，较耐湿。

分　　布：分布于除新疆、西藏以外的全国各省区。我校 7 号区山林中有野生。

繁　　殖：主要是播种繁殖。

应　　用：全草入药，有行水消肿、化痰止咳、解毒杀虫的功效。

11. 小苜蓿 *Medicago minima*

别　　名：野苜蓿

科　　属：豆科　苜蓿属

形态特征：一年或二年生草本。茎多分枝，全株疏被白色柔毛。三出复叶，小叶倒卵形至倒心形，上部小叶多狭倒卵形至长圆形，小叶柄很短，被柔毛。花 1~8 朵集生成头形总状花序，密被柔毛，萼齿披针形，与萼筒等长。荚果 4~5 回旋卷成球状，具 3 列钩状刺，有种子数粒。种子肾形，淡黄色，平滑。花期 3—4 月，果期 4—5 月。

生长习性:生于山谷、低山或平川,耐干旱,喜生宅旁、路边及田间。

分　　布:产于黄河流域及长江以北各省区。我校 7 号区山林路边有栽培。

繁　　殖:播种和扦插繁殖。

应　　用:园林中可以与草坪一起作为地被栽培观赏。也可作动物饲料和食用蔬菜。

12. 紫菀 *Aster tataricus*

别　　名:青苑、紫倩、小辫

科　　属:菊科　紫菀属

形态特征:多年生草本,高 1~1.5 m。茎生叶互生,卵形或长椭圆形,渐上无柄。头状花序排成伞房状,有长梗,密被短毛;舌状花蓝紫色,筒状花黄色。瘦果有短毛,冠毛灰白色或带红色。花期 7—8 月,果期 8—10 月。

生长习性:生于阴坡、草地、河边。喜温暖湿润气候,耐涝,怕干旱,耐寒性较强,冬季气温-20℃时根可以安全越冬。

分　　布:产于黑龙江、吉林、辽宁、内蒙古东部及南部、山西、河北、河南西部、陕西及甘肃南部等地。我校周边亦有分布。

繁　　殖:种子繁殖、根茎繁殖。

应　　用:入药可润肺下气、消痰止咳,用于痰多喘咳、新久咳嗽、劳嗽咳血。

13. 天名精 *Carpesium abrotanoides*

别　　名:天蔓菁、天门精、地菘、玉门精

科　　属:菊科　天名精属

形态特征:多年生草本,高 30~100 cm。基部叶宽椭圆形,花后凋落,下部叶互生,稍有柄,宽椭圆形、长椭圆形,全缘或有不规则的锯齿,上部叶长椭圆形,无柄,向上逐渐变小。头状花序多数,黄色,总苞钟形或半球形。瘦果长约 3.5 mm。花果期 6—10 月。

生长习性:生于村旁、路边荒地、溪边及林缘,垂直分布高度可达海拔 2 000 m。

分　　布:产于华东、华南、华中、西南各省区及河北、陕西等地。我校 7 号区山林中有分布。

繁　　殖:播种繁殖。

应　　用:全草入药,可止血、利尿、清热解毒、破血、生肌。该物种为中国植物图谱数据库

收录的有毒植物,其毒性为全草有小毒,对人皮肤能引起过敏性皮炎、疱疹;动物试验有中枢麻痹作用。

14. 山莴苣 *Lagedium sibiricum*

科　　属:菊科　山莴苣属

形态特征:二年生草本,茎无毛,上部有分枝。叶互生,无柄,叶形多变化,条形、长椭圆状条形或条状披针形;头状花序在茎枝顶端排成宽或窄的圆锥花序,每个头状花序有小花 25 个,舌状花淡黄色或白色;瘦果黑色。花果期 9—11 月。

生长习性:喜温、抗旱、怕涝,在肥沃且适度适宜的地块生长良好。

分　　布:分布于黑龙江、吉林、辽宁、内蒙古、河北、山西、陕西、甘肃、青海、新疆。欧洲、蒙古也有分布。我校 7 号区山林边有分布。

繁　　殖:播种繁殖。

应　　用:入药可清热解毒、活血、止血,主治咽喉肿痛、肠痈、疮疖肿毒、子宫颈炎、产后瘀血腥痛、疣瘤、崩漏、痔疮出血。

15. 亚菊 *Ajania pallasiana*

科　　属:菊科　亚菊属

形态特征:多年生草本,高 30~60 cm。茎直立,中部茎叶卵形、长椭圆形或菱形,二回掌状或不规则二回掌式羽状 3~5 裂。一回全裂,二回为深裂。头状花序,边缘雌花约 3 个,花冠与两性花花冠同形,管状,长 3.5 mm,顶端 5 齿裂。瘦果长 1.8 mm。花果期 8—9 月。

生长习性:适应性强,抗热,也较耐寒。

分　　布:华北、东北、西北、华中、西南地区为分布产地。我校 7 号区山林中有栽培。

繁　　殖:分株或扦插繁殖。梅雨季节扦插易霉烂,最好在秋季进行。分株繁殖在早春或秋季进行。

应　　用:可用于布置花坛、花境或岩石园,也可在草坪中成片种植。

16. 龙珠 *Tubocapsicum anomalum*

别　　名:赤珠、龙珠根、红珠草、类笼球草、野靛青

科　　属:茄科　龙珠属

形态特征:多年生草本。茎粗壮;叶单生或成对,卵形至披针状卵形。花小,腋生,2~6朵簇生,弯垂;萼杯状,近截平,果时稍增大;花冠黄色,阔钟状,裂片5,外弯;雄蕊5,着生于花冠中部,稍突出,花药基部心形,纵裂;子房2室,每室有胚珠多颗;果球形,多肉和多汁。花盘略呈波状,果时显著增高成垫座状。

生长习性:常生于山谷、水旁或山坡密林中。

分　　布:分布于浙江、江西、福建、台湾、广东、广西、贵州和云南。我校7号区山林中有分布。

繁　　殖:播种繁殖。

应　　用:味苦,性寒,药用有清热解毒、利小便之效。

17. 鬼针草 *Bidens pilosa*

别　　名:鬼钗草、虾钳草、蟹钳草、对叉草、粘人草

科　　属:菊科　鬼针草属

形态特征:一年生草本,茎直立,高30~100 cm,钝四棱形。茎下部叶较小,3裂或不分裂,通常在开花前枯萎;中部叶具长1.5~5 cm无翅的柄,三出复叶,小叶3枚,很少为具5~7小叶的羽状复叶,两侧小叶椭圆形或卵状椭圆形,长2~4.5 cm,宽1.5~2.5 cm,先端锐尖,基部近圆形或阔楔形,有时偏斜,不对称,具短柄,边缘有锯齿;顶生小叶较大,长椭圆形或卵状长圆形,长3.5~7 cm,先端渐尖,基部渐狭或近圆形,具长1~2 cm的柄,边缘有锯齿。头状花序,直径8~9 mm,有长1~6 cm的花序梗。总苞基部被短柔毛,苞片7~8枚,条状匙形,草质,外层托片披针形,果时长5~6 mm,干膜质,背面褐色,具黄色边缘,内层较狭,条状披针形。无舌状花,盘花筒状,长约4.5 mm,冠檐5齿裂。花果期8—10月。瘦果黑色,条形,略扁,具棱,长7~13 mm,宽约1 mm,上部具稀疏瘤状突起及刚毛,顶端芒刺3~4枚,长1.5~2.5 mm,具倒刺毛。

生长习性:多生于村旁、路边及荒地中。喜温暖湿润气候,以疏松肥沃、富含腐殖质的砂质壤土、黏壤土栽培为宜。

分　　布:产华东、华中、华南、西南各省区。我校7号区山林中有分布。

繁　　殖:播种繁殖。

应　　用:为我国民间常用草药,以全草入药,可清热解毒、消肿。

18. 聚花过路黄 *Lysimachia congestiflora*

别　　名:金钱草、真金草、金银花、走游草

科　　属:报春花科　珍珠菜属

形态特征:多年生草本。茎浓紫红色,具短柔毛,分枝多,下部匍匐,节处生不定根,上部斜升,长枝达 20 cm。单叶交互对生,花黄色,单生于枝端叶腋,成密集状;蒴果球形,种子多数,萼宿存。花期 5—6 月,果期 7—8 月。

生长习性:喜温暖湿润气候,生于路边、坡地或沟边。

分　　布:分布于黄河以南各省区。我校 7 号区山林中有野生。

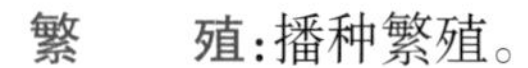

繁　　殖:播种繁殖。

应　　用:全株入药,有清热解毒之功效,对治疗肾结石有效。

19. 翻白草 *Potentilla discolor*

别　　名:鸡腿儿、鸡脚草、鸡腿根、鸡腿子

科　　属:蔷薇科　委陵菜属

形态特征:多年生草本,高 15~30 cm。根多分枝,下端肥厚成纺锤状。茎上升向外倾斜,多分枝,表面具白色卷绒毛。单数羽状复叶,小叶 5~9 片,长椭圆形或狭长椭圆形,下面密被白色或灰白色绵毛;花黄色,瘦果卵形,淡黄色,光滑。花期 5—8 月,果期 8—10 月。

生长习性:喜微酸性至中性、排水良好的湿润土壤,也耐干旱瘠薄。多生于低山坡、山脚阴处草丛中及郊野沟边、路旁。

分　　布:全国各地均有分布。我校 7 号区山林中有分布。

繁　　殖:播种繁殖。

应　　用:植株纤秀,枝叶清雅,是优良的地被材料,也是优良的岩石园材料。全草入药,有清热、解毒、止血、消肿之功效。

20. 蛇含委陵菜 *Potentilla kleiniana*

别　　名:蛇含、五爪龙、地五加

科　　属:蔷薇科　委陵菜属

形态特征:二年生或多年生匍匐草本。花茎上升或匍匐,常于节处生根并发育出新植株,

被疏柔毛或开展长柔毛。小叶片倒卵形或长圆倒卵形，花瓣黄色，倒卵形。瘦果近圆形，一面稍平，直径约0.5 mm，具皱纹。花果期4—9月。

生长习性：喜阳光充足、气候温和、较湿润的环境，适应性较强，在高山、丘陵、平坝都可栽培。

分　　布：广泛分布于我国南北各省。我校山林西区有野生。

繁　　殖：播种繁殖。

应　　用：全草供药用，有清热、解毒、止咳、化痰之效。

21. 蚕茧草 *Polygonum japonicum*

别　　名：紫蓼、水咙蚣、香烛干子、小蓼子草、寥于草

科　　属：蓼科　蓼属

形态特征：多年生直立草本，高可达1 m。茎棕褐色，单一或分枝，节部通常膨大。叶披针形，长6~12 cm，宽1~1.5 cm，先端渐尖，两面有伏毛及细小腺点，有时无毛，但叶脉及叶缘往往有紧贴刺毛；托叶鞘筒状，外面亦有紧贴刺毛，边缘睫毛较长。穗状花序，长可达10 cm以上；苞片有缘毛，内有花4~6朵，花梗伸出苞外；花被5裂，白色或淡红色，长2.5~6 mm；花柱3。瘦果卵圆形，两面凸出，长约2 mm，黑色而光滑，全体包于宿存的花被内。花期8—10月，果期9—11月。

生长习性：野生于水沟或路旁草丛中。

分　　布：分布于江苏、安徽、浙江、福建、四川、湖北、广东、台湾等地。我校7号区山林中有野生。

繁　　殖：播种繁殖。

应　　用：全草入药，《本草拾遗》载：主蚕及诸虫咬人，恐毒入腹，煮汁服之。或生捣敷疮。

四、藤本

1. 金樱子 *Rosa laevigata*

别　　名：刺榆子、刺梨子、金罂子、山石榴、山鸡头子

科　　属：蔷薇科　蔷薇属

形态特征：常绿蔓性灌木，无毛。小枝除有钩状皮刺外，密生细刺。三出复叶，椭圆状卵形

或披针状卵形，花单生侧枝顶端，白色，直径 5~9 cm；蔷薇果近球形或倒卵形，长 2~4 cm，有细刺。花期 4—6 月，果期 7—10 月。

生长习性：喜温暖、阳光充足的环境。对土壤要求不严，但以疏松肥沃、富含有机质的砂质土为好。

分　　布：分布于华中、华东、华南、西南地区。我校 7 号区山林中有野生。

繁　　殖：播种繁殖。

应　　用：果甜可食，还可药用，具有补肾固精和止泻的功效。

2. 蘡薁 *Vitis bryoniifolia*

别　　名：野葡萄、华北葡萄

科　　属：葡萄科　葡萄属

形态特征：落叶木质藤本，幼枝有锈色或灰色绒毛。卷须 2 叉分枝，每隔 2 节间断与叶对生，叶宽卵形，叶长圆卵形，叶片 3~5(7)深裂或浅裂，中央裂片 3 裂，侧生裂片 2 裂。花杂性异株，圆锥花序与叶对生，基部分枝发达或有时退化成一卷须，稀狭窄而基部分枝不发达；花序梗长 0.5~2.5 cm，初时被蛛状丝绒毛，以后变稀疏；花梗长 1.5~3 mm，无毛；花蕾倒卵状椭圆形或近球形，高 1.5~2.2 mm，顶端圆形；萼碟形，高约 0.2 mm，近全缘，无毛；花瓣 5，呈帽状粘合脱落；雄蕊 5。浆果紫色，直径 8~10 mm。花期 4—8 月，果期 6—10 月。

生长习性：生于山谷林中、灌丛、沟边或田埂。

分　　布：产于河北、陕西、山西、山东、江苏、安徽、浙江、湖北、湖南、江西、福建、广东、广西、四川、云南等省区。我校 7 号区山林中有野生。

繁　　殖：主要繁殖方法有扦插、压条、播种等。

应　　用：全株可入药，具有生津止渴、清热解毒、祛风除湿之功效。

3. 杠板归 *Polygonum perfoliatum*

别　　名：刺犁头、贯叶蓼

科　　属：蓼科　蓼属

形态特征：多年生蔓性草本，全体无毛。茎攀缘，有纵棱，棱上有稀疏的倒生钩刺，多分枝，绿色，有时带红色，长 1~2 m。叶互生，近于三角形，长 3~7 cm，宽 2~5 cm，淡绿色；

总状花序呈短穗状，顶生或生于上部叶腋，花小，长 1~3 cm，多数；具苞，苞片卵圆形，每苞含 2~4 花；花被 5 深裂，白色或淡红紫色，花被片椭圆形，长约 3 mm，裂片卵形，不甚展开，随果实而增大，变为肉质，深蓝色。花期 6—8 月，果期 7—10 月。

生长习性：喜温暖、向阳环境，土壤以较肥沃的夹砂土为好。

分　　布：我国各地均有分布。我校 7 号区山林中有分布。

繁　　殖：播种繁殖。

应　　用：全草入药，主治疔疮痈肿、感冒发热、肺热咳嗽、蛇虫咬伤。

4. 木防己 *Cocculus orbiculatus*

别　　名：防己

科　　属：防己科　木防己属

形态特征：落叶性缠绕藤本，木质化。叶卵形或卵状椭圆形，互生。花单性异株，萼片 6，花瓣 6，雄花具 6 雄蕊，雌花具 6 离生心皮。核果近球形，蓝黑色，表面有白霜。

生长习性：生于灌丛、村边、林缘和沟边，常缠绕于其他灌木上。

分　　布：中国除西北地区外均有分布。广布于亚洲东南部和东部以及夏威夷群岛。我校 7 号区山林中有分布。

繁　　殖：播种繁殖。

应　　用：根入药，用于风湿痹痛、神经痛、肾炎水肿、尿路感染；外治跌打损伤、蛇咬伤。

5. 云实 *Caesalpinia decapetala*

别　　名：阎王刺根

科　　属：豆科　云实属

形态特征：多年生有刺藤本，刺小，弯曲成钩。二回羽状复叶，羽片 3~10 对，对生，具柄，基部有刺 1 对；小叶 8~12 对，膜质，先端圆，微缺，基部钝，两边均被短柔毛，有时毛脱落。总状花序顶生，总花梗多刺；花左右对称；花瓣 5，黄色，盛开时反卷。荚果长圆状舌形，近木质，稍膨胀，先端具尖喙，沿腹缝线膨大成狭翅，成熟时沿腹缝开裂，无毛，栗褐色，有光泽。种子 6~9 颗，长圆形，褐色。花期 4—5 月，果期 9—10 月。

生长习性：生于山坡岩石旁及灌木丛中，以及平原、丘陵、河旁等。

分　　布：主要分布于我国长江流域各省。我校7号区山林中有野生。

繁　　殖：扦插和播种繁殖。

应　　用：园林中常栽培作为绿篱。果皮和树皮含单宁，种子含油35%，可制肥皂及润滑油。可入药，用于风寒感冒、风湿疼痛、跌打损伤、蛇咬伤。

第九部分　8号区植物

8号区植物主要分布于学校山林东部。

一、乔木

1. 油桐 *Vernicia fordii*

别　　名:油桐树、桐油树、桐子树、光桐

科　　属:大戟科　油桐属

形态特征:落叶乔木。单叶互生，叶卵形或宽卵形,先端尖或渐尖,叶基心形,全缘或三浅裂。圆锥状聚伞花序顶生，花单性同株。花先叶开放,花瓣白,有淡红色条纹,5枚。核果球形,先端短尖,表面光滑。种子具厚壳状种皮。花期4—5月,果期7—10月。

生长习性:喜光,喜温暖,忌严寒。

分　　布:我国大部分地区均有栽培。我校8号区山林中有栽培。

繁　　殖:主要用播种和嫁接繁殖。

应　　用:桐油是重要工业用油,可制造油漆和涂料,经济价值特高。油桐是我国特有经济林木,它与油茶、核桃、乌桕并称我国四大木本油料植物。

2. 马尾松 *Pinus massoniana*(略:在7号区已经介绍)

3. 杜仲 *Eucommia ulmoides*

别　　名:杜仲、丝楝树皮、丝棉皮、棉树皮、胶树

科　　属:杜仲科　杜仲属

形态特征:落叶乔木,高可达20 m。小枝光滑,黄褐色或较淡,具片状髓。皮、枝及叶均含

白色胶质。单叶互生；椭圆形或卵形，长 7~15 cm，宽 3.5~6.5 cm，先端渐尖，基部广楔形，边缘有锯齿，幼叶上面疏被柔毛，下面毛较密，老叶上面光滑，下面叶脉处疏被毛；叶柄长 1~2 cm。花单性，雌雄异株，与叶同时开放，或先叶开放，生于一年生枝基部苞片的腋内，有花柄；无花被；雄花有雄蕊 6~10 枚；雌花有一裸露而延长的子房，子房 1 室，顶端有二叉状花柱。翅果卵状长椭圆形而扁，先端下凹，内有种子 1 粒。花期 4—5 月，果期 9 月。

生长习性：喜阳光充足、温和湿润气候，耐寒，对土壤要求不严，丘陵、平原均可种植，也可利用零星土地或作四旁栽培。

分　　布：分布于长江中游及南部各省，河南、陕西、甘肃等地均有栽培。湖南张家界市是杜仲之乡、世界最大的野生杜仲产地，现江苏国家级大丰林业基地大量人工培育杜仲，另外四川、安徽、陕西、湖北、河南、贵州、云南、江西、甘肃、湖南、广西等地都有种植。我校 8 号区山林中有种植。

繁　　殖：可用播种、扦插、压条及嫁接繁殖。生产上以播种繁殖为主。

应　　用：树皮及枝叶含硬橡胶，绝缘性能好，能耐击穿电压，耐氢氟酸侵蚀，为热塑性材料，可不经硫化而制造绝缘产品。木材纹理细致，不扭不裂，适于制作家具和作建筑用材。杜仲药用价值高，并且用途广，杜仲的干燥树皮是中国名贵滋补药材。以杜仲叶为原料的杜仲茶具补肝肾、强筋骨、降血压、安胎等诸多功效。杜仲性温、味甘，对免疫系统、内分泌系统、中枢神经系统、循环系统和泌尿系统都有不同程度的调节作用，能兴奋垂体-肾上腺皮质系统，增强肾上腺皮质功能，主治腰脊酸疼、足膝痿弱、小便余沥、阴下湿痒、胎漏欲坠、胎动不安、高血压、风湿及习惯性流产等。最新研究结果表明杜仲还具有抗肿瘤作用。作为强壮剂还是航天员必备的药物。药用杜仲可分为两类，粗皮杜仲的外层树皮比内层树皮厚，且多裂纹，光皮杜仲则内层树皮厚于外层树皮。无论是药用或提取硬胶，光皮杜仲均较粗皮杜仲为优。杜仲树形姿态优美，叶片墨绿色，和银杏一样属单种单属的科，寿命长，极少患病虫害，是非常好的庭荫树种和四旁绿化树种。

4. 厚朴 *Magnolia officinalis*（略：在 6 号区已经介绍）

5. 青冈栎 *Cyclobalanopsis glauca*

别　　名：紫心木、青栲、花梢树、细叶桐、铁栎

科　　属：壳斗科　青冈属

形态特征：常绿乔木，高可达 22 m，胸径可达 1 m。树皮平滑不裂；小枝青褐色，无棱，幼时有毛，后脱落。叶长椭圆形、阔倒卵状长椭圆形，长 6~13 cm，先端渐尖，基部广楔形，边缘上半部有梳齿，中部以下全缘，背面灰绿色，有平伏毛，侧脉 8~12 对，叶柄长 1~2.5 cm。总苞单生或

2~3 个集生，杯状，鳞片结合成 5~8 条环带，总苞包裹坚果下部 1/4。开黄绿色花，花单性，雌雄同株，雄花柔荑花序，细长下垂。坚果卵形或椭圆形，生于杯状壳斗中，无毛，10 月成熟。花期 4—5 月，果 10—11 月成熟。因其叶子会随天气变化而变色，所以也被称为“气象树”。

生长习性：喜生于微碱性或中性的石灰岩土壤上，在酸性土壤上也生长良好。深根性直根系，耐干燥，可生长于多石砾的山地。

分　　布：为亚热带树种，是我国分布最广的树种之一。朝鲜、日本、印度也有分布。我校 8 号区山林中有分布。

繁　　殖：可用播种繁殖。

应　　用：园林用途：良好的园林观赏树种，可与其他树种混交成林，或作境界树、背景树；也可作四旁绿化、工厂绿化、防火林、防风林、绿篱、绿墙等。气象用途：当树叶变红时，这个地区在一两天内会下大雨；雨过天晴，树叶又呈深绿色。农民就根据这个信息，预报气象，安排农活。

6. 茅栗 *Castanea seguinii*

别　　名：栭栗、栵栗、野栗子、毛凹栗子、金栗、野茅栗、毛栗

科　　属：壳斗科　栗属

形态特征：小乔木或灌木状，通常高 5~7 m。冬芽长 2~3 mm，小枝暗褐色，托叶细长，长 7~15 mm，开花仍未脱落。叶倒卵状椭圆形或兼有长圆形的叶，长 6~14 cm，宽 4~5 cm，顶部渐尖，基部楔尖（嫩叶）至圆或耳垂状（成长叶），基部对称至一侧偏斜，叶背有黄或灰白色鳞腺，幼嫩时沿叶背脉两侧有疏毛；叶柄长 5~15 mm。雄花序长 5~12 cm，雄花簇有花 3~5 朵；雌花单生或生于混合花序的花序轴下部，每壳斗有雌花 3~5 朵，通常 1~3 朵发育结实，花柱 9 或 6 枚，无毛；壳斗外壁密生锐刺，成熟壳斗连刺径 3~5 cm，宽略过于高，刺长 6~10 mm；坚果长 15~20 mm，宽 20~25 mm，无毛或顶部有疏毛。花期 5—7 月，果期 9—11 月。

生长习性：喜光，喜肥沃温润、排水良好的砂质壤土，对有害气体抗性强。忌积水，忌土壤黏重。深根性，根系发达，萌芽力强。

分　　布：主要分布于山东、河南、山西、陕西和长江流域以南各省区。我校 8 号区山林东部有分布。

繁　　殖:以播种繁殖和嫁接繁殖为主。

应　　用:坚果含淀粉,可生、熟食和酿酒;壳斗和树皮含鞣质,可作丝绸的黑色染料;木材坚硬耐用,可制作农具和家具;苗可作板栗的砧木。药用价值:主治肺炎、肺结核、丹毒、疮毒。

7. 臭檀 *Evodia daniellii*

别　　名:达氏吴茱萸、臭檀吴茱萸

科　　属:芸香科　吴茱萸属

形态特征:落叶乔木。小枝密被短毛,后渐脱落。单数羽状复叶对生;小叶5~11枚,纸质,卵形、长圆状卵形或长圆状披针形,长5~13 cm,先端渐尖,基部圆形或宽楔形,近全缘或有细钝锯齿,背面沿中脉密被白色长柔毛;叶柄长2~5 cm;小叶柄长1~3 mm。聚伞状圆锥花序顶生,花序大小变化很大,花序轴及花梗被短绒毛,序轴较细,直径2~3 mm;花单性,雌雄异株,白色;雄花萼片、花瓣、雄蕊均5;花瓣长约4 mm,内面被疏柔毛,花丝中部以下被长柔毛,退化子房顶端4~5裂,密被毛;雌花与雄花相似而稍大。果熟后紫红色,有腺点,顶端有小喙;种子黑色,光亮。

生长习性:深根性,生于平地及山坡向阳地方,耐干旱,砂质壤土中生长迅速。

分　　布:主要分布于辽宁、河北、山东、河南、山西、陕西、贵州、湖北等省。我校山林中有分布。

繁　　殖:播种繁殖。

应　　用:树木可作庭园观赏树种。材淡黄色,心材灰褐色,有光泽,纹理美丽,木质坚硬,可供制家具及农具。果实可榨油。果实入药,具散寒、温中、止痛之功效,用于脘腹冷痛、疝气痛、口腔溃疡、齿痛。

8. 细齿叶柃 *Eurya nitida*

科　　属:山茶科　柃木属

形态特征:常绿灌木或小乔木,高2~5 m。幼枝具2棱,无毛,黄绿色,一年生枝灰褐色;顶芽无毛。叶薄革质,长圆形或倒卵状椭圆形,先端短渐尖或渐尖,顶端钝,基部楔形至阔楔形,边缘具细锯齿,叶面深绿色至黄绿色,往往有金黄色腺点,背面淡绿色或略带黄绿色,两面无毛,中脉在叶面凹

陷，背面凸起。花白色，1~4 朵簇生叶腋。雄花小苞片近圆形，长约 1 cm；萼片近圆形，长 1.5~2 cm，先端圆；花瓣倒卵形，长 3.5~4 cm。雌花小苞片和萼片与雄花同，稍小；花瓣长圆形；子房卵球形，花柱长 1.5~3 cm，先端 3 浅裂。果圆球形，径 3~4 cm，成熟后蓝紫色。花期 11—12 月，果期次年 7—8 月。

生长习性：多生长在海拔 1 300 m 以下的山地林中、林缘或山坡、路边灌丛中。

分　　布：在我国主要分布于四川、贵州、广西、广东、海南、湖南、江西、福建、浙江、湖北等省区。我校 8 号区山林东部有分布。

繁　　殖：播种繁殖。

应　　用：枝叶可入药。冬季开花，是优良的蜜源植物。枝、叶及果实可作染料。

9. 黄檗 *Phellodendron amurense*

别　　名：黄菠萝、黄柏

科　　属：芸香科　黄檗属

形态特征：落叶乔木，高可达 10~25 m。树皮厚，外皮灰褐色，内皮鲜黄色。奇数羽状复叶对生，小叶柄短；小叶 5~15 枚，披针形至卵状长圆形，边缘有细钝齿，齿缝有腺点。雌雄异株，圆锥状聚伞花序，浆果状核果圆球形，种子通常 5 粒。花期 5—6 月，果期 9—10 月。

生长习性：为阳性树种，根系发达，萌发能力较强，能在空旷地更新，而林冠下更新不良。

分　　布：主产于东北和华北各省，河南、安徽北部、宁夏也有分布。我校 8 号区山林中有栽培。

繁　　殖：播种繁殖。

应　　用：树皮内层经炮制后入药，主治急性细菌性痢疾、急性肠炎、急性黄疸型肝炎、泌尿系统感染等炎症。外用治火烫伤、中耳炎、急性结膜炎等。

10. 枸骨 *Ilex cornuta*（略：在 6 号区已经介绍）

11. 豆梨 *Pyrus calleryana*

别　　名：鹿梨、棠梨、野梨、鸟梨

科　　属：蔷薇科　梨属

形态特征：多年生落叶乔木，高可达 12 m 以上。茎皮灰褐色，枝无毛，冬芽有细毛。叶广卵形至卵形，4 月下旬—5 月上旬，花先于叶开放，花成伞形总状花序，梨果圆形，褐

色。果实极小,成熟时果径也仅有 1 cm 左右,形似小豆子,故名豆梨。果期 8—9 月。

生长习性:喜光,喜温暖湿润气候及酸性至中性土壤,耐干旱瘠薄,不耐盐碱;抗病虫害能力强。

分　　布:原产我国华东、华南各地至越南。我校 8 号区山林中有野生。

繁　　殖:播种繁殖。

应　　用:春天白花美丽,可植于庭院观赏。根、叶、果实均可入药,有健胃、消食、止痢、止咳作用。

12. 小叶朴 *Celtis bungeana*

别　　名:黑弹树

科　　属:榆科　朴属

形态特征:落叶乔木,高可达 10 m。树皮灰色或暗灰色;当年生小枝淡棕色,老后色较深,无毛,散生椭圆形皮孔,去年生小枝灰褐色;冬芽棕色或暗棕色,鳞片无毛,叶厚纸质,狭卵形、长圆形、卵状椭圆形至卵形,长 3~7(15) cm,宽 2~4(5) cm,基部宽楔形至近圆形,稍偏斜至几乎不偏斜,先端尖至渐尖,中部以上疏具不规则浅齿,有时一侧近全缘,无毛,叶柄淡黄色,长 5~15 mm,上面有沟槽,幼时槽中有短毛,老后脱净;萌发枝上的叶形变异较大,先端可具尾尖且有糙毛。果单生叶腋(在极少情况下,一总梗上可具 2 果),果柄较细软;无毛,长 10~25 mm,果成熟时蓝黑色,近球形,直径 6~8 mm。核近球形,肋不明显,表面极大部分近平滑或略具网孔状凹陷,直径 4~5 mm。花期 4—5 月,果期 10—11 月。

生长习性:喜光,稍耐阴,耐寒,耐干旱;喜深厚、湿润的中性黏质土壤。深根性,萌蘖力强,生长较慢,寿命长。对病虫害、有毒气体、烟尘污染等抗性强。

分　　布:辽宁、河北、山东、山西、内蒙古、甘肃、宁夏、青海、陕西、河南、安徽、江苏、浙江、湖南、江西、湖北、四川、云南东南部、西藏东部等省区都有分布。我校 8 号区山林中有分布。

繁　　殖:播种繁殖。

应　　用:可孤植、丛植作庭荫树,亦可列植作行道树。可作厂区绿化树种。

13. 黄檀 *Dalbergia hupeana*

别　　名:白檀、檀木、檀树、望水潭、不知春

科　　属:豆科　黄檀属

形态特征:落叶乔木。树皮暗灰色,呈薄片状剥落。幼枝淡绿色,无毛。羽状复叶;小叶 3~5 对,近革质,椭圆形至长圆状椭圆形,长 3.5~6 cm,宽 2.5~4 cm,先端钝。圆锥花序顶生或生于最上部的叶腋间,花密集;基生和副萼状小苞片卵形,被柔毛,脱落;花萼钟状,萼齿 5;花蝶形,花冠白色或淡紫色;花柱纤细,柱头小,头状。荚果长圆形或阔舌状,有 1~2 粒种子。花期

5—7 月。

生长习性:喜光,耐干旱瘠薄,不择土壤,但以在深厚湿润、排水良好的土壤中生长较好,忌盐碱地。多生于山地林中或灌木丛中。

分　　布:分布于华中、华南等地区。我校 8 号区山林中有分布。

繁　　殖:播种繁殖。

应　　用:是荒山荒地绿化的先锋树种。可作庭荫树、风景树、行道树应用。其根皮入药,夏、秋季采挖,味辛、苦,行平,小毒,具有清热解毒、止血消肿之功效。

二、灌木

1. 小勾儿茶 *Berchemiella wilsonii*(略:在 6 号区已经介绍)

2. 山茱萸 *Cornus officinalis*

别　　名:山萸肉、山芋肉

科　　属:山茱萸科　山茱萸属

形态特征:落叶小乔木或灌木。枝皮灰棕色,小枝无毛。单叶对生,叶片椭圆形或长椭圆形,先端窄,长锐尖形,基部圆形或阔楔形,全缘,上面近光滑,偶被极细毛,下面被白色伏毛,脉腋有黄褐色毛丛,侧脉 5~7 对,弧形平行排列。花先叶开放,成伞形花序,簇生于小枝顶端,其下具数片芽鳞状苞片。花萼 4,不显著;花瓣 4,黄色;雄蕊 4。核果长椭圆形,长 1.2~1.7 cm,直径 5~7 mm,红色至紫红色;核骨质,狭椭圆形,长约 12 mm,有几条不整齐的肋纹。种子长椭圆形,两端钝圆。花期 5—6 月,果期 8—10 月。

生长习性:适宜温暖湿润气候,具有耐阴、喜光、怕湿的特性。

分　　布:产于黄河流域和长江流域大多省市区。我校 8 号区山林中有栽培。

繁　　殖:播种、压条、扦插繁殖。

应　　用:秋季红果累累,绯红欲滴,艳丽悦目,为秋冬季观果佳品,应用于园林绿化很受欢迎,可在庭园、花坛内单植或片植,景观效果十分美丽。入药具有补肝益肾、收敛固涩、固精缩尿、止带止崩、止汗、生津止渴之功效。

3. 荚蒾 *Viburnum dilatatum*

别　　名：檕迷

科　　属：忍冬科　荚蒾属

形态特征：落叶灌木，高可达 3 m。单叶对生，叶纸质，倒卵形，复伞形式聚伞花序稠密，花生于第三至第四级辐射枝上，花冠白色，辐状，花药小，乳白色。果实红色，椭圆状卵圆形，核扁，卵形。5—6 月开花，9—11 月结果。

生长习性：喜光，喜温暖湿润，也耐阴，耐寒，对气候因子及土壤条件要求不严，最好是微酸性肥沃土壤，地栽、盆栽均可，管理可以粗放。

分　　布：产于河北南部、陕西南部、江苏、安徽、浙江、江西、福建、台湾、河南南部、湖北、湖南、广东北部、广西北部、四川、贵州及云南等地。我校 8 号区山林中有分布。

繁　　殖：播种繁殖。

应　　用：是良好的观花与观果植物。其叶入药，功能主治伤风热感冒、疔疮发热、产后伤风、跌打骨折。

4. 紫丁香 *Syringa oblate*

别　　名：丁香、华北紫丁香、百结、龙梢子

科　　属：木犀科　丁香属

形态特征：落叶灌木或小乔木，高可达 4 m，枝条粗壮无毛。叶对生，卵圆形或心形，宽常大于长，厚纸质。圆锥花序长 20 cm 左右，花紫色，芳香四溢。蒴果黄褐色，长圆形，顶端尖，平滑。花期 4—5 月，果熟期 8—10 月。

生长习性：耐寒，耐干旱，喜阳，喜湿润、肥沃、排水良好的土壤。对土壤要求不严，中性和酸性土均可。对 SO_2 有较强的吸收能力。

分　　布：原产我国华北地区，现各地广为栽培。我校 8 号区山林中有分布。

繁　　殖：播种、扦插、嫁接、压条和分株繁殖均可。

应　　用：花香浓郁，是北方重要的观赏树种，常种植于公园、花园、庭院以及路边，还可以用于切花。可提炼芳香油；叶可入药，有清热燥湿、消炎解毒的功能；嫩叶、侧枝干后可代茶。

5. 牡荆 *Vitex negundo* var. *cannabifolia*

别　　名:荆条棵、五指柑、黄荆柴、黄金子

科　　属:马鞭草科　牡荆属

形态特征:灌木或小乔木。小枝方形,密生灰白色绒毛。叶对生,掌状 5 出复叶,小叶片边缘有多数锯齿,上面绿色,下面淡绿色,无毛或稍有毛。圆锥状花序顶生;花萼钟形,顶端有 5 齿裂;花冠淡紫色,顶端有 5 裂片。果实球形,称“黄荆子”,黄褐色至棕褐色。花果期 7—11 月。

生长习性:喜光,耐阴,耐寒,对土壤适应性强。

分　　布:我国长江以南各省及台湾省均有分布,在贵州、广西、福建、四川、浙江、湖南等地有广泛分布。我校 8 号区山林中有分布。

繁　　殖:播种、扦插、压条、分株繁殖。

应　　用:果实入药可用于咳嗽、哮喘、肚胃气痛、宿食停滞、脘腹胀满、疝气、白带等症。

6. 臭牡丹 *Clerodendrum bungei*

别　　名:大红袍、臭八宝、矮童子、野朱桐、臭枫草、臭珠桐

科　　属:马鞭草科　大青属

形态特征:落叶灌木,高 1~2 m。嫩枝稍被柔毛,枝内白色,髓坚实。叶广卵形,长 10~20 cm,宽 8~18 cm,先端尖,基部心形,或近于截形,边缘有粗锯齿或近于全缘,上面绿色而粗糙,有短毛,下面淡绿色,有腺点,沿脉上有短柔毛,有强烈臭气;叶柄长约 8 cm,花蔷薇红色,有芳香,为顶生密集的头状聚伞花序,花萼漏斗形,上端 5 裂,外面密被短毛和腺点;花冠下部合生成细筒状,淡红色、红色或紫色,长约 2.5 cm,雄蕊 4 枚,着生于花冠筒口,花丝与花柱均伸出花冠筒口之上,花柱通常较花丝为短;子房上位,卵圆形。浆果,近于球形,蓝紫色。花期 7—8 月,果期 9—10 月。

生长习性:喜阳光充足和湿润环境,适应性强,耐寒,耐旱,也较耐阴,宜在肥沃、疏松的腐叶土中生长。多生于山坡、林缘或水沟旁。

分　　布:产于江苏、安徽、浙江、江西、湖南、湖北、广西。我校 8 号区山林中有分布。

繁　　殖:主要用分株繁殖,也可用根插和播种繁殖。

应　　用:茎叶入药,用于头痛、眩晕、高血压、水肿、腹胀、风湿痹痛、脚气、痔疮、脱肛、瘰疬、湿疹等症。

7. 芫花 *Daphne genkwa*

别　　名：药鱼草

科　　属：瑞香科　瑞香属

形态特征：落叶灌木，多分枝。树皮褐色，无毛。单叶对生，稀互生，纸质，椭圆形或狭椭圆形。花比叶先开放，花紫色或淡蓝紫色，常3~6朵花簇生叶腋或侧生，花梗短，具灰黄色柔毛；花萼筒细瘦，筒状，长6~10 mm，外面具丝状柔毛，裂片4，卵形或长圆形。果实肉质，白色，椭圆形，长约4 mm，包藏于宿存的花萼筒的下部，具1颗种子。花期3—5月，果期6—7月。

生长习性：宜温暖的气候，性耐旱怕涝，以肥沃、疏松的砂质土壤栽培为宜。

分　　布：我国大部分省区都有分布，以长江流域分布最广。我校8号区山林中有野生。

繁　　殖：播种或分株繁殖。

应　　用：早春开花，紫色花序很是美丽。多处于野生状态，少数地方在园林中有栽培应用。可作为渔药。

8. 紫金牛 *Ardisia japonica*

别　　名：小青、矮茶、短脚三郎

科　　属：野茉莉科　紫金牛属

形态特征：常绿小灌木，近蔓生。具匍匐生根的根茎；直立茎长达30 cm，不分枝。叶对生或近轮生，叶片坚纸质或近革质，椭圆形至椭圆状倒卵形，伞形花序，腋生或生于近茎顶端的叶腋，花瓣粉红色或白色，广卵形，核果球形，直径5~6 mm，鲜红色转黑色。花期5—6月，果期11—12月，有时翌年5—6月仍有果。

生长习性：喜温暖、湿润环境，喜荫蔽，忌阳光直射。适宜生长于富含腐殖质、排水良好的土壤。

分　　布：分布于长江流域以南各省区。我校8号区山林中有野生。

繁　　殖：播种繁殖。

应　　用：是一种优良的地被植物，也可作盆栽观赏。全株及根供药用，治肺结核、咯血、咳嗽、溃疡病出血、慢性气管炎效果很好。

9. 多花蔷薇 *Rosa multiflora*

别　　名：蔷薇、野蔷薇

科　　属：蔷薇科　蔷薇属

形态特征：落叶蔓性灌木，高可达2~3 m。茎枝具扁平皮刺，奇数羽状复叶互生，有小叶

5~9 枚,卵形或椭圆形,花多朵呈密集圆锥状伞房花序,单瓣或半重瓣,白色或略带粉晕,微有芳香,子房下位,蔷薇果球形,径约 6 mm,熟时褐红色,萼脱落。花期 4—5 月,果期 9—10 月。

生长习性:喜阳光充足环境,耐寒,耐干旱,不耐积水,怕干风,略耐阴,对土壤要求不严,以肥沃、疏松的微酸性土壤最好。

分　　布:原产我国,主产黄河流域以南各省区的平原和低山丘陵。我校周边有野生。

繁　　殖:播种繁殖。

应　　用:是庭院垂直绿化的好材料,良好的春季观花树种。根、叶、花、果可入药,具有清暑化湿、顺气和胃、止血之功效。

10. 杭子梢 *Campylotropis macrocarpa*

科　　属:豆科　杭子梢属

形态特征:落叶灌木,幼枝密生白色短柔毛。小叶 3 片,矩圆形或椭圆形,复叶互生,叶端钝或微凹,有短尖,基部圆形,表面无毛,叶背有淡黄色柔毛,托叶线形。花紫色,长约 1 cm,排成腋生密集总状花序;花梗细,长可达 1 cm,有关节和绢毛。花萼阔钟状,萼齿 4,中间两萼齿三角形,有柔毛。荚果斜椭圆形,长约 1.2~1.5 cm,有明显网脉。花期 5—6 月,果期 6—10 月。

生长习性:喜光,略耐阴。根系发达,萌芽力强,易更新。

分　　布:主要分布于华北、华东、华中地区。我校 8 号区山林中有野生。

繁　　殖:以播种繁殖为主。

应　　用:花序美丽,可供园林观赏及作水土保持植物。茎皮纤维可做绳索,枝条可编制筐篓,嫩叶可作牲畜饲料及绿肥。

11. 野山楂 *Crataegi cuneatae*

别　　名:南山楂、小叶山楂、红果子

科　　属:蔷薇科　野山楂属

形态特征:落叶灌木,高可达 1.5 m。枝密生,有细刺,幼枝有柔毛。叶阔倒卵形与倒卵状长椭圆形,花白色,梨果球形或梨形,红色或黄色,较小。花期 5—6 月,果熟期 8—10 月。

生长习性:适宜生长在向阳山坡或山地灌木丛中,多生于海拔 50~500 m 山谷或山地灌木丛中。

分　　布:分布于我国华东、中南、西南各省山地灌木丛中。我校 8 号区山林中有分布。

繁　　殖:播种繁殖。

应　　用:果可以加工成沙参山楂粥和山楂薏苡仁粥食用。茎、叶、果实及果核均具有健胃消积、收敛止血、散瘀止痛的功能。

12. 青花椒 *Zanthoxylum schinifolium*

别　　名:野椒、野花椒、青椒、天椒、狗椒

科　　属:芸香科　花椒属

形态特征:落叶灌木。枝生硬皮刺。奇数羽状复叶互生,叶轴具有狭翅的翼,中间下陷成小沟状；小叶通常 15~21,对生或近对生;叶柄长 1~3 mm,叶宽卵状披针形或阔卵状菱形至椭圆状披针形,长 5~10 mm,宽 4~6 mm,顶部短至渐尖,基部圆或宽楔形,两侧对称,有时一侧偏斜,油点多或不明显;叶面有在放大镜下可见的细短毛或毛状凸体,叶缘有细裂齿或近于全缘,齿缝有腺点,下面苍青色,疏生腺点;伞房状圆锥花序,顶生,长 3~8 cm;花小而多,青色,单性,萼片及花瓣均 5 片;花瓣淡黄白色,长约 2 mm。雌花有心皮 3~5 个。蓇葖果草绿色至暗绿色,有细皱纹,腺点色深,呈点状下陷。种子卵圆形,黑色,有光泽。花期 8—9 月,果期 10—11 月。

生长习性:适宜温暖、湿润及土层深厚、肥沃的壤土、砂壤土,萌蘖性强,耐寒,耐旱,喜阳光,抗病能力强。

分　　布:从东北至两广都有分布。我校 8 号区山林中有野生分布。

繁　　殖:用播种、扦插、嫁接、分株等方法繁殖。

应　　用:果、叶、根供药用,为散寒健胃药,有止吐泻和利尿作用,又能提取芳香油及脂肪油。叶和果是食品调味料。

13. 豆腐柴 *Premna microphylla*

别　　名:臭黄荆、豆腐木、绿豆腐、豆腐叶、观音柴、凉粉

科　　属:马鞭草科　豆腐柴属

形态特征:直立落叶灌木。幼枝有柔毛,老枝变无毛。叶揉之有臭味,卵状披针形、椭圆形、卵形或倒卵形,长 3~13 cm,宽 1.5~6 cm,顶端急尖至长渐尖,基部渐狭窄下延至叶柄两侧,全缘至有不规则粗齿,无毛至有短柔毛;叶柄长 0.5~2 cm。聚伞花序组成顶生塔形的圆锥花序;花萼杯状,绿色,有时带紫色,密被毛至几无毛,但边缘常有睫毛,近整齐的 5 浅

裂;花冠淡黄色,外有柔毛和腺点,花冠内部有柔毛,以喉部较密。核果紫色,球形至倒卵形。花果期5—10月。

生长习性:生于山坡林下或林缘。

分　　布:分布于长江流域以南地区。我校8号区山林中有野生分布。

繁　　殖:播种繁殖。

应　　用:根、茎和叶入药,能清热解毒、消肿止血,主治毒蛇咬伤、无名肿毒、创伤出血等。叶制成的"绿豆腐"内含有大量的果胶、蛋白质和纤维素、叶绿素和维生素C。

14. 山胡椒 *Lindera glauca*

别　　名:牛荆条、油金楠、假死柴、臭枳柴、勾樟、假干柴

科　　属:樟科　山胡椒属

形态特征:落叶灌木或小乔木,高可达8 m。树皮灰白色、平滑;叶全缘,羽状脉,叶片枯后留存树上,来年新叶发出时始落,雌雄异株。腋生伞形花序,有短花序梗,花2~4朵成单生,黄色,花被片6,花梗长约1.2 cm,密被白柔毛。浆果球形,熟时黑色或紫黑色;果柄有毛,长0.8~1.8 cm。花期4月,果熟期9—10月。

生长习性:为阳性树种,喜光照,也稍耐阴湿,抗寒力强,以湿润、肥沃的微酸性砂质土中生长最为良好。

分　　布:分布范围广泛,国内除长江以南各省区之外,山东、河南、陕西、山西、甘肃等均有生长,多见于海拔900 m以下之林地山坡。我校8号区山林中多处有野生。

繁　　殖:以播种繁殖为主,也可分株繁殖。

应　　用:花黄果黑,微有香气,可用作园林点缀树种配植于草坪、花坛和假山隙缝。果及叶可提取芳香油,作食品及化妆品香精;种子含脂肪油,可制肥皂及机械润滑油;根、枝、叶、果实供药用。

15. 野鸭椿 *Euscaphis japonica*

别　　名:酒药花、鸡肾果、鸡眼睛、小山辣子、山海椒、芽子木、红椋

科　　属:省沽油科　野鸦椿属

形态特征:落叶小乔木或灌木,高2~8 m。茎皮灰褐色,具纵纹。小枝及芽红紫色,枝叶揉破后发出恶臭气味。奇数羽状复叶,小托叶线形,基部较宽,先端尖,有微柔毛;叶轴淡绿色,小叶5~9,稀3~11,长卵形或椭圆形,稀为圆形,先端渐尖,基部钝圆,边缘具疏短锯齿,齿尖有腺体,下面沿脉有白色小柔毛,主脉在上面明显,在背面凸出;

侧脉 8~11,有微柔毛。花两性,圆锥花序顶生,花多,较密集,黄白色,萼片与花瓣均 5,椭圆形。蓇葖果,果皮软革质,紫红色,有纵脉纹。种子近圆形,假种皮肉质,黑色,有光泽。花期 5—6 月,果期 8—9 月。

生长习性:生于山坡、山谷、河边的灌木丛或阔叶林中,喜环境湿度大,日照时间短,土壤肥沃、疏松、排水良好的典型的山区环境条件,在贫瘠的酸性土壤中也能生长,但长势较弱。

分　　布:除西北各省外,全国均产,主产于长江以南各省,西至云南东北部。日本、朝鲜也有分布。我校 8 号区山林中有野生。

繁　　殖:常用播种育苗。

应　　用:观赏价值高,可群植、丛植于草坪,也可用于庭园、公园等地布景。根及干果可入药,根可解毒、清热、利湿,用于感冒头痛、痢疾、肠炎;果可祛风散寒、行气止痛,用于月经不调、疝痛、胃痛。

三、草本

1. 苘麻 *Abutilon theophrasti*

别　　名:椿麻、塘麻、孔麻、青麻、白麻、桐麻、磨盘草、车轮草

科　　属:锦葵科　苘麻属

形态特征:一年生草本,高 1~2 m,全株密被柔毛和星状毛。茎直立,上部分枝。叶互生,近圆形,直径 6~18 cm,先端渐尖,基部心形,边缘有疏密不等的粗齿,掌状叶脉 3~7 条,在两面凸起;叶柄长达 14 cm。花单生叶腋,花梗长 1~3 cm,有节;花萼 5 裂,无副萼;花黄色,直径约 1 cm,花瓣 5,宽倒卵形,长约 7 mm,近圆形,有浅棕色脉纹;雄蕊多数,联合成筒;心皮 15~20,有粗毛,顶端有 2 长芒。蒴果半球形,种子三角状扁肾形,长约 4 mm,黑色。花期 5—7 月,果期 7—8 月。

生长习性:为喜温短日照作物,苗期较耐寒。

分　　布:我国除青藏高原不产外,其他各地均产,东北各地也有栽培。我校 8 号区山林中有分布。

繁　　殖:播种繁殖。

应　　用:纤维主要用作船舶和养殖海带用绳索的原料,可作编织麻袋、搓绳索、编麻鞋等纺织材料。种子含油量 15%~16%,供制皂、油漆和工业用润滑油。种子作药用称“冬葵子”,具润滑性。全草入药,用于痈疽疮毒、痢疾、中耳炎、耳鸣、耳聋、关节酸痛。

2. 益母草 *Leonurus artemisia*

别　　名:益母蒿、益母艾、红花艾、坤草、野天麻、玉米草、灯笼草、铁麻干

科　　属:唇形科　益母草属

形态特征:一年或二年生草本。茎直立,高 30~120 cm,四方形,有伏毛。叶形多样,一年的

基生叶有长柄，叶片略呈卵圆形，边缘5~9浅裂，裂片有2~5钝齿，基部心形；茎中部的叶有短柄，3全裂，裂片近披针形，中央裂片常再3裂，两侧裂片常再1~2裂，上部叶不裂，条形，近于无柄。轮伞花序腋生，苞片针刺状；花萼钟状，先端有5长尖齿，前2齿靠合；花冠唇形，淡红色至紫红色，长1~2 cm，花冠筒内有毛环，上下唇几等长，柱头2裂，小坚果褐色，三棱形，上端窄，下端较宽而平截。花期6—8月，果期8—10月。

生长习性：喜温暖湿润气候，喜阳光，一般栽培农作物的平原及坡地均可生长，以较肥沃的土壤为佳，需要充足水分条件，但不宜积水，怕涝。

分　　布：产于我国各地，俄罗斯、朝鲜、日本、热带亚洲、非洲以及美洲各地有分布。我校8号区山林中有栽培。

繁　　殖：播种繁殖。

应　　用：药用可活血调经、利水消肿、清热解毒，治疗水肿、小便不利等。可单用，也可配白茅根、泽兰等使用。

3. 丹参 *Salvia miltiorrhiza*

别　　名：红根、大红袍、血参根

科　　属：唇形科　鼠尾草属

形态特征：多年生直立草本。根肥厚，朱红色。茎四方形，高40~80 cm，上部分枝，表面具有浅沟，密被长柔毛。叶对生，单数羽状复叶，侧生小叶1~2对，罕有3对，叶轴有毛；顶生小叶较侧生小叶为大，卵圆形至椭圆状卵形，宽2~4 cm，先端短尖，基部圆形，边缘有圆齿，有小叶柄；侧生小叶较小，基部斜而不相等，两面被疏柔毛。花序呈轮状的假总状花序，顶生或腋生，每轮着生花3~10朵；苞片披针形；花萼钟状，外被腺毛和长柔毛，二唇形，上唇三角形，表面暗紫色，下唇亦呈三角形，先端为2锐裂；花冠大，唇形，蓝紫色，上唇镰刀形，下唇长圆形；能育雄蕊2枚，退化雄蕊2枚；子房上位，花柱较花冠为长，柱头2裂，裂片不等。小坚果黑色，椭圆形，包于宿萼中。花期5—7月，果期8月。

生长习性：阳生，喜欢在气候温和、光照充足、空气湿润的环境下生长，年平均气温为17.1℃、平均相对湿度为77%的地区是最优良的种植区。在肥沃的砂质壤土中生长较好，但对土壤酸碱度适应性较广，中性、微酸、微碱均可生长。

分　　布：产于河北、山西、陕西、山东、河南、江苏、浙江、安徽、江西及湖南，日本也有。我校8号区山林中有分布。

繁　　殖:播种繁殖、分根繁殖、扦插繁殖和芦头繁殖等多种方法均可,以芦头繁殖产量最高,其次是分根繁殖。

应　　用:入药可用于月经不调、经闭痛经、症瘕积聚、胸腹刺痛、热痹疼痛、疮疡肿痛、心烦不眠、肝脾肿大、心绞痛等症。

4. 沙参 *Adenophora stricta*

别　　名:南沙参、泡参、泡沙参、白参、知母、羊乳、羊婆奶、铃儿草、虎须

科　　属:桔梗科　沙参属

形态特征:多年生草本,有白色乳汁。根胡萝卜状,茎高 40~80 cm,不分枝。基生叶心形,大而具长柄;茎生叶无柄,或仅下部的叶有极短而带翅的柄,叶片椭圆形,狭卵形,基部楔形,少近于圆钝,顶端急尖或短渐尖,边缘有不整齐的锯齿,长 3~11 cm,宽 1.5~5 cm。花序常不分枝而成假总状花序,或有短分枝而成极狭的圆锥花序,极少具长分枝,筒部常倒卵状,少为倒卵状圆锥形,裂片狭长,多为钻形;花冠宽钟状,蓝色或紫色,裂片长为全长的 1/3,三角状卵形。蒴果椭圆状球形,极少为椭圆状。种子棕黄色,稍扁。花期 8—10 月。

生长习性:喜温暖或凉爽气候,耐寒,虽耐干旱,但在生长期中也需要适量水分,幼苗时期干旱往往引起死苗。以深厚肥沃、富含腐殖质、排水良好的砂质壤土栽培为宜。

分　　布:分布于江苏、安徽、浙江、江西、湖南等地。我校 8 号区山林中有栽培。

繁　　殖:播种繁殖。

应　　用:以根入药,主治气管炎、百日咳、肺热咳嗽、咯痰黄稠。根煮去苦味后可食用。

5. 红蓼 *Polygonum orientale*

别　　名:荭草、东方蓼、狗尾巴花

科　　属:蓼科　蓼属

形态特征:一年生草本。茎直立,粗壮,高 1~2 m,上部多分枝,密被开展的长柔毛。叶宽卵形、宽椭圆形或卵状披针形,长 10~20 cm,宽 5~12 cm,顶端渐尖,基部圆形或近心形,边缘全缘,密生缘毛,两面密生短柔毛,叶脉上密生长柔毛;叶柄长 2~10 cm。托叶鞘筒状,膜质,被长柔毛,具长缘毛,通常沿顶端具草质、绿色的翅。总状花序呈穗状,顶生或腋生,长 3~7 cm,花紧密,微下垂,通常数个再组成圆锥状;苞片宽漏斗状,长 3~5 mm,花被 5 深裂,淡红色或白色。花期 6—9 月,果期 8—10 月。

生长习性:喜温暖湿润环境,喜光照充足。宜植于肥沃、湿润之地,也耐瘠薄,适应性强。

分　　布:除西藏外,广布于全国各地,野生或栽培。我校 8 号区山林中有分布。

繁　　殖:播种繁殖。

应　　用:是绿化、美化庭园的优良草本植物。全草亦可入药,果实入药,名“水红花子”,有活血、止痛、消积、利尿功效。

6. 紫花地丁 *Viola philippica*

别　　名:堇菜

科　　属:堇菜科　堇菜属

形态特征:多年生草本,无地上茎,地下茎很短,主根较粗。叶基生,狭披针形或卵状披针形,边缘具圆齿,叶柄具狭翅,托叶钻状三角形,有睫毛。花有长柄,卵状披针形;花瓣 5,倒卵形或长圆状倒卵形,紫堇色,距细管状,直或稍上弯;雄蕊 5,花药长约 2 mm,药隔先端的附属物长约 1.5 mm;子房卵形,花柱棍棒状,柱头三角形。蒴果长圆形。花期 4—5 月,果期 6—9 月。

生长习性:性强健,喜半阴的环境和湿润的土壤,但在阳光下和较干燥的地方也能生长,耐寒,耐旱,对土壤条件要求不高,能自播繁衍。在阳光下可与许多低矮的草本植物共生。

分　　布:全国各地都有分布。我校 8 号区山林和围墙东花山中有野生。

繁　　殖:播种或分株繁殖。

应　　用:适用于庭院作为缀花草坪,增加草坪的观赏效果。叶可制青绿色染料。入药具有清热解毒、凉血消肿的功效。

7. 桔梗 *Platycodon grandiflorus*

别　　名:包袱花、铃铛花、僧帽花

科　　属:桔梗科　桔梗属

形态特征:多年生草本,茎高 20~120 cm,不分枝,极少上部分枝。叶全部轮生,部分轮生至全部互生,无柄或有极短的柄,叶片卵形、卵状椭圆形至披针形,长 2~7 cm,宽 0.5~3.5 cm,基部宽楔形至圆钝,急尖,顶端边缘具细锯齿。花单朵顶生,或数朵集成假总状花序,或有花序分枝而集成圆锥花序;花萼钟状 5 裂,被白粉,裂片三角形或狭三角形,有时齿状;花冠大,长 1.5~4.0 cm,蓝色、紫色或白色。蒴果球状,或球状倒圆锥形,或倒卵状,长 1~2.5 cm,直径约 1 cm。花期 7—9 月。

生长习性:喜凉爽气候,耐寒,喜阳光。

分　　布:产于东北、华北、华东、华中各省以及广东、广西、贵州、云南东南部、四川、陕西。我校 8 号区山林中有栽培。

繁　　殖:播种繁殖。

应　　用:其根入药,用于咳嗽痰多、胸闷不畅、咽痛、音哑、肺痈吐脓、疮疡脓成不溃。

8. 竹叶柴胡 *Bupleurum marginatum*

别　　名:紫柴胡、竹叶防风

科　　属:伞形科　柴胡属

形态特征:多年生高大草本。根木质化,直根发达,外皮深红棕色,纺锤形,有细纵皱纹及稀疏的小横凸起,根的顶端常有一段红棕色的地下茎,木质化,有时扭曲缩短而与根较难区分。茎高 50~120 cm,绿色,硬挺,基部常木质化,带紫棕色,茎上有淡绿色的粗条纹,实心。叶鲜绿色,背面绿白色,革质或近革质,叶缘软骨质,较宽,白色,下部叶与中部叶同形,长披针形或线形,长 10~16 cm,宽 6~14 mm,顶端急尖或渐尖,有硬尖头,基部微收缩抱茎,向叶背显著凸出,淡绿白色,茎上部叶同形,但逐渐缩小。复伞形花序很多,顶生花序往往短于侧生花序;总苞片 2~5;小总苞片 5,披针形,短于花柄,有自色膜质边缘,小伞形花序有花 8~10;花瓣浅黄色,顶端反折处较平而不凸起,小舌片较大,方形;花柄长 2~4.5 mm,较粗。果长圆形,棕褐色,棱狭翼状,每棱槽中油管 3,合生面 4。花期 6—9 月,果期 9—11 月。

生长习性:生于干燥草原、向阳山坡及灌木林缘等处。

分　　布:产于我国西南、中部和南部各省区。我校 8 号区山林中有栽培。

繁　　殖:播种繁殖。

应　　用:全草药用,主治感冒、腮腺炎。

9. 茵陈蒿 *Artemisia capillaries*

别　　名:茵陈、绵茵陈、绒蒿茵陈、绵茵陈、绒蒿

科　　属:菊科　蒿属

形态特征:半灌木,有垂直或歪斜的根,茎直立,高 50~100 cm,当年枝顶端有叶丛。头状花序极多数,在枝端排列成复总状,总苞球形。瘦果矩圆形,长约 0.8 mm,无毛。

生长习性:阳生,生于低海拔地区河岸、海岸附近的湿润沙地、路旁及低山坡地区。

分　　布:分布于辽宁、河北、陕西、山东、江苏、安徽、浙江、江西、福建、台湾、河南(东部、南部)、湖北、湖南、广东、广西及四川等。我校 8 号区山林中有分布。

繁　　殖：播种繁殖。

应　　用：全株入药，有清热利湿、利胆退黄功效。

10. 白术 *Atractylodes macrocephala*

别　　名：桴蓟、于术、冬白术、淅术、杨桴、吴术、片术、苍术

科　　属：菊科　苍术属

形态特征：多年生草本，高 20~60 cm，根状茎结节状。茎直立，通常自中下部长分枝，全部光滑无毛。叶互生，中部茎叶有长 3~6 cm 的叶柄，叶片通常 3~5 羽状全裂；极少兼杂不裂而叶为长椭圆形的。侧裂片 1~2 对，倒披针形、椭圆形或长椭圆形，长 4.5~7 cm，宽 1.5~2 cm；顶裂片比侧裂片大，倒长卵形、长椭圆形或椭圆形；自中部茎叶向上向下，叶渐小；或大部茎叶不裂，但总兼杂有 3~5 羽状全裂的叶。全部叶质地薄，纸质，两面绿色，无毛，边缘或裂片边缘有长或短针刺状缘毛或细刺齿。头状花序单生茎枝顶端，植株通常有 6~10 个头状花序，但不形成明显的花序式排列。苞叶绿色，长 3~4 cm，针刺状羽状全裂。总苞大，宽钟状，直径 3~4 cm。总苞片 9~10 层，覆瓦状排列；外层及中外层长卵形或三角形；中层披针形或椭圆状披针形；最内层宽线形，顶端紫红色。全部苞片顶端钝，边缘有白色蛛丝毛。小花长 1.7 cm，紫红色，冠檐 5 深裂。瘦果倒圆锥状，长 7.5 mm，被顺向顺伏的稠密白色长直毛。花果期 8—10 月。

生长习性：喜凉爽气候，怕高温高湿，忌连作，较能耐寒，对土壤水分要求不严格，但以排水良好、土层深厚的微酸、微碱及轻黏土或砂质壤土为好，而不宜在低洼地种植。

分　　布：在江苏、浙江、福建、江西、安徽、四川、湖北、湖南等地有种植，在江西、湖南、浙江、四川有野生。我校 8 号区山林中有栽培。

繁　　殖：播种繁殖。

应　　用：其根茎入药，具有健脾益气、燥湿利水、止汗、安胎的功效，用于脾虚食少、腹胀泄泻、痰饮眩悸、水肿、自汗、胎动不安等症。

11. 射干 *Belamcanda chinensis*

别　　名：乌扇、乌蒲、黄远、乌吹、草姜、鬼扇、凤翼

科　　属：鸢尾科　射干属

形态特征：多年生草本。根状茎为不规则的块状，斜伸，黄色或黄褐色；须根多数，带黄色。茎直立，茎高 1~1.5 m，实心。单叶互生，嵌叠状排列，剑形，长 20~60 cm，宽 2~4 cm，基部鞘状抱茎，顶端渐尖，无中脉。花序顶生，叉状分枝，每分枝的顶端聚生有数朵花；花梗细，长约 1.5 cm；花梗及花序的分枝处均包有膜质的苞片，苞片披针形或卵圆形；花橙红色，散生紫褐

色的斑点，直径 4~5 cm；花被裂片 6，2 轮排列，外轮花被裂片倒卵形或长椭圆形，顶端钝圆或微凹，基部楔形，内轮较外轮花被裂片略短而狭；雄蕊 3，长 1.8~2 cm，着生于外花被裂片的基部，花药条形，外向开裂，花丝近圆柱形，基部稍扁而宽。蒴果倒卵形或长椭圆形，黄绿色，常残存有凋萎的花被，成熟时室背开裂，果瓣外翻，中央有直立的果轴；种子圆球形，黑紫色，有光泽，着生在果轴上。花期 6—8 月，果期 7—9 月。

生长习性：喜温暖和阳光，耐干旱和寒冷，对土壤要求不高，山坡旱地均能栽培，以肥沃疏松、地势较高、排水良好的砂质壤土为好，中性或微碱性壤土适宜，忌低洼地和盐碱地。

分　　布：分布于全世界的热带、亚热带及温带地区，分布中心在非洲南部及美洲热带。我国南北地区广泛栽培。我校 8 号区山林中有栽培。

繁　　殖：播种繁殖。

应　　用：花形飘逸，用于园林观赏。药用，用于痰涎壅盛、咳嗽气喘、咽喉肿痛、喉痹不通、二便不通、诸药不效、腹部积水、皮肤发黑、乳痈初起等症。

12. 羽叶薰衣草 *Lavendula pinnat*

别　　名：薰衣草

科　　属：唇形科　薰衣草属

形态特征：株高 30~100 cm。一年四季开花，但主要花期集中在 11 月到第二年 5—6 月，夏季过热时停花休眠。叶形为二回羽状深裂叶，对生，表面覆盖粉状物，叶色灰绿。植株开展，深紫色管状小花有深色纹路，具 2 唇瓣，上唇比下唇发达。香味类似于天竺葵和迷迭香的混合型，较浓，但杂味很重。叶香，花无香味。

生长习性：为全日照植物，但夏天必须遮阴。生性较为耐热，排水、日照须好，光照过多容易木质化，但较其他品种不明显。半耐寒，冬季-5℃以下要加以防护，不耐积雪。一般置于通风处，夏季处于室内或闷湿处有猝死的危险。

分　　布：原产加那利群岛。世界各地普遍栽培。我校 8 号区山林中有栽培。

繁　　殖：扦插或播种繁殖。

应　　用：为花期最长的纯观赏品种之一，用于切花、插花或庭园栽培及芳香疗法，适合盆栽或地栽。

13. 田麻 *Corchoropsis tomentosa*

科　　属:椴树科　田麻属

形态特征:一年生草本,高 40~60 cm。嫩枝与茎上有星芒状短柔毛。叶卵形或狭卵形,边缘有钝牙齿;两面密生星芒状短柔毛;基出脉 3;叶柄长 0.2~2.3 cm;托叶钻形,长 2~4 mm,脱落。花黄色,有细长梗;萼片狭披针形,长约 5 mm;花瓣倒卵形;能育雄蕊 15,每 3 个成一束;不育雄蕊 5,与萼片对生,匙状线形,长约 1 cm;子房密生星芒状短柔毛,花柱单一,长 1 cm。蒴果圆筒形,长 1.7~3 cm,有星芒状柔毛;种子长卵形。花期 8—9 月,果熟期 10 月。

生长习性:喜光,喜干燥,多生于丘陵或低山干山坡或多石处及山坡疏林下、旷野、路旁。

分　　布:我国东北、华北、华东及湖北、湖南、贵州、四川、广东等省有分布。我校 8 号区山林中有分布。

繁　　殖:播种繁殖。

应　　用:全草可入药。茎皮纤维可代麻,做绳索或麻袋。

14. 三脉紫菀 *Aster ageratoides*

别　　名:野白菊花、山白菊、山雪花、白升麻

科　　属:菊科　紫菀属

形态特征:多年生草本,根状茎粗壮。茎直立,高 40~100 cm,细或粗壮,有棱及沟,被柔毛或粗毛,上部有时屈折,有上升或开展的分枝。下部叶在花期枯落,叶片宽卵圆形,急狭成长柄;中部叶椭圆形或长圆状披针形,长 5~15 cm,宽 1~5 cm,中部以上急狭成楔形具宽翅的柄,顶端渐尖,边缘有 3~7 对浅或深锯齿;上部叶渐小,有浅齿或全缘,全部叶纸质,上面被短糙毛,下面浅色被短柔毛常有腺点,或两面被短茸毛而下面沿脉有粗毛,有离基(有时长达 7 cm)三出脉,侧脉 3~4 对,网脉常显明。管状花黄色,长 4.5~5.5 mm,管部长 1.5 mm,裂片长 1~2 mm;花柱附片长达 1 mm。冠毛浅红褐色或污白色,长 3~4 mm。瘦果倒卵状长圆形,灰褐色,长 2~2.5 mm,有边肋,一面常有肋,被短粗毛。花果期 7—12 月。

生长习性:生于林下、林缘、灌丛及山谷湿地,分布于海拔 100~3 350 m 范围内。

分　　布:广泛分布于全国各地。我校 8 号区山林中有分布。

繁　殖:播种繁殖。

应　用:全株入药,可清热解毒、利尿止血,用于咽喉肿痛、咳嗽痰喘、痄腮、乳痈、小便淋痛、痈疖肿毒、外伤出血。

15. 夏枯草　*Prunella vulgaris*

别　名:麦穗夏枯草、铁线夏枯草

科　属:唇形科　夏枯草属

形态特征:多年生草本,有匍匐根状茎。茎方形,直立,基部稍斜上,通常带红紫色,高 10~40 cm,被稀疏糙毛或近于无毛。叶对生,卵形至长椭圆状披针形,长 2~5 cm,先端钝尖,基部叶有长柄,上部叶渐无柄。轮伞花序密集,排列成顶生的假穗状花序,长 2~4 cm;苞片心形,有骤尖头;花萼钟状,二唇形,上唇扁平,顶端几截平,有 3 个不明显的短齿,下唇 2 裂,裂片披针形,果时花萼由于下唇 2 齿斜伸而闭合;花冠唇形,紫、蓝紫或红紫色,上唇盔状,顶端微凹,下唇展开,3 裂,两侧裂斜卵形,中裂片宽大,扇形,边缘呈流苏状;雄蕊 4 枚,伸出于花管筒外而至上唇之下,花丝 2 齿,一齿有花药。小坚果长圆状卵形。花期 5—6 月,果期 7—8 月。

生长习性:喜温暖湿润的环境,能耐寒,适应性强,但以阳光充足、排水良好的砂质壤土为好。

分　布:主要分布于陕西、甘肃、新疆、河南、湖北、湖南、江西、浙江、福建、台湾、广东、广西、贵州、四川及云南等省区。我校 8 号区山林中有分布。

繁　殖:播种和分株繁殖。

应　用:药用可清肝、散结、利尿,治瘟病、乳痈、目痛、黄疸、淋病、高血压等症。叶可代茶。

16. 博落回　*Macleaya cordata*

别　名:勃逻回、勃勒回、菠萝筒、大叶莲、三钱三

科　属:罂粟科　博落回属

形态特征:多年生大型草本,基部灌木状,高 1~4 m。具乳黄色浆汁。根茎粗大,橙红色。茎绿色或红紫色,中空,粗达 1.5 cm,上部多分枝,无毛。单叶互生;具叶柄,长 1~12 cm;叶片宽卵形或近圆形,长 5~27 cm,宽 5~25 cm,上面绿色,无毛,下面具易脱落的细绒毛,多白粉,基出脉通常 5,边缘波状或波状牙齿。大型圆锥花序多花,长 15~40 cm,生于茎或

分枝顶端；花梗长 2~7 mm；苞片狭披针形；萼片狭倒卵状长圆形、船形，黄白色；花瓣无；雄蕊 24~30，花丝丝状，花药狭条形，与花丝等长；子房倒卵形、狭倒卵形或倒披针形，无毛。果实穗状，果为蒴果，倒卵状长椭圆形，扁平，长约 2 cm，宽 5 mm，外被白粉。种子通常 4~8 枚，卵球形，种皮蜂窝状，具鸡冠状凸起。花期 6—8 月，果期 7—10 月。

生长习性：喜温暖湿润环境，耐寒，耐旱。喜阳光充足。对土壤要求不高，但以肥沃的砂质壤土和黏壤土生长较好。

分　　布：广布于亚洲中部及东部地区，中国长江流域各省皆有生长。我校围墙东花山有分布。

繁　　殖：播种繁殖为主。

应　　用：可作为原料，科学提取博落回生物总碱，制成可湿性粉剂商品农药，用于蔬菜、水果及粮食、棉花等作物的病虫害防治。带根的全草入药，其药用价值为消肿、解毒、杀虫，治指疔、脓肿、急性扁桃体炎、中耳炎、滴虫性阴道炎、下肢溃疡、烫伤、顽癣等。

17. 龙牙草 *Agrimonia pilosa*

别　　名：脱力草、仙鹤草、止血草、瓜香草、老牛筋

科　　属：蔷薇科　龙牙草属

形态特征：多年生草本，高 30~60 cm。根多呈块茎状，根茎短，常有数个地下芽，秋末自先端生一圆锥形向上弯曲的白色芽。茎直立。单数羽状复叶互生，花小，黄色。花期 5—8 月，果期 9—10 月。

生长习性：喜温暖湿润的气候，多生于荒地、山坡、路旁草地、针阔混交林或疏林下、林缘、灌丛、沟边等处。

分　　布：广布全国各地。我校 8 号区山林中有分布。

繁　　殖：播种繁殖。

应　　用：全草入药称“仙鹤草”。根和冬芽也可入药。全草含 5 种仙鹤草酚及 4 种仙鹤草素。性味苦、平、涩，为强壮性收敛止血剂，具有收敛止血、解毒杀虫、益气强心功能。

四、藤本

本区有 12 种藤本植物，在其他区均已介绍，全略。

第十部分　9 号区植物

9 号区植物主要指分布在校外(校园周边 2 千米范围内)的植物。

一、乔木

1. 黑荆 *Acacia mearnsii*

别　　名:澳洲金合欢、黑儿茶

科　　属:豆科　金合欢属

形态特征:常绿乔木。高 9~15 m;小枝有棱,被灰白色短绒毛。二回羽状复叶,嫩叶被金黄色短绒毛,成长叶被灰色短柔毛;羽片 8~20 对,长 2~7 cm,每对羽片着生处附近及叶轴的其他部位都具有腺体;小叶 30~40 对,排列紧密,线形,长 2~3 mm,宽 0.8~1 mm,边缘、下面(有时两面)均被短柔毛。头状花序圆球形,直径 6~7 mm,在叶腋排成总状花序或在枝顶排成圆锥花序;总花梗长 7~10 mm;花序轴被黄色、稠密的短绒毛。花淡黄或白色。荚果长圆形,扁压,长 5~10 cm,宽 4~5 mm,于种子间略收窄,被短柔毛,老时黑色;种子卵圆形,黑色,有光泽。花期 6 月,果期 8 月。

生长习性:喜阳光,较耐阴,喜温暖湿润气候,稍耐寒。

分　　布:原产澳大利亚。我国南方省区引种栽培成功。我校围墙北以及江夏新世纪广场有栽培。

繁　　殖:播种繁殖。

应　　用:四季常绿,树形奇特优美,在园林上主要用于观赏。在工业上是主要栲胶树种,也是珍贵的鞣料树种之一。木材坚硬致密,是良好的木器、矿柱、造纸用材。

2. 梓树 *Catalpa ovata*

别　　名:梓、楸、花楸、水桐、河楸、臭梧桐、黄花楸、水桐楸、木角豆

科　　属:紫葳科　梓属

形态特征:落叶乔木,高可达 15 m。树冠伞形,主干通直平滑,呈暗灰色或者灰褐色,嫩枝具稀疏柔毛。叶对生或近于对生,有时轮生,叶阔卵形,长宽相近,长约 25 cm,顶端渐尖,基部心形,全缘或浅波状,常 3 浅裂,叶片上面及下面均粗糙,微被柔毛或近于无毛,侧脉 4~6 对,基部掌状脉 5~7 条;叶柄长 6~18 cm。圆锥花序顶生,长 10~18 cm,花序梗微被疏毛;花梗长 3~8 mm,疏生毛;花萼圆球形,2 唇开裂;花冠钟状,浅黄色,上唇 2 裂,下唇 3 裂,筒部内有 2 黄色条带及暗紫色斑点。蒴果线形,下垂,深褐色,冬季不落;种子长椭圆形。花期 6—7 月,果期 8—10 月。

生长习性:适应性较强,喜温暖,也能耐寒。土壤以深厚、湿润、肥沃的夹砂土较好。不耐干旱瘠薄。抗污染能力强,生长较快。可利用边角隙地栽培。

分　　布:分布于我国长江流域及其以北地区、东北南部、华北、西北、华中、西南,日本也有。我校围墙西部有栽培。

繁　　殖:播种繁殖。

应　　用:极具观赏价值的树种。为速生树种,可作行道树、庭荫树以及工厂绿化树种。木材白色稍软,可做家具,制琴底;叶或树皮亦可作农药,可杀稻螟、稻飞虱。

3. 毛泡桐 *Paulowinia tomentosa*

别　　名:紫花泡桐、冈桐、日本泡桐

科　　属:玄参科　泡桐属

形态特征:落叶乔木,高可达 20 m。树冠宽大伞形,树皮褐灰色;小枝有明显皮孔,幼时常具黏质短腺毛。叶片心脏形,长达 40 cm,顶端锐尖头,全缘或波状浅裂,上面毛稀疏,下面毛密或较疏,老叶下面的灰褐色树枝状毛常具柄和 3~12 条细长丝状分枝,新枝上的叶较大,其毛常不分枝;叶柄常有黏质短

腺毛。花序为金字塔形或狭圆锥形，长一般在 50 cm 以下，具花 3~5 朵；萼浅钟形；花冠紫色，漏斗状钟形，长 5~7.5 cm，檐部 2 唇形。蒴果卵圆形，幼时密生黏质腺毛，长 3~4.5 cm，宿萼不反卷，果皮厚约 1 mm；种子连翅长约 2.5~4 mm。花期 4—5 月，果期 8—9 月。

生长习性：生性耐寒耐旱，耐盐碱，耐风沙，抗性很强，对气候的适应范围很大，高温 38 ℃以上生长受到影响，最低温度在-25 ℃时受冻害。该种较耐干旱与瘠薄，在北方较寒冷和干旱地区生长尤为适宜，但主干低矮，长速较慢。

分　　布：分布于我国辽宁南部、河北、河南、山东、江苏、安徽、湖北、江西等地。我校周边有栽培。

繁　　殖：播种繁殖、埋根繁殖。

应　　用：叶片被毛，分泌一种黏性物质，能吸附大量烟尘及有毒气体，是城镇绿化及营造防护林的优良树种。

4. 臭椿 *Ailanthus altissima*

别　　名：椿树、木砻树

科　　属：苦木科　臭椿属

形态特征：落叶乔木。树皮灰白色或灰黑色，平滑，稍有浅裂纹。奇数羽状复叶，互生，小叶近基部具少数粗齿，卵状披针形，叶总柄基部膨大，齿端有 1 腺点，有臭味。雌雄同株或异株。圆锥花序顶生；花小，杂性，白色带绿，花瓣 5~6；雄蕊 10；心皮 5，子房上位。果有扁平膜质的翅，长椭圆形，种子位于中央。花期 4—5 月，果期 8—10 月。

生长习性：喜光，不耐阴。适应性强，在石灰岩地区生长良好。

分　　布：在我国，南自广东、广西、云南，向北直到辽宁南部，共跨 22 个省区，而以黄河流域为分布中心。我校周边有栽培。

繁　　殖：播种和分株繁殖。

应　　用：树干通直高大，春季嫩叶紫红色，秋季红果满树，是良好的观赏树和行道树。树皮、根皮、果实均可入药，具有清热利湿、收敛止痢等功效。

5. 柚 *Citrus maxima*

别　　名：文旦、香栾

科　　属：芸香科　柑橘属

形态特征：常绿乔木。小枝扁，有刺，叶似柑、橘，但叶柄具有宽翅，叶下表面和幼枝有短茸毛。单身复叶，叶片宽卵形至椭圆状卵形，质厚，深绿色；每片叶子由一大一小两片叶片组成，形似葫芦。花冠白色，花瓣反曲；雄蕊 20~25；花朵繁多，洁白清香；果实大，球形或近于梨形，

呈柠檬黄色；果皮甚厚或薄，海绵质，油胞大，凸起，果心实但松软，瓢囊10~15或多至19瓣，果肉汁胞白色、粉红或鲜红色，隔分成瓣，瓣间易分离，味酸可口。花期4—5月，果期9—12月。

生长习性：喜温暖、湿润气候及深厚、肥沃而排水良好的中性或微酸性砂质壤土。

分　　布：现在我国的广东、广西、福建、湖南、浙江、四川等地均有栽培。我校西边世纪广场有栽培。

繁　　殖：可用播种、嫁接、扦插、空中压条等方法繁殖。

应　　用：可作为庭荫树，硕大的果实有很强的观赏价值。果肉有止咳平喘、清热化痰、健脾消食、解酒除烦的医疗作用；柚皮又名橘红、广橘红，有理气化痰、健脾消食、散寒燥湿的作用。

6. 山杜英 *Elaeocarpus sylvestris*

别　　名：羊屎树、羊仔树

科　　属：杜英科　杜英属

形态特征：常绿乔木，一般高10~20 m，最高可达26 m，胸径80 cm。树冠卵球形，树皮深褐色，平滑不裂；小枝红褐色，幼时疏生短柔毛，后光滑。叶薄革质，倒卵状长椭圆形，长4~8 cm，侧脉4~6对，先端钝尖，基部楔形，缘有浅钝齿，脉腋有时具腺体，两面无毛，叶柄长0.5~1.2 cm；绿叶中常存有少量鲜红的老叶。腋生总状花序，长2~6 cm；花下垂，花瓣白色，细裂如丝；雄蕊多数；子房有绒毛。核果椭球形，长1~1.6 cm，成熟时暗紫色。花期6—8月，果期10—12月。

生长习性：稍耐阴，喜温暖湿润气候，耐寒性不强；适生于酸性之黄壤山区，若在平原栽植，必须排水良好。根系发达；萌芽力强，耐修剪；生长速度中等偏快。对SO_2抗性强。

分　　布：产于我国南部，浙江、江西、福建、台湾、湖南、广东、广西及贵州南部均有分布。多生于海拔1 000 m以下之山地杂木林中。我校北面武汉工程科技学院内有栽培。

繁　　殖：播种或扦插繁殖。

应　　用：可作观赏红叶的树种之一，常被栽种在公园、庭园、绿地作为添景树或行道树。该树病虫害少，抗污染能力强，可选作工矿区绿化和防护林带树种。树皮可提取栲胶；根皮供药用，有散瘀消肿之功效。

7. 梧桐 *Firmiana platanifolia*

别　　名:青桐

科　　属:梧桐科　梧桐属

形态特征:落叶乔木,高可达 16 m。树皮青绿色,平滑。叶心形,掌状 3~5 裂,裂片三角形,顶端渐尖,基部心形,两面均无毛或略被短柔毛,基生脉 7 条,叶柄与叶片等长。圆锥花序顶生,长约 20~50 cm,下部分枝长达 12 cm,花淡黄绿色;萼 5 深裂几至基部,萼片条形,向外卷曲,长 7~9 mm,外面被淡黄色短柔毛,内面仅在基部被柔毛;花梗与花几等长。蓇葖果膜质,有柄,成熟前开裂成叶状,外面被短茸毛或几无毛,每蓇葖果有种子 2~4 个;种子圆球形,表面有皱纹,直径约 7 mm。花期 6—7 月,果熟期 8—11 月。

生长习性:阳性树种,喜生于温暖湿润的环境;喜碱,耐严寒,耐干旱及瘠薄。夏季树皮不耐烈日。在砂质土壤中生长较好。根肉质,不耐水渍,深根性,植根粗壮;萌芽力弱,一般不宜修剪。生长尚快,寿命较长,能活百年以上。

分　　布:产于我国南北各省,主要分布于浙江、福建、江苏、安徽、江西、广东、湖北等省。我校周边有栽培。

繁　　殖:播种、扦插、分根繁殖。

应　　用:是著名的庭园观赏树种,入秋一片金黄,是观赏秋叶的树种。木材轻软,为制木匣和古琴、古筝等乐器的良材。种子炒熟可食或榨油,油为不干性油。茎、叶、花、果和种子均可药用,有清热解毒功效。

8. 喜树 *Camptotheca acuminata*

别　　名:旱莲、水栗、水桐树、天梓树

科　　属:蓝果树科　喜树属

形态特征:落叶乔木。树皮灰色,纵裂成浅沟状。小枝圆柱形,平展,冬芽腋生,锥状。叶互生,纸质,矩圆状卵形或矩圆状椭圆形,头状花序近球形,翅果矩圆形。花期 5—7 月,果期 9 月。

生长习性:喜光,不耐严寒干燥。较耐水湿,在酸性、中性、微碱性土壤中均能生长,在石灰岩风化土及冲积土中生长良好。

分　　布:分布于我国长江以南地区。我校围墙西居民区有栽培。

繁　　殖:播种繁殖。

应　　用:是优良的庭园树和行道树,全株可入药,具抗癌、清热杀虫功效。

9. 樱桃 *Cerasus pseudocerasus*

别　　名:迎庆果、樱珠

科　　属:蔷薇科　樱属

形态特征:落叶小乔木,高可达 6 m,树皮灰白色。小枝灰褐色,嫩枝绿色,无毛或被疏柔毛。叶片卵形或长圆状卵形,花瓣白色,卵圆形;核果近球形,红色,直径 0.9~1.3 cm。花期 3—4 月,果期 5—6 月。

生长习性:喜温喜光,怕涝怕旱。忌风忌冻,适合于年平均气温 10~13℃以上、早春气温变化不剧烈、夏季凉爽干燥、雨量适中、光照充足地区栽培。

分　　布:主要分布于美国、加拿大、智利、澳洲、欧洲等地,中国主要产地有山东、安徽、江苏、浙江、河南、甘肃、陕西等。我校南边居民区有栽培。

繁　　殖:播种繁殖。

应　　用:果可食用。鲜果入药,具有发汗、益气、祛风、透疹的功效。

10. 短柄枹栎 *Quercus glandulifera* var. *brevipetiolata*

别　　名:短柄枹树、枹栎

科　　属:壳斗科　栎属

形态特征:落叶乔木,高可达 15~20 m。树皮暗灰褐色,不规则深纵裂。幼枝有黄色绒毛,后变无毛。单叶互生,叶集生在小枝顶端,叶片较短窄;叶柄较短或近无柄,长 2~5 mm。叶片长椭圆状披针形或披针形,叶边缘具粗锯齿,齿端微内弯,叶片下面灰白色,被平伏毛。花期 4—5 月,果实次年 10 月成熟。

生长习性:喜生于微碱性或中性的石灰岩土壤上,在酸性土壤上也生长良好。深根性直根系,耐干燥,可生长于多石砾的山地。

分　　布:分布于山东、江苏、河南、陕西、甘肃以南及长江流域各省。我校周边花山和青龙山内有分布。

繁　　殖:播种繁殖。

应　　用：其木材花纹独一无二、色泽高雅美观，可用来制作软木地板，又不破坏环境，具有极强的吸音、隔热、耐压性能，又防虫蛀、防潮，也易于清理和维护。

11. 木瓜 *Chaenomeles sinensis*

别　　名：木瓜海棠、海棠木瓜

科　　属：蔷薇科　木瓜属

形态特征：落叶小乔木，高达 5~10 m。树皮成片状脱落；小枝无刺，圆柱形；叶片椭圆状卵形或椭圆状矩圆形，稀倒卵形；花单生于叶腋，花梗短粗，长 5~10 mm，无毛；果实长椭圆形，长 10~15 cm，暗黄色，木质，味芳香，果梗短。花期 4 月，果期 9—10 月。

生长习性：喜温暖，有一定的耐寒性。要求土壤排水良好，不耐湿和盐碱。

分　　布：原产我国，我校西边世纪广场有栽培。

繁　　殖：播种繁殖。

应　　用：春观花，夏秋观果。可以做美化公园、家庭院落、街道及广场绿化的优秀观赏树种。种仁含油率 35.99%，出油率 30%，无异味，可食并可制肥皂。木材质坚硬，可以制作家具等器具。

12. 苹果 *Malus pumila*

别　　名：苹果树

科　　属：蔷薇科　苹果属

形态特征：落叶乔木，高可达 8 m。小枝被绒毛，老枝紫褐色。叶片椭圆形或卵圆形，梨果扁球形，随品种而各异。5 月开花，7—10 月果熟。

生长习性：喜光，喜冷凉干燥气候及肥沃深厚而排水良好的土壤，在湿热气候下生长不良。

分　　布：栽培历史已久，全世界温带地区均有种植。我校院墙西边小区内有栽培。

繁　　殖：播种繁殖。

应　　用：花红果美，花、果、树形都具有观赏价值。果实、叶、果皮都可入药，具有生津、润肺、除烦、解暑、开胃、醒酒的功效。

13. 沙梨 *Pyrus pyrifolia*

别　　名：金珠果、麻安梨

科　　属：蔷薇科　梨属

形态特征：落叶乔木，高 7~15 m。小枝幼时被黄褐色长柔毛和绒毛，后脱落，老枝暗褐色，有稀疏皮孔。托叶早落；果实近球形，浅褐色，有斑点。花期 4—5 月，果期 8—9 月。

生长习性:喜光,喜温暖多雨气候,耐寒力差。

分　　布:原产我国中部及西部山地,主产长江流域。我国南方广泛栽培。我校周边有栽培。

繁　　殖:播种繁殖。

应　　用:春天白花美丽,可植于庭院观赏。果实、果皮入药,有清热、生津、润燥、化痰之功效。果实可以食用,优良品种很多,营养丰富。

14. 李 *Prunus salicina*

别　　名:李子、嘉庆子、玉皇李、山李子

科　　属:蔷薇科　李属

形态特征:落叶乔木,高可达 7 m。单叶互生,叶片倒卵状椭圆形,长 3~7 cm,先端渐尖、急尖或短尾尖,基部楔形,边缘有不规则细钝齿,上面深绿色,有光泽,侧脉6~10 对;花瓣白色,长圆状倒卵形,具长柄,通常 3 朵簇生;核果球形、卵球形或近圆锥形,直径 3.5~5 cm,栽培品种可达 7 cm,黄色或红色,有时为绿色或紫色,梗凹陷入,顶端微尖,基部有纵沟,外被蜡粉;核卵圆形或长圆形,有皱纹。花期 4月,果期 7—8 月。

生长习性:对气候的适应性强。只要土层较深,有一定的肥力,不论何种土质都可以栽种。对土壤湿度要求较高,不耐积水,果园排水不良常致使烂根、生长不良或易发生各种病害。宜选择土质疏松、土壤透气和排水良好、土层深和地下水位较低的地方建园。

分　　布:我国各省及世界各地均有栽培,为重要温带果树之一。我校周边有栽培。

繁　　殖:用播种、嫁接、分株、扦插等方法繁殖。

应　　用:早春开洁白的花朵,可作庭园观赏植物和绿化树种;也是优良的蜜源植物。木材也可做家具等物。果实中含有多种营养成分,核仁能加快肠道蠕动,缓解便秘,止咳祛痰。

15. 紫叶碧桃 *Amygdalus persica* var. *atropurpurea*

别　　名:紫叶桃、红叶碧桃

科　　属:蔷薇科　桃属

形态特征:为桃的变种。落叶乔木,整株紫色,株高3~8 m,树皮灰褐色。单叶互生,小叶红褐色,长椭圆形或卵圆状披针形,叶长 8~15 cm,叶末端渐尖。花单生或双生于叶腋间,重瓣,桃红色或粉红色。变种有深红色、白色、撒金。核果球形,果皮有短茸毛。花期 3—4 月,果 6—9 月成熟。

生长习性:喜光,喜温暖,稍耐寒,喜肥沃、排水良好

的土壤。

分　　布：我国黄河以南各省有分布。我校北面武汉工程科技学院内有栽培。

繁　　殖：播种繁殖。

应　　用：以其色紫这一独特的优势，在园林绿化中已经被各地广泛使用。绿化效果好，移栽成活率也极高。

16. 深山含笑 *Michelia maudiae*

别　　名：光叶白兰、莫氏含笑

科　　属：木兰科　含笑属

形态特征：常绿乔木，高可达 20 m，各部均无毛。树皮薄，浅灰色或灰褐色；芽、嫩枝、叶下面、苞片均被白粉。叶革质，长圆状椭圆形，很少卵状椭圆形，长 7~18 cm，宽 3.5~8.5 cm，先端骤狭短渐尖或短渐尖而尖头钝，基部楔形、阔楔形或近圆钝，上面深绿色，有光泽，下面灰绿色，被白粉，侧脉每边 7~12 条，直或稍曲，至近叶缘开叉网结，网眼致密。叶柄长 1~3 cm，无托叶痕。花梗绿色，具 3 环状苞片脱落痕，佛焰苞状苞片淡褐色，薄革质，长约 3 cm；花芳香，花被片 9 片，纯白色，基部稍呈淡红色，外轮的倒卵形，长 5~7 cm，宽 3.5~4 cm，顶端具短急尖，基部具长约 1 cm 的爪，内 2 轮则渐狭小，近匙形，顶端尖，花丝宽扁，淡紫色；雌蕊群柄长 5~8 mm。聚合果长 7~15 cm，蓇葖长圆形、倒卵圆形、卵圆形，顶端圆钝或具短突尖头。种子红色，斜卵圆形，长约 1 cm，宽约 5 mm，稍扁。花期 2—3 月，果期 9—10 月。

生长习性：喜温暖、湿润环境，有一定耐寒能力。喜光，幼时较耐阴。自然更新能力强，生长快，适应性广，4~5 年生即可开花。抗干热，对 SO_2 的抗性较强。喜土层深厚、疏松、肥沃而湿润的酸性砂质土。

分　　布：产于湖南、广东、广西、福建、江西、贵州及浙江南部。长江以南地区广泛栽培。我校围墙东边和北边外有栽培。

繁　　殖：播种、扦插、压条或以木兰为砧木用靠接法繁殖。

应　　用：是早春优良芳香观花树种，也是优良的园林和四旁绿化树种。根系发达，萌芽力强，种材质好，适应性强，繁殖容易，病虫害少，是一种速生常绿阔叶用材树种。

17. 垂枝榆 *Ulmus pumila* cv. *Pendula*

别　　名：龙爪榆

科　　属：榆科　榆属

形态特征：榆树的变种，落叶小乔木。单叶互生，椭圆状窄卵形或椭圆状披针形，长 2~9 cm，基部偏斜，叶缘具单锯齿，侧脉 9~16 对，直达齿尖。花春季常先叶开放，多数簇生于去年生枝的叶腋。翅果近圆形。是从我国广泛栽培的榆树中选出的一个栽培品种，特点为枝稍不向上伸展，生出后转向地心生长，因而无直立主干，均高接于乔木型榆树上，枝条下垂后全株呈伞形。

生长习性：喜光，耐寒，抗旱，喜肥沃、湿润且排水良好的土壤，不耐水湿，但能耐干旱瘠薄和盐碱土壤。主根深，侧根发达，抗风，保土力强，萌芽力强，耐修剪。

分　　布：东北、西北、华北均有分布。全国各地作为景观植物栽培。我校围墙北边武汉工程科技学院内有种植。

繁　　殖：多采用白榆作砧木进行枝接和芽接。3月下旬至4月可进行皮下枝接，6月用当年新生芽嫁接。

应　　用：枝条下垂，使植株呈塔形，宜布置于门口或建筑入口两旁等处作对栽，或在建筑物边、道路边作行列式种植。

18. 华盛顿棕榈 *Washingtonia filifera*

别　　名：老人葵、丝葵

科　　属：棕榈科　丝葵属

形态特征：常绿乔木。干单生，粗壮通直，近基部略膨大。叶裂片有白色纤维丝，簇生于干顶，斜上或水平伸展，下方下垂，灰绿色，掌状中裂，圆形或扇形折叠；叶柄三角状，边缘有红棕色扁刺齿，顶端戟突三角形。肉穗花序，长于叶，多分枝。花小，花冠2倍长于花萼。核果椭圆形，熟时黑色。花期6—8月。

生长习性：喜温暖、湿润，较耐寒，-5℃的短暂低温不会造成冻害。较耐旱和耐瘠薄土壤。不宜在高温、高湿处栽培。

分　　布：原产美国，生长于海边干旱地。我国华南、东南、西南各省区有引种，生长良好。我校周边武汉工程科技学院和世纪广场有栽培。

繁　　殖：播种繁殖。

应　　用：宜作庭园观赏，可作行道树，或者在公园、广场、河滨等较宽阔地带孤植或群植。

19. 加拿利海枣 *Phoenix canariensis*

别　　名：长叶刺葵、加拿利刺葵、槟榔竹

科　　属：棕榈科　刺葵属

形态特征：茎单一，直立，具紧密排列的扁菱形叶痕而较为平整。羽状叶长可达6 m，羽片数达400，羽片内向折叠，先端尖，坚韧，较整齐地排列，基部的羽片退化为刺状，基部由黄褐色网状纤维包裹。雌雄异株，穗状花序腋生，长可至1 m以上；花小，黄褐色；浆果，卵状球形至长椭圆形，熟时黄色至淡红色。

生长习性：植株耐热、耐寒性均较强，成龄树能耐受-10℃低温。

分　　布：原产非洲加那利群岛，现世界各地广泛种植。我校北面武汉工程科技学院和世纪广场有栽培。

繁　　殖：播种繁殖。

应　　用：可孤植于公园等作为主景植物，也适合列植作为行道树。

20. 枳椇 *Hovenia acerba*

别　　名：拐枣、鸡爪子、枸、万字果、鸡爪树、金果梨、南枳椇

科　　属：鼠李科　枳椇属

形态特征：落叶乔木。嫩枝、幼叶背面、叶柄和花序轴初有短柔毛，后脱落。叶片椭圆状卵形、宽卵形或心状卵形，长6~16 cm，宽6~11 cm，三出脉，顶端渐尖，基部圆形或心形，常不对称，边缘有细锯齿，表面无毛，背面沿叶脉或脉间有柔毛。聚伞花序顶生和腋生；花小，黄绿色，直径约4.5 mm；花瓣扁圆形；花柱常裂至中部或深裂。果梗肉质，扭曲，红褐色；果实近球形，无毛，直径约7 mm，灰褐色，果熟时果梗可食。花期5—7月，果期8—10月。果实形态似万字符“卍”，故称万寿果。

生长习性：喜温暖湿润气候，但不耐空气过于干燥，喜阳光充足的潮湿环境，生长适温20~30℃，对土壤要求不严，酸性、碱性地均能生长，适应性较强。

分　　布：我国南北广泛栽培，几乎遍布全国。我校围墙西教堂旁边有栽培。

繁　　殖：播种繁殖。种子须砂藏90天后再播，于春季条播。

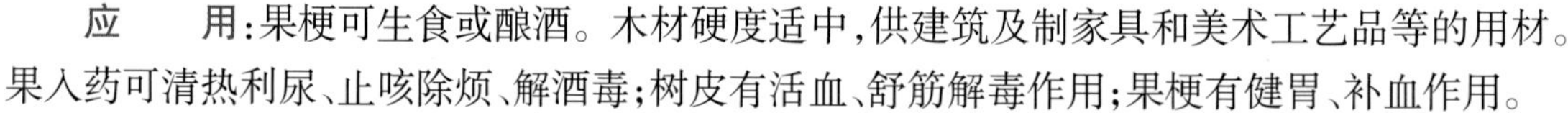

应　　用：果梗可生食或酿酒。木材硬度适中，供建筑及制家具和美术工艺品等的用材。果入药可清热利尿、止咳除烦、解酒毒；树皮有活血、舒筋解毒作用；果梗有健胃、补血作用。

21. 皂荚 *Gleditsia sinensis*

别　　名：皂荚树

科　　属：豆科　皂荚属

形态特征：落叶乔木，树干皮灰黑色，浅纵裂。干及枝条常具刺，刺圆锥状多分枝，粗而硬直，小枝灰绿色，皮孔显著，冬芽常叠生。一回偶数羽状复叶，有互生小叶3~7对，小叶长椭圆形至卵状披针形，先端钝圆，基部圆形，稍偏斜，薄革质，缘有细齿，背面中脉两侧及叶柄被白色短柔毛。花杂性，腋生，总状花序，花梗密被绒毛，花萼钟状被绒毛，花黄白色，萼瓣均4数。荚果平直肥厚，长10~30 cm，不扭曲，熟时黑色，被霜粉。花期3—5月，果期5—12月。

生长习性:性喜光而稍耐阴,喜温暖、湿润气候及深厚、肥沃、湿润土壤,但对土壤要求不严,在石灰质及盐碱甚至黏土或砂土中均能正常生长。

分　　布:原产中国长江流域，现在全国广泛栽培。我校南居民区和青龙山林场中有栽培。

繁　　殖:播种繁殖。

应　　用:木材坚实,耐腐耐磨,黄褐色或杂有红色条纹,可用于制作工艺品、家具。根、茎、叶可生产清热解毒的中药口服液。

22. 旱柳 *Salix matsudana*

别　　名:柳树、河柳、江柳、立柳、直柳

科　　属:杨柳科　柳属

形态特征:落叶乔木,高可达 20 m,树冠圆卵形或倒卵形。树皮灰黑色,纵裂。枝条斜展,小枝淡黄色或绿色,无毛,枝顶微垂,无顶芽。单叶互生,披针形至狭披针形,长 5~10 cm,宽 1~1.5 cm,先端长渐尖,基部楔形,缘有细锯齿,上面绿色,无毛,下面苍白色,幼时有丝状柔毛。托叶披针形,早落。雌雄异株,葇荑花序,花序与叶同时开放;雄花序圆柱形,长 1.5~2.5 cm,多少有花序梗,花序轴有长毛;雄蕊 2,花丝基部有长毛,花药黄色;苞片卵形,黄绿色,先端钝,基部多少被短柔毛,腺体 2;雌花序长达 2 cm,粗约 4~5 mm,3~5 小叶生于短花序梗上;子房长椭圆形,近于无柄,无毛,无花柱或很短,柱头卵形,近圆裂;苞片同雄花,腺体 2,背生和腹生;果序长达 2.5 cm,种子细小,基部有白色长毛。花期 3 月,果期 4—5 月。

生长习性:为阳性树种,喜光,较耐寒,耐干旱。喜湿润排水、通气良好的砂壤土,稍耐盐碱,在含盐量 0.25%的轻度盐碱地上仍可生长,对病虫害及大气污染的抗性较强。萌芽力强,根系发达,扎根较深,具内生菌根。生长快,多虫害,寿命长。

分　　布:原产中国,以中国黄河流域为栽培中心,东北、华北平原,黄土高原,西至甘肃、青海等皆有栽培,是中国北方平原地区最常见的乡土树种之一。长江流域大部分省市有栽培,我校北边的江城学院有栽培。

繁　　殖:扦插育苗为主,播种、埋条繁殖亦可。

应　　用:木材白色,轻软,供建筑、器具、造纸及火药等用。细枝可编筐篮。是中国北方常用的庭荫树、行道树和用材树种。根、枝、皮、叶均可入药。

23. 垂柳 *Salix babylonica*

别　　名:柳树、清明柳、吊杨柳、线柳、倒垂柳、青龙须、垂枝柳、倒挂柳

科　　属:杨柳科　柳属

形态特征:乔木,高可达 18 m。树冠倒广卵形;小枝细长,枝条非常柔软,细枝下垂,长

1.5~3 m；叶狭披针形至线状披针形，长 8~16 cm,先端渐长尖，缘有细锯齿,表面绿色，背面蓝灰绿色;叶柄长约 1 cm;托叶阔镰形,早落。雄花具 2 雄蕊,2 腺体;雌花子房仅腹面具 1 腺体。花期 3—4 月，果熟期 4—5 月。

生长习性：抗寒性强,较耐盐碱,喜光不耐阴,喜温暖湿润气候及潮湿深厚的酸性或中性土壤。特耐水湿,但亦能生于土层深厚的干燥地区。萌芽力强,根系发达。初期生长迅速,寿命较短。

分　　布:主要分布于长江流域及其以南各地平原地区,华北、东北亦有栽培。垂直分布在海拔 1 300 m 以下,是平原水边常见树种。我校围墙北面江城学院的明月湖边有栽培。

繁　　殖:以扦插为主,也可用播种、嫁接繁殖。

应　　用:在园林绿化中广泛用于河岸及湖边绿化,常作行道树、庭荫树、固岸护堤树及平原造林树种。枝条可编制篮、筐、箱等器具。枝、叶、花、果及须根均可入药。

24. 槐 *Sophora japonica*

别　　名:国槐、守宫槐

科　　属:豆科　槐属

形态特征:落叶乔木,高可达 25 m。树皮灰褐色,具纵裂纹。当年生枝绿色，无毛。羽状复叶长达 25 cm；叶柄基部膨大,包裹着芽;托叶形状多变,早落;小叶 4~7 对,对生或近互生,纸质,卵状披针形或卵状长圆形,长 2.5~6 cm,宽 1.5~3 cm,先端渐尖,具小尖头;小托叶 2 枚,钻状。圆锥花序顶生,花萼浅钟状,萼齿 5,近等大,圆形或钝三角形;花冠白色或淡黄色,旗瓣近圆形,有紫色脉纹,先端微缺,基部浅心形,翼瓣卵状长圆形,龙骨瓣阔卵状长圆形,与翼瓣等长。荚果串珠状,长 2.5~5 cm 或稍长,径约 10 mm;种子间缢缩不明显,1~6 粒,卵球形,淡黄绿色,干后黑褐色。花期 7—8 月,果期 8—10 月。

生长习性:在湿润、肥沃、深厚、排水良好的砂质土壤中生长最佳。属于北方的长寿树种。

分　　布:原产我国北部,现各地均有栽培。我校东边江夏林科所附近有栽培。

繁　　殖:播种、压条和扦插繁殖。

应　　用:既是北方主要园林绿化树种,又是防风固沙、用材及经济林兼用的树种。为太原市市树。

二、灌木

1. 伞房决明 *Cassia corymbosa*

别　　名：黄花决明

科　　属：豆科　决明属

形态特征：半常绿灌木，高可达2 m。多分枝，枝条平滑；羽状复叶，小叶2~5对，长椭圆状披针形或卵状椭圆形，叶色浓绿；伞房花序多花，花序腋生，鲜黄色，花瓣阔，3~5朵腋生或顶生。花期7月中下旬—10月。先期开放的花朵先长成纤长的豆荚，荚果圆柱形，花实并茂，果实直挂到次年春季。

生长习性：为阳性树种，喜光。较耐寒，耐瘠薄，对土壤要求不严，暖冬不落叶，生长快，耐修剪。

分　　布：原产南美乌拉圭、阿根廷。我国南方常见栽培观赏。我校围墙北边武汉工程科技学院有栽培。

繁　　殖：播种繁殖。

应　　用：在园林绿化中装饰林缘，或作低矮花坛、花境的背景材料。其种子名为决明子，可入药。

2. 无花果 *Ficus carica*

别　　名：映日果、奶浆果、蜜果、树地瓜、文先果

科　　属：桑科　榕属

形态特征：落叶灌木或乔木，干皮灰褐色，平滑或不规则纵裂。小枝粗壮，托叶包被幼芽，托叶脱落后在枝上留有极为明显的环状托叶痕。单叶互生，厚膜质，宽卵形或近球形，长10~20 cm，3~5掌状深裂，少有不裂，边缘有波状齿，上面粗糙，下面有短毛。隐头肉质花序托有短梗，单生于叶腋；雄花生于一花序托内面的上半部，雄蕊3；雌花生于另一花序托内。聚花果梨形，熟时黑紫色；瘦果卵形，淡棕黄色。花期4—5月，果自6月中旬至10月均可成花结果。很多人以为是一年2次成熟，其实是一年的6—10月都产果，因质量不同而区分为夏、秋两种果实。

生长习性：喜温暖湿润的海洋性气候，喜光、喜肥，不耐寒，不抗涝，较耐干旱。在华北内陆

地区如遇-12℃低温新梢即易发生冻害,-20℃时地上部分可能死亡,因而冬季防寒极为重要。

分　　布:原产欧洲地中海沿岸和中亚地区,唐朝时传入我国,以长江流域和华北沿海地带栽植较多,北京以南的内陆地区仅见零星栽培。我校围墙南面居民区有栽培。

繁　　殖:以扦插繁育为主,也可播种或压条繁育。头年扦插,第二年就可挂果,6~7 年达盛果期。

应　　用:叶片宽大,果实奇特,夏秋果实累累,是优良的庭院绿化和经济树种,具有抗多种有毒气体的特性,耐烟尘,少病虫害,可用于厂矿绿化和家庭副业生产。叶、果、根可入药,果性味甘平,擅长清热、解毒、消肿,且具健胃、清毒、润肺功效;果除开胃、助消化之外,还能止腹泻、治咽喉痛,且果中含有多种抗癌物质,是研究抗癌药物的重要原料。

3. 美丽胡枝子 *Lespedeza formosa*

别　　名:毛胡枝子

科　　属:豆科　胡枝子属

形态特征:落叶灌木。多分枝,枝伸展,幼枝有细毛。托叶披针形至线状披针形,褐色,被疏柔毛;三出复叶,卵形、卵状椭圆形或长椭圆形。总状花序单一,腋生,比叶长,或构成顶生圆锥花序。蝶形花,花冠紫红色。荚果椭圆形,有短尖,密被锈色短柔毛。花期 7—9 月,果期 9—10 月。

生长习性:喜光,喜肥,较耐寒,较耐干旱,但在深厚、湿润、肥沃土壤中生长尤显良好。

分　　布:分布于我国华北、华东、华中、华南、西南等地区。我校围墙东花山中有分布。

繁　　殖:播种繁殖。

应　　用:其花叶美丽,可用于园林绿化和水土保持。其枝叶可以作动物饲料。根入药,有凉血消肿、除湿解毒之功效;鲜茎入药,用于治疗小便不利。

三、草本

1. 蓖麻 *Ricinus communis*

别　　名:大麻子、老麻了、草麻

科　　属:大戟科　蓖麻属

形态特征:一年生粗壮高大草本或为小乔木。小枝、叶和花序通常被白霜,茎多液汁。叶轮廓近圆形,长和宽达 40 cm 或更大,掌状 7~11 裂,裂缺几达中部,裂片卵状长圆形或披针形,顶端急尖或渐尖,边缘具锯齿,网脉明显。叶柄中空,叶柄盾状着生,长可达 40 cm,顶端具 2 枚盘状腺体,基部具盘状腺体。托叶长三角形,长 2~3 cm,早落。总状花序或圆锥花序,长 15~30 cm 或更长,花单性同株,无瓣。苞片阔三角形,膜质,早落。蒴果卵球形或近球形,果古铜色到红色,生有硬毛和刺,果皮具软刺或平滑。种子椭圆形,平滑,外形似豆,表面有花斑,斑纹淡褐色或灰白色，成熟后含有毒的蓖麻碱。花期5—9月，果期7—10月。

生长习性：喜高温，不耐霜，酸碱适应性强。在热带和南亚热带呈多年生灌木或小乔木状，在北亚热带和温带地区呈高大草本状态。

分　　布：原产埃及、埃塞俄比亚和印度，中国蓖麻引自印度，自海南至黑龙江北纬49°以南均有分布。华北、东北最多，西北和华东次之，其他为零星种植。热带地区有半野生的多年生蓖麻。我校围墙西边有零星栽培。

繁　　殖：主要是播种和扦插繁殖。

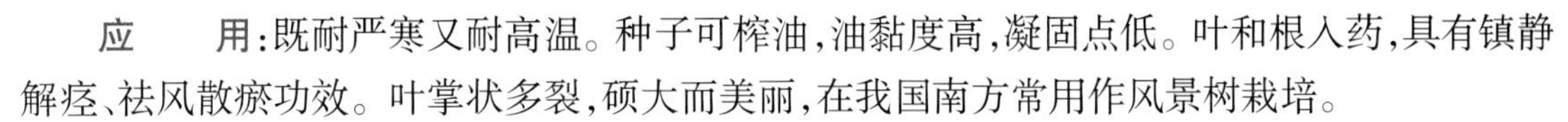

应　　用：既耐严寒又耐高温。种子可榨油，油黏度高，凝固点低。叶和根入药，具有镇静解痉、祛风散瘀功效。叶掌状多裂，硕大而美丽，在我国南方常用作风景树栽培。

2. 菰 *Zizania latifolia*

别　　名：茭白、茭儿菜、茭笋、菰实

科　　属：禾本科　菰属

形态特征：多年生草本，常有根茎。秆直立，高90~180 cm。叶鞘肥厚，长于节间，基部者常有横脉纹；叶舌膜质，略成三角形，长达15 mm；叶片扁平而宽广，表面粗糙，背面较光滑，长30~100 cm，宽10~20 mm。圆锥花序大型，长30~60 cm，分枝多簇生，开花时上举，结果时开展；雄小穗长10~15 mm，两侧多少压扁，常带紫色，常着生于花序下部或分枝的上部，脱节于小穗柄上，唯其柄较细弱；颖退化不见；外稃先端渐尖或有短尖头，并有5脉，厚纸质；花药6~9 mm；雌小穗长15~25 mm，外稃有芒，长15~30 mm，内稃与外稃同质，常均有3脉，为外稃所紧抱；雄花中有6枚发育雄蕊。颖果圆柱形，长约10 mm。花果期秋季。

生长习性：喜温，水生或沼生，有很强的适应性，但要求土壤肥沃、光照充足、气候温和、较背风的环境。

分　　布：原产中国及东南亚，我国各地有栽培或野生。我校南边清明塘有分布。

繁　　殖：分蘖繁殖。

应　　用：为我国特有的蔬菜。入药用于清热除烦、止渴、通乳、利大小便，能治热病烦渴、酒精中毒、二便不利、乳汁不通。全草为优良的饲料。片植为鱼类的越冬场所，也是固堤造陆的先锋植物。

3. 芦苇 *Phragmites australis*

别　　名:苇、芦、芦笋、蒹葭

科　　属:禾本科　芦苇属

形态特征:植株高大,地下有发达的匍匐根状茎。茎秆直立,秆高 1~3 m,节下常生白粉。叶鞘圆筒形,无毛或有细毛。叶舌有毛,叶片长线形或长披针形,排列成 2 行。叶长 15~45 cm,宽 1~3.5 cm。圆锥花序分枝稠密,顶生,多呈白色,向斜伸展,稍下垂,花序长 10~40 cm,小穗有小花 4~7 朵,长 1.4 cm,为白绿色或褐色;颖有 3 脉,一颖短小,二颖略长;第一小花多为雄性,余两性;第二外颖先端长渐尖,基盘的长丝状柔毛长 6~12 mm;内稃长约 4 mm,脊上粗糙,花果期 8—12 月。果为颖果,披针形,顶端有宿存花柱。

生长习性:多生长在灌溉沟渠旁、河堤沼泽地等低湿地或浅水地区。

分　　布:我国南北都有分布。我校东边幸福水库旁有分布。

繁　　殖:以根茎繁殖为主。

应　　用:是景点及水面绿化、河道管理、净化水质、置景工程、护土固堤、改良土壤之首选。

4. 野菱 *Trapa incisa*

别　　名:菱角、刺菱

科　　属:菱科　菱属

形态特征:一年生浮水水生草本。为四角刻叶菱的变种。浮水叶互生,聚生于茎顶形成莲座状的菱盘,叶片斜方形或三角状菱形,表面深绿、光滑,背面淡绿带紫,被少量的短毛,脉间有棕色斑块,边缘中上部具不整齐的缺刻状锯齿,叶缘中下部宽楔形或近圆形,全缘;叶柄中上部膨大或稍膨大,或不膨大,长 3.5~10 cm,被短毛;沉水叶小,早落。花单生叶腋,花小,两性;萼筒 4 裂,无毛或少毛;花瓣 4,白色。果三角形,具 4 刺角,2 肩角斜上伸,2 腰角圆锥状,斜下伸,刺角长约 1 cm;果柄细而短,长 1~1.5 cm;果喙圆锥状,无果冠。7—8 月开花,8—10 月结果。

生长习性:野生于水塘或田沟内,喜阳光,抗寒力强。对气候适应性很强,耐水湿及干旱。

分　　布:主要分布于我国黑龙江、吉林、辽宁、河北、河南、湖北、江西等省。俄罗斯、朝鲜、日本也有分布。我校东边幸福水库有分布。

繁　　殖:播种繁殖。

应　　用:果肉白色,富含淀粉,味甜微涩,可食用。入药主治脾胃虚弱、脘腹胀痛、泄泻、痢疾、暑热烦渴、饮酒过度、疮肿。为国家二级重点保护野生植物。

5. 大蓟 *Cirsium japonicum*

别　　名:马蓟、虎蓟、刺蓟、山牛蒡、鸡项草

科　　属:菊科　蓟属

形态特征:多年生草本,高0.5~1 m。根簇生,圆锥形,肉质,表面棕褐色。基生叶丛生,有柄,倒披针形或倒卵状披针形,长15~30 cm,羽状深裂,边缘齿状,齿端具针刺,上面疏生白丝状毛,下面脉上有长毛;茎生叶互生,基部心形抱茎。头状花序顶生;瘦果长椭圆形,冠毛多层,羽状,暗灰色。花期5—8月,果期6—8月。

生长习性:喜温暖湿润气候,耐寒,耐旱。适应性较强,对土壤要求不严。以土层深厚、疏松肥沃的砂质壤土或壤土栽培为宜。

分　　布:全国都有分布,我校东边江夏林科所内有分布。

繁　　殖:播种、分株、根芽繁殖,以播种繁殖为主。

应　　用:药用,主治衄血、咯血、吐血、尿血、功能性子宫出血、产后出血、肝炎、肾炎、乳腺炎、跌打损伤;外用治外伤出血、痈疖肿毒。

6. 水芹 *Oenanthe javanica*

别　　名:水英、细本山芹菜、牛草、楚葵、刀芹、蜀芹、野芹菜

科　　属:伞形科　水芹菜属

形态特征:多年生草本,高15~80 cm,茎直立或基部匍匐。基生叶有柄,柄长达10 cm,基部有叶鞘;叶片轮廓三角形,1~3回羽状分裂,末回裂片卵形至菱状披针形,长2~5 cm,宽1~2 cm,边缘有牙齿或圆齿状锯齿;茎上部叶无柄,裂片和基生叶的裂片相似,较小。复伞形花序顶生,花序梗长2~16 cm;无总苞;小总苞片2~8,线形,长约2~4 mm;小伞形花序有花20余朵;萼齿线状披针形,长与花柱基相等;花瓣白色,倒卵形;花柱基圆锥形,花柱直立或两侧分开,长2 mm。双悬果椭圆形或近圆锥形,侧棱较背棱和中棱隆起,木栓质,分生果横剖面近于五边状的半圆形;每棱槽内油管1,合生面油管2。花期6—7月,果期8—9月。

生长习性:性喜凉爽,忌炎热干旱,25℃以下母茎开始萌芽生长,15~20℃生长最快,5℃以下停止生长,能耐-10℃低温。宜生活在河沟、水田旁,以土质松软、土层深厚肥沃、

富含有机质、保肥保水力强的黏质土壤为宜。长日照有利于匍匐茎生长和开花结实，短日照有利于根出叶生长。

分　　布：分布于中国长江流域，我国中部和南部栽培较多，以江西、浙江、广东、云南和贵州栽培面积较大。我校东边清明塘和幸福水库旁有分布。

繁　　殖：播种繁殖。

应　　用：各种维生素、矿物质含量较高。其嫩茎及叶柄质鲜嫩，清香爽口，可生拌或炒食。入药有清热解毒、养精益气、清洁血液、降低血压、宣肺利湿等功效，还具有平肝降压、镇静安神、利尿、抗癌防癌、养颜美容、促进食欲、保胃祛痰、降低血糖的保健作用。

7. 芝麻　*Sesamum indicum*

别　　名：胡麻、脂麻、油麻

科　　属：胡麻科　胡麻属

形态特征：一年生草本，高 80~180 cm。茎直立，四棱形，棱角突出，基部稍木质化，不分枝，具短柔毛。叶对生，或上部者互生；叶柄长 1~7 cm；叶片卵形、长圆形或披针形，长 5~15 cm，宽 1~8 cm，先端急尖或渐尖，基部楔形，全缘、有锯齿或下部叶 3 浅裂，表面绿色，背面淡绿色，两面无毛或稍被以柔毛。花单生，或 2~3 朵生于叶腋，直径 1~1.5 cm；花萼稍合生，绿色，5 裂，裂片披针形，长 5~10 cm，具柔毛；花冠筒状，唇形，长 1.5~2.5 cm，白色，有紫色或黄色晕，裂片圆形，外侧被柔毛；雄蕊 4，着生于花冠筒基部，花药黄色，呈矢形；雌蕊 1，心皮 2，子房圆锥形，初期呈假 4 室，成熟后为 2 室，花柱线形，柱头 2 裂。蒴果椭圆形，长 2~2.5 cm，多 4 棱或 6、8 棱，纵裂，初期绿色，成熟后黑褐色，具短柔毛。种子多数，卵形，两侧扁平，黑色、白色或淡黄色。花期 5—9 月，果期 7—9 月。

生长习性：由于种子小，根系浅，最适合在微酸至中性（pH 6.5~7.5）的疏松土壤中种植，疏松土壤能协调水、肥、空气之间的供给矛盾，有利于根系的伸展。全生育期需积温 2 500~3 000℃，发育期在昼夜平均温度 20~24℃最为适宜。

分　　布：原产中国云贵高原，在我国大部分地区都有种植。我校南边居民区有种植。

繁　　殖：播种繁殖。

应　　用：种子可以食用、榨油，以白色种子含油量较高。芝麻油中含有大量人体必需的脂肪酸，亚油酸的含量高达 43.7%，比菜油、花生油都高。芝麻叶鲜叶或晒干后都可食用。黑色的种子入药，有补肝益肾、润燥通便之功效。茎、叶、花都可以提取芳香油。全草药用，有补血明目、祛风润肠、生津通乳、益肝养发、强身健体、抗衰老之功效。

8. 曼陀罗　*Datura stramonium*

别　　名：曼荼罗、醉心花、狗核桃

科　　属：茄科　曼陀罗属

形态特征:草本或半灌木状,高 0.5~1.5 m,全体近于平滑或在幼嫩部分被短柔毛。茎粗壮,圆柱状,淡绿色或带紫色,下部木质化;叶广卵形;花单生于枝杈间或叶腋,直立,有短梗,花萼筒状;蒴果直立生,卵状,表面生有坚硬针刺或有时无刺而近平滑,成熟后淡黄色,规则 4 瓣裂;种子卵圆形,稍扁黑色。花期 6—10 月,果期 7—11 月。

生长习性:常生于住宅旁、路边或草地上。喜温暖、向阳及排水良好的砂质壤土。

分　　布:广布于世界各大洲,中国各省区都有分布。我校南边居民区有栽培。

繁　　殖:播种繁殖。

应　　用:花不仅可用于麻醉,还可用于治疗疾病。叶、花、种子均可入药,味辛性温,有大毒。花能去风湿,止喘定痛,可治惊痫和寒哮,花瓣的镇痛作用尤佳,可治神经痛等。

9. 水蓼 *Polygonum hydropiper*

别　　名:辣蓼

科　　属:蓼科　蓼属

形态特征:一年生草本,高 20~80 cm,直立或下部伏地。茎红紫色,无毛,节常膨大,且具须根。叶互生,披针形成椭圆状披针形,长 4~9 cm,宽 5~15 mm,两端渐尖,均有腺状小点,无毛或叶脉及叶缘上有小刺状毛;花被 4~5 裂,卵形或长圆形,淡绿色或淡红色,有腺状小点;雄蕊 5~8;雌蕊 1,花柱 2~3 裂。花期 7—8 月,果期 8—9 月。

生长习性:喜湿润、深厚的土壤,多生长在水边。

分　　布:分布于江苏、浙江、安徽、福建、台湾、广西、广东、湖北、四川、贵州、云南等地。我校南边清明塘旁有野生。

繁　　殖:播种繁殖。

应　　用:可用于湿地绿化。全草入药,有化湿、行滞、祛风、消肿之功效。

10. 睡莲 *Nymphaea tetragona*

别　　名:子午莲、水芹花、瑞莲、水洋花、小莲花

科　　属:睡莲科　睡莲属

形态特征:多年生水生花卉,根状茎,粗短。叶丛生,具细长叶柄,浮于水面,纸质或近革质,近圆形或卵状椭圆形,直径 6~11 cm,全缘,无毛,上面浓绿,幼叶有褐色斑纹,下面暗紫色。花单生于细长的花柄顶端,多白色,漂浮于水,直径 3~6 cm。萼片 4 枚,宽披针形或窄卵形。聚合果球形,内含多数椭圆形黑色小坚果。长江流域花期为 5 月中旬至 9 月,果期 7—

10月。花单生，萼片宿存，花瓣通常白色，雄蕊多数，雌蕊的柱头具6~8个辐射状裂片。浆果球形，为宿存的萼片包裹。种子黑色。

生长习性：喜强光和通风良好，在晚上花朵会闭合，到早上又会张开。在岸边有树荫的池塘生长时虽能开花但长势较弱。

分　　布：属睡莲科中分布最广的一属，除南极之外，世界各地皆可找到睡莲的踪迹。我校北边武汉工程科技学院水池中有种植。

繁　　殖：一般用分株繁殖。在3—4月间气候转暖，芽已萌动时，将根茎掘起分成若干段另行栽植即可。也可用播种繁殖。

应　　用：具有水体净化价值，根能吸收水中的汞、铅、苯酚等有毒物质，还能过滤水中的微生物，是难得的水体净化的植物材料，所以在城市水体净化、绿化、美化建设中倍受重视。花叶俱美；根茎富含淀粉，可食用、药用或酿酒；全草宜作绿肥。

11. 荷花 *Nelumbo nucifera*

别　　名：莲、水芙蓉、芙蕖、芬陀利花、水芝、水芸

科　　属：睡莲科　莲属

形态特征：多年生水生植物。根茎最初细小如手指，具横走根状茎，即我们日常吃的莲藕。叶圆形，高出水面，有长叶柄，具刺，成盾状生长。花单生在花梗顶端，直径10~20 cm；萼片5，早落；花瓣多数为红色、粉红色或白色；多数为雄蕊；心皮多，离生，嵌生在海绵质的花托穴内。坚果呈椭圆形或卵形，俗称莲子，长1.5~2.5 cm。

生长习性：长日照植物，特别喜光，极不耐阴，喜温暖，极耐高温，较耐低温。

分　　布：在我国分布于西至天山北麓，东接台湾宝岛，北到黑龙江省抚远县，南达海南三亚市；垂直分布不仅可达秦岭、神农架等低海拔地区，在海拔2 780 m的云南省永兴镇附近也有栽培。我校外谭鑫培公园有大量栽培。

繁　　殖：播种和分株繁殖。

应　　用：形象清美，且周身皆宝。在园林与医药学中都具有广泛应用。

12. 金鱼藻 *Ceratophyllum demersum*

别　　名：细草、鱼草、软草、松藻

科　　属：金鱼藻科　金鱼藻属

形态特征：多年生沉水草本。茎长40~150 cm，平滑，具分枝。叶4~12片轮生，1~2次二叉

状分歧，裂片丝状或丝状条形，长 1.5~2 cm，宽 0.1~0.5 mm，先端带白色软骨质，边缘仅一侧有数细齿。花直径约 2 mm；苞片 9~12，条形，长 1.5~2 mm，浅绿色，透明，先端有 3 齿及带紫色毛；雄蕊 10~16，微密集；子房卵形，花柱钻状。坚果宽椭圆形，长 4~5 mm，宽约 2 mm，黑色，平滑，边缘无翅，有 3 刺，顶生刺（宿存花柱）长 8~10 mm，先端具钩，基部 2 刺向下斜伸，长 4~7 mm，先端渐细成刺状。花期 6—7 月，果期 8—10 月。

生长习性：无根，全株沉于水中，因而生长与光照关系密切，常群生于淡水池塘、水沟、小河、温泉流水及水库中。

分　　布：分布于中国、蒙古、朝鲜、日本、马来西亚、印度尼西亚、俄罗斯及其他一些欧洲国家，北非及北美。为世界广布种。我校东面幸福水库有分布。

繁　　殖：播种或扦插繁殖。在生长期中，折断的植株可随时发育成新株。

应　　用：吸氮能力极强，可降低水温，所以是江河、湖泊、池塘等水体净化水质和污水处理的最佳植物之一，但严重影响水稻分蘖及生长发育。可作猪、鱼及家禽饲料。可用于人工养殖鱼缸布景。以全草入药，四季可采，晒干，主治血热吐血、咳血、热淋涩痛。

13. 水葱 *Scirpus validus*

别　　名：莞、苻蓠、莞蒲、夫蓠、葱蒲、莞草、蒲苹、水丈葱、冲天草

科　　属：莎草科　藨草属

形态特征：多年生草本，具匍匐根状茎。秆粗壮，高 1~2 m。叶鞘管状，仅最上一枚具叶片。花序聚伞状；小穗长 5~10 mm，卵形或矩圆形，具多花；鳞片棕色或紫褐色。小坚果倒卵形或椭圆形。花果期 6—10 月。

生长习性：多生于湖边或其他浅水区域。

分　　布：产于我国东北各省、内蒙古、山西、陕西、甘肃、新疆、河北、江苏、贵州、四川、云南；也分布于朝鲜、日本、澳洲、南北美洲。我校东面幸福水库有分布。我校大冶实训基地也有分布。

繁　　殖：播种繁殖，常于 3—4 月在室内进行。

应　　用：株型奇趣，株丛挺立，富有特别的韵味，可于水边池旁布置，甚为美观。药用可利水消肿，主治水肿胀满、小便不利。

14. 白花菜 *Cleome gynandra*

别　　名：羊角菜、屡析草

科　　属：白花菜科　白花菜属

形态特征：一年生草本，有恶臭。茎多分枝，高可达 1 m，密被黏性腺毛。掌状复叶，互生；叶柄长 3~7 cm；小叶 5 片，倒卵形或菱状倒卵形，长 2.5~5 cm，宽 1~2 cm，先端锐或钝，基部楔形，全缘或有细齿，上面无毛，下面叶脉上微有毛。总状花序顶生；花有梗，基部有叶状苞片 3；萼片 4，卵形，先端尖；花瓣 4，倒卵形，长约 1 cm，宽约 5 mm，有长爪，白色或带紫色；雄蕊 6，花丝下部附着于雌蕊的子房柄上；雌蕊子房有长柄，突出花瓣之上，1 室，花柱短，柱头扁头状。蒴果长角状，长 5~10 cm，先端有宿存柱头。花果期约在 7—10 月。

生长习性：性喜向阳温暖，较耐旱，生长季节短，且再生能力强。育苗地应选择土壤疏松、排水方便的田块。

分　　布：分布于华北、华东、华中、华南等地。我校围墙南边有栽培。

繁　　殖：采用播种法繁殖。

应　　用：作为蔬菜食用，其综合营养成分可与豆类相媲美，具有降胆固醇、软化血管、降血压、抗衰老等作用。全草入药，具有祛风除湿、清热解毒的功能。

15. 醉蝶花 *Cleome spinosa*

别　　名：西洋白花菜、凤蝶草、紫龙须

科　　属：白花菜科　白花菜属

形态特征：一年生草本，株高60~150 cm，被有黏质腺毛，枝叶具气味。掌状复叶互生，小叶 5~9 枚，长椭圆状披针形，有叶柄，2 枚托叶演变成钩刺。总状花序顶生，边开花边伸长，花多数，花瓣 4 枚，淡紫色，具长爪，雄蕊 6 枚，花丝长约 7 cm，超过花瓣 1 倍多，蓝紫色，明显伸出花外；雌蕊更长。蒴果细圆柱形，内含种子多数。花期初夏，果期夏末秋初。

生长习性：适应性强，性喜高温，较耐暑热，忌寒冷，喜阳光充足，半遮阴亦能生长良好。对土壤要求不苛刻，在水肥充足的肥沃地植株高大，在肥力中等的土壤也能生长良好，在黏重的土壤或碱性土生长不良。喜湿润土壤，亦较能耐干旱，忌积水。

分　　布：原产南美热带地区，全球热带至温带广泛栽培以供观赏。我校东边花山环山公路边有栽培。

繁　　殖：常用播种和扦插法繁殖。

应　　用：可在夏秋季节布置花坛、花境，也可进行矮化栽培，将其作为盆栽观赏。在园林应用中，可根据其能耐半阴的特性，种在林下或建筑阴面观赏。对 SO_2、Cl_2 均有良好抗性，是非常优良的抗污染花卉，在污染较重的工厂矿山也能很好地生长。全草可入药。

四、藤本

1. 五叶地锦 *Parthenocissus quinquefolia*

别　　名：五叶爬山虎、美国地锦

科　　属：葡萄科　爬山虎属

形态特征：落叶木质藤本。老枝灰褐色，幼枝带紫红色，髓白色。卷须与叶对生，卷须总状 5~9 分枝，顶端吸盘大。掌状复叶，具 5 小叶，小叶长椭圆形至倒长卵形，长 5~15 cm，先端尖，基部楔形，缘具大齿牙，叶面暗绿色，叶背稍具白粉并有毛。7—8 月开花，花序假顶生形成主轴明显的圆锥状多歧聚伞花序。浆果球形，9—10 月成熟，熟时蓝黑色、具白粉。

生长习性：喜温暖气候，也有一定耐寒能力；亦耐暑热，较耐庇荫。生长势旺盛，但攀缘力较差，在北方常被大风吹下。

分　　布：分布于中国东北至华南各省区。朝鲜、日本也有分布。武汉工程科技学院西边的院墙旁有栽培。

繁　　殖：主要繁殖方法有扦插、压条、播种。

应　　用：是垂直绿化主要树种之一。适于配植宅院墙壁、围墙、庭园入口、桥头石堍等处。藤茎、根可药用，有消肿解毒之功效，主治跌打损伤、痈疖肿毒等症。

第十一部分　大冶实训基地植物

大冶实训基地分布的植物与校内相同的省略。

一、乔木

1. 重阳木 *Bischofia polycarpa*

别　　名:乌杨、秋枫、赤木

科　　属:大戟科　秋枫属

形态特征:落叶乔木。树皮褐色,纵裂。当年生枝绿色,皮孔明显,灰白色,老枝变褐色,皮孔变锈褐色,全株均无毛;三出复叶,顶生小叶通常较两侧的大,小叶片纸质,卵形或椭圆状卵形,有时长圆状卵形,顶端突尖或短渐尖,基部圆或浅心形,边缘具钝细锯齿,托叶小,早落。花雌雄异株,春季与叶同时开放,组成总状花序;花序通常着生于新枝的下部,花序轴纤细而下垂;雄花萼片半圆形,膜质,向外张开,花丝短,有明显的退化雌蕊;雌花萼片与雄花的相同,有白色膜质的边缘。浆果圆球形,成熟时褐红色。花期4—5月,果期10—11月。

生长习性:喜光,稍耐阴。喜温暖气候,耐寒性较弱。对土壤的要求不严,但在湿润、肥沃的土壤中生长最好。

分　　布:产于秦岭、淮河流域以南至两广北部,在长江中下游平原常见。我校西边的纸坊街道和大冶实训基地有栽培。

繁　　殖:主要用播种繁殖。

应　　用:花叶同放,花色淡绿,秋叶转红,艳丽夺目,抗风耐湿,生长快速,是良好的庭荫和行道树种。根、叶可入药,能行气活血、消肿解毒。

2. 红花木莲 *Manglietia insignis*

别　　名：红色木莲、莲花、细花木莲、土厚朴、小叶子厚朴

科　　属：木兰科　木莲属

形态特征：常绿乔木，高可达 30 m，胸径 40 cm。小枝无毛或幼嫩时在节上被锈色或黄褐色柔毛。叶革质，倒披针形，长圆形或长圆状椭圆形，长 10~26 cm，宽 4~10 cm，先端渐尖或尾状渐尖，自 2/3 以下渐窄至基部，上面无毛，下面中脉具红褐色柔毛或散生平伏微毛；叶柄长 1.8~3.5 cm；托叶痕长 0.5~1.2 cm。花芳香，花梗粗壮，直径 8~10 mm，离花被片下约 1 cm 处具一苞片脱落环痕，花被片 9~12，外轮 3 片褐色，腹面染红色或紫红色，倒卵状长圆形，长约 7 cm，向外反曲，中内轮 6~9 片，直立，乳白色染粉红色，倒卵状匙形，长 5~7 cm，1/4 以下渐狭成爪。聚合果鲜时紫红色，卵状长圆形，长 7~12 cm；蓇葖背缝全裂，具乳头状凸起。花期 5—6 月，果期 8—9 月。

生长习性：耐阴，喜湿润、肥沃的土壤。

分　　布：产于湖南西南部、广西、四川西南部、贵州、云南、西藏东南部。尼泊尔、印度东北部、缅甸北部也有分布。我校大冶实训基地有栽培。

繁　　殖：播种繁殖。用层积法贮存种子至早春播种。

应　　用：木材为家具等优良用材；花色美丽，可作庭园观赏树种。

3. 乳源木莲 *Manglietia yuyuanensis*

别　　名：狭叶木莲

科　　属：木兰科　木莲属

形态特征：常绿乔木，高可达 8 m，胸径 18 cm。树皮灰褐色，枝黄褐色，除外芽鳞被金黄色平伏柔毛外余无毛。叶革质，倒披针形、狭倒卵状长圆形或狭长圆形，长 8~14 cm，宽 2.5~4 cm，先端稍弯的尾状渐尖或渐尖，基部阔楔形或楔形，上面深绿色，下面淡灰绿色；边缘稍背卷；叶柄长 1~3 cm，上面具渐宽的沟；托叶痕长 3~4 mm。花被片 9，3 轮，外轮 3 片带绿色，薄革质，倒卵状长圆形，中轮与内轮肉质，纯白色。聚合果卵圆形，熟时褐色，长 2.5~3.5 cm。花期 5 月，果期 9—10 月。

生长习性：喜温暖湿润气候环境，偏阴性，幼树耐阴。适于土层深厚、湿润、肥沃或中庸的排水良好的酸性黄壤上生长。生于海拔 700~1 200 m 的山林中。

分　　布:产于安徽(黄山)、浙江南部、江西、福建、湖南南部、广东北部(乳源)。我校大冶实训基地有栽培。

繁　　殖:种子繁殖,也可用玉兰作砧木。

应　　用:木材为家具等优良用材,是优良的庭园观赏和四旁绿化树种。

4. 乐东拟单性木兰 *Parakmeria lotungensis*

科　　属:木兰科　拟单性木兰属

形态特征:常绿乔木,高可达 30 m,胸径 30 cm,树皮灰白色。叶革质,狭倒卵状椭圆形、倒卵状椭圆形或狭椭圆形,长 6~11 cm,宽 2~3.5 cm,先端尖而尖头钝,基部楔形,或狭楔形;上面深绿色,有光泽;叶柄长 1~2 cm。花杂性,雄花两性花异株。雄花:花被片 9~14,外轮 3~4 片浅黄色,倒卵状长圆形,长 2.5~3.5 cm,宽 1.2~2.5 cm,内 2~3 轮白色,较狭少;有时具 1~5 心皮的两性花,雄花花托顶端长锐尖,有时具雌蕊群柄。两性花:花被片与雄花同形而较小,雄蕊 10~35 枚,雌蕊群卵圆形,绿色,具雌蕊 10~20 枚。聚合果卵状长圆形,长 3~6 cm。花期 4—5 月,果期 8—9 月。

生长习性:喜温暖湿润气候,能抗 41℃高温,耐-12℃严寒。喜土层深厚、肥沃、排水良好的土壤,在酸性、中性和微碱性土壤中都能正常生长。

分　　布:产于江西、福建、湖南、广东北部、海南、广西、贵州东南部。我校大冶实训基地有栽培。

繁　　殖:采用播种和嫁接繁殖。

应　　用:是优良的绿化树种,心材明显,可作建筑、家具等用材。

5. 黄兰 *Michelia champaca*

别　　名:黄玉兰、黄缅桂

科　　属:木兰科　含笑属

形态特征:常绿乔木,高可达 10 m。枝斜上展,呈狭伞形树冠;芽、嫩枝、嫩叶和叶柄均被淡黄色的平伏柔毛。叶薄革质,披针状卵形或披针状长椭圆形,长 10~20 cm,宽 4.5~9 cm,先端长渐尖或近尾状,基部阔楔形或楔形,下面稍被微柔毛;叶柄长 2~4 cm,托叶痕长达叶柄中部以上。花黄色,极香,花被片 15~20 片,倒披针形,长 3~4 cm,宽 4~5 mm。聚合果长 7~15 cm,蓇葖倒卵状长圆形。花期 6—7 月,果期 9—10 月。

生长习性:喜暖热湿润,不耐寒,冬季室内最低温度应保持在 5℃以上。宜排水良好、疏松肥沃的微酸性土壤。抗烟能力差。

分　　布:产于西藏东南部、云南南部及西南部。福建、台湾、广东、海南、广西有栽培;长江流域各地盆栽,在温室越冬。我校大冶实训基地有栽培。

繁　　殖:以播种为主,也可嫁接。种子刚开裂而出现红色时应及时采收,采后砂藏至翌年春播。

应　　用:为优良的观赏树种,木材轻软,材质优良,为造船、制家具的珍贵用材。

6. 单体红山茶 *Camellia uraku*

别　　名:美人茶、冬红山茶

科　　属:山茶科　山茶属

形态特征:常绿小乔木,嫩枝无毛。叶革质,椭圆形或长圆形,长 6~9 cm,宽 3~4 cm,先端短急尖,基部楔形,有时近于圆形,上面发亮,无毛,边缘有略钝的细锯齿,叶柄长 7~8 mm。花粉红色或白色,顶生,无柄,花瓣 7 片,花直径 4~6 cm;苞片及萼片 8~9 片,阔倒卵圆形,长 4~15 mm,有微毛;雄蕊 3~4 轮,长 1.5~2 cm,外轮花丝连成短管,无毛;子房有毛,3 室,花柱长 2 cm,先端 3 浅裂。花期从 12 月至翌年 3 月。不结实。

生长习性:喜半阴、忌烈日。

分　　布:湖北、浙江一带有栽培。我校大冶实训基地有栽培。

繁　　殖:主要用扦插和嫁接繁殖。

应　　用:为常绿越冬观花植物,在园林景观中运用十分广泛,往往是公园、花圃、庭院、绿地造园配植的首选景观植物。

7. 竹柳 *Salix matsudan* 'Zhuliu'

别　　名:美国竹柳、速生竹柳

科　　属:杨柳科　柳属

形态特征:落叶乔木,高可达 20 m 以上。叶披针形,单叶互生,叶片长 15~22 cm,宽 3.5~6.2 cm。先端长渐尖,基部楔形,边缘有明显的细锯齿,叶片正面绿色,背面灰白色,叶柄微红、较短。

生长习性:喜光,耐寒性强,喜水湿,耐干旱,有良好的树形,对土壤要求不严,在 pH 5.0~8.5 的土壤或砂地、低湿河滩或弱盐碱地均能生长,但以肥沃、疏松、潮湿土壤最为适宜。

分　　布:我国南北广大地区有种植。我校大冶实训基地有栽培。

繁　　殖:以扦插为主,在春秋季均可进行,一般采用平头状修剪。

应　　用:是工业原料林、大径材栽培、行道树、四旁植树、园林绿化、农田防护林的理想树种。

8. 高节竹 *Phyllostachys prominens*

科　　属:禾本科　刚竹属

形态特征:竿高可达10 m,粗7 cm,幼竿深绿色,无白粉或被少量白粉,老竿灰暗黄绿色至灰白色;节间较短,除基部及顶部的节间外,均近于等长,最长达22 cm,每节间的两端明显呈喇叭状膨大而形成强烈隆起的节,竿壁厚5~6 mm;竿环强烈隆起,高于箨环;后者亦明显隆起。箨鞘背面淡褐黄色,或略带红色或绿色,具大小不等的斑点,近顶部尤密,疏生淡褐色小刺毛,边缘褐色;箨耳发达,镰形,紫色或带绿色,耳缘生长遂毛;箨舌紫褐色,边缘密生短纤毛,有时混有稀疏的长纤毛;箨片带状披针形,紫绿色至淡绿色,边缘橘黄或淡黄色,强烈皱曲,外翻。花枝呈穗状,长5~6 cm,基部托以3~5片逐渐增大的鳞片状苞片;佛焰苞4~6片,脉间被柔毛,叶耳微小或无,鞘口遂毛数条,缩小叶较小,呈锥状或为一小尖头,每片佛焰苞腋内有1或2枚假小穗。小穗披针形,小穗轴具毛,顶端常有不孕之退化小花;颖无或仅1片;外稃长1.6~2 cm,上部被短柔毛;内稃约等长于外稃,上部及脊上具短柔毛;鳞被披针形或椭圆形。笋期5月,花期5月。

生长习性:多植于平地的房前屋后。

分　　布:产于浙江。各地有引种。我校大冶实训基地有栽培。

繁　　殖:一般采用埋竿或埋鞭繁殖。

应　　用:为高产优良笋用竹种,竿不易劈篾,多作柄材,也可观赏。

9. 金枝槐 *Sophora japonica* cv. *cuchlnensis*

别　　名:金叶槐、金枝国槐、金叶国槐、黄叶国槐、黄叶槐、黄金槐

科　　属:豆科　槐属

形态特征:落叶乔木。树皮光滑;叶互生,6~16片组成羽状复叶,叶椭圆形,长2.5~5 cm,光滑,淡黄绿色。

生长习性:耐旱能力和耐寒力强,耐盐碱,耐瘠薄,在酸性到碱地均能生长良好。

分　　布:在我国从北到南分布广泛。我校大冶实训基地有栽培。

繁　　殖:比较实用可靠的方法是嫁接,这种方法成活率高、繁殖系数大。

应　　用:在园林绿化中用途颇广,是道路、风景区等园林绿化的珍品,不可多得的彩叶树种之一。

10. 西府海棠 *Malus micromalus*

别　　名:海红、子母海棠、小果海棠

科　　属:蔷薇科　苹果属

形态特征:落叶小乔木,树枝直立性强。小枝细弱圆柱形,嫩时被短柔毛,老时脱落,紫红色或暗褐色,具稀疏皮孔;冬芽卵形,先端急尖,无毛或仅边缘有绒毛,暗紫色。叶片长椭圆形或椭圆形,长5~10 cm,宽2.5~5 cm,先端急尖或渐尖,基部楔形稀近圆形,边缘有尖锐锯齿,嫩叶被短柔毛,下面较密,老时脱落;叶柄长2~3.5 cm;托叶膜质,线状披针形,先端渐尖,边缘有疏生腺齿,近于无毛,早落。伞形总状花序,有花4~7朵,集生于小枝顶端,花梗长2~3 cm,嫩时被长柔毛,逐渐脱落;苞片膜质,线状披针形,早落;花瓣近圆形或长椭圆形,长约1.5 cm,基部有短爪,粉红色;果实近球形,直径1~1.5 cm,红色,萼洼梗洼均下陷,萼片多数脱落,少数宿存。花期4—5月,果期8—9月。

生长习性:喜光,耐寒,忌水涝,忌空气过湿,较耐干旱。

分　　布:分布于辽宁、河北、山西、山东、陕西、甘肃、云南等地。我校大冶实训基地有栽培。

繁　　殖:通常以嫁接或分株繁殖,亦可用播种、压条及根插等方法繁殖。用嫁接所得苗木,开花可以提早,而且能保持原有优良特性。

应　　用:为常见栽培的果树及观赏树。

11. 七叶树 *Aesculus chinensis*

别　　名:梭椤树、梭椤子、天师栗、开心果、猴板栗

科　　属:七叶树科　七叶树属

形态特征:落叶乔木,高可达25 m。树皮深褐色或灰褐色,小枝圆柱形,黄褐色或灰褐色,无毛或嫩时有微柔毛,有圆形或椭圆形淡黄色的皮孔。冬芽大形,有树脂。掌状复叶,由5~7小叶组成,叶柄长10~12 cm,有灰色微柔毛;小叶纸质,长圆披针形至长圆倒披针

形，稀长椭圆形，先端短锐尖，基部楔形或阔楔形，边缘有钝尖形的细锯齿，长 8~16 cm，宽 3~5 cm，上面深绿色，无毛。花序圆筒形，花序总轴有微柔毛，小花序常由 5~10 朵花组成，平斜向伸展，有微柔毛。花杂性，雄花与两性花同株，花萼管状钟形，长 3~5 mm，外面有微柔毛，不等地 5 裂，裂片钝形，边缘有短纤毛；花瓣 4，白色，长圆倒卵形至长圆倒披针形。果实球形或倒卵圆形，顶部短尖或钝圆而中部略凹下，直径 3~4 cm，黄褐色，无刺，具很密的斑点。花期 4—5 月，果期 10 月。

生长习性：喜光，也耐半阴，喜温和湿润气候，不耐严寒，喜肥沃深厚土壤。

分　　布：黄河流域及东部各省均有栽培，秦岭有野生。我校大冶实训基地有栽培。

繁　　殖：种子繁殖，采后种子发芽力消失较快，宜随采随播。

应　　用：在黄河流域本种系优良的行道树和庭园树。木材细密，可制造各种器具。种子可作药用，榨油可制造肥皂。

12. 刺柏 *Juniperus formosana*

别　　名：山刺柏、矮柏木、八玛、台湾桧、台湾松

科　　属：柏科　刺柏属

形态特征：常绿小乔木，高可达 12 m，胸径 2.5 m。树皮灰褐色，纵裂，呈长条薄片脱落；树冠塔形，大枝斜展或直伸，小枝下垂，三棱形。叶三叶轮生，条状披针形或条状刺形，先端渐尖具锐尖头，上面稍凹，中脉微隆起，绿色，下面绿色，有光泽，具纵钝脊，横切面新月形。雄球花圆球形或椭圆形，球果近球形或宽卵圆形，熟时淡红褐色，被白粉或白粉脱落，间或顶部微张开；种子半月圆形，顶端尖，近基部有 3~4 个树脂槽。

生长习性：喜光，耐寒，耐旱，主侧根均甚发达，在干旱沙地、向阳山坡以及岩石缝隙处均可生长。

分　　布：为中国特有树种，自温带至寒带均有分布，我国台湾省也有分布。长江以南各省市都有栽培，主要培育繁殖基地有江苏、浙江、安徽、湖南、河南等地。我校大冶实训基地有栽培。

繁　　殖：播种繁殖。

应　　用：木材致密而有芳香，耐水湿，宜用于做铅笔、家具、桥柱、木船等。可孤植、列植形成特殊景观，是良好的海岸庭园树种之一；同时也是制作盆景的好素材。根入药，主治皮肤癣。

13. 核桃 *Juglans regia*

别　　名：胡桃、羌桃

科　　属：胡桃科　胡桃属

形态特征：落叶乔木，高达 3~5 m，树皮灰白色，浅纵裂，枝条髓部片状。奇数羽状复叶，小

叶通常 5~9 枚,全缘或有不明显钝齿，小叶柄极短或无。花期 5 月,雄性葇荑花序下垂，雌花 1~3 朵聚生，核果近于球状,成熟期 8—9 月。

生长习性:喜光,耐寒,抗旱、抗病能力强,适应于多种土壤中生长,喜肥沃湿润的砂质壤土,同时对水肥要求不严,常见于山区河谷两旁土层深厚的地方。

分　　布:分布很广,全国 22 个省(区、市)有。我校大冶实训基地有栽培。

繁　　殖:播种繁殖或嫁接繁殖。

应　　用:树冠雄伟,树干洁白,枝叶繁茂,绿荫盖地,在园林中可作道路绿化,起防护作用。核桃与扁桃、腰果、榛子并称世界著名的“四大干果”。

14. 薄壳山核桃 *Carya illinoinensis*

别　　名:美国山核桃、长山核桃

科　　属:胡桃科　山核桃属

形态特征:落叶大乔木,高可达 50 m,胸径可达 2 m,树皮粗糙,深纵裂。奇数羽状复叶小叶 11~17,小叶具极短的小叶柄,边缘有粗锯齿。雄葇荑花序每束 5~6 个,雌花序有 1~6,成穗状。核果光滑，长圆形或卵形,顶端尖,基部近圆形。

生长习性:为阳性树种,喜温暖湿润气候,对土壤酸碱度的适应范围比较大,微酸性、微碱性土壤均能生长良好。深根性,萌蘖力强,生长速度中等,寿命长。适于河流、湖泊地区栽培。

分　　布:原产北美洲。中国河北、河南、江苏、浙江、福建、江西、湖南、四川等省有栽培。我校大冶实训基地有栽培。

繁　　殖:播种繁殖或嫁接繁殖。

应　　用:树体高大雄伟,枝叶茂密,树姿优美,在园林中是优良的上层骨干树种。坚果壳薄,营养丰富,保健价值高,品质优于本地核桃。

15. 杏 *Armeniaca vulgaris*

别　　名:杏子

科　　属:蔷薇科　杏属

形态特征:落叶乔木,高 5~8 m;树冠圆形、扁圆形或长圆形;树皮灰褐色,纵裂;单叶互生,阔卵形或圆卵形,叶缘有钝锯齿;近叶柄顶端有 2 腺体;花单生,直径 2~3 cm,先于叶开放;核果球形,花期3—4月,果期6—7月。

生长习性:阳性树种,适应性强,深根性,喜光,耐旱,抗寒,抗风,寿命可达百年以上,为低山丘陵地带的主要栽培果树。

分　　布:在我国分布范围很广,除南部沿海及台湾省外大多数省区皆有。我校大冶实训基地学生宿舍生活区有栽培。

繁　　殖:播种或嫁接繁殖。

应　　用:杏在早春开花,先花后叶;可与苍松、翠柏配植于池旁湖畔或植于山石崖边、庭院堂前,具观赏性。果实是常见水果之一,可鲜食亦可加工成果脯,营养极为丰富。

16. 四照花 *Cornus japonica* var. *chinensis*

别　　名:石枣、羊梅、山荔枝

科　　属:山茱萸科　四照花属

形态特征:落叶小乔木或灌木,高2~5 m,小枝灰褐色。单叶对生,纸质,卵形、卵状椭圆形或椭圆形,先端急尖为尾状,基部圆形,表面绿色,背面粉绿色,叶脉羽状弧形上弯,侧脉4~5对。花期5—6月;头状花序近顶生,具花20~30朵,总苞片4个,大形,黄白色,花瓣状,卵形或卵状披针形,长5~6 cm;花萼筒状4裂,花瓣4,黄色;雄蕊4,子房下位2室。果期9—10月;聚花果球形,红色,果径2~2.5 cm,总果梗纤细,长5.5~6.5 cm。

生长习性:喜温暖气候和阴湿环境,适生于肥沃而排水良好的砂质土壤。适应性强,能耐一定程度的寒、旱、瘠薄。性喜光,亦耐半阴。

分　　布:国内分布于长江流域、陕西、山西、甘肃、江苏、安徽、浙江、江西、福建、台湾、河南、湖北、湖南、四川、贵州、云南等省。我校大冶实训基地学生宿舍生活区有栽培。

繁　　殖:常用分蘖法及扦插法,也可用播种繁殖。

应　　用:是一种极其美丽的庭园观花观叶观果园林绿化佳品。又因其果实营养丰富可食用,各部分可入药,所以又是一种重要的经济树种。果实入药有暖胃、通经、活血作用。

二、灌木

1. 连翘 *Forsythia uspense*

别　　名:黄花条、连壳、青翘、落翘、黄奇丹

科　　属:木犀科　连翘属

形态特征:落叶灌木,株高2~3 m。枝条细长,开展或下垂,小枝浅棕色,稍具4棱,节间中空无髓心。通常单叶对生,具柄;叶片卵形至长圆卵形,或微裂为3片小叶,边缘有不整齐锯齿。花先叶开放,花冠黄色,花萼片与花冠筒等长,花冠裂片4,1~6朵腋生。蒴果狭卵形略扁,木质,先端尖如鸟嘴,熟时2瓣裂。种子狭椭圆形,棕色,一侧有薄翅。花期3—4月,果熟期8—10月。

生长习性:喜温暖、干燥和光照充足的环境,耐寒、耐旱,忌水涝。

分　　布:主产于山西、陕西、河南,甘肃、河北、山东、湖北等省亦产。我校大冶实训基地有分布。

繁　　殖:播种、分株和扦插繁殖。

应　　用:适于公园、学校、庭院、宾馆、旅游区、宅旁、路边等处栽植,可单植,也可成片栽植。其种子可提取食用油脂,果实可入药。

2. 金钟花 *Forsythia viridissima*

别　　名:黄金条、迎春柳、迎春条、金梅花、金铃花

科　　属:木犀科　连翘属

形态特征:落叶灌木,茎丛生,枝开展,拱形下垂,小枝绿色,微有4棱,髓心薄片状。单叶对生,椭圆形至披针形,先端尖,基部楔形,中部以上有锯齿。花先叶开放,花冠深黄色,花萼片长达花冠筒中部,花冠裂片4,裂片狭长圆形至长圆形,内面基部具橘黄色条纹,反卷,1~3朵腋生。蒴果卵球形,先端嘴状。花期3—4月,果期8—11月。

生长习性:喜光,略耐阴。喜温暖、湿润环境,较耐寒。适应性强,对土壤要求不严,耐干旱,较耐湿。根系发达,萌蘖力强。

分　　布:产于我国江苏、福建、湖北、四川等地。我校大冶实训基地有栽培。

繁　　殖:扦插、压条、分株、播种繁殖,以扦插为主。

应　　用:可丛植于草坪、墙隅、路边、树缘、院内庭前等处。根、叶、果壳入药,有清热解毒、祛湿泻火的作用,主治感冒发热、目赤肿。

3. 银姬小蜡 *Ligustrum sinense*

别　　名:花叶女贞

科　　属:木犀科　女贞属

形态特征:常绿小乔木。老枝灰色,小枝圆且细长,叶对生,叶厚纸质或薄革质,椭圆形或卵形,叶缘镶有乳白色边环。花序顶生或腋生,花期4—6月;核果近球形,果期9—10月。

生长习性:稍耐阴,对土壤适应性强,酸性、中性和碱性土壤均能生长,对严寒、酷热、干旱、瘠薄、强光均有很强的适应能力。

分　　布:分布于日本、朝鲜半岛,我国辽宁及其以南广大地区有引种。我校大冶实训基地有分布。

繁　　殖:常用扦插法,于秋天或早春进行成活率较高。

应　　用:可修剪成质感细腻的地被色块、绿篱和球形,与其他色块植物配植,彩化效果更突出;也适合盆栽造型。

4. 金丝桃 *Hypericum monogynum*

别　　名:土连翘、金线蝴蝶、金丝海棠

科　　属:藤黄科　金丝桃属

形态特征:常绿灌木。茎红色,幼时具纵线棱及两侧压扁,后为圆柱形;皮层橙褐色。叶对生,无柄或具短柄,柄长达1.5 mm;叶片倒披针形或椭圆形至长圆形,或较稀为披针形至卵状三角形或卵形,先端锐尖至圆形,通常具细小尖突,基部楔形至圆形或上部者有时截形至心形,上面绿色,下面淡绿但不呈灰白色,腹腺体无,叶片腺体小而点状。近伞房状花序,花梗长0.8~2.8 cm;苞片小,线状披针形,早落。花直径3~6.5 cm,星状;花蕾卵珠形,先端近锐尖至钝形。花瓣金黄色至柠檬黄色,无红晕,开张,三角状倒卵形,边缘全缘,无腺体,有侧生的小尖突,小尖突先端锐尖至圆形或消失。蒴果宽卵珠形或稀为卵珠状圆锥形至近球形。花期5—8月,果期8—9月。

生长习性:为温带树种,喜湿润半阴之地。

分　　布:分布于河北、陕西、山东、江苏、安徽、江西、福建、台湾、河南、湖北、湖南、广东、广西、四川、贵州等地。我校大冶实训基地有栽培。

繁　　殖:常用分株、扦插和播种法繁殖。

应　　用:在长江以南冬夏常青,是南方庭院中常见的观赏花木,可植于庭院假山旁及路旁,或点缀草坪。华北多盆栽观赏,也可作切花材料。可药用。

5. 结香 *Edgeworthia chrysantha*(略:在7号区已经介绍)

三、草本

1. 水烛 *Typha angustifolia*

别　　名:蒲草、水蜡烛、狭叶香蒲

科　　属:禾本科　香蒲属

形态特征:多年生草本。植株高约1.5 m。叶片扁平,狭长线形,叶鞘有白色,长7~17 cm。雌雄花序相距2.5~6.9 cm;雌花序圆柱形,长5~7 cm,红褐色;雌花梗有狭长匙形的苞片;膜质边缘。雄穗状花序较长,雌花基部的白色柔毛稍超出或不超出柱头;柱头线状圆柱形。花果期6—8月。

生长习性:生长于池塘边缘和河岸浅水处。

分　　布:分布较广,产黑龙江、吉林、辽宁、内蒙古、河北、山东、河南、陕西、甘肃、新疆、江苏、湖北、云南、台湾等省区。尼泊尔、印度、巴基斯坦、日本、欧洲、美洲及大洋洲等亦有分布。我校花房及大冶实训基地有栽培。

繁　　殖:分株繁殖。

应　　用:叶片可作编织材料;茎叶纤维可造纸;花粉入药,称“蒲黄”,能消炎、止血、利尿;雌花当作“蒲绒”,可填床枕。花序可作切花或干花,片植亦可用于美化水面和湿地。

第十二部分　湖北其他重要树种

1. 日本落叶松 *Larix kaempferi*

别　　名：富士松、金钱松、金松、落叶松

科　　属：松科　落叶松属

形态特征：落叶乔木，高可达30 m，胸径1 m，树皮暗褐色，纵裂呈鳞片状脱落，大枝平展，树冠塔形。一年生枝淡黄色或淡红色，有白粉，2至3年生枝灰褐色或黑褐色。叶倒披针状条形。球果广卵圆形或圆柱状卵形，种子倒卵圆形。花期4月下旬，球果9—10月成熟。

生长习性：为喜光树种。浅根系，抗风力差。对气候的适应性强，对土壤的肥力和水分比较敏感，在气候干旱、土层贫瘠的地方生长受限，在气候湿润、土层深厚肥沃的地方生长较快。

分　　布：原产日本，1909年前后引入山东，现主要分布在东北地区，河北、河南、山东、湖北、江西、四川等省区也有栽培。

繁　　殖：嫁接和扦插两种方式一般只在品种改良和遗传育种上采用，而生产上一般采用播种繁殖。

应　　用：树干端直，姿态优美，叶色翠绿，适应范围广，生长初期较快，抗病性较强，是优良的园林树种，应用十分广泛。

2. 伯乐树 *Bretschneidera sinensis*

别　　名：钟萼木、冬桃

科　　属：伯乐树科　伯乐树属

形态特征：常绿乔木。树皮灰褐色；小枝有较明显的皮孔。羽状复叶，总轴有疏短柔毛或无毛；叶柄长10~18 cm，小叶7~15片，纸质或革质，狭椭圆形、菱状长圆形、长圆状披针形或卵状披针形，多少偏斜，全缘，顶端渐尖或急短渐尖，基部钝圆或短尖、楔形，叶面绿色，无毛，叶背粉绿色或灰白色，有短柔毛，常在中脉和侧脉两侧较密。花序长，总花梗、花梗、花萼外面有棕色短绒毛；花淡红色，花瓣阔匙形或倒卵楔形，顶端浑圆，内面有红色纵条纹；

花丝长 2.5~3 cm，基部有小柔毛；子房有光亮、白色的柔毛，花柱有柔毛。果椭圆球形，近球形或阔卵形，长 3~5.5 cm，直径 2~3.5 cm，被极短的棕褐色毛，常混生疏白色小柔毛，有或无明显的黄褐色小瘤体，果瓣厚 1.2~5 mm。花期 3—9 月，果期 5 月至翌年 4 月。

生长习性：中性偏阳树种，幼年耐阴，深根性，抗风力较强，稍能耐寒，但不耐高温。

分　　布：主要分布于浙江、江西、福建、湖北、湖南、广东、广西、四川、贵州、云南等省区。

繁　　殖：以播种为主，宜随采随播，也可砂藏或干藏。

应　　用：为单种科植物，是古老的孑遗种，对研究被子植物的发育及古地理等均有科学价值。木材硬度适中，不翘裂，色纹美观，为优良的家具及工艺用材，是既可药用又可观赏的珍贵园林树种。

3. 柳杉 *Cryptomeria fortunei*

别　　名：长叶孔雀松

科　　属：杉科　柳杉属

形态特征：常绿乔木，高可达 40 m，胸径可达 2 m 多。树皮红棕色，纤维状，裂成长条片脱落；大枝近轮生，平展或斜展；小枝细长，常下垂，绿色，枝条中部的叶较长，常向两端逐渐变短。叶钻形略向内弯曲，先端内曲，四边有气孔线，长 1~1.5 cm，果枝的叶通常较短，幼树及萌芽枝的叶长达 2.4 cm。球果圆球形或扁球形，花期 4 月，球果 10 月成熟。

生长习性：生于海拔 400~2 500 m 的山谷边、山谷溪边潮湿林中。幼龄能稍耐阴，在温暖湿润的气候和土壤酸性、肥厚而排水良好的山地生长较快，在寒凉较干、土层瘠薄的地方生长不良。根系较浅，抗风力差。对 SO_2、Cl_2、HF 等有较好的抗性。

分　　布：为中国特有树种，分布于长江流域以南至广东、广西、云南、贵州、四川等地。

繁　　殖：采用播种繁殖和嫁接繁殖。

应　　用：树姿秀丽，纤枝略垂，孤植、群植均极为美观，是良好的绿化和环保树种。

4. 华山松 *Pinus armandii*

别　　名：五须松、青松、五叶松

科　　属：松科　松属

形态特征：常绿乔木，高可达 35 m，胸径 1 m。幼树树皮灰绿色或淡灰色，平滑，老则呈灰色，裂成方形或长方形厚块片固着于树干上，或脱落；5 针一束，稀 6~7 针一束，长 8~15 cm，径 1~1.5 mm，边缘具细锯齿，仅腹面两侧各具 4~8 条白色气孔线；球果圆锥状长卵圆形。花期 4—5 月，球果第二年 9—10 月成熟。

生长习性：阳性树，但幼苗略喜一定庇荫。喜温和凉爽、湿润气候，能适应多种土壤，最宜深厚、湿润、疏松的中性或微酸性壤土，不耐盐碱土。

分　　布:主产中国中部和西南部高山上，分布于西北、中南及西南各地，主要分布地区有山西、河南、陕西、甘肃、青海、西藏、四川、湖北、云南、贵州、台湾等省。

繁　　殖:采用播种繁殖。

应　　用:高大挺拔，针叶苍翠，冠形优美，生长迅速，是优良的庭院绿化树种。在园林中可用作园景树、庭荫树、行道树及林带树，亦可用于丛植、群植，并系高山风景区之优良风景林树种。

5. 巴山冷杉 *Abies fargesii*

别　　名:鄂西冷杉、太白冷杉

科　　属:松科　冷杉属

形态特征:常绿乔木，高可达 30 m。树皮常剥裂成近方形块片，暗灰褐色。一年生枝红褐色或褐色，冬芽有树脂。叶条形，长 1~2.5 cm，宽 0.15~0.2 cm，背面有 2 条白粉带，叶的排列较密，枝条下面的叶排成 2 行，枝条上面的叶斜展或直立，叶柄短，干后黄色。雌雄同株；雄球花下垂，雌球花直立。球果长圆形或圆柱状卵圆形，长 5.5~7 cm，径约 3.5 cm，熟时黑色、紫黑色，常直立，单生于叶腋。

生长习性: 喜气候温凉湿润及石英岩等母质发育的酸性棕色森林土或山地棕色森林土，耐阴性强，生长慢。

分　　布:分布于中国甘肃南部、陕西南部、四川东北部、湖北西部，河南也有分布；常生长于海拔 2 000 m 以上的高山地带。

繁　　殖:播种繁殖。

应　　用:木材可供建筑和做家具用。

6. 漆树 *Toxicodendron vernicifluum*

别　　名:大木漆、小木漆、山漆、植苜、瞎妮子

科　　属:漆树科　漆属

形态特征:落叶乔木，高可达 20 m，有乳汁。奇数羽状复叶，小叶 7~15 片，卵形至卵状长椭圆形，长 7~15 cm；先端急尖或渐尖，基部偏斜，全缘。圆锥花序长 15~30 cm，与叶近等长，花小，淡黄绿色。核果扁肾形，淡黄色，光滑。花期 5—6 月，果期 7—10 月。

生长习性：喜光，不耐庇荫；喜温暖湿润气候及深厚、肥沃、排水良好的土壤，在酸性、中性及钙质土上均能生长。以向阳、避风的山坡、山谷处生长为好。

分　　布：在我国，除黑龙江、吉林、内蒙古和新疆外，其余省区均栽培。在印度、朝鲜和日本也有分布。

繁　　殖：采用种子繁殖。

应　　用：是我国重要的特用经济林。割取的乳液即是生漆，是优良的涂料和防腐剂，素有“涂料之王”的美誉。但是漆液有刺激性，有些人会对其产生皮肤过敏反应，故园林中须慎用。

7. 珙桐 *Davidia involucrata*

别　　名：鸽子树、鸽子花树

科　　属：果树科　珙桐属

形态特征：落叶乔木，高 15~20 m，树皮深灰色或深褐色，常裂成不规则的薄片而脱落。单叶互生，无托叶，常密集于幼枝顶端，阔卵形或近圆形，常长 9~15 cm，宽 7~12 cm，顶端急尖或短急尖，具微弯曲的尖头，基部心脏形或深心脏形，边缘有三角形而尖端锐尖的粗锯齿。花杂性，由多数雄花与 1 朵雌花或 1 朵两性花组成。花奇色美，头状花序生枝顶，花序直径 2 cm，花序下有 2~3 枚花瓣状苞，状如鸽翅。核果紫绿色，花期 4 月，果熟期 10 月。

生长习性：生长在海拔 700~1 600 m 的深山中，要求较大的空气湿度。喜中性或微酸性、腐殖质深厚的土壤，不耐瘠薄，不耐干旱。

分　　布：在我国分布广，湖北西部至西南部、湖南西北部、贵州东北部、四川、云南等地都有分布。湖北神农架分布较多。

繁　　殖：播种繁殖。

应　　用：为世界著名的珍贵观赏树，常植于池畔、溪旁及疗养所、宾馆、展览馆附近，并有和平的象征意义。该物种已被列为国家一级重点保护野生植物。

8. 青檀 *Pteroceltis tatarinowii*

别　　名：翼朴、檀树、摇钱树

科　　属：榆科　青檀属

形态特征：落叶乔木，高可达 20 m，胸径可达 70 cm 或 1 m 以上。树皮灰色或深灰色，不

规则地长片状剥落；小枝黄绿色，干时变栗褐色，疏被短柔毛，后渐脱落，皮孔明显，椭圆形或近圆形；冬芽卵形。叶纸质，宽卵形至长卵形，长3~10 cm，宽2~5 cm，先端渐尖至尾状渐尖，基部不对称，楔形、圆形或截形，边缘有不整齐的锯齿，基部三出脉，侧出的一对近直伸达叶的上部，侧脉4~6对。翅果状坚果近圆形或近四方形，直径10~17 mm，黄绿色或黄褐色，翅宽，稍带木质，有放射线条纹，下端截形或浅心形，顶端有凹缺，果实外面无毛或多少被曲柔毛，常有不规则的皱纹，有时具耳状附属物，具宿存的花柱和花被，果梗纤细。花期3—5月，果期8—12月。

生长习性：喜光，抗干旱、耐盐碱、耐土壤瘠薄、耐旱、耐寒，-35℃无冻梢。不耐水湿。根系发达，对有害气体有较强的抗性。

分　　布：产于辽宁、河北、山西、陕西、甘肃南部、青海东南部、山东、江苏、安徽、浙江、江西、福建、河南、湖北、湖南、广东、广西、四川和贵州。

繁　　殖：采用播种繁殖。

应　　用：为我国珍贵稀有濒危保护树种，既可观赏，也可药用。青檀是珍贵稀少的乡土树种，树形美观，树冠球形，树皮暗灰色，片状剥落，千年古树虬枝苍劲，形态各异，秋叶金黄，季相分明，极具观赏价值。可孤植、片植于庭院、山岭、溪边，也可作为行道树成行栽植，是不可多得的园林景观树种；寿命长，耐修剪，也是优良的盆景观赏树种。茎皮是制宣纸的最佳原料。

主要参考文献

[1] 中国科学院“中国植物志”编辑委员会. 中国植物志[M].北京:中国科学技术出版社,2004.

[2] 傅书遐.湖北植物志[M]. 武汉:湖北科学技术出版社,2001.

[3] 中国科学院植物研究所. 中国高等植物图鉴[M]. 北京:中国科学技术出版社,1982.

[4] 涂爱萍. 实用植物基础[M]. 武汉:华中师范大学出版社,2011.

[5] 汪小凡,黄双全. 珞珈山植物原色图谱[M]. 北京:高等教育出版社,2012.

[6] 张天麟. 园林树木 1600 种 [M]. 北京:中国建筑工业出版社,2010.

[7] 邢福武,曾庆文. 中国景观植物[M]. 武汉:华中科技大学出版社,2011.

[8] 克里斯托弗·布里克尔. 世界园林植物与花卉百科全书[M]. 郑州:河南科学技术出版社,2006.

[9] 邱德文,吴家荣,夏同珩. 本草纲目彩药图[M]. 贵阳:贵州科技出版社,1998.

[10] 李时珍. 本草纲目[M]. 北京:中国书店出版社,1988.

[11] 赵家荣,刘艳玲. 水生植物图鉴[M]. 武汉:华中科技大学出版社,2012.

[12] 徐晔春,朱根发. 4000 种观赏植物原色图鉴[M]. 长春:吉林科学技术出版社,2012.

[13] 闫双喜,刘保国,李永华. 景观园林植物图鉴[M]. 郑州:河南科学技术出版社,2013.

[14] 陈士林,林余霖. 中草药大典[M]. 北京:军事医学科学出版社,2006.

[15] 路宝彬. 民间百草良方[M]. 延吉:延边人民出版社,2005.

[16] 刘仁林. 园林植物学[M]. 北京:中国科学技术出版社,2003.

[17] 张钦德. 中药鉴定学[M]. 北京:人民卫生出版社,2005.

[18] 李钦. 药用植物学[M]. 北京:中国医药科技出版社,2006.

[19] 方炎明. 植物学[M]. 北京:中国林业出版社,2006.

[20] 包满珠. 花卉学[M]. 北京:中国农业出版社,2003.

[21] 戴宝合. 野生植物资源学[M]. 北京:中国农业出版社,2003.

[22] 新疆八一农学院. 植物分类学[M]. 北京:中国农业出版社,1980.

[23] 陈有民. 园林树木学[M]. 北京:中国林业出版社,1990.

[24] 祁承经,汤庚国. 树木学[M]. 北京:中国林业出版社,2005.

[25] 陈雅君,毕晓颖. 花卉学[M]. 北京:气象出版社,2010.

[26] 汪小凡. 神农架常见植物图谱[M]. 北京:高等教育出版社,2015.

[27] 邱国金. 园林树木[M]. 北京:中国林业出版社,2005.

[28] 芦建国,杨艳容. 园林花卉[M]. 北京:中国林业出版社,2006.

[29] 朱亮锋. 多肉植物[M]. 广州:南方日报出版社,2011.

[30] 溥奎. 植物地理[M]. 长春:吉林美术出版社,2007.

[31] 时继田. 药用本草[M]. 天津:天津古籍出版社,2007.

[32] 建康. 中草药真伪鉴别大典[M]. 北京:北京燕山出版社,2007.

[33] 时继田. 食用本草[M]. 天津:天津古籍出版社,2007.
[34] 何国生. 森林植物[M]. 北京:中国林业出版社,2006.
[35] 闻子良,闻荃堂. 花卉药用[M]. 北京:金城出版社,1998.
[36] 赵世伟,张佐双. 中国园林植物彩色应用图谱[M]. 北京:中国城市出版社,2004.
[37] 金宁,朱强,彭博,等. 看图识野花[M]. 南京:江苏科学技术出版社,2013.
[38] 汪劲武. 常见野花[M]. 北京:中国林业出版社,2009.
[39] 王雁. 灌木与观赏竹[M]. 北京:中国林业出版社,2011.
[40] 王雁. 水生与藤蔓植物[M]. 北京:中国林业出版社,2011.
[41] 王雁. 乔木与观赏棕榈[M]. 北京:中国林业出版社,2011.
[42] 徐晔春,崔晓东,李钱鱼. 园林树木鉴赏[M]. 北京:化学工业出版社,2012.
[43] 陈玉明. 芦荟治疗与妙用[M]. 北京:中国纺织出版社,2009.
[44] 朱亮锋,李泽贤,郑永利. 芳香植物[M]. 广州:南方日报出版社,2009.
[45] 林有润,韦强,谢振华. 有害植物[M]. 广州:南方日报出版社,2010.
[46] 徐晔春,孙光闻. 食用花卉与瓜果[M]. 汕头:汕头大学出版社,2009.
[47] 陈杏云,陈惠,王听申. 芦荟治百病[M]. 上海:上海科学技术出版社,2007.
[48] 王意成. 700 种多肉植物原色图鉴[M]. 南京:江苏凤凰科学技术出版社,2013.
[49] 中国科学院植物研究所. 中国珍稀濒危植物图鉴[M]. 北京:中国林业出版社,2013.